参数化设计元素

建筑院校计算机辅助设计译丛

参数化设计元素

ELEMENTS OF PARAMETRIC DESIGN

[美] 罗伯特·伍德伯里 著
孙澄 姜宏国 殷青 译

编委：Onur Yüce Gün, Brady Peters
Mehdi (Roham) Sheikholeslami

中国建筑工业出版社

国家自然科学基金资助项目（项目编号：51278149）

著作权合同登记图字：01-2011-7326号

图书在版编目（CIP）数据

参数化设计元素/（美）伍德伯里著；孙澄等译．—北京：中国建筑工业出版社，2013.10
（建筑院校计算机辅助设计译丛）
ISBN 978-7-112-15856-0

Ⅰ.①参… Ⅱ.①伍…②孙… Ⅲ.①建筑设计-设计参数 Ⅳ.①TU2

中国版本图书馆 CIP 数据核字（2013）第219496号

责任编辑：戚琳琳　董苏华　　责任设计：董建平　　责任校对：陈晶晶　张　颖

建筑院校计算机辅助设计译丛
参数化设计元素
[美] 罗伯特·伍德伯里　著
孙澄　姜宏国　殷青　　译
*
中国建筑工业出版社出版、发行（北京西郊百万庄）
各地新华书店、建筑书店经销
北京嘉泰利德公司制版
北京盛通印刷股份有限公司印刷
*
开本：787×960毫米　1/16　印张：19¾　字数：364千字
2015年11月第一版　2015年11月第一次印刷
定价：158.00元
ISBN 978-7-112-15856-0
(24558)

献给　Gwenda、Lan和Cailean

序

参数化更多的是指一种思维方式，而不是指具体的软件应用。它源起于机械设计，对于建筑师而言，同时借鉴了它的思维和技术。它是设计师可用来找到外星人的一种思维方式，但是首先需要的是一种寻求表达和探索相互联系的思想观念。

内置于这种探索方法的一种理念是能够捕捉设计历史，并以一种可编辑的形式返回——即能够随时变更并重新演示。这种理念的力量就是相信从设计历史的演变可以推断出设计的未来。有时它能够完成这一任务，但是这就需要更多的实践来达到流畅水平，可以通过直觉来发挥作用。

对于一个音乐家而言，对参数化概念的理解可能比一个艺术家更容易。这是因为音乐家针对演出所进行的预演——正是参数化大师的一项重要特征。另一方面，对于艺术家而言，技术的积累对于作品的影响是十分偶然的，它是艺术表现形式直接作用的结果。对于这一点，没有任何书面评分可以精确调整和回放。然而，在最高流畅层级，我们也许会看到能够“通过代码描绘”的一代出现。

参数化应该用一条警示 ——“要么开怀畅饮，要么不要尝试”清晰地注明。所以最好的建议是在继续阅读本书之前做出你的选择，或者允许你的好奇心引导你继续下去。

—— Hugh Whitehead

在第三个千禧年的开端，人们愈来愈认识到建筑设计实践的变化速度能够比前几十年有更大的提升。随着经济压力的增长，传统惯例只能做出改变，支持设计与实施的紧密结合，以及风险与回报共担的创新。与此并行的是，气候变化重新激起了我们对于资源过度使用、投资成本与长期设计性能的价值平衡等的深切关注。跨越学科和项目阶段的联合设计团队能够做出同步的、相互关联的设计决策。这样的决策涉及相互关联的子系统，这些子系统通过整体系统传播变化，并允许设计团队创建更多的设计选择。另外，通过分析或者模拟周期，来验证设计假定的投资，能够更好地减少风险。

采用参数化模型，早期的设计模型相比传统的 CAD 模型，在概念上更为强大，并且比构建建筑信息模型存在更少的束缚。参数表达了包含在这些新型模型中的概念，并为构建元素和系统提供了交互行为。这就意味着在工具使用中，需要能够支持设计活动的改变。例如，Bentley 系统的 Generative Components 工具，就提供了一种在类似于 CAD 建模为基础的设计方案和以脚本为基础的设计方案两者之间流畅的转换。这些新的参数化系统支持从一次性 CAD 建模到应用几何观念和行为进行思考和工作的转移。不是构建单一解决方案，而是设计者探索一种完整的参数化描述的方案解决空间。

全新的参数化工具对 CAD 工作实践提出了挑战，从业者和学生们同样必须学好如何使用这样的工具。我们知道学习的质量决定于教学的质量。本书的作者罗伯特·伍德伯里（Robert Woodbury）博士已经教授 Generative Components 工作组很多年，同时智慧地穿越了仅作为使用工具的层面，将他的教学提升到一个全新的理念层级。伍德伯里博士和他的学生选择了该种模式的主题来解释概念层级，并且阐明了它的组分特征，同时提供了对于参数化设计十分有用的新函数。初步成果参见网址：www.designpatterns.ca，并且现在已经为本书进行了修订。同时，伍德伯里博士用简单的、但完全可以理解的方式，综述了几何学的基本原则，因为它们对于参数化设计是有帮助的。通过穿插的实践案例分析，举例说明了这种新一代的工具可以帮助设计者完成的设计类型。

在过去的几年中，我观摩了伍德伯里博士在 Generative Components 中的教学，并且经常参考到他的设计模式。我希望本书能够对他们的参数化设计教学中的教员具有指导作用，并激发实践者和学生们关于设计新思路的想象力。

—— Volker Mueller

致谢

编写一部书需要一个团队。虽然这里的概念、文字和任何错误都归咎于我，但是我仍然十分感激很多人的建议，获得了许多人的技术帮助和个人支持。

首先，Onur Yuce Gun，Brady Peters 和 Mehdi（Roham）Sheikholeslami 在他们的各自章节中，带来了很多实践观点和新鲜视角。感谢他们！

纵观我的学术生涯，我一直有幸拥有伟大的老师和导师。Ron Brand、Gulzar Haider、Jim Strutt、Livius Sherwood、Steve Tupper、Chuck Eastman、Irving Oppenheim、Steve Fenves、Art Westerberg、Mark Allstorm、John Dill 和 Tom Calvert，他们每个人都教授了我宝贵并重要的经验。而我很大程度上又是一位自学成才的作者（或者看起来是）。Chris Calson、Mikako Harada 和 Antony Radford 每个人都帮助我在各方面有所提高。

本书的基础是源于在西蒙弗雷泽大学中我的研究小组所进行的不间断的有关参数化设计模式项目的研究。没有 Yingjie（Victor）Chen、Maryam Maleki、Zhenyu（Cheryl）Qian 和 Rohan Sheikoleslami，就不会有任何一个模式，也就不会有本书的存在。特别是 Victor 容忍并满足了我持续不断地修改模式网站程序的要求。

通过多次交谈讨论、编写章节以及太多的邮件来往，Robert Aish 和 Axel Kilian 帮助我辨别出本书的重要主题和结构。我非常珍视他们提供的知识背景，尤其是我们关于参数化设计的许多不同观点。在审核本书的时候，Lars Hesselgren、Axel Kilian、Ramesh Krishnamurti、Volker、Makai Smith、Rudi Stouffs 和 Bige Tuncer 指出了很多错误和瑕疵（本来这些是我希望我已经更正的）。Diane Gromala 给出了关于设计和版面的必不可少的建议。Maureen Stone 锐化了多个图形工具。书中有数百张插图。Roham Sheikholeslami 从不依照规矩使用的符号开始，在扭曲表面上的视觉一致性这一令人恐怖的工作上给予了大量的帮助。Makai Smith、Volker Mueller 和 Bentley 小组的其余人员容忍了关于他们系统提出的很多问题和不停地唠叨。

思维需要磨炼。智能几何学组提供了这样的熔炉。当你的想法和解释不起作用的时候，什么也比不上同一个房间中 200 个专业人士的指导。几年来，Maria Flodin 在 Bentlay 小组非常出色地组织了很多事情——而我做不了 Maria 的工作，智能几何学组中的我们每个人都欠他的人情。

在 2004 年，Taylor & Francis 出版集团的 Caroline Mallinder 首先建议我出版此书。她温文尔雅的坚持使这个想法始终在我的视野里。我的编辑 Francesca Ford、Georgina Johnson 和 Jodie Tierney 在时间上和图形控制上给我提供了很大的宽容度。我希望我没有给他们回馈太多的令人头疼的问题。

我利用大量休假的时间来编写本书，在此也要感谢西蒙弗雷泽大学（SFU）交互艺术与技术学院提供的宝贵时间支持。SFU 的数学和计算机科学研究中心的跨学科研究部门，借给了我一个安静的办公室，在其中我可以躲去在 SFU 的繁杂工作。我的部门同事容忍我几个月的工作分心，在此我也要一并感谢他们的耐心。在 2009 年的暑假，Don 和 Donna Woodbury 借给了我他们的船屋来编写此书。海风和海浪的呼啸声激发了工作的热情和午后小睡的习惯。在 2009 年的秋天，我获得 Tee Sasada 奖资助到日本大阪大学（Osaka University）做访问学者。和蔼可亲的东道主 Kaga Atsuko 教授给了我比她需要做的更少的工作任务，所以我才能在那个环境优美的地方投入更多的精力完成本书。

我已经使我的家庭的忍耐力得到了提高。在我编写此书的时候，我已经成为一名隐士，忽略了围绕在我身边的太多的多彩生活。我的孩子一直告诫我，要成为最阳光的人们中的一员。我确信 Gwenda 希望她的丈夫从他的创作生活中走回到她的身边。我的狗狗 Minnie 也希望我能陪它多走一走。

本项工作部分得到了加拿大自然科学和工程研究委员会发明奖助金计划、Bentley 系统、MITACS 促进计划、加拿大设计研发网络和图形、动画及新媒体网络系统的核心网络卓越计划，还有 BCcampus 在线项目发展基金的大力支持。

的确，LATEX 同时引发了很多欢乐和绝望。没有它，我完成不了本书！

我非常感谢以上所有这些对于本书的支持。

编者注

既非鱼又非鸟。

所有名为“……的元素”的书最好是关于实践的，这类书还必须准确又实用。我写了两个领域的内容。计算机辅助设计完全依赖于数学和计算。设计者用它来表达结果。我将两者放在一起进行了折中，而且自始至终都倾向于设计。

我使用不寻常的数学符号贯穿于全书。那些数学界的朋友看到后可能会奉承我，但我确实做了一个深思熟虑的选择。设计者一般不研究数学——他们看到它、使用它，然后走开。这些数学符号形象地描绘了它所表示的对象，端点 $\dot{p}$ 有一个点，矢量 $\vec{v}$ 有箭头，框架 ${}^{A}_{B}T$ 则表示了它的名字和所在的位置。作为一个非数学家，在既定的规范和明晰程度之间，我每次都选择后者。

很多应该出现的参考文献在本书中并未列出。再次申明，这是出于我自己的选择。那些能进入参考文献的书目，都通过了与和我这本书的一样的测试，清晰胜过完整，注释高于博学，实用强于高深。我的目标是注解，这意味着我经常会省去很多在学术书籍中必要的细节。在做这些的时候，我选择提供最佳注解的材料。例如，有关曲线的一章使用的是最简单的等式，并且贯穿始终。这远远不完备，但愿那些省略的部分能够使几个核心理念得以突出。

这本书最长的一章阐释了作为参数化设计模式的元素。该章不含计算机代码——书本是代码不适当的媒介。而程序应是在线的，并且是可执行的。www.elementsofparametricdesign.com 网站为每种模式（及更多的）提供了工作代码。

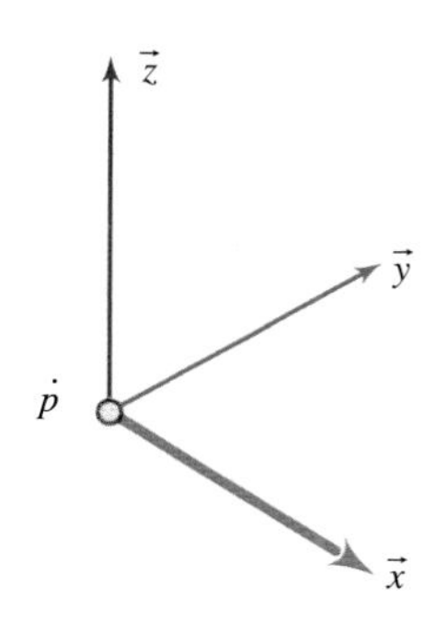

世界上很多人分不清红、绿和蓝三种颜色。但计算机辅助设计系统自由地运用这些颜色表示方向和类型。为应对最常见的彩色视觉缺陷（绿色弱视和绿色色盲），我避免了同时使用红色和绿色。最主要的例外——坐标系统（亦称框架）——它的 x 轴显示得稍粗些，并且在箭头及其连线末端有个缺口。

目　录

第1章
绪论

设计在改变。参数化建模便是变化的一个标志。这并不是一个新观念，其实是计算机辅助设计的最初概念之一。伊文·萨瑟兰（Ivan Sutherland）1963 年在其博士论文中已将参数变化放在了几何画板系统的中心位置。他预见到未来计算机辅助设计的一个最主要的特点，就是一种表示法能够适应创建环境的变化。当时的设备条件限制了萨瑟兰充分表达出他可能的发现，即参数化表示法能够深入改变设计工作本身。我相信，现在使用和制造这些系统的关键在于另一个更古老的观念。

人们进行设计。能够计划并实施改变我们周围的世界，是人区别于动物的关键点之一。语言是我们说的，设计和制造是我们做的。计算机只是这个古老行业中的一个新媒介。确实，它们是第一个真正有效的媒介物。作为常规的符号处理器，计算机可以提供无限种类的工具。通过精心编写和仔细维护，计算机可以用程序完成很多设计任务，但还不是全部。设计师们不断提出令人惊诧的新功能和形式。有时新作品体现着智慧，这是有限世界中的宝贵财富。参数化系统给设计业的人力资源带来了新生，同时也需要从业者具有新的能力以适应环境和应对意外事件，并探索一个理念所固有的多种可能性。

设计者为了掌握参数化需要哪些新知识和技能？我们怎样学习和使用它？这就是我们这本书所要讲述的。本书旨在帮助设计师们认识到参数化在工作中的潜力，它将参数系统的基本思想与来自几何及计算机编程的基本思想结合起来。

事实证明这些想法并不简单，至少对于那些有典型设计背景的人来说如此。掌握它们需要我们一部分变成设计师，一部分变成计算机科学家，一部分变成数学家。成为其中一个领域的专家已经够困难了，更不用说所有领域了。然而，一些优秀的和聪敏的（大部分是年轻的）设计师们正在做这件事——他们在开发新领域的过程中使自己的技能得到极大提高。这本书更主要的是关于一个思想，即模式是思考和应用参数化建模的良好工具。而模式本身是另一个老想法。一个模式是共性问题的通用解。具有建筑学领域背景的读者们将会发现这个定义相比该领域的常见定义更为适度并更具限制性。那些具有软件领域背景的读者们可能对它更为熟悉。利用模式思考和工作可以帮助设计者更好地掌握参数模型所带来的新的复杂性。

模式基于实践产生作用。我不是一位建筑业者，所以我邀请了三位年轻、有思想的从业者 / 研究人员，让他们展示一下他们及所在公司怎样利用参数模型来解决新奇复杂的设计问题。Onur Yüce Gün、Brady eter 和 Roham Skeikholeslami 用深思熟虑并精心制作的章节做出了回应。

我希望这本书的思想和见解能够鼓励和促进这个在人类的事业中称之为设计的，既易于理解又富有意义的活动。

写这本书的想法始于 2003 年，当时 Robert Aish 向我提议，新生代设计师和专家级设计师都需要对参数化设计进行更好地诠释。在 2005 年和 2006 年，Robert、Axel Kilian 和我为拟定出书几次碰面。我们的目标既宏伟又远大。事情就这样发生了，我们开始了每个人不同的编写方向。在我看来，最终将我们当初的雄心壮志都收进了这本书。或许它的侧重点及其所表达的见解将会使在参数化设计方面出现越来越多的研究、论著和计算机代码。

谁应该阅读这本书?

如果你是一位使用参数化设计的从业者，会发现有很多印刷版和网络版的指南和教程。这些资源主要提供为完成具体任务所需的指令列表或详细的逐个按键的命令。这可能帮你认识到工具能做什么，但不可能教你太多关于如何使它适应新的条件或扩展技能的知识。它们向你展示了如何处理小事情，但会把下一步要做的留给你的想象和能力。对于你来说，这本书提供了基本的几何学来表达你自己的模型和参数化系统特有的计算模型。主要提供一些可以采用并适于解决你手边问题的模式。使用此书的窍门是了解自己问题的模式，也就是说，学习如何将你的工作分成可以清晰明了解决的各个部分，然后将它们结合成一个整体。通过这些案例学习，可以让你看到别人如何将参数化思维和设计方法组织到完整的项目中的。

如果你是一位学习参数化设计的学生，你的目标是具备从业者的技艺。与从业者相关的每件事也都适用于你。设计只有通过多做才能学会。“Talkitecture”是一个贬义词，是为那些只说不做的人准备的。不要把它用在你身上。你需要做的还有很多，尤其是需要理解参数系统是如何工作的，它们的结构怎样使之运行以及用过的和正在使用的人们怎么用它来进行设计。此书的中间章节可能对你有特殊的意义。

如果你是一名教师，你将发现其中的策略。我相信，我们的老师在设计的所有方面都会做到最好，从职业技能、技术和策略，一直到帮助我们去更深入地思考。这本书主要是面向中间层面，目的在于将潜在能力与优秀设计所需要的更高层次认识联系起来。模式在这项工作中给予了有效帮助，至少对我教过的那数百人和与我在面向模式课程中一起任教的几十名教师来说是这样的。

如果你是一名计算机辅助设计系统的开发者，我相信你将发现一些现代系统中忽略的东西。无一例外，市场为这些系统提供了极好的性能，精巧的结构以及俏皮的人机界面。但由于需要的知识还无法获得，当前的系统在筹划、反思和发展个人及团队实践上起的作用很小。因为软件设计模式在软件工程方面已经取得了一定的成绩，或许这里的模式能够提供新方法解决组合问题，这也是系统规模在模型尺寸和人类使用的复杂性方面的核心问题。

几乎所有参数化模型用户都是编程的业余爱好者。我用“业余”一词字面的意思和表达赞美的意思，来形容那些在某一领域有兴趣和专长但缺少正规学习的人。业余和专业的程序员不只是在专业知识方面有区别。业余程序员倾向于编写与当前的任务相关的小程序，利用简单的数据结构来创建稀疏的文档。他们在编程工作中喜欢拷贝和改进他们的程序，通过对代码的查找、去除、测试和改进，直到能完成手边的任务。业余编程者只需要满足最低的要求，而将抽象化、普遍性和再利用问题留给“真正的程序员”。专业程序员可能会谴责这种做法，但无法改变他们。业余编程者写程序是出于完成任务的需要，而程序是一个很好的工具。任务是最重要的，工具只需够用即可。业余程序员编写了大部分我们用的程序。尽管几乎所有的编程工具都是为专业人士设计的，对于业余人士来说过于复杂。如果你跟大部分设计者一样，是一位业余程序员，你将会发现本书介绍的模式思想和技术能够使你完成你的编程任务。

这本书对业余编程人士来说，是一个业余的程序设计，这种说法是有讽刺意味的。本书中几乎所有的图片都是用 Generative Components 软件制作的，它本身就是一个参数化模型系统。与其依靠当时的主系统单调有限的图片输出能力，不如我自己编写一个代码输出系统，它将代码从参数化模型构建者输出到我为本书排版使用的 LATEX 程序包中的图表程序包。这个系统有三部分，第一部分是 DR，一个比 TikZ/PGF 更简单的图表程序包，它仅提供了我所需要的功能。DR 将函数调用转变为 TikZ/PGF 调用。第二部分是参数化模型构建者脚本语言中的代码，该代码用 DR 程序包来描绘本书的图片。第三部分是参数化模型构建者的 Excel 电子表格界面，因此所有的图表可用一个单独的 Excel 工作表来描述。在这个系统的外部，我编写了很多宏指令，主要是对页面布局的控制。这些有时显得凌乱的代码满足了本书的需要。尽管我知道如何使其常规化（并了解这将花费多少时间），我还是集中精神来写这本书。这些代码如果用于其他目的还需加工。顺其自然吧。

在绪论的最后，我必须解释一下题目的含义。在1919年，威廉·斯特伦克(William Strunk)首先出版了《类型的元素》,[1]是一本简短而优秀的著作，该书为我们提供了提高写作水平的对策。这本书的大部分内容适合于现在的写作者。它清晰必要的表达方式与很多设计模式方面的著作非常类似。

斯特伦克也是借用的这一标题；在1857年Ohn Ruskin发表了冗长的含有很少图解的著作《绘图的元素》。这看上去显然是一个很好的想法，于是很多其他作者也都开始以《……的元素》为题写书，其主题包括颜色（Itten，1970），烹饪（Ruhlman，2007），生态学（Smith and Smith，2008），平面设计（William，2008），[2]交互设计（Garrett，2002），指导（Johnson and Ridley，2008），编程（Gamma等人1995），修辞学（Maxwell and Dickman，2007；Rottenberg and Winchell，2008），印刷术（Williams，1995，2003；Bringhurst，2004），当然还有写作（Flaherty，2009）。斯特伦克和随后所有的作者都有一个强大的先例，那就是《欧几里得的元素》，该书大约写于公元前330年。这部作品及其写作风格早已深深地嵌入到我们的文化中了。缺少了一个原始的思想，那就找一个起作用的。所以我以欧几里得和斯特伦克为先导，稍微改变了一下。我省略“The”出于两个原因。首先这是个新兴的领域，如果用“The”则会暗示我所涉及的所有东西都像是一套完整的思想，将使我犯下荒谬的错误。第二，我对设计模式的假设是因为它们只有实用才会很重要，只有使用过才有实用性。人们使用模式的方式就是尝试、反省和改变它们。对我来说，这套程序永远不算完整。定冠词“The”最好用不确定的“Some”代替。但没有冠词更简洁。

1 我的个人副本是1959年的版本，（Strunk and White，1959）。
2 我已经在列表中包含了Robin Williams的《写给大家看的设计书》（Non-Designer's Book）和《MAC不是一台打字机》（The MAC is Not a Typewriter）两本著作。尽管都没有在题目中用到“元素”一词，但每一本都自成一派，每一本都是好书。

第2章

什么是参数化建模？

典型的设计媒介是铅笔和纸张。更精确地说，是铅笔、橡皮和纸张。用铅笔添加，而用橡皮擦除。增加一些工具，像丁字尺、三角板、圆规和比例尺，可将设计概念变成精确模型。设计者过去常常用这种方式工作：添加标记再将其去除，并习惯于将相关标记弄在一起。

传统的设计系统是对古老的工作方式的简单效仿。参数化建模（也称为约束建模）引发了根本的改变："标记"，也就是一个设计的几个部分，以一种协同的方式相互关联和共同改变。设计者不再是简单的添加和擦除了，现在他们添加、擦除、关联和修正。关联行动需要对关联的类型有清晰的思路：这个点在线上，还是与其邻近？当依赖于被擦除部分的其他部分与其余部分重新关联时，在擦除后要进行修正。关联和修正使系统产生了根本的变化，并利用这种变化完成工作任务。

很多参数化系统已经被一些实验室和公司建成了，而且越来越多的系统出现在市场上。当然，最成熟的参数化系统是表格处理软件，它通常是在矩形单元格上运行，而并不是在一个设计中。在有些设计学科中如机械工程，参数化系统现在已经成为工作的普通媒介。在其他学科中如建筑学，它们的实质性影响仅始于2000年左右。

第一个计算机辅助设计系统就是参数化的。伊文·萨瑟兰关于几何画板的博士论文（1963）提供了基于传播的机制和基于松弛效应的同步求解程序。这是第一篇有关其特点的报告，那就是融合算子成为很多约束语言的中心部分，融合算子可以将两个类似的结构结合成为一个单一的作用在参数约束上的联合控制的结构。

2005年，Hoffmann和Joan-Arinyo对各种不同的参数化系统进行了概述。每个参数化系统都是根据其自身对约束求解的方法定义的，并且针对设计工作每个系统都有其自身的特点和含义。基于图形的表达模式在图形中使用节点来代表物体，使用连接线来代表约束。求解器尝试分析图形，以使其分解为多个更容易求解的子问题，而后解决这些子问题并将他们的结果组合成完整的解。基于逻辑的方法使用公理来描述问题，使用逻辑推理法则对出现的问题进行求解。代数学方法将一系列约束集转化成非线性系统方程，而后通过一种或多种技术加以求解。约束必须在它们被求解之前表达出来。大型设计工作有上千个约束条件，在设计工作进程中，这些约束条件必须得到清晰的表达、检验和纠错。除了对于求解约束的贡献之外，一些研究项目还关注于运用清晰的语言来描述约束。Borning的ThingLab在1981年就同时具备了约束的图解和程序结构。与此同时，Steele和Sussman在1980年针对约束提出基于LISP的语言。Piela等人1933年提出的约束语言ASCEND，使用一种陈述性的面向对象的语言设计来建立工程设计的超大型约束模型。约束管理系统，例如Sannella等人在1993年提出的Delta Blue提供的原型和约束二者并没有捆绑在一起，所以使用者可以有过多约束系统，但是必须提供不同约束的解析度值（或实用程序）。在这一系统中，约束管理者不用访问系统的原型结构和约束结构。相反，其算法的目的在于寻找一个特定的有向非循环图，以求解最有价值的约束。

Aish和Woodbury在2005年提出了基于传播的系统（propagation-based system），这是一种源于Hoffmann和Joan-Arinyo的基于图形的方法。他们假设用户组织了一个图表，因此可以直接求解，并且他们的系统是最简单的一类参数化系统。实际上，他们过于简单以至于文献都没有提起过，而是去关注更为复杂的超出传播解决范围的问题的系统。本章后面的内容将详细讨论，传递是在有向图中去排列对象，通过已知信息逆推未知信息。系统完成从已知参数计算未知参数的传递过程。

在所有类型的参数化模型中，传递模型在可靠性、速度和清晰度等方面相对具有优势。由于它具有算法的高效性和用户使用的易操作性，所以被广泛用于电子数据表，数据流程序和计算机辅助设计等方面。传递系统还支持终端用户通过程序实现一种简单的可扩展形式。这样的简单性需要付出一定代价换取。有些系统并非可直接表达清楚，例如张拉结构。同时设计人员必须明确哪些是已知的以及从已知到未知的求解过程的命令信息。传递的简单性使其成为开始建立参数化模型的一个很好的入手点。本章余下的部分将详细阐述基于传递的参数化模型系统的基本结构和使用方法。

语言的使用需要一丝不苟。接下来的章节在讨论定义参数化模型系统时所需要的术语时会力求精确。这些术语都是泛化的，任何特定的传递系统都有着相似的描述，尽管一些细节会有不同。

图形是由节点通过连接线相接组成。在有向图中，连接线是箭头，它们明确地将箭尾或原节点与箭头或后续节点连接起来。路径是节点的序列关系，除了最后一个节点，其余每个节点都与路径中的下一个节点相连接。如果节点在路径中重复出现，则我们称该图形为循环图。

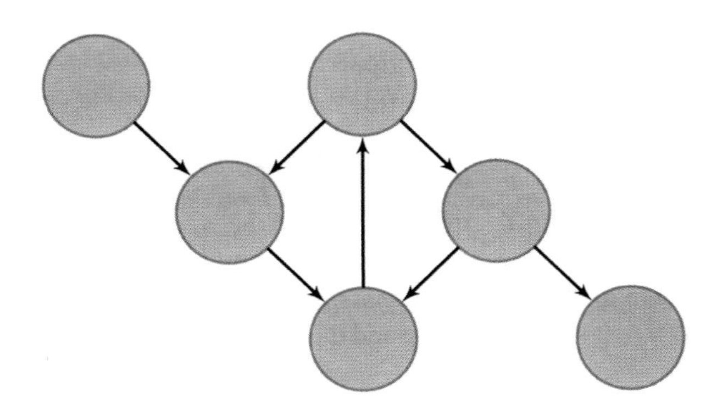

图 2.1　由路径连接而成的节点集合图。在有向图中，连线将首尾节点连接起来。该图同时是有向图和循环图。

在参数化模型中，每个节点都有自己的名字。再者，节点就是图解，也就是说，节点包含着图形的基本属性。每一个属性都有各自的关联值，通过点标记存取，换言之，通过一个图解名附加一个句点，后跟属性名。例如，p.X 即可访问节点 p 的属性 X 并将其值存储为该属性值。

```
Point p
{
CoordSystem:        cs;
X:                  3.0;
Y:                  4.0;
Z:                  1.0;
}
```

图 2.2　点 p 的图解，属性是其坐标系统与 x、y 和 z 坐标。CoordSystem 的属性值即为坐标系统节点的名称。使用点标记法，p.X 定义 p 的 X 属性且其值为 3.0。

大部分需要的算法可简单描述为只考虑节点的单一属性。每个点标记访问一个节点的单一属性，例如 n.Value 赋予节点 n 的 Value 值。依照惯例，对于单一属性节点，节点本身的名字将数据返回到其单一属性中。

约束表达式为一个由目标对象、函数调用和运算符构成的格式完整的公式。其中目标对象包含点标记的数量和其给出的属性值。在求解时，约束表达式以其数值作为求解结果。

Constraint expression	Result
3.0	3.0
Sin（30.0）	0.5
false	false
true	true
3.0+Sqrt（5.0）	approximately 5.236067977
p.X+3.0	the X property of p+3.0
p.X>1.0?true:false	either true or false depending on the X property of p.
p	the node named “p”
p.CoordSystem.Y	the Y property of the CoordSystem property of p
distance（p,q）+1.618	the distance between p and q plus 1.618

图 2.3　约束表达式举例

属性值可为约束表达式，反之亦可，即约束表达式同时包含了其他节点的属性。这些属性可称之为包含节点的属性和函数表达。它们定义了图形中的连接线路。该系统确保当属性值改变时节点的属性和表达式仍能够被求解。简单地说，我们将约束表达式的计算结果称作流入节点的数据流。约束表达式中所使用的节点（属性）为支撑表达式的前一节点（属性）。图形中的连接线记录了每个后继节点有一个约束表达式，式中使用前一节点的属性值。在单属性节点中，连接线直接对前一节点和后继节点的属性值进行编码。

一个属性可以被赋予一个明确的数值或一个不使用属性值的表达式；这样的属性称为非依赖图属性。此外，一个属性也可以具有一个约束表达式，式中使用一个或多个来自其他节点的属性值，这样的属性称之为依赖图属性。

源节点没有依赖图属性，也因此没有父节点。汇聚节点用于无约束表达式中，也即没有子节点。一个内部节点既不是源节点，也不是汇聚节点。而一个节点可以既是源节点又是汇聚节点。一个子图有其自身的源节点和汇聚节点。

系统通过对每个属性的表达式求解来保持图形的一致性。我们认为系统通过求解所有节点属性及其所有表达式来求解一个节点。系统必须决定求解顺序，因此一个属性只有在其所有前属性求解结束后才会被求解。图形因此不能存在任何循环情况，否则一个要求解的节点必须已经被求解，这就与算法中要求的前节点求解优先产生了矛盾。

参数化设计（或者仅仅是设计本身）是一个具有上述节点和连接线的有向图。一个结构良好的设计没有循环，是一个非循环的有向图。

数据链是节点的命令集合 C，在该集合中，每个节点 C_i（$0<i<|C|$）是数据链中 C_{i-1} 的直接后继节点。

该系统使用三种算法：一个是图形的命令定义，一个是图形的传递值，一个是结果显示算法。

第一个算法需要一个结构良好的参数化模型，并且生成图形中全部节点的排序。该算法找出节点序列，一个节点只有在所有前节点出现后才会出现在序列中。这种序列成为拓扑有序，其中的大部分都可能存在于所给的图形中。选择哪个可能的序列并不重要。对于所给图形而言，这个算法只需运算一次。

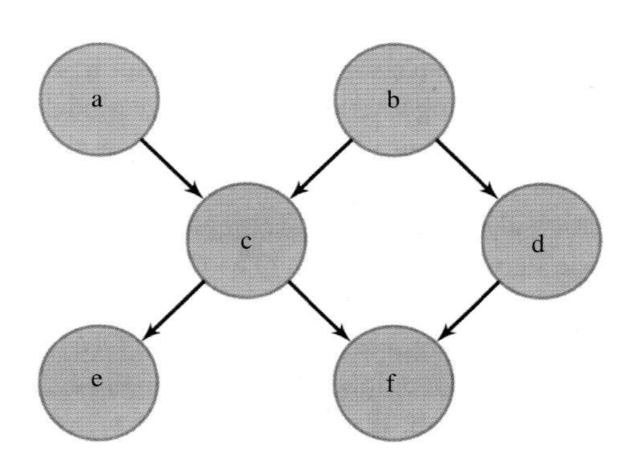

图 2.5　元组〈b，d，a，c，f，e〉是一个拓扑排序——节点在序列中出现之前其所有前节点已出现在序列中。一个图形可以有很多种类似的排序，例如〈a，b，c，d，e，f〉，〈a，b，c，d，f，e〉和〈b，a，c，e，d，f〉都是该图形可能的序列。其中任何一种都可以作为排序算法的结果，尽管在用户界面选择一种时相对而言可能会存在更有利因素。

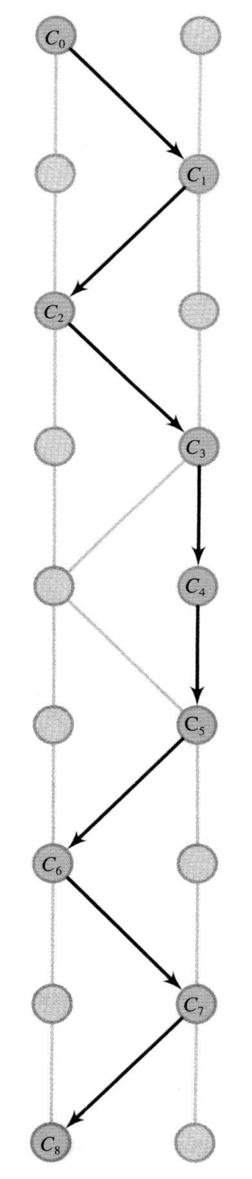

图 2.4　节点 $C_0 \cdots C_8$ 形成数据链

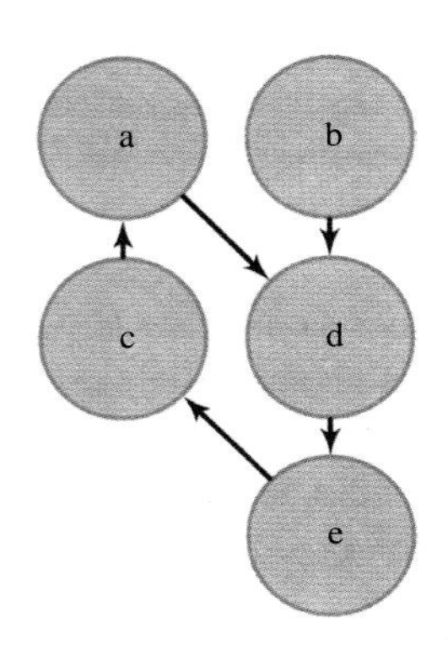

图 2.6 闭环图形中一个节点可以成为其自身的父节点。这样的图形不能进行拓扑排序。计算这类图形的初等算法将会无限地循环运算下去。

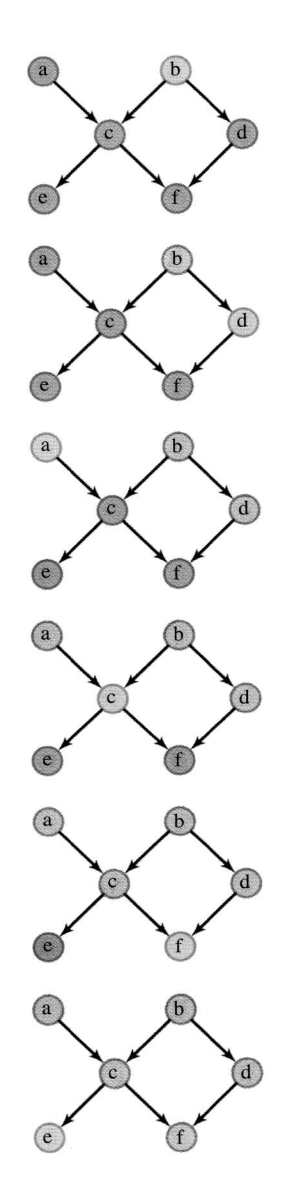

图 2.7 使用拓扑排序〈b，d，a，c，f，e〉，传播算法访问了序列中的每个节点。它依次计算每个节点的依赖图属性。

第二个算法为传递函数。其最简单的形式是通过求解其约束表达式来依次求解每个节点。这种算法更为复杂并且运算速度更快的版本是仅求解那些后继节点发生变化的节点。

图解模型通常是无限参数化设计实例组成的集合，每个图解模型通过给图形的非依赖图属性赋值来定义。推算过程需要通过图形中的命令和每一级的传递函数值。这两种算法都是简单并且有效的，使其与大型模型间的交互作用成为可能。例如，命令算法是拓扑排序，其最坏情况的时间复杂性为 O（n+e），其中 n 为图中节点编号，e 为图中连接线编号。则传播算法具有时间复杂性 O（n+e），这里假设内部节点算法为 O（1）。（函数 O 被称为大 -Oh，描述随着输入尺寸的增加，一个算法的执行时间或存储的需求。O（n）时间的复杂性意味着当 n 增加时，算法的一块执行时间低于图中的非正交直线。如果一个算法是 O（1），执行时间独立于输入 n 的大小。）

第三种算法象征性地（包括节点和连接线）显示图形和 3D 模型。一个实用而非通用、符合惯例的抽象观点，即排列节点以使连接线在一个始终如一的方向（上、下、右或左）流动。这一布置显示了传递值中固有的数据流向。该系统连续不断地调用传播和显示算法。当模型设计得足够小，达到算法的每个循环计算只需要大约不到 1/30 秒时，设计者将感觉他们正在同参数化模型直接互动。

对于单一属性节点系统，规定算法可以视作等同于规定属性和节点。多属性节点则更加复杂。

图 2.8 所示为这样一个节点可以视作包含（或缩略）单一属性节点的集合并且可以在图中取代它们。

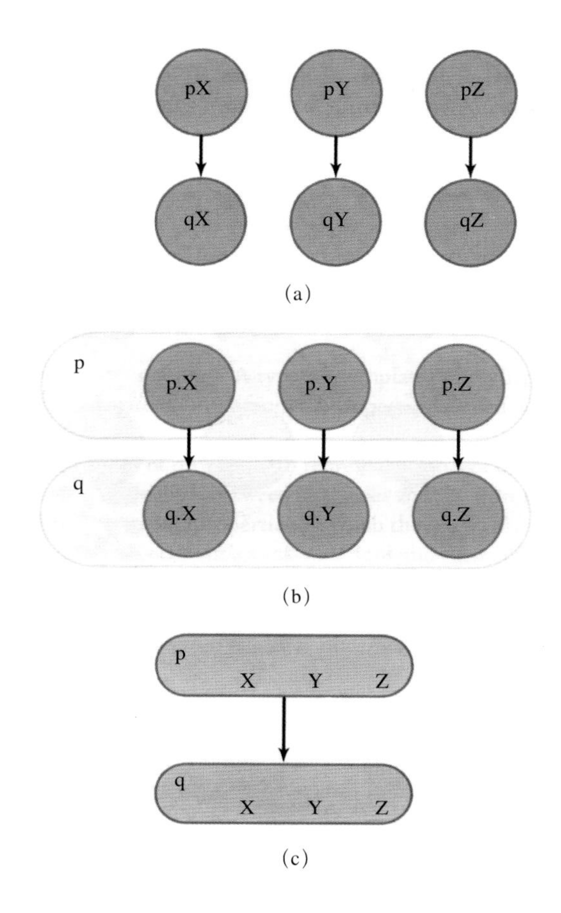

图 2.8　多属性节点可以视为单属性节点的集合。(a) 具有六个节点的参数化模型，坐标由两个点表示，一个点由另一个平移得出；(b) 节点 p 和 q 收集相关的单一属性节点；(c) 前一单一属性节点成为 p 和 q 的属性值，单连接线取代了先前的三节点连接线。

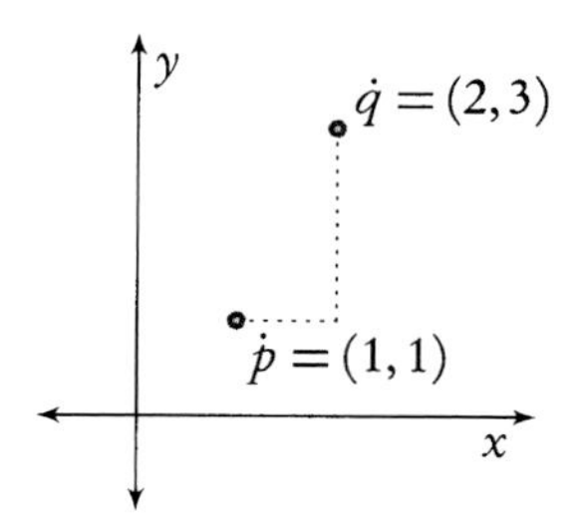

图 2.9　q为 $\dot{p}$ 点的简单平移，平移公式为 $\dot{q}_x=\dot{p}_x+1$ 和 $\dot{q}_y=\dot{p}_y+2$，$\dot{q}$ 随 $\dot{p}$ 的移动而移动。

当将单一属性节点集中成多属性节点时，它的非闭环图可以转变成环形，这就产生了问题。例如，考虑两个节点 $\dot{p}$ 和 $\dot{q}$，将 $\dot{q}$ 的 y 坐标赋值给 $\dot{p}$ 的 x 坐标，同时将 $\dot{p}$ 的 y 坐标赋值给 $\dot{q}$ 的 x 坐标。点 $\dot{p}$ 和 $\dot{q}$ 都定义在与原点夹角 135° 的线段上，并且它们的端点与最近的坐标轴距离相等。当该图形由单一属性节点组成时，图形为非闭环图，但是当点 $\dot{p}$ 和 $\dot{q}$ 汇聚为一个节点时，该图形变为闭环图。更深入地说，如果多属性节点在开端即被应用，那么一些模型可被表述并不是由于拓扑排序算法（算法 #1）的无环约束形成的。一些实用的解决问题的方法就是定义分类和传播算法以充分研究属性；或者接受一些不易表达但又明显可感的模型，这两种方法各有利弊。

属性间的传播使可表达模型产生一个更大更完整的范围，并且常常加快模型的更新。它可以在用户界面上制造问题，这些问题大部分依赖非闭环约束并使得模型具有可视化和可阅读性的特点。多属性节点的传播可以简化用户界面，但是也可导致更新慢，以及一个应为有效的建模步骤却由于没有明显可感的原因而失败的困惑。

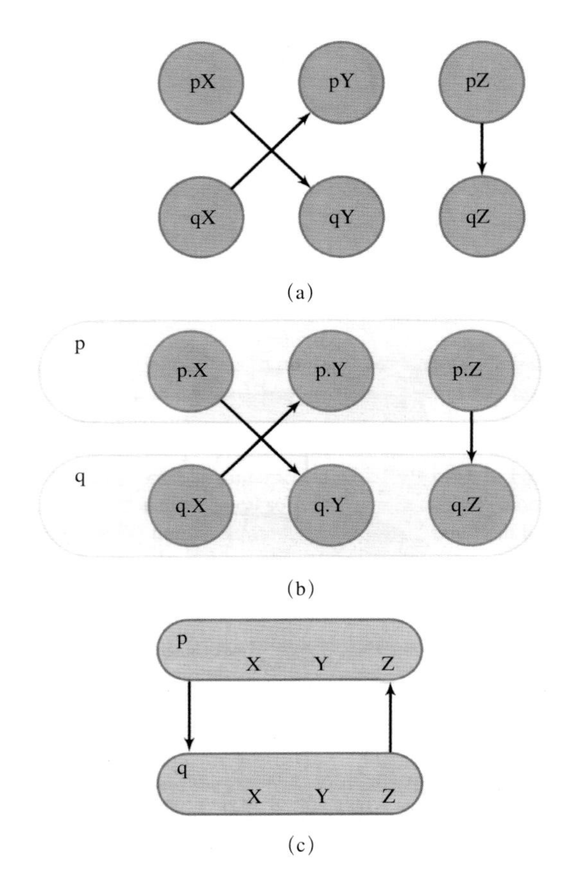

图 2.10 将单一属性节点凝聚成多属性节点可以产生闭环图形

（a）六节点组成的参数化模型，分别代表两个点的坐标，各自的 y 坐标为对方的 x 坐标；

（b）点 p 和点 q 分别收集各自的单属性节点；

（c）前一单属性节点成为 p 和 q 的属性值，在 p 和 q 之间形成一个循环的双连接取代了单一属性节点三个连接。

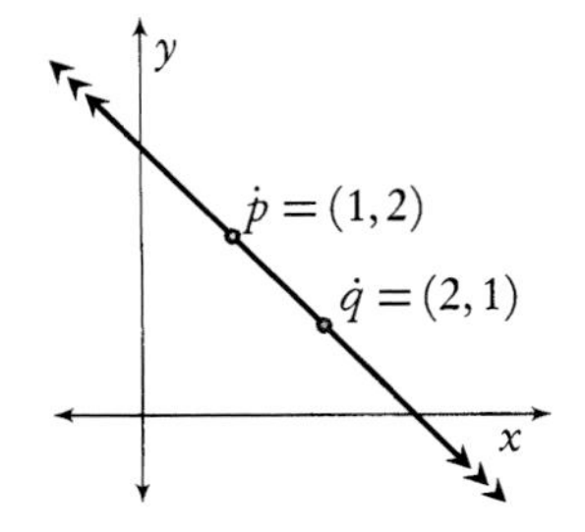

图 2.11 点 $\dot{p}$ 的 y 坐标取决于 $\dot{q}$ 的 x 坐标，反之亦可。当 $\dot{p}_x=\dot{q}_x$ 时，两点重合，其他情况下两点连接而成为一条与 x 轴夹角为 135° 的直线。

多属性节点具有计算机科学家们所说的所谓封装性和数据抽象等主要优点。有了它们，描述一个特别的概念性物体的数据可以存储在一个逻辑空间里；复合运行可在此数据基础上定义；数据间的逻辑关系可以自动被保存起来；数据访问可以保持一致性。图 2.2 所示为一个简单的多属性节点组成一个坐标系统，并且需要三个坐标来定义一个点。它证明两个关键点：首先，属性能够包含（涉及）其他多属性节点（Cs 控制 CoordSystem 属性）；其次，这些节点可被类型化。

点记法可以延伸至存储多属性节点的属性中。例如，路径标记 p.CoordSystem.X 访问 p.CoordSystem 坐标系统的 *x* 坐标。

类型化节点是类型的实例，类型就是指定属性集合的模板和计算类型中所定义的属性的改进算法的集合。

在这个世界中，我们使用类型和它的属性集合来代表一个概念或者物体。区分节点及其属性与他们提到的相符合的物体及其属性是很有用的。按照惯例，我们将节点和属性规定为无衬线字体，并将他们的相应物体用斜体表示。例如，典型节点 p 具有属性 X、Y 和 Z。对应的点 $\dot{p}$ 分别有 $\dot{p}_x$、$\dot{p}_y$ 和 $\dot{p}_z$ 坐标。节点 p 代表 $\dot{p}$ 概念或 $\dot{p}$ 物体。

更新的算法使用一些节点属性来计算其他值。在节点的作用域内，那些已经通过更新算法求出的属性值是节点依赖（或只是连贯清晰时依赖）。节点依赖属性是更新算法的输入属性的子属性。这些节点依赖属性是由更新算法决定的，并且不能够有用户定义值或者用户附加表达。其他所有属性都是非节点依赖属性（或只是非依赖）。某类型实例选择能够更新的算法作为动态改进算法：

```
Point p
  Update byCartesianCoordinates
  {
    CoordSystem:   cs;
    X:             q.X+2.0;
    Y:             3.0×2.0;
    Z:             1.0;
    Azimuth:       dep Atan2 (X, Y)         =51.13;
    Radius:        dep Sqrt (X×X+Y×Y) =5.0;
    Height:        dep Z                    =1.0
  }
```

图 2.12 ByCARtesianCoordinates 更新算法下的点类节点可以在它的 X，Y 和 Z 每个属性中具有用户定义的约束表达式。与此相反，其方位角、半径和高度属性的约束表达在更新算法中给出。在此图中 CoordSystem 和 X 属性是图依赖的，Y 和 Z 属性为非图依赖的。

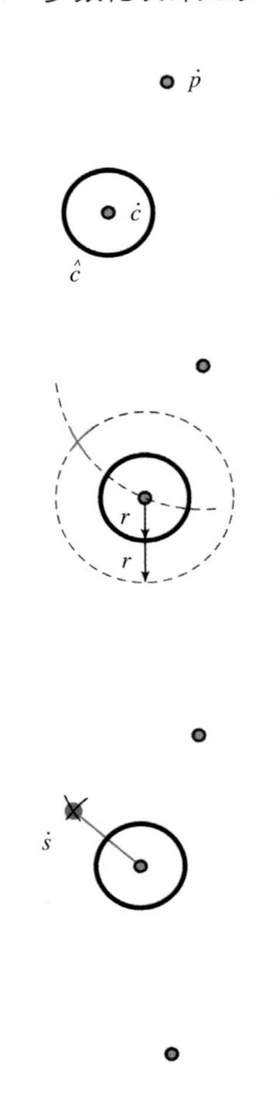

图 2.14 依据圆心 $\dot{c}$ 及其半径 r，过点 $\dot{p}$ 做圆 $\hat{c}$ 的切线的步骤。找出两圆交叉点 $\dot{s}$，中心在 $\dot{p}$（半径 $|\overrightarrow{pc}|$）和 $\dot{c}$（半径 $2r$）。使圆 $\hat{c}$ 和 $\overrightarrow{sc}$ 相交找出切点。

即使是最简单的点也有多个更新算法。例如，一个点节点可能包括其包含的坐标系统 CoordSystem，其 X，Y 和 Z 坐标以及柱面坐标、它的方位角、半径和高度。ByCartesianCoordinates 更新算法需要定义 CoordSystem，X，Y 和 Z 属性并用其计算点节点的方位角、半径和高度属性。相反的，使用 ByCylindricalCoordinates 更新算法可以使用 CoordSystem 方位角、半径和高度属性来求解其 X，Y 和 Z 的属性值。

```
Point p
  Update byCartesianCoordinates
  {
    CoordSystem:   cs;
    X:             3.0;
    Y:             4.0;
    Z:             1.0;
    Azimuth:       dep Atan2（X, Y）      =51.13;
    Radius:        dep Sqrt（X*X+Y*Y）=5.0;
    Height:        dep Z                  =1.0
  }

Point q
  Update byCylindricalCoordinates
  {
    CoordSystem:   cs;
    X:             det Radius*cos（Azimuth）=3.0;
    Y:             det Radius*sin（Azimuth）=4.0;
    Z:             det Height              =1.0;
    Azimuth:       51.13;
    Radius:        5.0;
    Height:        1.0
  }
```

图 2.13 不同的更新算法意味着不同的节点依赖属性和非节点依赖属性集合。点 p 和点 q 的位置相同，使用 ByCartesianCoordinates 更新算法，CoordSystem，X，Y 和 Z 属性都是非依赖的，节点依赖属性通过关键字 dep 来标识。而用 ByCylindricalCoordinates 更新算法，CoordSystem，方位角，半径和高度属性都是非依赖的。

节点在其表达式中可以使用若干节点，即该节点可以成为若干节点的子节点。每个用过的节点的若干属性都可以使用，一条连接线表明，父节点的单一属性或多属性可在一个节点内的表达式中使用。

```
Point p
  Update byCartesianCoordinates
  {
    CoordSystem:  cs;
    X:            (p0.X+p1.X) /2.0;
    Y:            (p0.Y+p1.Y) /2.0;
    Z:            (p0.Z+p1.Z) /2.0;
  }
```

图 2.15　一个节点可能会依赖于多个节点或者其自身的多个属性。例如点 p 的约束表达式就是用了其父节点 p0 和 p1 的属性值。计算这些表达式，将 $\dot{p}$ 点置于 $\dot{p}_0$ 和 $\dot{p}_1$ 点的连线上，并且与两点等距，也就是 $\dot{p}$ 点成为 $\dot{p}_0$ 和 $\dot{p}_1$ 之间线段的中点。

约束表达可以用来从某种程度上表示数据流。在上面的例子中，$\dot{p}$ 依赖于 $\dot{p}_0$ 和 $\dot{p}_1$，通过求取平均值，即表达式 $\dot{p}=\frac{\dot{p}_0+\dot{p}_1}{2}$。将该表达式顺序倒转，并用箭头表示数据流向，即有下式：

$$\frac{\dot{p}_0+\dot{p}_1}{2} \rightarrow \dot{p}$$

此向量方程可以扩展为每个坐标的方程。如下所示为参数化建模的约束表达式：

(p0.X+p1.X) /2 → p.X
(p0.Y+p1.Y) /2 → p.Y
(p0.Z+p1.Z) /2 → p.Z

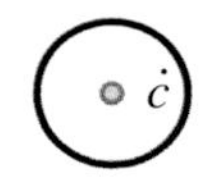

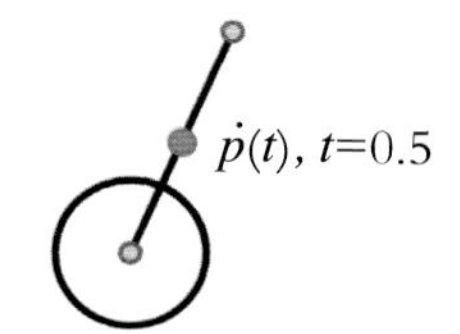

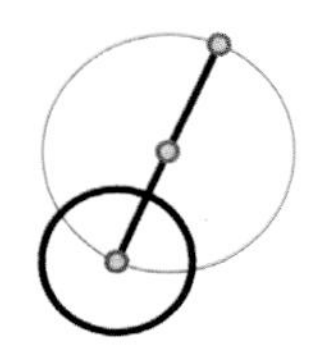

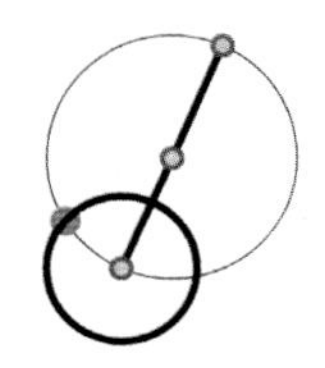

图 2.16　使用替换结构序列来求取点 $\dot{p}$ 到圆 $\dot{c}$ 的切线。以点 $\dot{p}$ 和圆心 $\dot{c}$ 的连线的中点为圆心画圆。两圆的交点即为所求切线的切点。

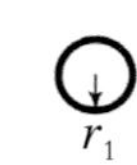

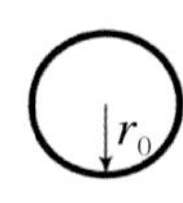

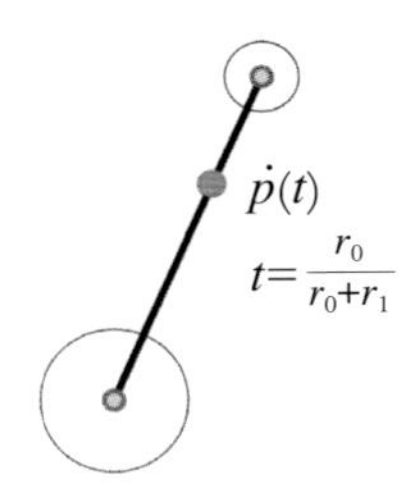

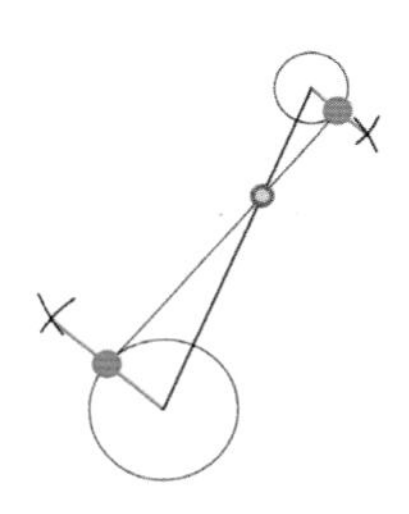

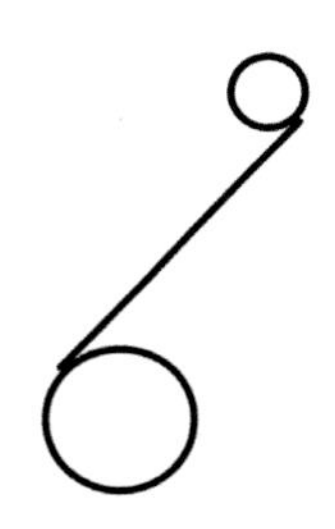

图 2.17 求取两圆的公切线，寻找圆心之间的参考点 $\dot{p}(t)$，该点将两圆心间距离隔得它们半径比例一致。使用 $\dot{p}(t)$ 来取代欧几里得作图中的若干步骤，并使用图 2.14 和图 2.16 的方法即可求得 $\dot{p}(t)$ 到两圆的公切线。

约束表达的数据流可视化给属性值提供了一个更准确的视角；这和我们平时读到的数据相反。在程序中，属性值通常被认为它控制或包含着它所命名的对象。在参数化模型中，将节点自身的名字应用于节点自身的属性值上是一种更为见解深刻的观点。这些节点是模型属性的父节点。因此点标记法只能访问模型中部分节点的父节点属性。点标记法中的表达法从链接的底层逐步记录一系列节点。标记不会提供发现节点（属性）的直接方法，而是使用特殊的节点（属性）。如果提供了这样的方法，则此后部链接必须由建模者自己计算。

传播是目前为止参数化模型的最简单形式。在其他的建模基础之上，具有普遍性是该方法的最主要优势。更新算法可以计算任何参数（或至少任何可算的参数），然而其他图表都严格限定了其各自的定义域，例如真值表达式。正因为此，很多设计者想要使用的结构都会变得非常难以表达。例如，计算两个圆的两条公切线需要一个多步骤的几何作图，除非已有一个计算此线段的更新算法。一些结构有闭环要求，这只能由全局图形技术来解决。潜在的、有用的更新算法的数量惊人，任何试图提供全部这些算法的用户界面将会被摧毁。即使一个巨大的算法集合能够在一个系统中使用并访问，几何学也是一个过于庞大的课题和无法被一项计划全面覆盖的、太过大胆的设计。事实是设计者们将在一些系统的边缘寻求答案并需要技术的整合。这里两个关键的技术是几何作图和编程。

几何作图涉及应用一系列简单的运算来解决复杂问题。虽然其作为欧几里得几何圆规和直尺作图的产物，但将一整套的参数化更新方法添加到这一古代系统的原始运算中去。几乎所有的作图都能够应用不同的方法解决。例如，图 2.14 和图 2.16 中所示为求解一个点到一个圆切线的不同方法。但是简洁是重点（图 2.16），而有时冗长的方法更容易被发现，并且能够带来新的、有可能更有价值的见解（图 2.14）。一旦一个好的几何作图被发现，可以被用于其他更为复杂的作图中，如图 2.17 所示的求解两个圆的公切线问题。

编程是用来写用于建模的算法或者更新算法自身。对于大多数设计者来说，作图和程序都是陌生的。20 世纪后半叶见证了最接近几何学的课题——画法几何学的研究大大减少了，取而代之的是计算机编程的谦恭引入。参数化建模和当代设计协力发展这类技能。在介绍程序的编写技巧和几何学之前，下一章将概述设计者如何在他们的工作中使用参数化模型。

第3章

设计者如何使用参数？

在上一章对参数化模型的一般描述中，我们定义了其重要的技术术语和结构，但是没有涉及该系统在设计工作上的使用效果。本章我们描述了参数化设计如何改变设计者的工作以及他们在参数化设计中必须思考的问题。本章所述的处理方法主要是描述性的。这源于参数化系统自身的属性，也源于我本人在计算方法和设计方面的知识储备，但主要是源于几年来与设计师合作学习和使用参数化系统的工作实践。

3.1 传统的和参数化设计工具

在传统设计工具中创建一个初始模型非常容易——你只需要添加部件并将它们尽快相互关联起来。在模型上进行修改是困难的，即使是一个尺寸的改动也要调整很多其他部分，并且所有的修改都是手工完成。模型越复杂，就带来越多的工作量。从设计的角度来说，决策变化需要大量修改工作。这类工具会限制深入探索，并且很大程度上约束设计工作。

另一方面，清除传统的工作非常容易，选出来并删除之。因为部件都是相对独立的，也就是它们与其他部件之间没有持久的关联，所以也就不需要更多工作来修补表示法。你可能不得不修补设计，通过增加新的部件来取代擦除的部分，或者调整现存的部件以适应更改后的设计。

自 1980 年开始，传统的工具就已经使用如复制、剪切和粘贴等无处不在的通用概念。这些工具将清除工作和添加部件相关联，以支持由于元素复制和复原引起的快速变化。由于部件间的独立性，传统设计工作中的复制、剪切和粘贴命令精确有效。

参数化建模旨在应对这些局限。与其说设计者利用传统工具（通过直接操作）创造设计方案，倒不如说设计者创建部件链接关联的新概念，通过利用和编辑这些关联逐步建立一个设计。这一系统关注于保持设计与关联的一致性，同时也可以提高设计人员探索新思路的能力，从而减少单调乏味的返工。

当然，这需要付出。参数化设计取决于定义关联以及设计人员愿意

（并有能力）将这个关联定义阶段作为构成设计过程所必需的一个部分。首先需要设计人员暂停直接切入设计，同时关注设计整合的逻辑性。创造关联的进程需要一个正式的记号，并且引入此前从未作为“设计思维”一部分的附加概念。

付出代价也可以带来好处。通过对常被认为是直觉的理念的明确表达，参数化设计和其所需的思维模式可以大大拓展设计的知识范围。要想能够明确地解释概念至少需要一些真正的理解。

定义关联是一种复杂的思考行为。它包含着策略和技能，对于设计人员而言，一些是新鲜的，另一些是熟悉的。接下来的部分描述部分策略，并且将其和设计者计算机指令系统中已有的关联起来。第一部分，叫做新技能，概述由实际的参数化建模从业者使用的小比例模型、技术知识和技巧。第二部分，叫做新策略，向设计稍稍更近一步，描述设计人员通过新工具完成的新任务。这两部分都是描述性的，而不是规范性的。我的意思是它们是基于利用参数化建模与设计师的共同观察与工作，而不是在某种意义上对设计者可能需要了解的内容的猜测。

3.2 新技能

绘图是一种技能。通过将多向正投影图与透视图结合起来展示设计概念是一个策略。以下六种技能由了解并使用参数化工具的人提出。一些和传统设计技能类似，而另一些对设计而言是全新的。精通参数化要求对这些都要熟练掌握。

3.2.1 构思数据流

注：3.2.1 节至 3.2.4 节所举的例子非常简单，甚至是微不足道的，但却是经过我们深思熟虑的。透过简单，我希望阐释容易使人费解的关键性原理。这一点请读者谅解。

第 2 章里详细介绍了以传递函数为基础的系统，反映了在传递函数的理解使用中的实际需要。参数化模型中的数据流由非独立节点流向独立节点。数据流的流动路线深刻地影响设计可能性，并影响设计人员如何与其互动。这一点可以通过一个简单的例子来说明，三室矩形设计方案如下所示，直线代表墙壁。在接下来的图表中，传播图仅代表房间尺寸，连接线反过来取决于图中的节点。在图 3.1 中，房间的尺寸与开放性的尺寸链条相关联。图 3.2 所示为同样的房间集合，带有 room1 保持正方形的附加条件。其中图形有一个新的链接（在 w_1 和 h_1 之间）和更少的源节点（h_1）。在图 3.3 中，room1 仍然保持正方形，同时和整体宽度保持恒定比例。这使得 w_1 成为一个内部节点，并且引入比例常量 a 作为新的源节点。

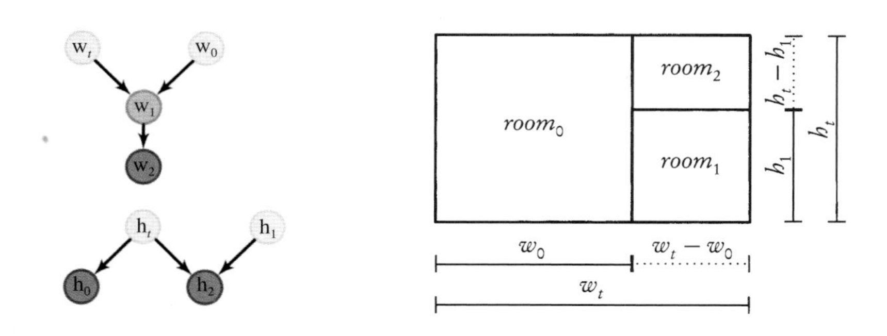

图 3.1　方案涉及 $room_{0\cdots2}$。每个房间 $room_i$ 都有各自的宽度 w_i 和高度 h_i。整体宽度为 w_t；整体高度为 h_t。尺寸 w_t 和 w_0 是独立的，尺寸 w_1 和 w_2 是从属的：$w_t-w_0 \rightarrow w_1$ 和 $w_1 \rightarrow w_2$。尺寸 h_t 和 h_1 是独立的，而 h_0 和 h_2 是从属的：$h_t \rightarrow h_0$ 和 $h_t-h_1 \rightarrow h_2$。h_t 增加时，$room_1$ 保持同样的高度：$room_0$ 和 $room_2$ 扩张占据所有的新空间。为了更清晰地进行图解，平面图省略了尺寸间简单的关系等式，这些等式已在图中隐含，如 $w_2=w_1$。

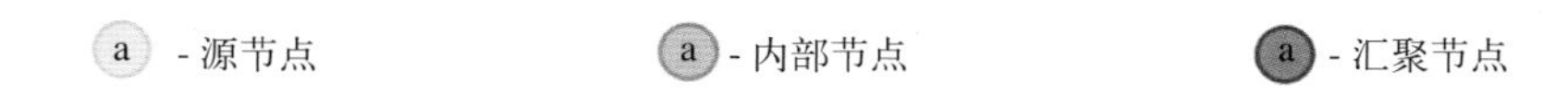

构思、调整和编辑依赖关系是参数化任务的关键。

为了增加复杂性，依赖链条——多个节点呈序列依赖——倾向增长。图 3.4 拓展了上面的例子以包含表达平面图的点和直线。可见长依赖链条是标准的，而图解可视化会变得复杂。

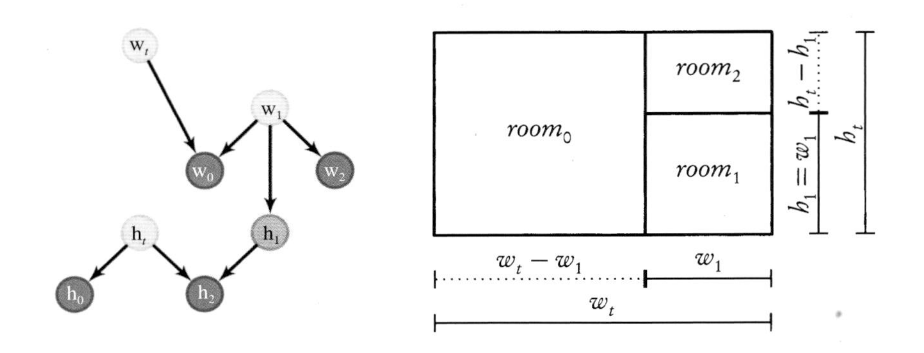

图 3.2 $room_1$ 保持正方形并且尺寸受到明确控制，是本设计与图 3.1 的设计之间的主要交互差异。传递图形也明显不同。

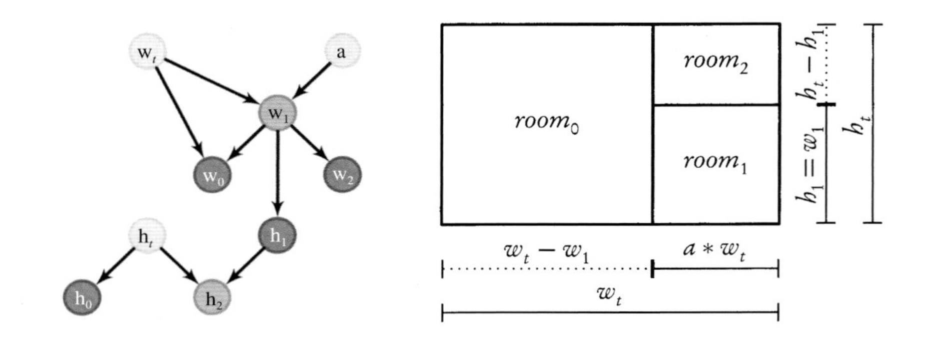

图 3.3 除了图 3.2 设计中的约束外，w_t 和 w_1 之间的比率为常数：$a*w_t \rightarrow w_1$。

设计人员在相互关联中使用依赖性来表现一些想得到的集合形式和行为。依赖性可与几何关系相对应（如在一个表皮及其定义的曲线之间），但是不受此限制，并可能实际上代表更高的秩序（或更抽象）的设计决策。参数化设计方法目标在于为设计人员提供设计工具，通过明确的、可审计的、可编辑的和可重复执行的形式来获取设计决策。

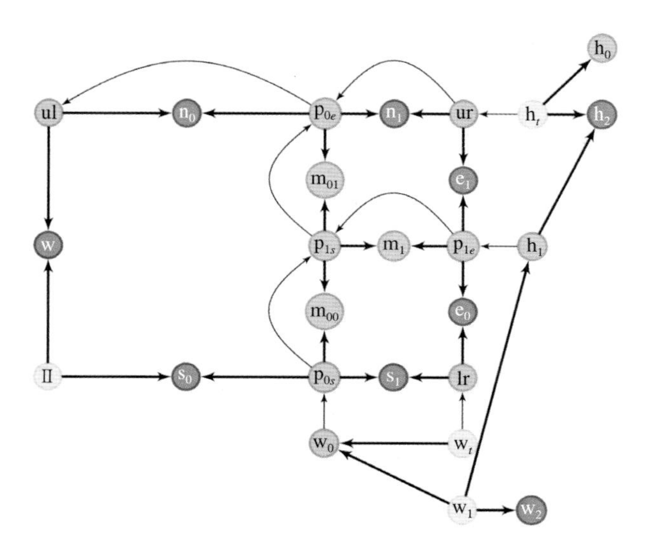

图 3.4　增加点和线段来定义平面图，增加了依赖链条的长度与整个图形的复杂度，增加了创造简短、清晰、具有描述性名字的难度，尤其是增加了实现可读的图解布局的挑战性。

这一图形建立在图 3.2 的基础上。改变了前者的节点布局，并且打破了数据流方向一致，有利于一个布局模拟平面图中点和线的位置的惯例。一些弧线旨在避免干涉节点。那些目的仅为携带坐标信息的弧线用细线。外墙标以 n，e，s 和 w（分别代表北、东、南和西向），内墙的代码前缀为 m（很大程度上由于该字母未在其他地方使用过）。最后节点 ll（图左下角）假设位于（0，0），如果它可位于其他任意位置，图形中的弧线将必须从该点辐射到图形的其他点。

3.2.2　划分区域逐步征服

因为非常好的理由，即部件递归系统与部件间有限的相互作用，设计人员按照层级来组织其工作。这是近乎普遍性的链条，并且测试简单。设想设计对象照此组织，例如，汽车可以组织成车身、驱动链和电子系统。现在设想某设计对象在某种程度上没有层级关系，要么只有单一部件，要么部件间相互作用极其复杂。想象每种情况并比较其相对难度。明白了么？

相近层级的许多原因之一是系统各部分之间有限的相互关联，使划分区域并逐步征服设计策略成为可能——将设计划分为若干部分，设计每一部分并将其结合成一个整体的设计方案，在这一过程中始终管理各部分间的相互作用。当相互影响十分简单时，设计策略的效果往往是最佳的。

参数化建模需要并能够使划分区域征服策略成为可能。建立一个参数化设计，在图形中增加持续节点很容易。虽然如此，但是有些图形过于复杂以至于完全捕获很困难。在更早的年代，将图形解释给别人或者在突然中断工作以后重新开始都很困难（在此情况下，确实有“另一个”——也就是你本人，短暂休息后带着不同的记忆状态回来工作）。使用划分区域逐步征服的策略是将参数化设计分为若干部分，以便各部分之间具有有限的、并且容易理解的链接。数据流的有向性确保了一个递阶模型，数据流的高层是典型的概念集合。数据流的底部一般都是对应着设计的物态部分。

回到三室平面图，即使是如此简单的设计仍然可以被赋予分层结构。图 3.5 和图 3.6 显示一个将三个房间布置在两翼的建模决策，将每个房间分配到一个翼，这对能得到的平面布局具有深远影响，尤其是每个翼的房间数增加的时候。

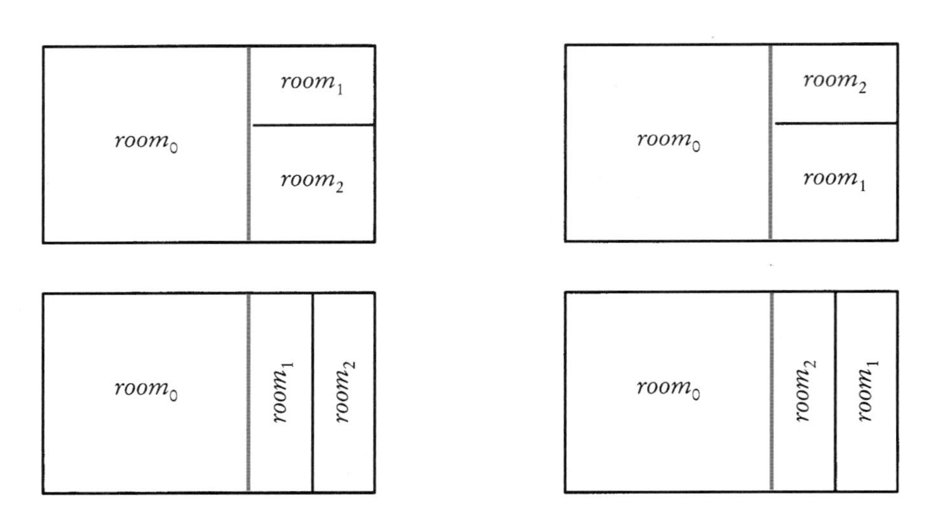

图 3.5　将房间组织到两侧，其中 $room_0$ 在西侧，$room_1$ 和 $room_2$ 在东侧的所有可能布置。

有经验的设计者将大量时间花费在研发和提炼模型的分层结构上。他们作为划分区域逐步征服策略的实践者实现参数化设计，建筑师通常将设计（特别是在施工图阶段）组织到技术子系统中。在概念设计阶段，通常的设计模式分别应用在空间和构造上。但是技术转移很少跨领域。参数化模型的区域划分逐步征服的策略需要设计领域和关于如何构建参数化设计的双重知识，以使各部分之间的数据流能够清晰并且可被理解。

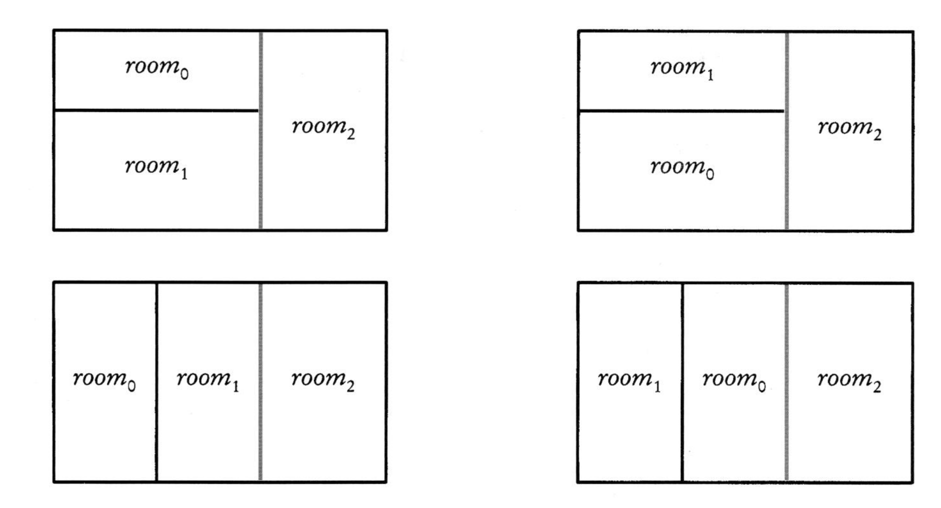

图 3.6　将房间组织到两侧，其中 $room_0$ 和 $room_1$ 在西侧，$room_2$ 在东侧的所有可能布置。

3.2.3　命名

每个部分都有各自的名称。这是设计惯例，并非法定。但是这里有一个好理由——名称有助于交流。“柱体位于网格位置 E2 ： S4”相比“那个方形标记三分之一或者穿越表格上的路径中点”是识别一个特定柱体更可靠的方式。

参数化模型建立者需要花费很多时间用于设计和完善每部分的名称。简单地重新命名房间和三室平面图的尺寸展示了为什么要如此的原因。图 3.7 与图 3.2 除了节点和房间都被赋予任意的名称之外，在所有方面都是相同的。

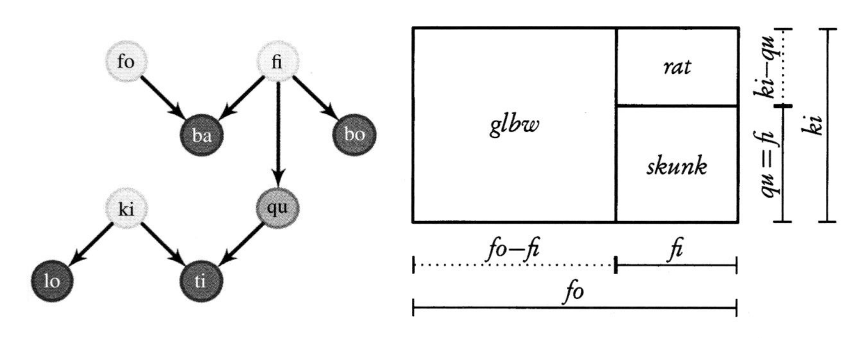

图 3.7　任意名称带来了混乱。尽管本图和图 3.2 除了名称之外都相同，但是理解起来要费力得多。

3.2.4 抽象思维

“抽象”这个词有些过了，换言之，它的含义主要取决于上下文。

设计人员和计算机科学家使用这个术语的方法不同。

抽象用来描述一般概念而不是具体实例。在一般的使用环境中，抽象一般和模糊关联密切，通过抽象思维推断是很困难的。在设计中，抽象思维经常是多变的，它是产生诸多可能的依据。在这一角色下，这个词的两方面内涵均得以应用：一个可由多种方式表述的通用概念；一个模糊的概念可被赋予多种解释，其中的每一种都可能有多重理解。

在计算机科学中，抽象具有第一个含义：抽象概念描述实例集合，遗漏掉无关紧要的细节。计算机科学家（和他们手艺好的表亲——程序员）经常寻求可以用于多种情况的公式和代码。实际上，计算思维的效用和其普遍性深深地联系在一起——其应用得越频繁，它本身越实用。设计者也熟悉并且实践这些抽象思维。维模块、结构中心线和标准细部都是抽象设计思维的媒介。

抽象一个参数化模型就是使其在新的情境中可以使用，使其仅仅依赖于主要的输入数据并且将参考或使用的过于特定的条件移除。这一点尤其重要，因为大量建模工作是类似的，而且可用时间总是很短。如果一个模型的某部分可以应用在其他模型中，重复使用可以体现出某种抽象性。精心制作的抽象是高效建模的关键。例如楼层平面图由矩形房间组成，两个好的抽象是分别将房间和墙考虑成节点。将房间作为节点使用（图 3.8）在设计中创建了两个独立的子图形，一个是自西到东，一个是自北向南。

在图 3.9 中，当墙壁作为节点时，图形就变为连续子系统的非常简单的树形结构，不论是垂直方向还是水平方向，用来分割整体矩形平面。在这部分的四个抽象中的每一个，都以尺寸（图 3.1、图 3.2 和图 3.3）、点和线段（图 3.4）、矩形（图 3.8）和墙壁（图 3.9 和图 3.10）作为基础代表二维矩形布局，每一个都有优点和缺点，并且遗憾的是每一个部分都需要进行解释、升级和使用的相关工作。计算机科学家使用术语“表达法”描述抽象概念，并用数学证明一类对象的相关抽象属性。

参数化建模的抽象概念的一个重要形式是压缩和拓展图形节点。在任何图形中，节点集合都能被压缩为单一节点，而有着压缩节点的图形被称为复合图。压缩节点可以被拓展以恢复图形的初始状态。压缩和拓展实施分层并辅助划分区域逐步征服的策略。参数化模型制作者实施这一策略创建新型的多属性节点，来支持复制和重新使用部分图形并因此创建参数化模型的用户自定义数据库。参见第 3.3.7 节。

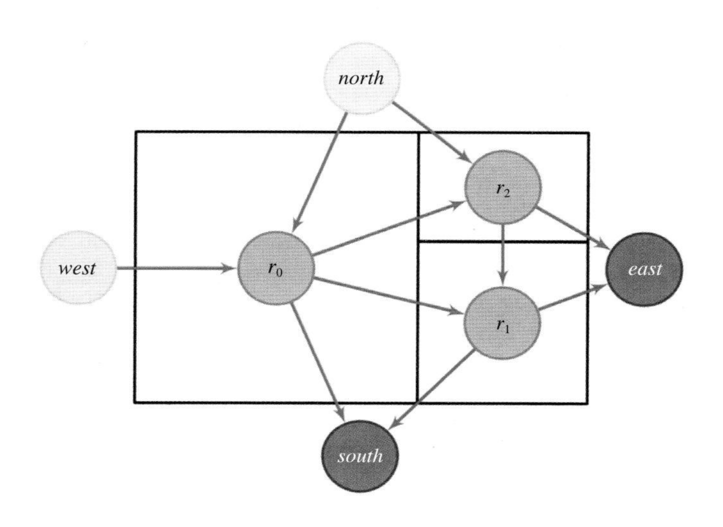

图 3.8　矩形的疏松排列（LOOS）描述（Flemming，1986，1989）。将每个矩形视作图形节点在设计中创造两个独立的子图形（西 – 东和北 – 南）。4 个突出的节点（称作北、东、南和西）结合设计中的真实矩形。每个内部节点有两个最小维数：一个是自西向东方向，一个是自北向南方向。节点通过约束来计算墙体位置。一个这样的算法计算每个垂直（水平）的墙壁位置可能达到最西或最北端。除了它的简单图解，LOOS 表达法具有能够表达每种可能的矩形布局，并且提供相对简单地插入和删除矩形操作的优势。

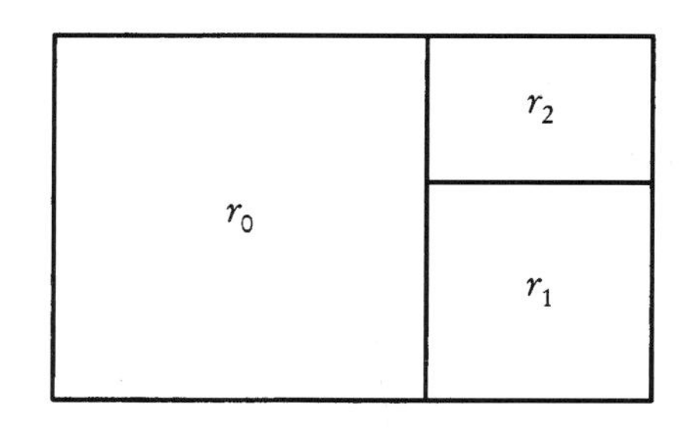

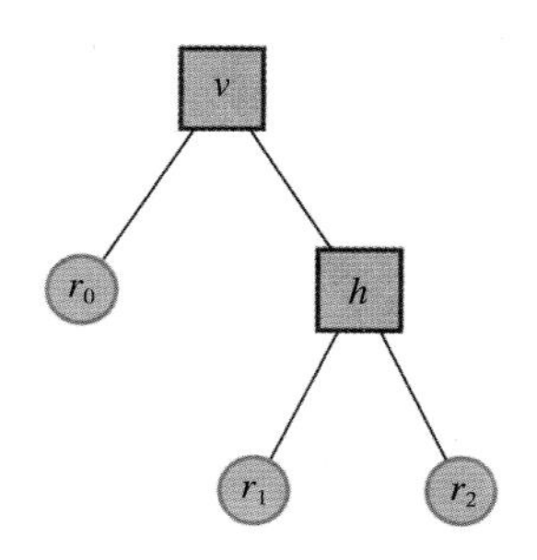

图 3.9　在子区域表达中（Kundu，1988；Harada，1997），表达为简单树形，每个方形节点都代表一个矩形区域和或者是垂直的（v）或者是水平的（h）墙体划分区域，每个圆形节点代表一个特定的矩形。这种表达法极其简单，同时具有易于理解的标注方案，每个 v 和 h 节点包含一个独立参数。

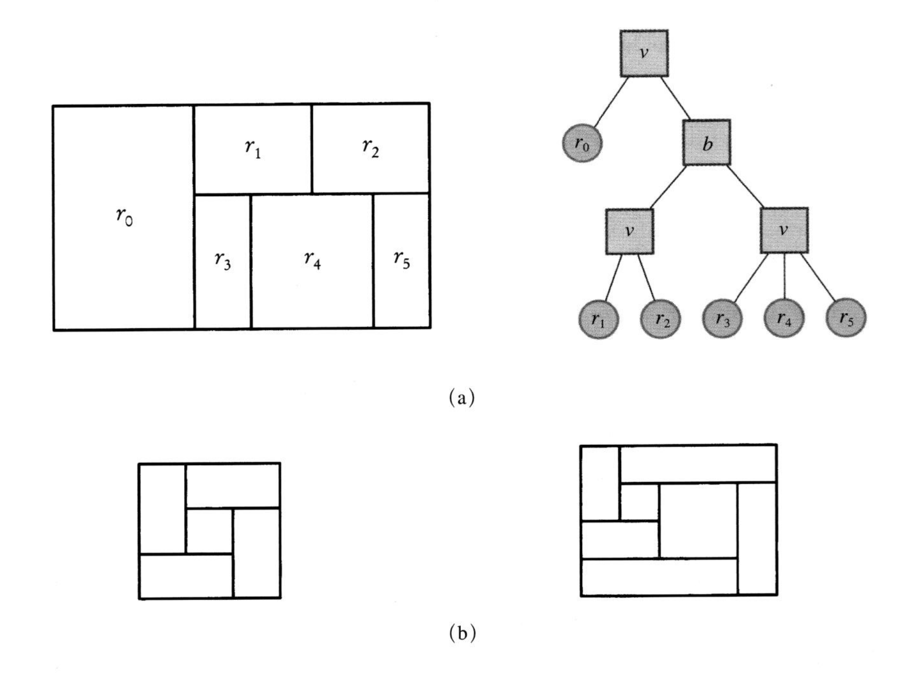

图 3.10　子区域表达可以（a）仅仅代表矩形的复杂布置，并提供区域的自然层级。树的每个 v 和 h 节点包含单一参数来列举较大矩形被细分的比例。然而，墙壁必须彻底划分一个区域。（b）显示一些不能被表达的布置。

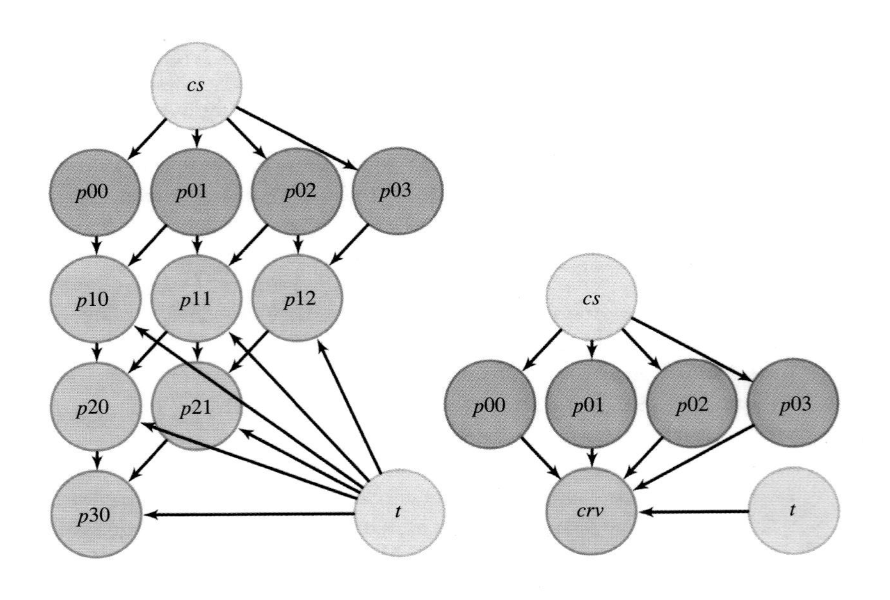

图 3.11　左侧图形压缩为右侧的复合图形。左侧筛选的节点集合（红色部分）成为右侧的单独选定的节点。

3.2.5　数学思考

索尔兹伯里大教堂
资料来源：Bernard Gagnon。

Nasir–Al–Molk 清真寺中的 Rosmi 穹顶系列，位于伊朗设拉子(Shiraz)，基本图形映射是穹顶的主要生成元。
资料来源：Babak Hikkhah Bahrami。

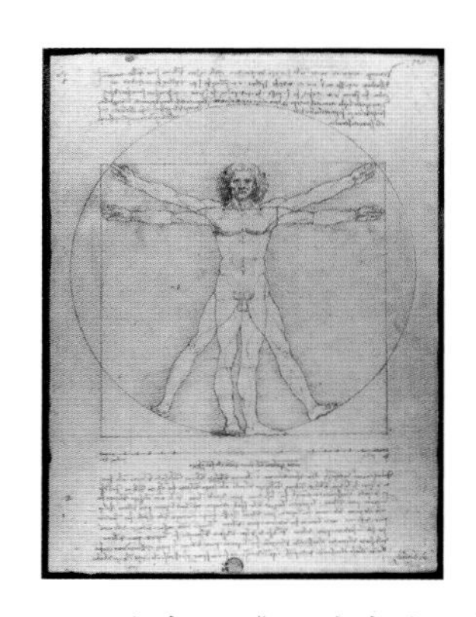
达·芬奇的《维特鲁威人》
资料来源：Luc Viatour。

不论是传统方法还是参数化方法，CAD 模型都是一组数学命题集合。端点间的直线段是模型的一部分。该系统决定了其常规的数学计算如下：将新节点置于动态平面，过点作圆的切线，并且指定一点作为每个模型的基础数学推断的多边形的形心。设计者还要做比命题集更多的工作：为他们的设计提供依据。通过使用栅格、节点、圆周交点和切线等结构，设计者为设计工作提供数学证据，随之而来的是基本的假设。当然，设计人员很少以这种方式看待他们的工作，并且数学家在考虑这些特殊目的结构作为有意义的证据时会显得有些退缩。但是这些类比是成立的，在某种意义上，设计者是在研究数学，尽管事实上设计者使用数学要远远多于研究数学。使用数学就是要从建立数学事实开始，并且依赖它来构造结构，甚至更松散，作为一个设计活动的隐喻。研究数学就是从先前已知通过推论手段得到定理（新的数学真相）。两者的区别就在于研究目的和实践手段。设计人员开始创建一个设计，是创建一个适应目的的特定对象的描述。而数学家是要从已有的或新的推断路径来探索新的发现和一般事实。设计工作更类似于 McCullough（1998）的数字化工艺而和 Lakatos（1991）的环形证明和驳论不一样。我们可以争辩这两种工作有多相似或相异，但是两者在获取行业执照和寻求理解方面还是有本质区别的。应用数学进行设计工作比研究数学本身需要的理解能力要少很多。注意“需要”这个词。一些设计人员选择在他们的工作中钻研数学。有些时候这种明显分神的工作成为提升工作主体水平的核心。其他时间则追随由来已久的传统的好奇心。

设计总是使从业者为数学体系的成熟做出很多贡献。哥特式建筑可以被世人所理解，显然是从一些关键尺寸开始，将建筑设计成几何结构的复杂序列。传统的波斯 Rasmi 穹顶建筑由预定的圆顶几何绘图投射而来。在波斯语里，绘图的动词和单词“rasmi”具有相同的词根。达·芬奇的人体比例图是维特鲁威的《建筑十书》一书注解汇编里最引人注目的部分（Pollio，2006）。

帕拉第奥（1742；1965）阐述并（有时）在他的建筑平面和立面图中使用比例系统。安东尼·高迪将其形式探索主要限定在发展表皮以取得极好的雕塑效果上面。勒·柯布西耶支持模块化，发表了关于黄金分割率 $\phi=(1+\sqrt{5})/2$ 的宣言和方程 $1/\phi=\phi/(1+\phi)$ 的求解，并且依次分割一条线段使较小的部分与较大的部分之间的比例与较大部分和整体的比例一致。

加拿大建筑师 James W. Strutt（见第 3.2.6 节的图）毕生的工作基于对球体和多面体填充物的研究。几何结构和视觉清晰度是福斯特建筑事务所的标志。这些都是历史事实的陈述，而不是工作需要决定的。为了使用几何方法而重视设计充其量是一种循环推理。

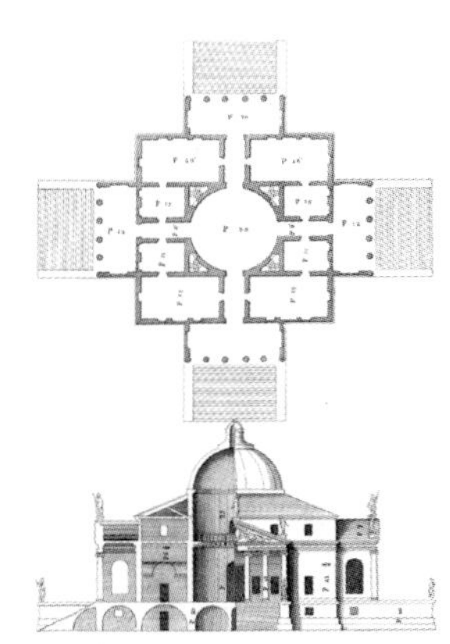
帕拉第奥的圆顶别墅
资料来源：Palladio（1965）。

参数化系统可以激活数学应用。通过将定理和结构编码到传递图和节点更新的方法，设计人员可以在进程中体验数学思维。表面法线、向量积以及切线、投影和平面方程这些曾经的枯燥概念成为模型指令系统的重要组成部分。动态和可视化的数学模型成为设计终端的策略和方法。

现代数学对于一个人的人生来说太过浩瀚。确实，它即便对于整个工业来讲也似乎太广阔了。新的几何算子在 CAD 中显得进度慢，留下大量设计可能性有待探索。例如，在 2009 年，在动画系统中普遍使用的网格细分和细化技术刚刚出现在 CAD 系统中。计算几何学领域提供了像凸壳、维诺图和狄洛尼三角形等基本组成，能够使新的探索手段出现在 CAD 工具包中。参数化建模使新的数学游戏成为可能。设计者需要了解一些其他领域的东西，可以很好地促进系统开发者丰富工具。第 3.3.5 节概述了当代参数化设计的一些新策略。第 6 章阐释了掌握参数化建模需要的基础数学知识。

3.2.6 算法思考

安东尼·高迪设计的神圣家族教堂是对可展曲面可能性的一种探索。
资料来源：Paolo de Reggio。

参数化设计是一个图解。其图像依赖节点包含更新算法和约束表达中的一个或全部。这两个都可以成为算法，也都可以被使用者变更，至少一般而言是这样。从长时间的使用、编程和参数系统教学可以看出，早晚设计人员都需要（或至少想要）编写算法来实现他们预期的设计。

考虑什么是算法是非常有用的。算法有很多定义。Berlinski (1999)（他的书你应该读！）在第 19 页写道：

算法是：

有限的进程，
写在固定的符号语言中，
由明确的指令来决定，
在独立的步骤中陆续进行，1，2，3……
其执行不需要洞悉、智慧、直觉、智能或者清晰可见。
那些迟早也要进入尾声。

与词典和计算机科学教科书中的定义相比，Berlinski 的定义是非正式的，但是包含了算法的所有关键元素。设计需要强调它的两个方面。第一就是“进程”，算法要求一步一步地进行运算。设计人员主要描述对象而不是操作进程。第二点是“精确”，一项错置的字符意味着整体算法都有可能无法工作。与此相反，设计者的表述中存在相当多的不准确，依赖于读者如何适当地做出解释性标记。尽管 30 年来在设计学院中勇敢地引入程序教学，设计人员在将算法思维引入其工作中遭遇困难也并不令人惊奇。不难理解计算机辅助设计将编程委托给后台处理。几乎所有现行系统都有所谓的脚本语言，也就是程序语言。编程人员称之为脚本语言来使得它们貌似少有预测。在几乎所有这些中，为使使用语言的设计人员从现实任务和用户视角、交互表示法中脱离出来，进入代码的世界，你必须在文本指示领域中工作。这就不难理解算法思维与其他形式的任何思维方式都存在着很大的不同。但是设计人员熟悉的表达法和那些算法需要的东西之间的巨大距离加剧了这种差距。

不管是传统系统还是参数化系统，脚本语言都可以被用来进行设计工作。脚本语言可以提供模型中被添加、修改或者是擦除的函数。另外，参数化系统将算法与设计模型联系得更为紧密。他们通过在图形节点中将算法局部化，或者为约束表达，或者为更新方法来实现上述紧密联系。然而，如果设计者想要发挥这个系统的最大功效，他们仍必须捕捉和使用算法思维。第 4 章总结了程序员的工作，并阐述怎样以及为什么使编程成为参数化建模的一部分。

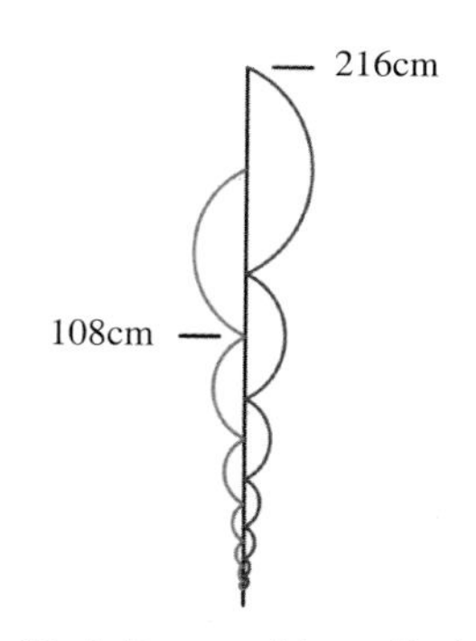

模块核心。“红尺”起始于 108cm（肚脐高度）；“蓝尺”起始于 216cm（向上伸展手臂的顶端）。每一个都是几何上的黄金比例 $\phi=(1+\sqrt{5})/2$。柯布西耶圆并不完美，模度尺寸对于最近的整数不是黄金比例值。

James W.Strutt 的 Rochester House 是一个基于紧密堆积的菱形十二面体

资料来源：James W.Strutt Family。

3.3　新策略

构思数据流、划分区域并征服之、命名、抽象思维、数学和算法形式，为设计人员提供了构建参数化工具的基础。在这一节中，我描述了我的研究小组这几年来在开办参数化建模课程和研习班中注意到的策略。我们的研究方法涉及从非正式的互动交流和日志记载到有组织地参与观察者研究（Qian et al.，2007）。

3.3.1　草图

在设计这门技术中，草图占据着神圣的地位。有关该方面的大量书籍证实了其对设计的重要性，这些书不仅颂扬草图千变万化的优点，还极力主张学生学习这门十分重要的技能。带有锯齿的纸张和 2B 铅笔书写着建筑学传记的神圣。而讽刺的是，所有的设计老师知道那些画图好的学生

福斯特事务所的设计作品 Albion Riverside 公寓，是由复合三角函数构成的整体形象。

资料来源：Chris Kench。

常常在课程设计中有良好表现，而且铅笔草图仍是一个富有活力并且极其重要的设计工具。那么什么是草图？在《草图使用者经验》一书中，Bill Buxton(2007)对于在交互设计中草图的质量和用途进行了全面论述。在《草图解剖学》一章中（pp.111-120),他列举了11项关于设计草图的质量问题。对于Buxton而言，草图是（或具有）快速、及时、便宜、易于处理、丰富、词汇清晰、形态独特、最少细节、建设性与探索性并存、适当提炼和不确定等优点。在上述优点中，媒体表达一个草图时仅提及词汇丰富、形态独特和适当提炼。而其他8项（以及这3项中很多）都涉及它们在设计进程中所扮演的角色。Buxton不是在设计领域唯一或最后对设计中的草图进行评说的人，但是他的声音是最新的，也是最清晰的。就像他说的，设计者就是不断地在绘制草图，而这就是他们的工作方式。

我们已经清楚从MuLuhan开始，媒介和内容深深地纠缠在了一起，载体和内容从此不能再被分离开。熟练掌握的铅笔草图技术满足所有Buxton标准。但是使用其他媒介和工具仍然可以达到同样的效果。不受2B铅笔信仰的支配，学生们青睐于使用手边的媒介，如今这样的媒介主要是数字的。这些新兴的工具始终如一地满足所有Buxton标准——参见图3.12。而且它们的视角也与之前的大不相同。受老一辈人青睐的那些Buxton标准，会让人觉得过于坚决和轮廓分明，新生代设计人员倾向于含糊的和自由的设计标准。如果你不喜欢它，改变它！数字化的新一代可以将动态理念引入到Buxton标准中。

参数化模型天生就是动态的。一旦创建出来，它们就可以迅速改变以解答典型的设计问题："如果…？"有时单一模型会取代多张手工草图。另一方面，参数化模型又是明确的，复杂的结构需要花费时间去创建。通常情况下，这项工作并不快速。对系统开发人员的一项挑战就是使快速建模成为可能，这样他们的系统能够在设计中更好地提供草图。

3.3.2 抛弃代码

设计者的工作在于设计，而不是媒介。除非受到参数化工具的诱惑，他们只建立那些所需要的模型，以满足自信心和完备性水平为准。从项目到项目，一天又一天，甚至一小时为单位，他们倾向于重建模型而非再利用。与此相对的是，多数计算机编程的工具包（参数化建模也是编程）旨在创建清晰的代码，减少冗余并促进再利用。在专业的编程领域，这些目标显得很有道理。在设计工作的大漩涡中，它们让位于诸如复制、粘贴和对整体代码模块稍作修改的简单装置。这些行为令专业编程人员震惊。当所产生的模型有效时，设计者都会欢欣鼓舞。

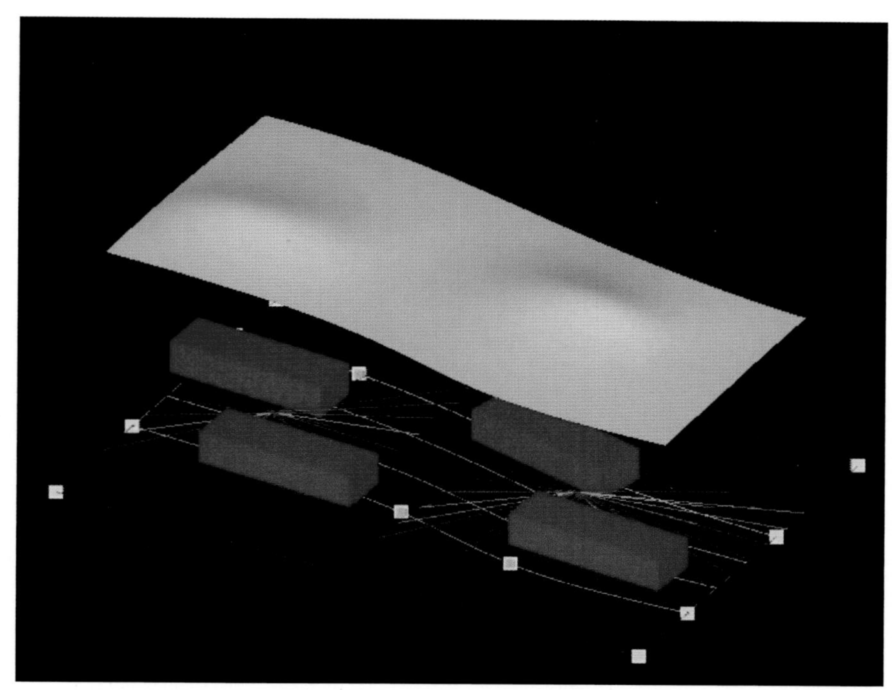

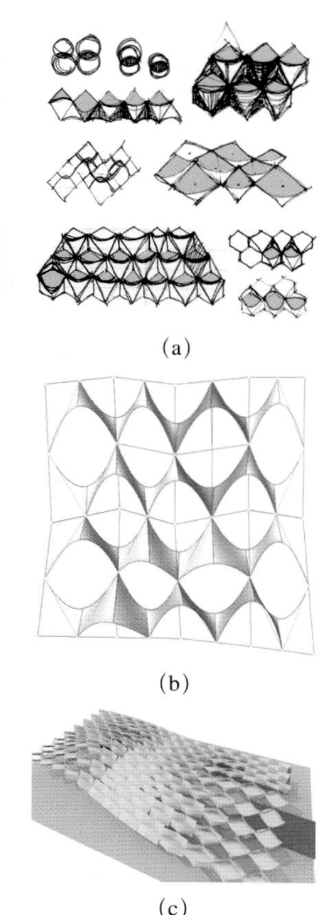

图 3.12　初始草图（页边空白处的（a）和（b））导向这个参数化草图，其目的是建立和理解表皮如何对下面的物体对象作出反应。从字面上来说，在草图顶部建立跨越表皮（c）的屏幕元素。草图图像相对的低分辨率反映了其在设计进程中短暂的角色——任何瞬间保存的资料决定历史记录。

资料来源：Mark Davis 和 Stephen Pitman。

在 2007 年的 ACADIA 会议上，Brady Peters 介绍了一篇关于福斯特建筑事务所设计的史密森学会专利办公楼（Peters，2007）文章，该文研究了覆盖在庭院上的屋顶的设计与建造。在其演讲中，他展示了一些计算机代码生成多个设计方案。它具有高度的可重复性。整个几乎同样的代码出现了一次又一次。当我问他，作为一个高水平编程人员，为什么你不把你的代码设计得更为简洁时，他仅仅简单地回答说“我不需要那样做。”这不是 Peters 懒惰或者水平低，而是因为他是一名设计者。抛弃代码是参数化设计的一个事实。

3.3.3　复制和修改

设计者可能会将他们设计的模型丢弃，但是会花费相当多的时间在寻找现存的模型并在自己的设计中使用它们。这没有什么可惊奇的。参考书目如《建筑图形标准》（Ramsay and Sleeper，2007a）和他们最近的数字化

版本（Ramsay and Sleeper，2007b）提供的示范细节，对于很多设计而言，它们是具体设计工作的基础。在工程设计领域，Gantt 和 Nardi（1992）提出了设计脚本并再利用作为设计工作的重要模式。考虑到额外的工作要求我们必须深入研究一个参数化模型，我们应该期望看到模型和技术上的知识交换。作为学习工具和实用工具，现存代码减少了建造一个模型的工作量。编辑和修改有效的代码通常比在起跑线上重新创造代码要容易很多，即便它制作的东西不同于当前目标。关键是“奏效”这个词，即代码产生结果。从一个好用的模型入手，然后一步一步执行下去，始终确保模型能用，这通常比完全重建一个模型更有效率。

图 3.13　史密森学会专利办公楼（Smithsonian Institution Patent Office Building）的庭院屋顶

资料来源：Nigel Young/Foster+Partners。

图 3.14　史密森学会专利办公楼庭院屋顶的细部

资料来源：Nigel Young/Foster+Partners。

复制和修改是抛弃代码的另一方面。设计者会对投入足够的工作在代码上，以使他人清楚这点表现出自然的不情愿，但是如果能够得到这样的代码，他们又很乐于使用。这就使得好的代码成为一种宝贵的社会资源。复制和修改策略需要很多的实践来创建代码。万维网就提供了这样的论坛。网页的制作就是使用人类可读的 HTML（和其他）脚本语言，网页制作者经常要发掘现存页面寻找显示如何达到一个特殊效果的代码片段。在设计中，实践社区没有很好的发展，但是 SmartGeometry 的这样的小组创建了必需的先导网络。相关带有有效案例的书籍的出版，会满足对此类模型和代码的部分需求。

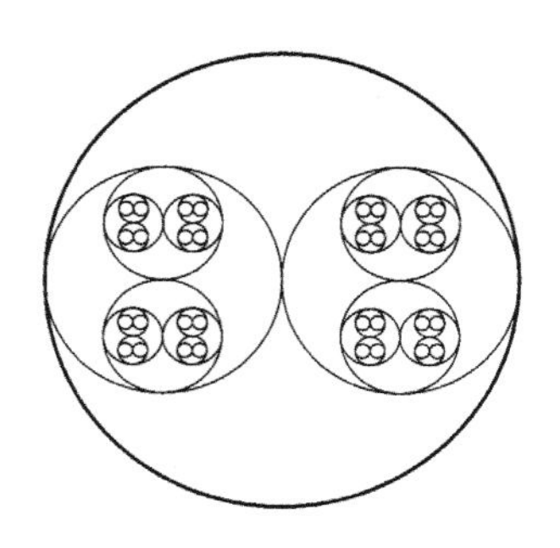

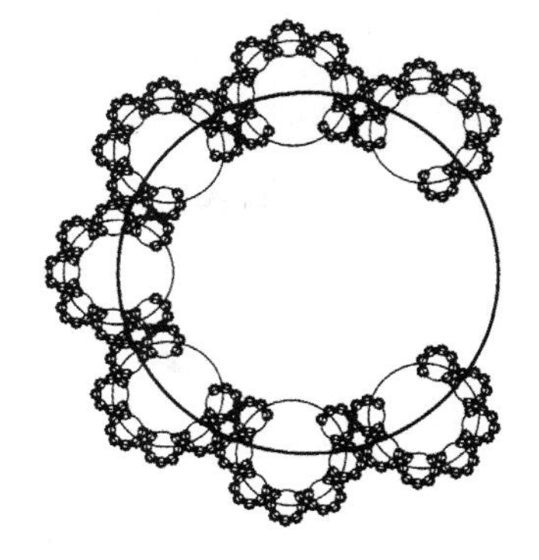

图 3.15　左侧的图形被设计者复制并修改，以递归方法创建右侧的图形。
资料来源：Dieter Toews。

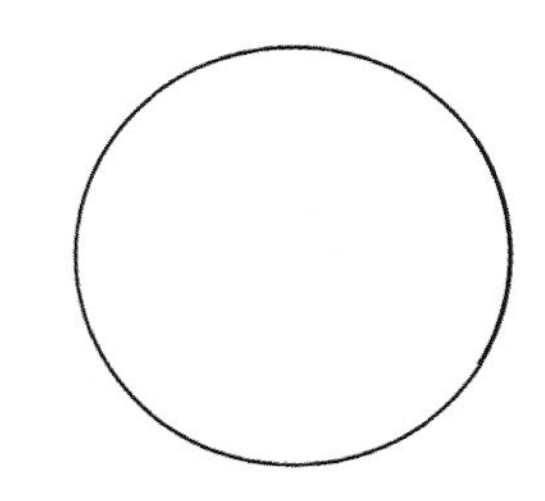

3.3.4　形式探索

参数化模型为设计打开了一扇新的窗户。没有地方比曲线和表皮设计更加明显表现出这一点。这些是自然的参数化对象，数学上它们被定义为有若干控制点集的参数函数。传统的系统为此提供数学动力控制。相对而言，参数化系统使一系列新的控制集合覆盖基础控制成为可能。这就为探索除此之外实际上尚未获得的形式提供了无穷的机会。对于技术思维者而言，这样的探索工作会出现在既无理由又没有目的性的实践中。范围更广更长远的设计理念揭露了这个游戏的严肃目的。设计学的历史可以解读为使用手边任何工具以及知识概念，来探索新形式思维的不断变化的过程。新的设计语言和新的设计形式都需要这样的探究工作，特别是在其初始阶段。图 3.17 所示为 Aranda\Lasch 最近的探索工作。

3.3.5　使用数学和计算来理解设计

理解数学（特别是几何学）和计算可以将焦点对准一些设计概念。通过这些正式的描述，使可表达的形式范围受到局限，但是将它们以普遍逻辑联系起来，所花费的心血还是值得的。例如，用平面离散化和边缘长度有限集的优势，将圆环表皮分段为多面体的截面可以带来非常丰富的形式语言。

图 3.16　逐步增加递归深度的同一设计

图 3.17 类似系列是关于严格的模块化秩序的追求，但是游离于命令之外。准晶体，是 1984 年发现的一种新的物质，代表了该种材料结构徘徊在破裂的边缘。与周期性（或在所有方向上重复的）分子结构的正方晶体不同，准晶体的独特品质在于其结构模式从未两次重复同一方式。它是无穷无尽的，也是非均匀的，但是它可以通过模块部分的小集合的布置来表述。这一家具的片段探索了木质材料的非周期性装配。

资料来源：Aranda\Lasch，James Moore 制造。

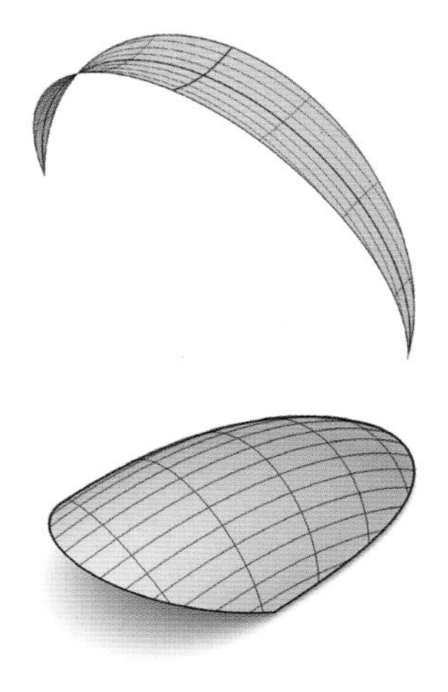

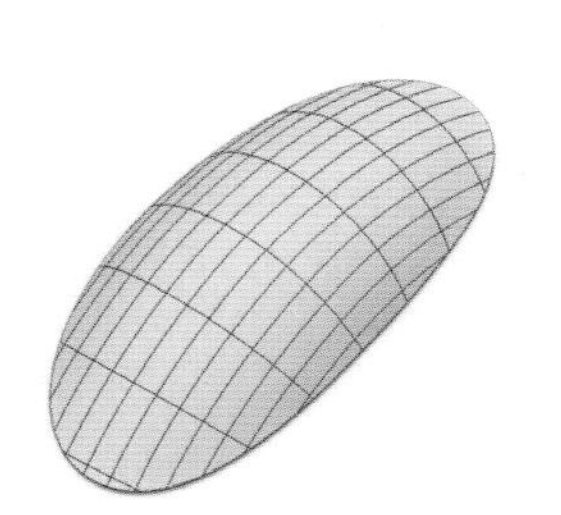

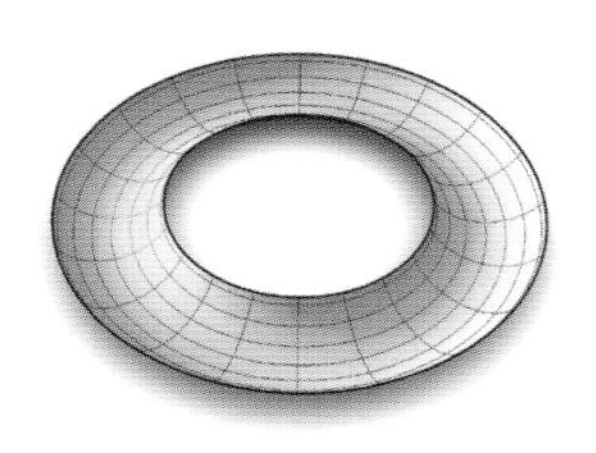

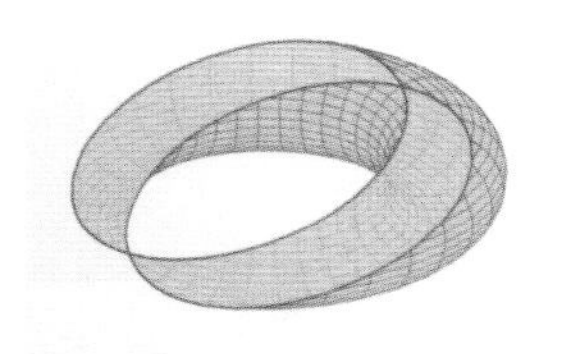

图 3.18 切割一个圆环的截面

通常你需要理解基本的数学原理以便有效地构建模型。层级是建筑设计中由来已久的策略，然而多数 CAD 系统对此支持极为有限。层级超常的关键是程序调用自身时出现的递归（第 8.16 节和图 3.15）。通过递归，部分可以直接装配成它们组成的整体。

图 3.19　较小变动的单一递归结构生成多样的设计。中心图显示在每层递归中复制的两个图案的基本树形结构。顺着上面的分支，图案的位置随着每个连续图形改变。对于最后的四个图形，该图案从直线变成了三角形，并且仅在图案的最终阶段出现。在下面的分支中，只有位置变更，线段图形保持不变。在此分支最后的图形中，递归的层数增加，并且只有最终层的图形出现。

资料来源：Woodbury（1993）。

物体表面上连接 $\dot{p}$ 和 $\dot{q}$ 两点间最短的路径就是测地线。对于球体而言，点 $\dot{p}$ 和点 $\dot{q}$ 间的测地线是以球心为圆心，以球的半径为半径，过两点的大圆上的一段弧线。通过投掷点在球体表面点 $\dot{p}$ 和点 $\dot{q}$ 间的三维连线上，可发现沿着球体测地线的很多不连续点。测地线网能够通过细分多面体的表面，然后在球体上投影新的顶点来创建。图 3.18 所示为连续的细分产生更多近球形。另一方面，细分可作为一个递归运算清楚地理解。甚至这样一个测地线概念的定性理解使复杂的形体生成成为可能。

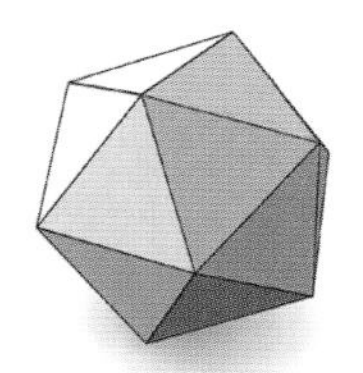

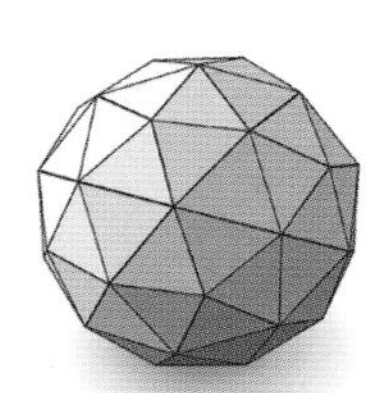

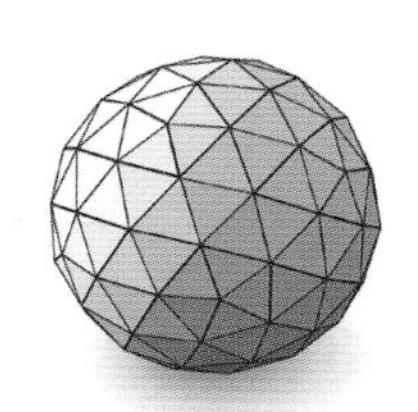

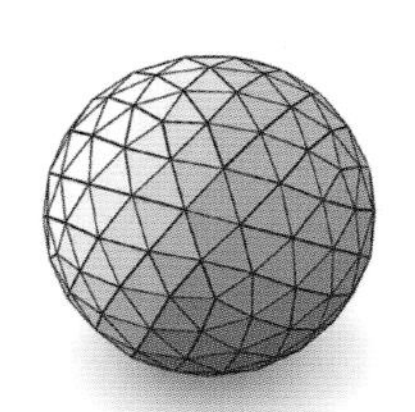

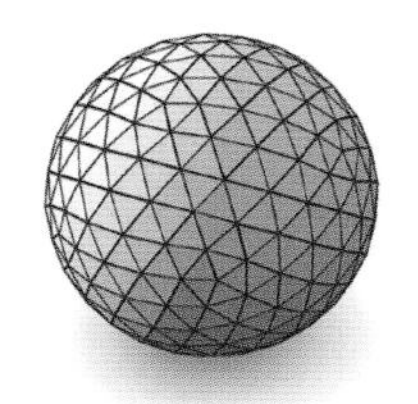

图 3.21 起始于二十面体（表面由 20 个等边三角形组成），连续细分每个三角形使测地线网格更好地接近一个球体。

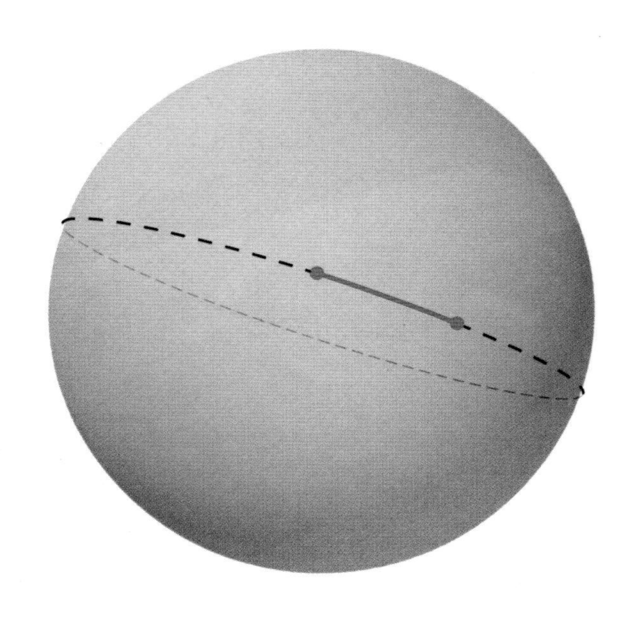

图 3.20 球体的测量曲线是大圆的一个片段

现在很多参数化设计人员都在探索以数学为基础的设计策略。在这方面我注意到一种模式。这些参数化设计人员浏览网页和他们的数学社交网站，获取想法并融入设计工作中。构成经典数学学习和认知的推理链条（从鸽笼式原则到排列变化到二项式定理再到循环排列……）很少成为这项游戏的内容。设计者大部分在此基础上来了解一点数学机理并将其用于设计之中。当然，这里存在着共同演变。网络提供随意访问（试着在一个有数学课本的实体图书馆做这件事），但同时其使用也是有条件的。在网络上，对 Bézier 曲线建设性的、递归的定义比 Bernstein 基础定义普遍得多，这一点不足为奇，尽管它们展现的数学性更少。在设计中视觉构成胜过数学推理。设计者在使用数学算法时呈现出一种复制并修改风格。然而很快他们就会遭遇到限制。就像一个程序在面临一个微小的代码错误时，可能甚至不能编译。表面上一个微小的变化可能造成一个数学公式或定理站不住脚。没有立方体的毕达哥拉斯的三元数组，即方程 $a^3+b^3=c^3$ 不存在整数解（这是费马最后定理的一个实例，仅于 1995 年得到证明，即 $a^n+b^n=c^n$ 在 $n>2$ 时没有整数解）。

图书馆里获取的数学知识，尤其在研究型大学里，令人吃惊。许多这类材料需要亲自获取，如果不通过集中和持续的数学基础研究只有少许材料能被理解。面向数学工作的万维网和交互式软件的开放，对于机敏的数学而言带来了大量的陌生的东西。网络资源例如“Wolfram的数学世界”（Weisstein，2009）和许多大学课程提供了对说明阐述的立即访问（有时是细心地构建），会帮助搭起理解数学的桥梁。程序包例如Mathematica® 和Maple™ 通过激活数学参数建模进行设计，进一步去探索和发现。

3.3.6 推迟决定

在设计中，精确度用来估量设计如何与设计内容相关联，精密度用来估量设计各部分之间如何相互关联。传统的系统需要几何精密度并且提供诸如栅格捕捉工具来实现。没有精确的尺寸和位置，模型看起来会很散乱。它们没有草图多义性与适当精炼，只是混乱。我认为在建立模型初始，就应该设置具体位置，这比什么都重要，这也是计算机辅助设计最不像草图的地方。一个明显的例外就是动画和游戏中常用的隐式建模工具包。隐式曲面位于它们生成物体的“附近某处”并提供规则以将“附近的”面合并在一起。隐式建模免除了对于精密度以及准确度的需求。

参数化建模引入一个新策略：延迟算法。参数化设计被托付给关联网络，并延迟对特定的位置及细节所做的委托。该系统保留了先前所做的决定。延迟算法遍及参数化设计的始终。很多参数化建模初学者经常会问如何定位它们的起始点和起始线。一般他们都乐于听到这样的回答：“没关系，你可以随后再改。”

建筑学中参数化建模最早的、也是最印象深刻的示例就是尼古拉斯·格雷姆肖联合事务所设计的滑铁卢国际客运站（International Terminal Waterloo）（图3.22和图3.23）。拉尔斯·赫塞尔格伦（Lars Hesselgren）构建了I_EMS系统的初始模型。15年之后Robert Aish使用类似模型演示了CustomObjects系统（这个系统后来演变成了Generative-Components™）。突出的场地条件是穿过车站的列车轨道曲线。参数化模型不需要在初始阶段被该曲线限定住，适合它的位置可以推迟设定。改变建模与设计决策的次序，这既是参数化设计的一个主要特点，也是其成熟的策略。的确，参数化建模一个首要的经济上的论据就是受追捧的在设计过程中支持后期快速改变的能力。

同样由尼古拉斯·格雷姆肖联合事务所完成的伊甸园工程（见图3.26）将参数化模型和测地几何学联系起来以处理非常规问题。基地作为采石场一直保持开采，直到设计进程的尾声。结果是地面标高不能事先被预测。测地几何学能够简单地拓展和重新安排部分球面，而参数化建模缩短了修改周期。

图 3.22 尼古拉斯·格雷姆肖联合事务所设计的滑铁卢国际客运站（International Terminal Waterloo）

资料来源：James Pole。

图 3.23 尼古拉斯·格雷姆肖联合事务所设计的滑铁卢国际客运站（International Terminal Waterloo）。该车站是围绕已有的轨道系统路径设计的。

资料来源：Jo Reid 和 John Peck。

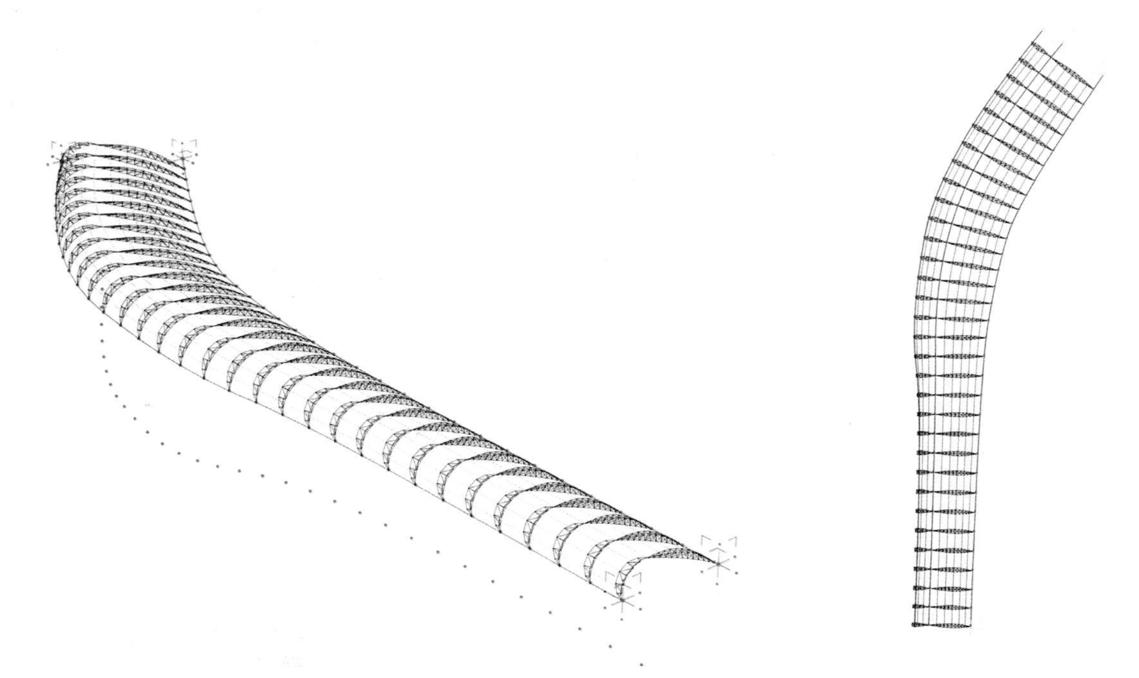

图 3.24　通过使用参数化模型，结构的精确定位在建模过程的最后期也能改变。

图 3.25　Waterloo 车站的一个参数化模型的平面图

图 3.26　英国康沃尔的伊甸园项目

资料来源：©2006 Jürgen Matern（http：//www.juergen-matern.de）。

3.3.7　制作模块

传播图形能够，并且也确实可以做得很大。较大的尺寸增加系统的更新时间，更重要的是它使模型难以理解。复制大幅图形的一部分并将它们和模型的其余部分连接起来非常困难。减少图形的复杂程度并使其能够重复使用，是系统通常提供模块制作工具的主要原因。这些工具的名称和详细内容在不同的系统中各不相同，但是它们的本质是相同的。它们提供了一种使用其自身独立（输入）节点参数将子图形压缩为单一节点的方法。复制和重新使用然后降至复制单一节点，并在需要时将其与输入物重新连接。

使模块运行良好，并且研发出非常复杂的模块制作技术，需要制作团队付出很大的努力。几乎所有的情况下，计算过程进行迭代。通过不断地尝试，使模型收敛稳定。在本书的后面部分，第 218 页所示的 PLACE HOLDER 模式（占位模式）展示了将模块放置在复杂几何结构上的成熟技术。

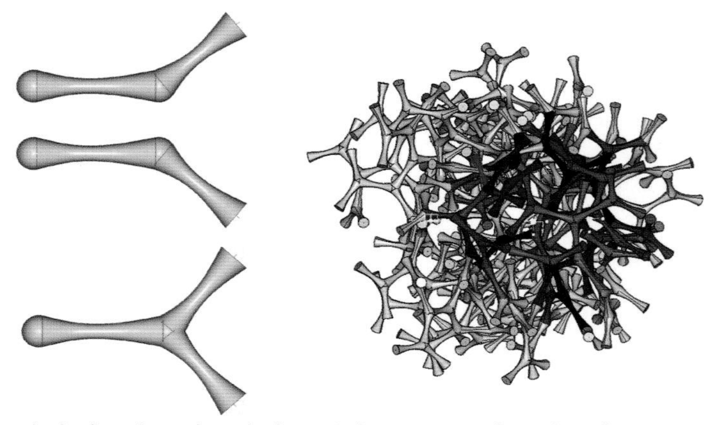

图 3.27　在有着重复元素的复杂设计中，模块是建模进程中的一种接近必须包含的组成部分。右侧的设计是左侧三个模块的程序式复杂排列。
资料来源：Martin Tamke。

3.3.8　帮助别人

在《园丁和大师：CAD 用户间的合作模式》（Gardeners and Gurus：Patterns of Cooperation among CAD Users）一文中，Gantt 和 Nardi（1992）使用“园丁”的概念来描述由他们所在组织资助的 CAD 系统的内部开发者们（以及扩展者们）。2010 年建筑设计领域在“园丁”方面的突出例子可能就是福斯特建筑设计事务所的专家建模团队。该团队使用诸多策略来使复杂的几何学和计算设计在整个公司获得成效。自 2003 年到 2010 年本书写作期间，这些团体规模的“园丁”在 SmartGeometry 组织中十分明显，SmartGeometry 组织中至少 20 个指导教师自愿每年利用自己一周的时间来指导对参数化建模不熟悉的学生和从业者。当然，这里还有其他的回报在发挥作用，这种活动是同行见面、物色雇员以及查看最新作品的最佳途径。不管是在他们的办公室还是工作室，一些参数化从业者们（提及一个或几个名字可能不公平——简直有太多的优秀从业者了）免费分享源代码以及对建模工作的深刻见解。他们分享这些不只是为了换取名声，更重要的是为了提出新的问题以及解决办法。不管是正式的还是非正式的，至少在某些精通的方面帮助别人是一个清晰的策略。

3.3.9　升级工具箱

参数化媒介非常复杂，一般可能比设计历史中的其他媒介都要复杂。要想用好它必须将数据流、新的划分与征服策略、命名、抽象思维、三维可视化与数学以及算法思考很好地联系在一起。这些是基础，要想精通需要掌握得更多。我们可以预期新的技术和策略会从实践和学校中引入并且会投入大量的时间和精力在工具上面。在基础和设计中间的是专业工作的焦点和目标，一个可能被称为“参数化技艺”的大范围的未开发领域。我故意选择“技艺”这一词，目的是和 Malcolm McCullough 在 1998 年开发数字技艺的案例相匹配。他举了一些参数化模型的例子。可以理解，鉴于该书出版的时间和篇幅限制，McCullough 仅仅是暗示了参数化技术内涵的丰富。

我们可以期待探索者对参数化技艺新领域的探索。不像那些中世纪的水手在其航海图里我们能够看到制图学的缓慢发展，现在的探索者们能够从已经进行类似的探索之旅的其他领域学习。现在有大量的关于电子表格的书籍，有些是重点关于电子表格设计的，例如 Monahan（2000）。部分借助于电影，计算机动画逐步成长为广泛的技术领域。软件工程已经被打造并锤炼成为一个强有力的工具。《软件设计模式》这本书从功能上（通过它们能够做什么）和结构上（通过它们是如何由简单的结构构成）描述了系统的框架。其起源于建筑学，特别是亚历山大关于模式语言的许多著述。即使在软件里，设计模式也有一个新的、哲学意义上不同的逻辑和应用。在计算机语言的技术性描述和复杂的计算机程序的整体组织之间，设计模式趋向于务实。在软件里，设计模式记录了关于系统设计的明确有用的想法。我采用并改编了软件设计模式，作为表达新的参数化技艺的一个基础。

我们能够预料，和中世纪的单一民族国家一样，某些参数化航海图将会被严格地私人保存。但是那些相类似的实践机构和高等院校，将会仅仅使用和评价那些公开的部分。我将此书的绝大部分用于设计模式的小型的初始集合。我的目标是开始我所期望的一个长期的、富有成效的进程，来开发一种明确的、可共享、可学习掌握的参数化设计技艺。在模式之前一定是编程和几何——许多设计中算法和数学的实际表现。特定模式的解释依赖于几个关键的思想，它们来自于这些广泛的领域。

第4章

程序设计

算法由程序来实现，程序则由精确并且指定的程序语言编写。大多数设计者都通过学习程序语言使用算法思维来完成设计工作。任何一个优秀的编程人员都会告诉你，在某段时间他们都极其专注于编程并且花费大量的时间来学习如何将其做好。术语“编程语言”本身就暗示了为何如此。就像学习一门新的自然语言，最有效的方法就是使你自己每天都沉浸于以该语言为母语的人的日常生活中一样，学习编程的最佳方法就是使用一门程序语言进行高强度的工作，排除任何其他形式的思维。但是即使一名设计人员已经拼尽全力，并且已经成为熟练的程序员，在算法思维方面仍然会出现很多方面没有掌握的情况。发生这种情况是因为有独立于语言的一般概念需要掌握。计算机科学家通过结合更为抽象的算法描述和多语言编程来学习领会。实际上，多数计算机科学家断言计算科学和编程技能并没有多少关联。特别是他们会声明并非所有的编程人员都是计算机科学家，而且并非所有的计算机科学家都是程序员。就像绘图在设计中的角色一样，编程仅仅是一项技能，通过它大量的计算机科学工作得以完成。

程序并不是一个庞然大物。它是一个多方面的技能，通常有次序地讲授。在序列的每一个阶段你都要依赖先前学习过的概念。重要的是在每个阶段你都可能用你掌握的东西完成一些工作。几乎所有关于程序语言的书籍和课程都会通过这样一系列概念取得进展，其中每个概念通过小程序来实现。序列的概念在不同的书籍、课程和语言中令人吃惊地相似。实际上每一种编程语言都是算法的一般性概念的具体实现，并继承了算法中的大部分结构。当专家们在计算过程中参阅相关书籍的时候都会感觉到别扭和沮丧。我这里所说的“专家”是指理解抽象算法概念并具有高效编程技能的人。专家都想要通过一般术语解释一个概念。一本书通常只是通过特定案例以其关注的语言讲解。当然，数以百计的作者未必是错误的。他们使用这种固定的写作风格，是因为将其作为一种孤立的指导编程的技能，就像在学校里所教授的那样。人们最初几乎无一例外地通过学习一门语言来学习计算概念，以技能为基础的学习使得同时掌握复杂的抽象概念加倍的困难。这个具有普遍性的悲剧是由于没有专注并且正规地学习，使得很难超越一门语言的特殊性，来发现正在发挥作用的普遍的、强大的概念。

这本书不是用来介绍计算机编程的。现有数百本书，并且每年都有几十种语言的新书出版。本书更确切的目的在于帮助非专业的（通常自学的）设计师 / 程序员在结合参数化建模和编程更有效地完成设计工作方面进一步提高。本章简略地描述程序语言中遇到的一系列的典型概念，并且概述序列中每个步骤如何使设计师 / 程序员达到目的。对于初学者而言，本书提供了一个基础编程书中通常忽略掉的原则性综述。对于专家而言，言词简洁可能对回顾和联系核心理念有所帮助。

4.1 数值

一个数值即是一条数据。数值是计算的基本对象。在一般计算中，数值可以是任何符号。不过实际上数值一般有自己的类别（或者类型，参见第 4.7 节）。大部分计算机语言支持一系列这样的类别，例如：

5	整数
3.14159	实数
“f”	字符
“aalto”	字符串
false	布尔值，或真或假

4.2 变量

变量是容纳数值的容器，变量有名称。我们使用变量控制数据以便接下来能使用这些数据。参数化模型的节点实际上就是变量。它们含有数值，通常是多重数值（参见第 4.8 节）。在以下列表中，变量名称是第一位的，其次是它所包含的数值，再次是数值的对象种类。变量名称可以（而且通常应该）很长。好的（也是通常的）编程惯例通过将几个词连在一起没有空格，并且将每个词的首字母大写，作为变量好记的名字，如 camel casing，或者 camelCasing。单词“camel”在变量名称中代表“humps”。

a=5	整数
SIRatio=1.414	实数
buildingPart="elevator"	字符串
qua=true	布尔值

变量使描述成为可能。通过变量本身，可以构成数据集合使其他读者了解程序。变量允许我们将一个设计表达为数值集合。

单独的变量不用命令。没有重复的变量集合不用改变赋值即可在任何命令中加以使用。

4.3　表达式

表达式将数值、变量、算子和函数调用联系在一起。表达式通过其返回值的种类进行分类。例如，布尔表达式返回值为比特（非真即假）。表达式是构建大型结构的基础单元。一些表达式的例子包括以下几点：

a	变量是最简单的表达式
2+（5*8）	该数学表达式的返回值为42
（1+sqrt（5））/2	表达式可以包含函数调用
b+1	变量b必须已经预先定义

表达式支持数据依赖。通过使用表达式，一个数据段可以通过（依存于）其他数据段来计算。

表达式的返回值可以承载于变量中。这一简单的事实可以将部分命令用在变量集合中。如果表达式使用了某变量，则该变量需要在表达式出现之前已被赋值。

4.4　语句

语句是由代码集合所组成的可以执行的语言。程序是由一系列按照给定命令执行的语句所组成。

语句既可以很简单（由单一语句组成），也可以是复合的（由一系列语句组成的语句组）。和变量类似，复合语句可以认为是一个容器，在这种情况下，容器含有代码。

赋值语句是一种特别重要的语句，它将一个数值或者表达式的计算结果赋值给一个变量。例如，变量 a 可以被赋值为黄金分割值。

a=（1.0+sqrt（5））/2.0；

当两个连续的赋值语句带有同样的被赋值变量时，则第二个语句的赋值结果覆盖第一个语句。下面的语句：

a=（1.0+sqrt（5））/2.0；

a=3.14159；

其赋值结果导致变量 a 持有 π 的近似值，而不是黄金分割比率 ϕ。

一系列按照给定命令逐个执行的语句是算法的关键：……由清晰的指令控制，以离散的步骤移动…（还记得 Berlinski（1999）吗？）变量、表达式和语句序列共同使算法能够具有一个简单但实用的形式。

每个参数化模型节点都可以被认为是一个程序，即一系列语句。每个数值或者约束表达在节点属性中的使用对于一个赋值语句都是等同的。将所有的单节点程序结合起来则组成大型程序，其中节点必须在用于其他节点的约束表达式前已经出现。

4.5 控制语句

程序的控制流是程序运行时执行的一系列语句。程序语言为改变控制流提供了一组语句。最简单的语句就是 if 语句，if 语句是在某些条件成立的情况下执行一组代码。另一个例子是 switch 语句，switch 语句针对一个变量的特定值提供一个可能的动作列表。

```
if（a〉5）
  {
    //一系列语句在此执行。
  }
```

图 4.1 程序执行时，当 if 语句的布尔条件结果为真时，if 语句将控制流转换成代码组。

更复杂的是 for 循环，它为控制变量调用一个初始化程序，并重复执行代码块直至循环条件用完。在执行完每部分程序之后，for 循环都执行一次计数语句（控制变量通常出现在此语句中——例外大量存在，但这些是黑客行为）。典型的程序语言提供几个此类语句例如 foreach 和 while。

```
For（i=0; i〈10; i=i+1）
//for（初始化程序；循环条件；计数语句）
  {
    //一系列语句在此执行。
    //这些语句通常存在，但并非必须
    //使用变量，以便迭代
    //通过循环产生一个不同的结果。
  }
```

图 4.2　程序执行时，for 循环将控制变量 i 初始化，并将控制转入循环主体。当退出循环主体时，执行计数表达式，在此情况下，i 加 1。然后测试循环条件，如果 i 小于 10，为真，则再次进入循环主体。

控制语句使得程序能够执行随程序状态即当前变量赋值而定的操作。语句如 for 循环语句把重复的近似的操作表达成一组代码会更加容易，通过这样做能缩短程序，也容易维护并且有时会使程序更具可读性。

一段简单的程序可以达到惊人的运算量。正如在现实世界中，动作依赖于环境，而在程序中，计算可能依赖于数据值。如果没有控制语句，则编程人员就不得不对每种情况都编写独立代码并且由他们自己决定使用哪段代码。

4.6　函数

函数是包含在方框里有名字的语句组，如图 4.3。在函数中，输入数据（这些叫做自变量）进入方框，同时返回值输出方框。函数中的代码按照输入数据来计算返回值。

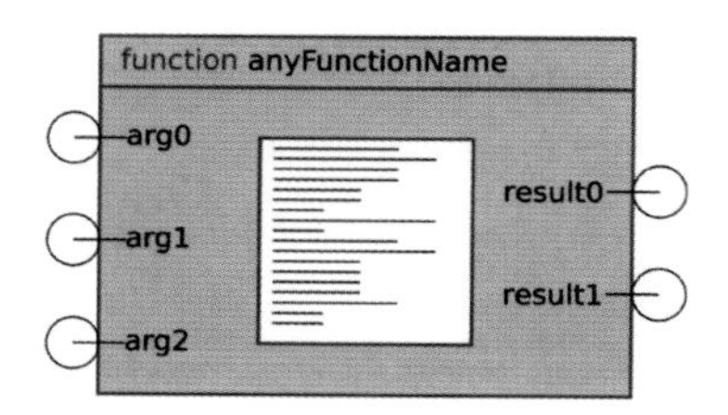

图 4.3　函数可以被想象成为一个方框。函数可以通过名字认知，本例中为 anyFunctionName。自变量从方框的左侧进入。方框中的语句使用该自变量。函数执行的结果从方框的右侧输出。除非有副作用，否则方框的内容在程序运行中是隐藏的。

“纯”函数只有计算返回值的功能，即其所有操作都位于包括函数的方框内部。尽管大部分程序语言提供的器件使函数具有副作用。副作用仅发生在函数参考或者改变其方框外部数据的情况下。副作用最明显的例子发生在一个函数的全局变量发生变化时，即程序中存在一个变量，它作为一个整体并在任意时间可通过任意函数改变。随着程序的逐渐庞大，副作用使得程序更加难以理解和调试。专业的编程人员会不遗余力地避免（或者至少限制）使用特定的全局变量和通常的副作用。

函数使得代码可以重复使用。一旦定义，函数即可在整个程序中被调用。函数本身只存储一次，这样就缩短了代码长度，关键是提供一个单独的编辑位置。对于程序的其他部分，函数仅通过其名字和自变量列表识别。编程人员能够改变函数中的代码（为纠正或完善它），并且不会影响其余的程序。这种通过使用界面（函数参数）的代码隔离是被计算机科学家称作封装的一种简单形式。

函数调用作为表达式的一部分进入程序。每一种语言都包括一系列预定义的函数,而编程人员能够定义函数来扩展这一集合。函数可以调用函数，使函数组合成为一个编程的设计工具。构建和完善函数层次，使每个可以执行更多的特定任务是编写高效程序的关键部分。

在软件工程中，函数是首选也是最简单的工具，也是构建复杂、可靠、可维护和易于理解的程序的方法。

在参数化建模中，节点可以被看作是函数调用，其中一种更新的方法绘制节点输入到节点输出。节点可被绘制，并且在某些系统中被绘制成一侧带有自变量并且另一侧有返回值的函数方框。函数是首要的也是最简单的用于建构第 3.3.7 节模块的装置。

4.7　类型

数值分为不同的种类，包括数字、字符、字符串、比特和其他类型。类型通过为他们用在模板上的数据、运算符和函数提供模板来组织这些种类的数值。例如,整数类型提供了存储整数数值的方法。它还提供如 +,–,*，/*，<，<=，>，>= 和 == 等算子，以及类似 max（a，b)（两个整数的最大值）和 print（a)（返回真或假，并且有输出以屏幕上 a 命名的整数的副作用)这样的函数。用户自定义的类型可以拓展模板可利用的范围。

通常变量必须明确地声明其具体的类型（尽管一些语言有一个泛型类型控制任何值）。表达式一般需要其操作数，函数需要调用参数来成为特定的类型。

```
Double a, b, c;
Vector p, q, r;
//initializing a, b, p and q
//initialization code goes here.examples below
a=3.141592654;
b=2.718281828;
c=1.618033989;
p.X=1.0;
p.Y=2.3;
p.Z=1.5;
...
```

（a）

```
//statements with expressions using the+operator
//integer example
Int b=4;
Int c=5;
c=a+b                    //c is equal to 9

//string example
String a= "four" ;
String b= "five" ;
c=a+b                    //c is equal to "fourfive"
```

（b）

```
Function CrossProduct (Vector xVec, Vector yVec)
  {
    Vector zVec; //declaration of return value type
    //code to produce zVec, the result
    Return zVec;
  }
```

（c）

```
//a call to the function CrossProduct
R=CrossProduct (p, q) ;
```

（d）

图 4.4 （a）变量被声明为具有指定的类型。编程者通常将其初始化为特定的已知值。（b）表达式 a+b 隐含地要求其自变量为整数、双精度型或字符串型。算子执行不同运算依赖于其输入类型，称之为超负荷。（c）函数 CrossProduct 需要两个向量类型的对象作为输入，并将一个向量类型对象作为输出。（d）函数展示在其正常自变量列表中定义的这些类型约束，但是不在它们被调用时的真实自变量列表。

类型使语言编译器能够在运行程序之前执行一致性检查，同时使程序的错误易于发现。使用明确的类型在程序变大时有帮助，但是会阻碍快速和探索性的编码。

4.8 对象、类和类函数

对象推广了数值的概念。然而数值通常几乎或者完全没有内部的结构(一个整数只是一个数字)，而对象将多重数值（或其他对象）结合到一个条理清楚的合集中。对象具有属性（有时叫插槽)，即称为部分。点标记可以访问这些属性。如果P是一个点,则对象P.X代表了其在X坐标轴的属性。类似函数，对象也是一个容器，它包含了数值和其他对象，但是没有代码。

object anyPoint
CoordinateSystem = anyCS
XLocal = 3.0
YLocal = 2.0
ZLocal = 6.0
Visible = true

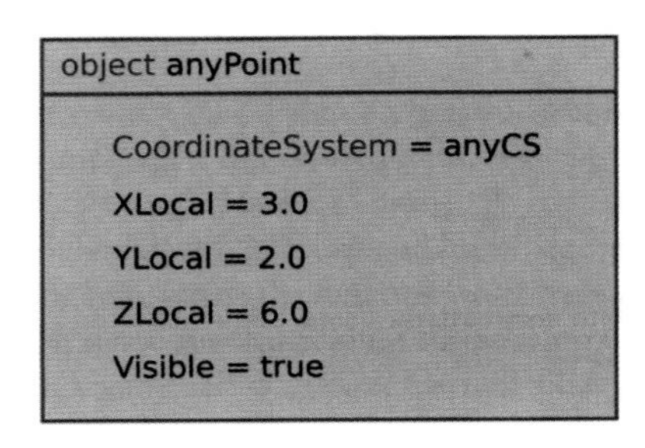

图 4.5　一个对象可以形象化为一个方框。对象有自己的名称，在此案例中叫作 anyPoint。每个对象的属性都有其名称和值。其值不需要是原始的。它们可作为其他对象，这里 CoordinateSystem 属性值为 anyCS，该属性值也是一个对象。

类推广了类型的概念。类是给其中的对象提供属性的模板。对象可以成为类的实例——实例包含类指定的全部属性，这个类的名称就是其类型。每个类属性都是特定的类型，仅作为特定类型案例的对象能被属性控制。类一般在等级继承中定义，较低等级的子类具有其父类的全部属性，此外还可能具有额外属性。几乎所有的语言都支持单一继承，即每个子类都只有一个父类。数学和逻辑约束使得多重继承很难包含在语言中和在编程实践中使用。

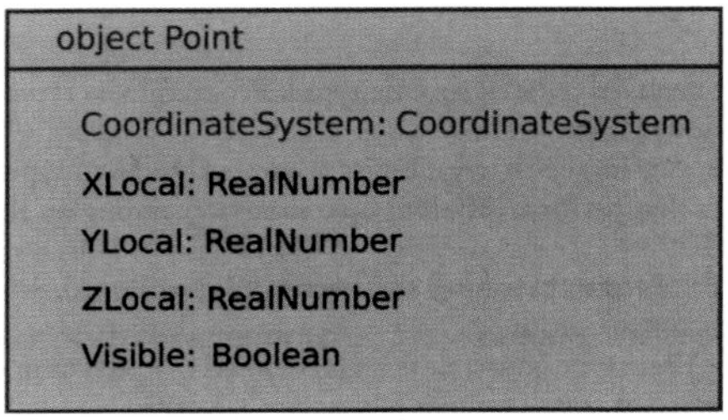

object Point
CoordinateSystem: CoordinateSystem
XLocal: RealNumber
YLocal: RealNumber
ZLocal: RealNumber
Visible: Boolean

图 4.6　类也可以形象化为方框。类有自己的名称，这里叫作 Point。每个类的属性都有其名称和类型。其类型不需要是原始的；它们可以是其他类，这里 CoordinateSystem 属性含有名为 CoordinateSystem 的类的一个值。

类函数实质上是为一个类所特有的函数。在同一类层中，可能同时存在多个相同名称的类函数，其中的每一个都定义了相应的函数。调用标记，即在类函数调用中自变量的类型，决定哪个函数被实际调用。这些类函数具有多态性（意为多个主体）。多态性使得编程人员可以使用统一名称来表达类似的操作，因此可以简化代码。为属性所使用的相同点标记适用于类函数。如果 P 是一个点，则类函数调用 P.subtract（Q）返回向量，即 P 减去 Q 的差值结果。类函数的点标记使得对象属性和类函数本身从编程的角度几乎是相同的。这就有助于封装——一个程序员几乎不需要了解一个对象的内部结构，仅知道对象的类函数集就可以使用它。

对象、类和类函数对于非专业人员是一柄双刃剑。他们主要能帮助编程人员编写稳定的和可读性强的大型程序。如果使用得好，它们可以使程序编写得很漂亮（至少在我们这些书呆子程序员眼里）——它们是非常优美并且强大的编程工具。大多现代语言实现对象、类和类函数的某些方面。如同强大的工具，它们需要安装并且需要花费时间和精力。偶然情况下，出现在参数化设计、最小类、简单对象和凌乱的函数中贸然的程序风格，常产生可以接受的结果。

4.9　数据结构，特别是列表和数组

数据结构允许编程人员自己组织数据。数据结构由类型（或类）和对这些类型（类）的对象执行相干操作的函数（或类函数）组成。链接表（见图 4.7）给出了一个基本实例，其中单一类型有两个属性，一个代表链接表的第一元素（头），另一个代表链接表的剩余部分（尾）。为了访问链接表中的成员，必须从表头开始。如果表头不是想要搜索的部分，则访问尾部，直至找到想要的部分。

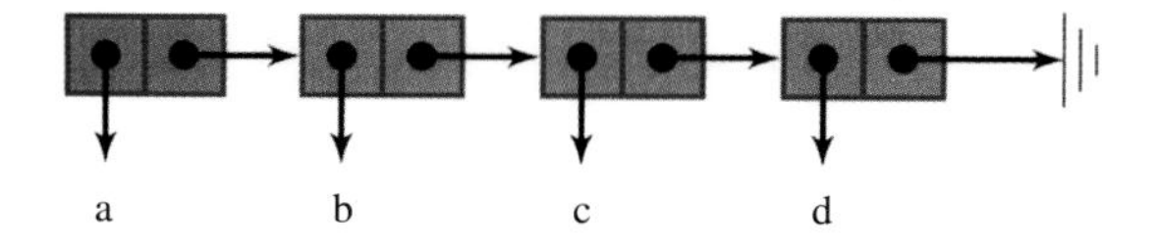

图 4.7　相连的列表数据结构包括一个单一类（或类型），一般称作 List，ListElement 或者是 Cons 包含两个属性。第一个属性（称为 Head，First 或者是 Car），意味着列表中单元格位置含有的值。第二个属性（称为 Tail，Rest 或者是 Cdr），意味着列表中除了该部分外的其他部分。符号⫴指无值列表，一般称作 nil。组织 List 类型的实例代表包括列表、树、有向无环图和一般网络等结构。

类似于一个链接表，一个数组实现一系列对象。与链接表不同的是，访问是使用指针来实现，即集合中的位置。通常数组位置起于 0，所以表达式 a[0] 代表了数组的首个元素，a[2] 代表了第三个元素。

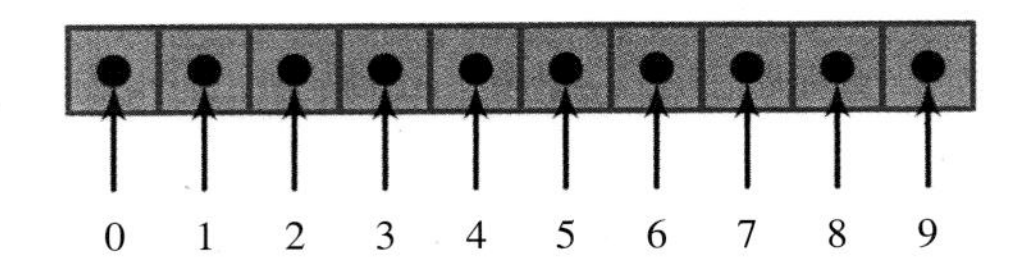

图 4.8 数组数据结构由一个有序的单元格集合和一个关联的指针集组成。单元格中存有数据。通常惯例，指针集合包括自然数 0，1，2，3…。指针集合的成员访问相关单元格，例如，4 访问数组的第五个成员。在多数程序语言中，指数从 0 开始，它在数组的工作中制造了语言学上而非数学上的困难。这个怪事是个历史事实，程序员只能适应它。

数据结构是编程中的关键抽象技术。一旦被建立，它们就可被调用若干次，不必担心它们如何工作。列表只是关于最简单的数据结构。它们使用方便，拥有大范围的运算和函数，而且可以支持多类型数值。另一方面，对于某些运算它并不是非常高效，而且它们的一般性使其难于调试和维护。列表和数组非常适合参数化建模中快速、随机的编程，并且它们是建模者应最先学习使用和制作的结构。

4.10　本书惯例

小段代码遍布本书。为这些代码选择使用的语言是一项非常困难的决定。有三种选择：现存的语言忠实再现其语法；计算机科学家为出版物表达算法的伪代码；一门希望大众可读的简化语言。我拒绝了前两种选择。第一种需要读者先要了解特定的语言，而且可能给人留下这本书在某种程度上是关于那种语言的印象。第二种虽然精确并且高端，但不是为那些通常尚未与所需抽象概念建立纽带的业余人士准备的。第三种则为我提供了需要的东西，既尽可能简洁地表达概念，又为参数化建模增加特定的注释。这里有如下的惯例：

//comment 两个分隔符将本行剩余部分变成一个注释

p.x 点注释访问对象属性值

CamelCasing　　　Camel casing是一个惯例，不是一个程序语言特性。用于将词连接成名字时保留其可读性

variableName　变量名开始于一个小写字母，

并且否则为CamelCase。

TypeOrClassName　类型或类的名字是纯CamelCase。

Point p=new point（）；一个与为类同名的类函数，

为其类定义了一个构造函数。

调用时，它产生类的一个案例。

p.ByCoordinates（1，4，3）在点注释中使用By或At标志着

类函数是点更新类函数。

a={1，3，6，3，8} 复制的原则是一个变量能够具有

一个列表或一个单一值。

当在一个列表中调用一个函数时，

它可反过来用于列表中的每个元素。

复制（Aish和Woodbury，2005）需要一些解释。一个节点的独立变量或者是单元素集或者是合集。合集有着相应的解释，即合集中的每一个对象都指定了其相应的节点。当多重变量代表的独立节点具有合集值时，该合集按照图4.9所示的两种特殊路径传递代表独立节点的变量。第一种产生一系列对象，该对象和最短的输入合集具有相同大小，通过使用每个输入合集的第 i 个数值作为独立输入。第二种形式生成输入合集的笛卡儿乘积。X 和 Y 合集的笛卡儿乘积 $X \times Y$ 是所有可能命令对的合集，从 X 中选取命令对的第一个成员，从 Y 中选取第二个成员。

例如，⟨1, 2⟩ × ⟨a, b, c⟩ ={ ⟨1, a⟩, ⟨1, b⟩, ⟨1, c⟩, ⟨2, a⟩, ⟨2, b⟩, ⟨2, c⟩ } 两个案例的结果都是图形中一个单一节点，且其元素通过数组索引惯例进行访问。单元素集和合集的区分支持一个案例编程的形式，凭借已完成的工作，通过提供附加的输入自变量创建一个可以传递给多案例的单独的例子。

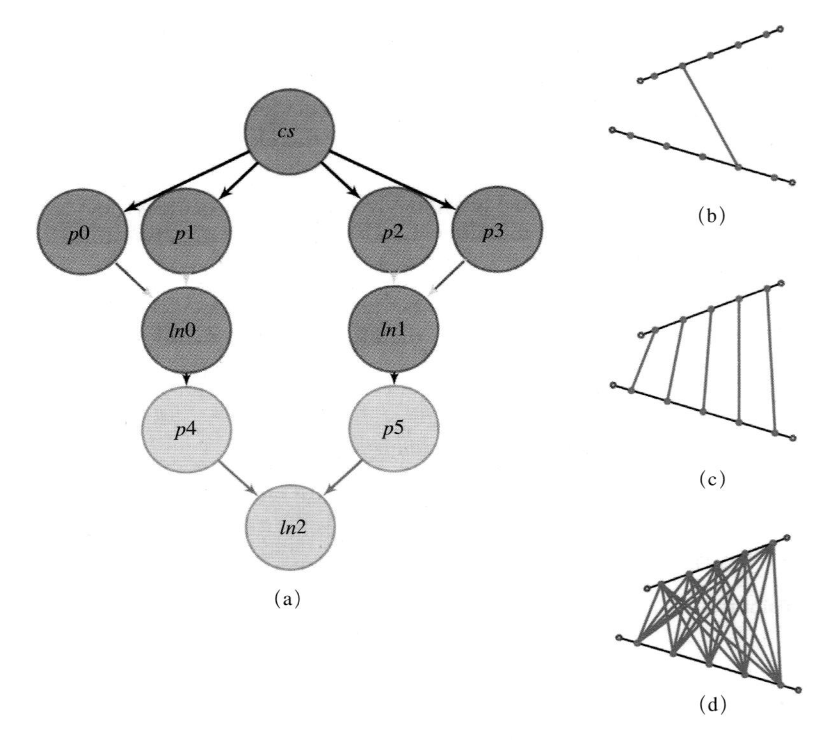

图 4.9 线段连接了两个点集合，每个在线上的点反过来表述为参数化节点。(a) 符号模型代表参数化点和连接线。(b)(c)(d) 为同一符号模型。图形 (b) 所示为参数化定义节点中两个带有单一指数值 (1 & 3) 的参数化点之间的连线。(c) 每个定义的点产生的线使用了输入集合的所有值。线段的数量等于最短集合的长度。(d) 笛卡儿乘积解释下的线段集合，连接第一个集合中的每个点和第二个集合中的每个点。

4.11 不仅是写代码

编程人员使用上述语言结构（以及其他）来编写程序。编程本身具有几个方面。

设计代码就是要理解问题所在，将问题分解为若干部分，为每部分设计数据结构和算法，并将各部分组合成一个完整的程序设计。

编码将设计问题转化为程序。它使用设计的抽象思维并将它们在一些程序语言中变成精确指令。代码很少按照所写的进行工作。有时编码和设计相互协调，尤其是在初期，探索理念的阶段。

错误，编程人员称为故障，无论从初始编译还是使用特定的一段编码几年以后，都会使得故障本身彰显出来。寻找并修复故障这件事本身是有极大吸引力的智力活动。对于没有任何怠慢的编程人员，通常调试程序、排除故障所花的时间要比编程的其他任何工作都多。实际上，如果一段程序刚刚写完就运行成功，连编程人员都会感到吃惊。

一个程序可能已经可以运行，但是可能代码不清晰或者需要以更普遍的方式使用。代码重构是重新设计代码以改善代码清晰度及与其他代码接口的过程。代码重构使得代码具有更好的适应性以适用于不同环境。

多数大型优秀程序都是以模块化的形式创建的。模块是实现一系列具有一致性和相容性行为的数据结构集合。例如，在几何学计算中，一个普通的低级模块执行向量空间的具体形式，即向量集合遵守某些数学规则。向量空间依赖于底层语言的实数运算并且为上层程序提供一致的向量运算。向量空间运算并不包括任何场所概念，因为向量仅仅是简单的方向和量级。场所通常被引入到向量空间上层的仿射空间。模块中设计和编程就是构思类似多重描述的程序“世界”，在某些更多的原子模块里每个依次表达为一个描述。由模块构成的设计和执行系统是软件工程学科的焦点所在。

对最底层进行抽象是编程技术中最重要也是最困难的。如果一个运算或数据片段可以不依赖特定领域术语进行表述，它应作为上层平台。例如，墙体中插入穿孔的窗户和门可通过设计墙体所特定的数据结构来完成，插入的洞口可以通过特定目标函数来实现。更抽象的是，墙壁能够表达成实心的。在此情况下，切洞操作可以设计成从一个代表墙体的实体的某个范围内，减去一个代表窗或门的轮廓。在后面的案例中，墙体的详细信息（它的建造、厚度和形状等）对于代表它的实体而言是不可见的。反过来，冲孔操作仅仅依赖于实体几何形状。

函数和数据结构都可以是通用的或者特定的，完整的或者部分的。是通用的就应能适应多种情况。是完整的就要能处理在一些逻辑类别中的所有情况。例如，向量的数据结构和函数将是通用的，因为向量是所有计算几何学的基础。完整的向量函数集合可能需要花费大量的时间去编写。

大多数语言都和数据结构和函数相关联。在某些情况或者任务中，这些几乎始终是不完整的。在需要时编程人员必须编写他们自己的函数。花费大量时间编程的人通常建立自己可以在新项目中反复使用和反复定义的类集合和函数集合。

编程是运行中的算法思维。两个程序可能表达同样的算法，但是其设计基础不同。在此基础之上的编程技能，需要花费时间去掌握。这门技能包括概念、结构和技巧。参数化建模者大多是业余编程人员，他们的工作模式表现出一种编码缩短化的趋势，其中显示出或多或少的技能。

4.12 结合参数化和算法思维

编程以四种不同的方式进入参数化建模：参数化模型建构、更新编程方法、模块开发和元编程。

几乎所有传统的CAD系统都有程序语言，不是内部语言就是可以从系统访问。设计者使用这些语言编写程序来构建和编辑模型。一旦建成，模型就可以随时手动或通过其他程序动作更改。当然，参数化思维能够也确实参与此类编程。编程人员使用一些变量，这些变量被传递到函数，作为连接到程序中创建的新参数化结构的参数。早期CAD书籍《计算机图形编程艺术：面向建筑师和设计人员的结构化介绍》(《The Art of Computer Graphics Programming：A Structured Introduction for Architects and Designers》) (Mitchell等人，1987))》与本书内容基本相反。该书通过很多例子展示了如何在一个结构化的程序之上构建参数化图层。参数化建模继承了这种编程模式，构建参数化模型，即传递图像，而不是固定的模型。

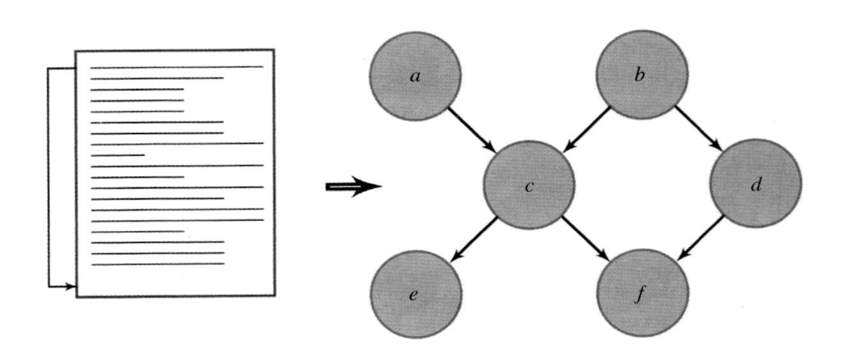

图4.10 程序执行时，左侧的代码创建或者调整右侧的参数化模型。沿代码组边上的箭头代表程序执行时通过代码来控制流程。

编程的第二个角色是编写代码更新方法。这就类似于在电子表格的单元格中编写表达式。这些表达式在电子表格的每一次升级中被调用以生成一个值。与电子表格中的公式不同，更新方法只写入一次，并且通过调用而非复制方式来使用许多次。在该角色中，程序可能遍布在整个模型中，所以它难以（尽管对于小程序，很少需要这样）将代码形象化为一组集合。在此工作模式中，每个程序彼此独立，最多是调用定义其他地方的其他函数。

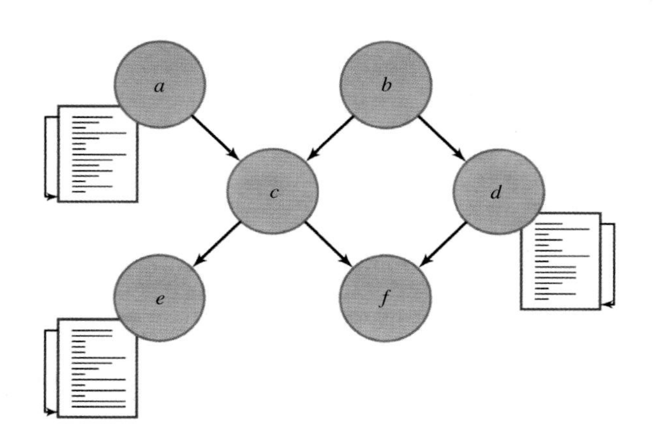

图 4.11 节点 a、d 和 e 都具有用户定义的更新方法。当传递函数访问每个模型节点时，如按照 $\langle b, d, a, c, f, e\rangle$ 的顺序，它依次执行每个节点的更新方法。

在结构中创建模块需要设计、编码、调试、精炼和维护该结构的数据结构和一系列函数。如果系统不支持一个特定的设计任务，这些新模块是必需的。例如，图 3.8 和图 3.10 所示的矩形房间布局模块需要数据结构来代表房间和墙壁，并且需要函数来插入、删除和尺寸标注。创建这样的结构需要花费大量时间。因此，在设计者创建的代码中，完整的模块是相对罕见的。一旦对参数化技艺做出很大的投入（或通过长期工作悄悄接近），一个设计师 / 程序员将不可避免地建立他 / 她自己的模块。就像熟练木匠的锤子、螺丝钳、架子和指南一样，这些模块成为参数化技艺必不可少的部分。

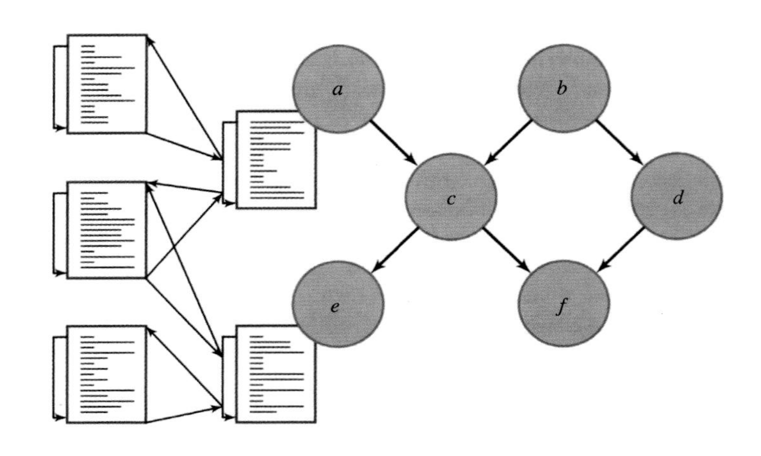

图 4.12　左侧的代码组代表函数。它们在节点 a 和 e 上被更新方法调用。

元编程—编写程序—圆满完成。它影响着整体，而非局部。这里程序影响或是贯穿传递图本身。例如，设计空间探索程序使用模型和一小套源代码，并且系统地尝试结合节点值，为每个结合体升级模型，并且通过在计算机屏幕上创建文件或者其他进程来汇报结果。系统使元编程提供一套函数来控制图形更新。当被调用时，这些函数调用始于所有资源或特定的节点中调用图形传递算法。图形升级提供了技术的关键引入点，这些技术能够使基于传递的参数模型执行周期计算，同时执行系统搜索并生成动画。

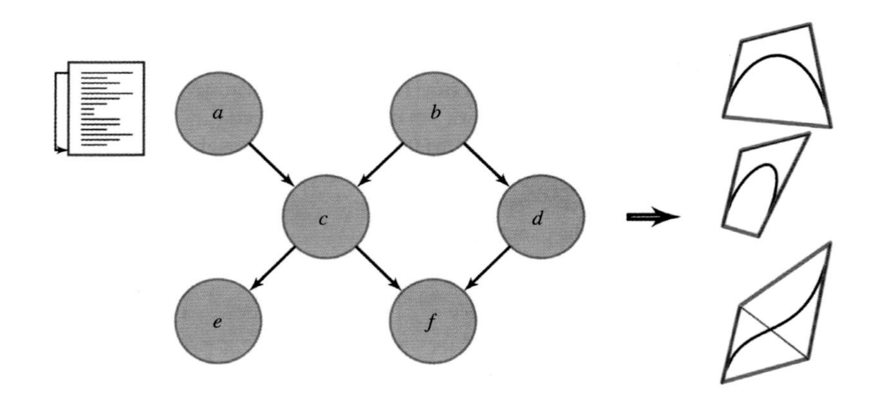

图 4.13　左侧的代码组充当元编程序。它复位了模型的一些图形独立属性，称作 UpdateGraph（ ），并且记录了系统外部结果。

构建和使用参数化模型融合了传递图形和程序。决定何时和如何使用每种工作模式本身是技艺的一部分。有时，通过在图形中原有部分创建连续节点获得新部分的精心构建，从而取得清晰度。例如，如图 2.17 所示的两圆公切线结构建立并示范了一个清晰的几何方法。另一方面，手边可能有一个公式将此建造简化成一套简单的赋值语句，然后包装在一个函数里。熟练的参数化建模者常常从建模滑向编程，然后又回到建模。

4.13 终端用户编程

在面对任务和工具日益增长的复杂性时，设计者们并不是孤独的。很多学科面临一种基本需求和机遇，使用计算工具做更多的事情。他们都遭遇到这样的事实，图形化用户界面使计算机更加易于使用，但也令其难以得到更有力的应用。

图形化用户界面（GUI）深深地改变了我们和计算机的接触方式。这种改变通过提供一个允许手动交互任务的共享视觉形象来实现。图形化用户界面大都忽略计算最重要的方面——算法。人们必须通过 GUI 实施重复任务的情况实在太多了，而这些任务本来可以由一个算法更迅速准确地完成。终端用户编程工具承诺支持人们表达并使用计算工具中的算法，如电子表格、文字处理工具、图像系统以及计算机辅助设计系统。然而，有用的最终用户编程系统很难实现。

终端用户编程系统旨在扩大工作范围。它们支持各领域专业人士“更好地”（这意味着变得更加实际、高效或者以新任务取代原有的任务）工作。终端用户通过编程以解决不寻常的或者重复性的工作。他们的知识和技能存在于其所处的领域，而且他们已经获取编程能力作为辅助。更进一步，他们将自己的工作看作其所在领域里的首创，而不是仅作为程序开发以支持他人（尽管大量最终用户程序为他人使用）。在这里重点是任务至上，同时编程是完成任务的一种方法。

终端用户编程人员通常使用特定的软件进行工作。作家们使用 Emacs，Microsoft Word® 或者 Adobe Creative Suite®。设计师们可能使用 ArchiCAD®，AutoCAD®，CATIA®，form·Z®，Generative Components®，Maya®，Revit®，Rhinoceros®，及其附加的 Grasshopper™ 或 SolidWorks®。游戏设计师们可能使用 Cinema4D® 或者 Virtools®。如果手边有需要大量重复性工作、涉及多余的数据或者必须以某种方式协调一致的任务；以及当可获得的工具使工作难以完成时，他们就编程。针对独特的、价值高的任务或重复性工作时，或者程序将被再利用时编程的动力大大提高。

终端用户编程人员“来自”他们自身的领域，以阐明、抽象和概括为目的。最终用户程序因此是一种元工作的形式，其中编程人员必须仔细考虑手边的任务，研发、测试并完善程序以提供帮助，然后使用这些工具来完成实际的任务。

终端用户编程是有成本的。日益增长的能力增加了复杂性。Dertouzos 等人于 1992 年首次介绍了 gentle-slope 系统，这个系统由 Myers 等人于 2000 年进一步发展，每个终端用户编程系统具有一个非正式的函数，表明困难在如何随着能力增长。系统有代表性地展示了这些函数中对应于学习新的编程结构和理念需要的步骤。图 4.14 显示了难度随能力缓慢增长的理想模型；其中的典型情况是困难变成进程中一个不能克服的障碍；其中一个现实的目标是简单的程序特征是可以学习的并且可逐步使用，不需将终端用户编程人员与他的工作任务相脱离。

参数化建模人员的确与专业的程序员有共同目标。软件工程是制作可证实、可信赖、可重复使用以及可维护程序的知识和技艺的主体。近年来软件工程师们相当关注所谓的敏捷方法（Highsmith，2002），其中程序和它们的说明书一起开发出来，而且程序员与那些在工作中使用（或将要使用）此程序的人们保持持续的交流协商。敏捷软件开发宣言（Beck 等人，2009）提出了敏捷方法的四项核心原则：

①个体与交互高于流程和工具。
②可工作的软件高于复杂的文档。
③用户协作高于合同谈判。
④应对变化高于执行计划。

也就是说，当右边的条目有价值时，我们更重视左边的条目。

这听起来非常像设计。显然参数化工作因情况而异、聚焦于任务的风格和敏捷方法有很多共通之处。尽管在本书写作之时，它们之间还没有明确的联系。

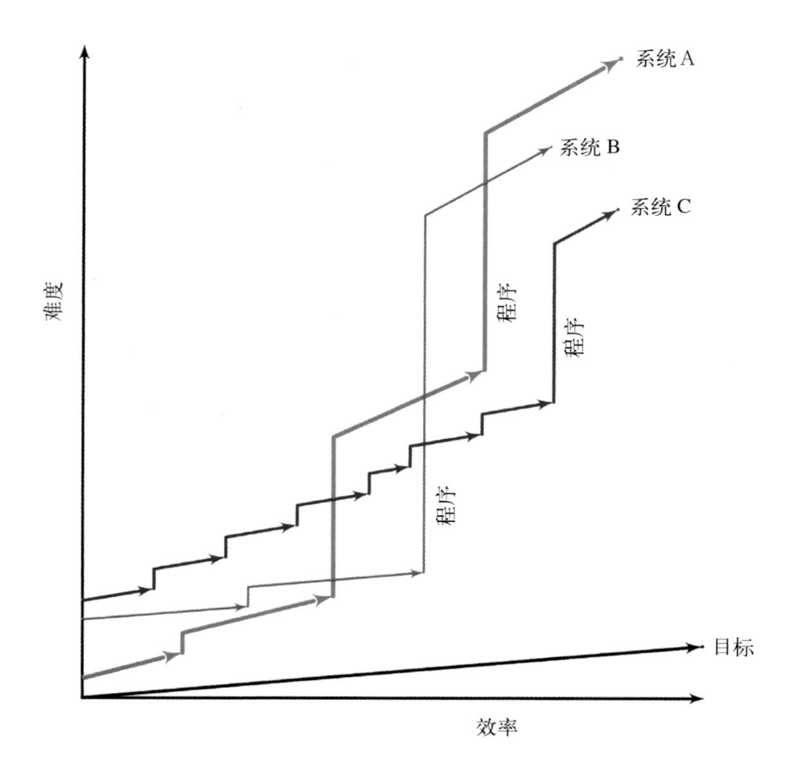

图 4.14　终端用户编程的一个好的策略是瞄准在能力 / 难度函数中的一个相对大量的小步骤。来自 Myers 等人（2000）的图表比较了虚构的、但有代表性并提供类似功能的系统。图形的意图是表达出使用工具获得结果的相对难度。每条曲线的具体形状无法做出绝对规范的解释。例如系统 A 提供了使用初期一个低障碍，但有一个令人迷惑的界面，这个界面使它难以学习新的特征。当使用它的关键约束特性时，它表现出一个显著的增量步骤。它的脚本语言与界面分离，并且基于一个古老且不雅的语言，使其程序与模型间难以联系。相比之下，系统 B 的用户界面由于是基于原理的，初期障碍高，但是由于它的原理使其可预见，难度坡度很低。系统 B 中的程序需要调用一个完整的发展环境，并且这对其使用是一个障碍。在系统 C 中，程序语言结构可以直接在界面中获得，并且谨慎分解，因此它们能够大量独立使用。一个典型的终端用户编程人员以增量方式学习并使用这些特征，很少偏离手边的任务。在某一时刻，终端用户编程确实需要利用整个系统的性能。而向其完整程序环境的飞跃，会随着先前使用编程元素的练习逐渐减少。尽管这三个系统是抽象的，它们的基本结构在几个 2010 年上市的 CAD 系统中都能够找到。

第5章

全新大象馆

哥本哈根，丹麦

建筑师：福斯特建筑事务所

来自 Brandy Peters

5.1 引言

哥本哈根的新大象馆于2008年6月开放，它取代了自1914年以来使用的结构。坐落在一个历史公园中的哥本哈根动物园是丹麦规模最大的文化机构之一。全新的大象馆致力于在动物园和公园之间建立起紧密的视觉联系，既为大象提供令其愉悦的生活环境，并营造可以很好地观赏大象的令人兴奋的场所。新馆赋予传统封闭的建筑风格以光线感和开放性。两个轻质玻璃穹顶覆盖建筑，并与天空和自然光线的变化形式保持密切的视觉关联。大象们可以聚集在玻璃圆顶下面，或者到外面与其相连的小牧场里。在野外，公象具有脱离群体闲逛的习性。因此平面形式由两个单独的围合空间组成，一个大空间为主体象群设计，另一个小空间为更具攻击性的公象设计。与基地很好地融合，整幢建筑对景观具有最小的视觉影响，并且具有极好的被动热工性能。游客们可以沿着一条向下穿越建筑的漫步坡道，沿途观赏大象围场。

本章主要关注新大象馆的玻璃圆顶设计。天棚设计曾探索了多种方式，通过草图，制作实体模型以及通过计算机建模的三维探索。一种数学形式——圆环，通过提供联系结构和玻璃的几何逻辑集成了设计的复杂性。通过参数化的计算机模型对此进行编码并构建逻辑。这就为很多不同的设计选项的探索和生成提供了可能。因为设计集成了关系的集合而且计算机模型可以随时更新，所以在设计进程中可以保持良好的流畅性直至设计过程后期。天棚的一系列开启板和天棚上玻璃板的一个不同的烧结模式形成了这个设计环境策略。这个系统的设计——不同类型面板的分布以及预定烧结模式的创建——通过使用定制的计算机编程来进行探索。合并叶片纹理的半随机布置，一个设计就这样浮出水面了。这就创造了一个模拟大象自然生存状况的具有不同光照强度的环境。

5.2 捕捉设计意图

建筑师的设计研究建议了两种从景观出发的天棚结构，其中一种较大一些，包括建筑在地下的体积。两种天棚与大象活动场所的内部布局和景观相联系。该结构成为定义四边形的一个数组，并全部由玻璃表皮覆盖。两个天棚具双重曲率，并且玻璃遵从四边形的几何结构。

尽管这些设计研究运用了多种媒介，实体模型制作仍然起到了关键作用。建筑师和结构工程师通过建模来测试空间、形式和结构思维，以便使结构与形态理念相互紧密结合。特定的建模技术和许多不同材料都具有它们自身的材料逻辑。这一固有的材料逻辑可以用来探索相类似的多种选择。如图 5.1 所示，天棚设计概念通过使用多种造型手段得到发展并进行测试：木质或金属质栅格、金属或纤维找形模型、真空雕刻模型、单层平面索网结构和可弯曲金属网格，每种模型都展示出令人兴奋的新形态构成。

随着设计规则的发展，需要更具描述性的手段，而数字化模型成为必需品。新大象馆的几何逻辑既不是预先合理化的也不是后合理化的，结构系统概念随着设计一同发展。当设计概念变得既有趣又足够清晰时，就可以转换为计算机模型。模型“解读”可能比“转换”更加得当。数字媒介通常建议甚或要求新的几何逻辑。这个新逻辑的细节取决于软件工具和建模者的技能。在这个项目中，计算机建模的最初任务之一变成了制作天棚结构详细的实体模型的模板。通过绘制 CAD 模型，设计小组解决了结构的尺寸特征及其放样。天棚的几何复杂性需要通过三维 CAD 模型，而非仅是二维图形来拓展数字草图。这是设计进程很重要的一部分，而且计算机建模对项目而言自始至终都是一个必不可少的工具，而非仅作为项目后期使用的一个绘图和合理化工具。

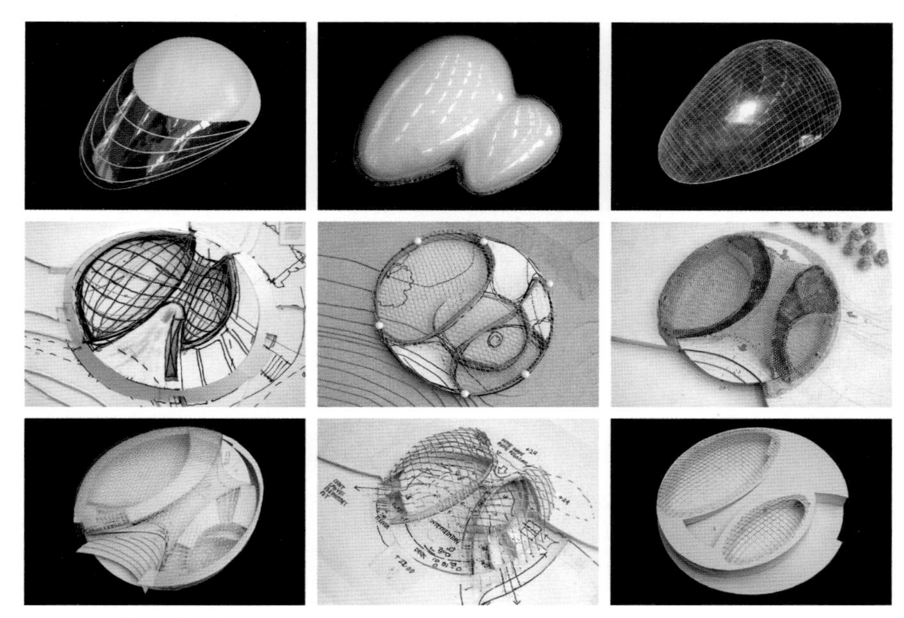

图 5.1　实体草模

资料来源：福斯特建筑事务所 /Buro Happold。

5.3　圆环体

圆环体俗称“炸面圈”，是精确界定表面的一次革命。它是通过一个圆围绕一条轴线旋转生成的，轴线位于圆外并且在圆所在平面上。其中用来界定表面的参数包括圆的半径、圆与旋转轴的距离。圆环体形式对于建筑有多种益处：表面由一系列圆弧组成；圆弧在回转方向上相等；表面可以离散为平面四边形板；这些面板围绕圆环轴旋转时，而非沿定义的圆时完全相同；面板与面板之间沿边界对齐。圆环体因此定义了一个适合于建造二维表面的数组。工程造价约束将重复使用同样的面板置于高度优先的地位。这一几何排列以弧线为基础，另一个非常有用的性能是它允许可靠的立体图形以及表面偏移量，这有助于解决很多复杂的设计和生产问题。一个项目通常只使用圆环体表面的一部分，即圆环面片。

制作实体模型激发初始的计算机建模。结构始于计算机，然后手工装配。由于圆环体是非常清晰并实用的形式，并没有获得存在于很多独创的实体研究模型中的趣味性。圆环体形式的早期研究提出的天棚设计，彼此间的相关性及其与下部建筑平面的相关性都不好。这时需要一个更为自由的形式。图 5.3 展示了主要的发现：倾斜两个圆环体的轴线，将这些倾斜的圆环体通过一个水平面切片可产生不对称的形式。通过反向倾斜每个圆

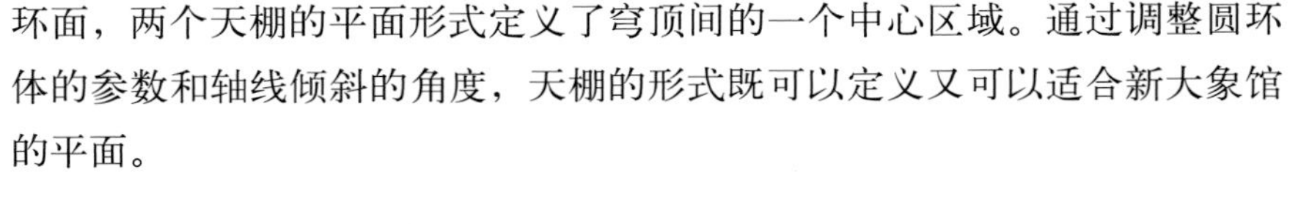

环面，两个天棚的平面形式定义了穹顶间的一个中心区域。通过调整圆环体的参数和轴线倾斜的角度，天棚的形式既可以定义又可以适合新大象馆的平面。

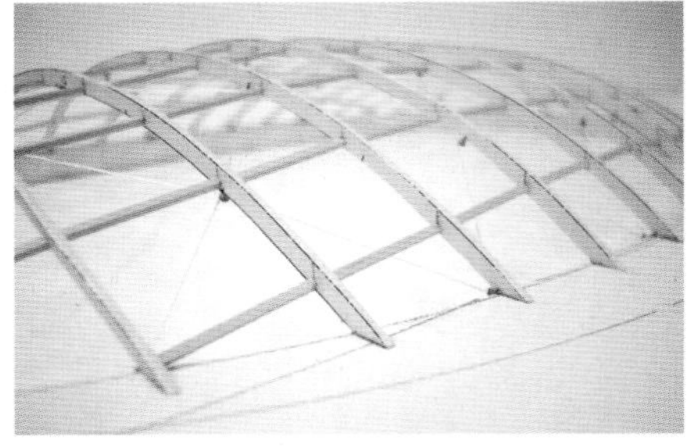

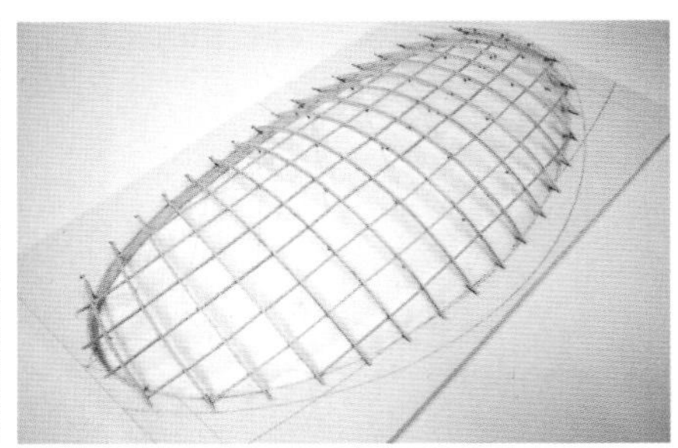

图 5.2　圆环面几何研究模型

资料来源：Brady Peters/BuroHappold。

如图 5.2 所示，在一个初期草图模型中，结构和玻璃系统的排列遵循圆环几何体。结构中心线、横梁以及玻璃都源于圆环几何体。天棚的结构和玻璃系统终止于一个结构圈梁。圈梁置于环体的横切圆水平面上。

为达到基本空间构成，设计小组有时以预料不到的方式使用了多种媒介。小组从草图和实体模型开始，工作经过一个字面上的计算机模拟阶段，然后使用参数化建模以发现并改进一个简单的基本几何体，取得一个复杂的视觉形式。具有讽刺意味的是，一旦发现这个几何体，其形体的几何单纯性意味着设计师可以选择在未来工作中使用计算的或是模拟的工具。

5.4　结构生成器

如同使用实体模型时，数字模型中的设计思路最初也是通过手工方式获得灵感，然而，随着几何规则和构建细节的逐步建立，在参数化模型中所花费的时间和精力也在增加。

当双环几何框架（尽管不是其特定的参数）决定以后，设计者就转入针对结构和玻璃的工作。他们迅速发现他们的任务在于一个概念集的设计和具体解决方案的开发，而不是简单的单个草图的细节。复杂程度和潜在构造的绝对数量需要一种参数化解决方法。小组决定如何与一名拥有编程能力的建筑师合作编写一个叫作“结构生成器”的定制程序。程序使该小组从任何特定的CAD软件包中都有的有限指令模块中解脱出来。在使用中，

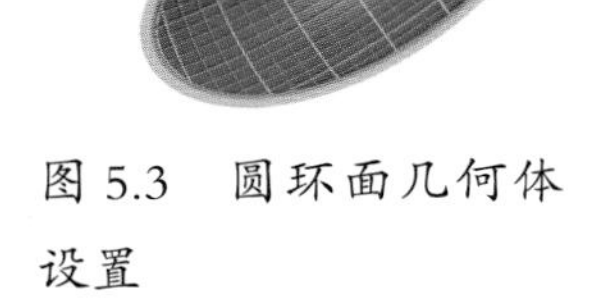

图 5.3　圆环面几何体设置

资料来源：Brady Peters，基于福斯特建筑事务所的设计。

就像其他任何设计工具一样——设计过程中反复调用程序。设计者通过编码来绘制草图，而不是用钢笔来画图。

恰当变量的精心打造（及命名）决定了参数化系统的很多用途。对于新大象馆的结构生成程序，26 个变量控制着元素的数量、尺寸、间距和结构元素的类型、不同的结构偏移量、圆环的第一层半径和第二层半径以及结构生成的范围。反过来，这些数值型变量关联着以坐标系统表示的圆环轴。结构生成器生成所有的中心线，初级、二级、三级、四级结构构件，玻璃部件和节点列表。

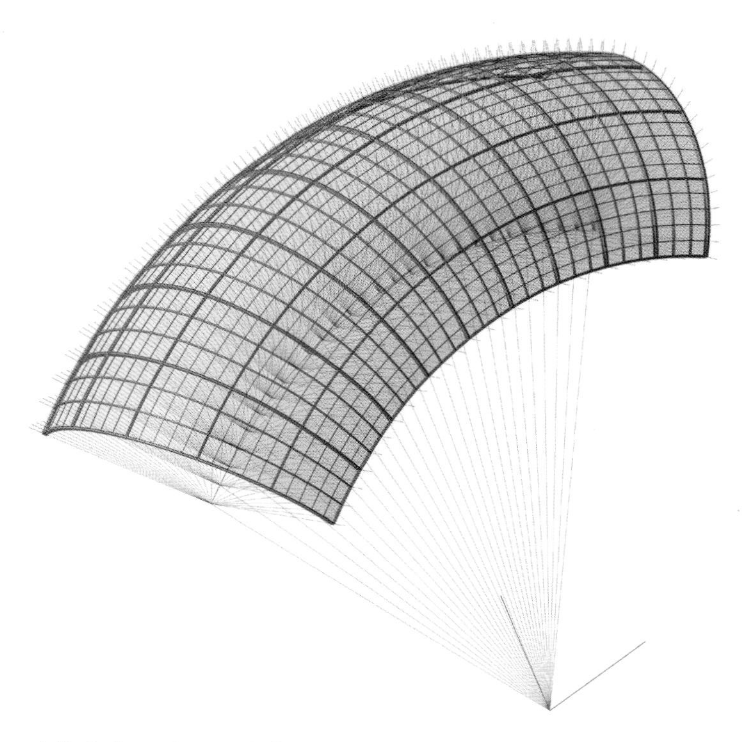

图 5.4　结构生成器界面和生成的几何体

资料来源：Brady Peters，基于福斯特建筑事务所的设计。

在项目实施阶段，编写参数化模型的程序能够创建和测试两个圆环形中结构和天棚的多种变化。通过结构生成器的使用，更多的选择可以被研究，而不用对天棚的每种新选择都进行重建。生成新的设计可能的速度还可以允许天棚设计在设计进程晚期发生变化。计算在这里成了一种改进和优化工具，如图 5.5 中的设计结果所示。

制造商以一个名为“几何方法说明”的文件形式接受穹顶设计，而不是一个计算机程序或者数字模型。这个简单的、可验证的文件确保可靠的数据在 CAD 系统中间转移——制造商必须按照其规则建造他们自己的数字模型。如同一个教育性的和契约性的策略，“几何方法说明”帮助制造商完全掌握项目的几何复杂性。这个文档从简单几何规则方面来描述设计。对于新大象馆这个项目，它直接遵循来自圆环的排列逻辑和结构生成计算机程序。

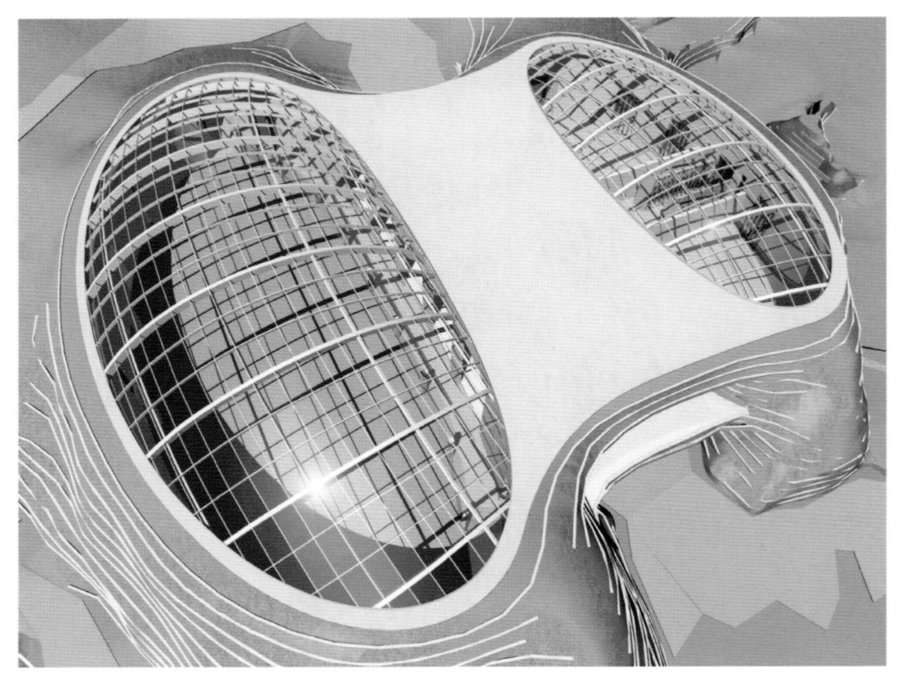

图 5.5 大象馆的天棚结构

资料来源：Brady Peters，基于福斯特建筑事务所的设计。

5.5 玻璃生成器

项目的环境策略是通过天棚的一系列开放面板和玻璃板不同的烧结模式来表达的。通过计算机程序的使用，模式按照半随机叶片纹理的布置来呈现。

环境性能和居住舒适度在设计目标中非常重要。设计小组决定玻璃面板本身应该做尽可能多的环境控制工作。通过天棚上一系列开放面板和变化的烧结面板就可以实现环境的通风、日照控制和照明调节来模拟自然状态。玻璃天棚的不同开口控制着自然气流。印在玻璃上的烧结图案可以减少太阳辐射，并因此有助于保持舒适的温度。在玻璃上没有其他覆盖物，以便大象围栏里的光线最大限度地接近自然状态。

烧结面板的日照控制依赖于不透明区域的局部透明度。环境分析规定了烧结水平和每种烧结密度的面板数量。尽管烧结面板的整体数量是决定了的，这些不同面板类型的分布却不是。图 5.6 所示为一种不同面板类型的新的分布模式，被称为 TREE SORT 模式。因为野象在森林边缘聚集，森林变成遮阳板分布和烧结密度的一个隐喻。在 TREE SORT 模式中，可开启面板是森林开口的模拟并且因此没有被烧结。该模式中指定数量的树干（黄色面板）尽可能远离开口（红色面板），并创建了使散热远离树干的面板类型梯度（如图 5.7 所示）。烧结密集区域集中于树干周围，从树干到开启面板密度逐渐降低。设计小组通过调整开启面板的位置、树的数量、树间最小距离、面板类型数量和每种面板的分布，研究出一系列结果。

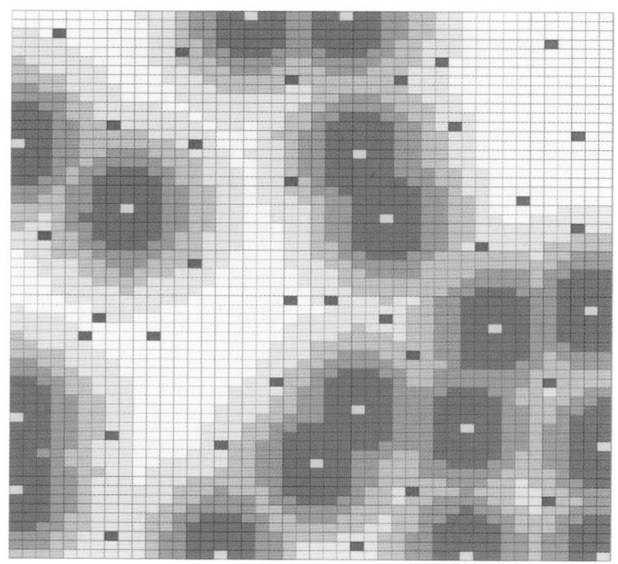

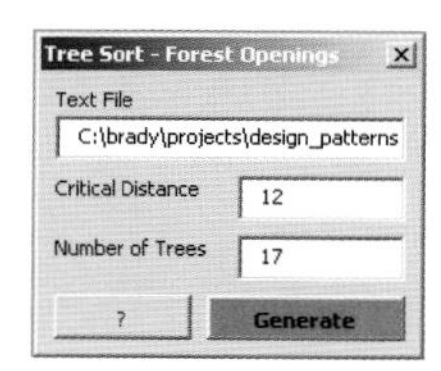

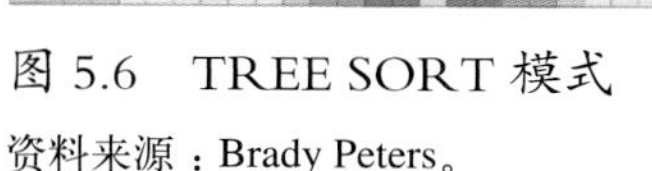

图 5.6　TREE SORT 模式

资料来源：Brady Peters。

图 5.7　天棚的面板类型分布

资料来源：Brady Peters，基于福斯特建筑事务所的设计。

图 5.8 所示为另一种被称作“玻璃生成器”的计算机程序，专为新大象馆开发以创建一个定制的烧结模式。玻璃设计起始于叶脉图案。而另一种更标准的微点烧结模式在该项目中不适合，因为它会产生匀质的内部光线，适合于画廊和办公室，但是不适于需要明暗对比的大象房。其目的在于这能够使大象找到最喜欢站立的地方。

玻璃生成器使用了一系列模具生成烧结模式，并且使用了另一系列模具使得烧结模式能够内部创建。这个最终的模具系列代表玻璃面板。对于每个平板，算法创建了一个独特的烧结模式，如图 5.10 所示。第一组的随机烧结形状被选择并设置在玻璃面板里。烧结形状可以自由旋转、缩放并且其顶点细微地移动。算法持续地设置烧结形状直到其达到想要的烧结面积比率。图 5.9 所示为不同比率的烧结模式。

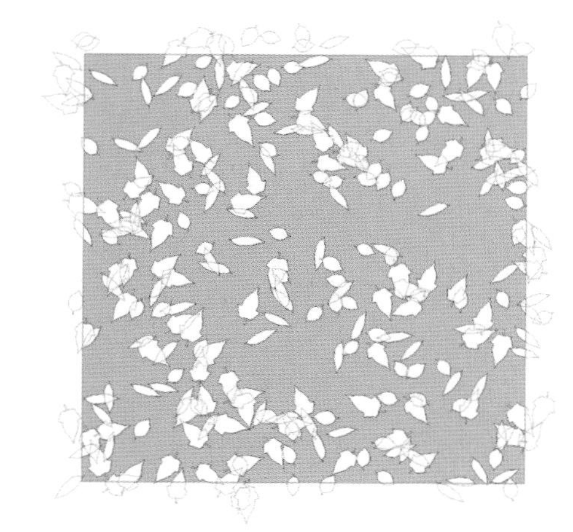

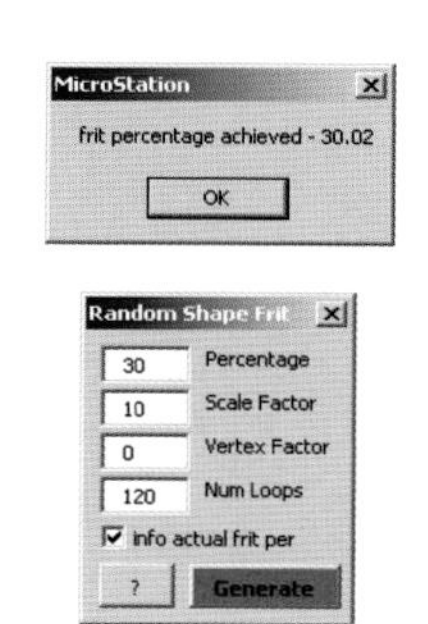

图 5.8　玻璃生成器的界面和生成的烧结形状

资料来源：Brady Peters，基于福斯特建筑事务所的设计。

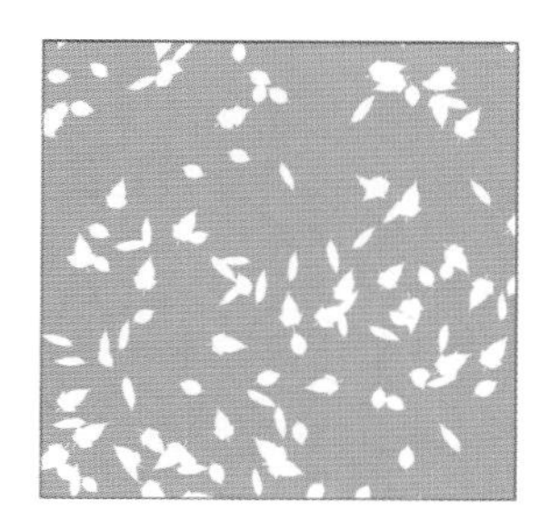

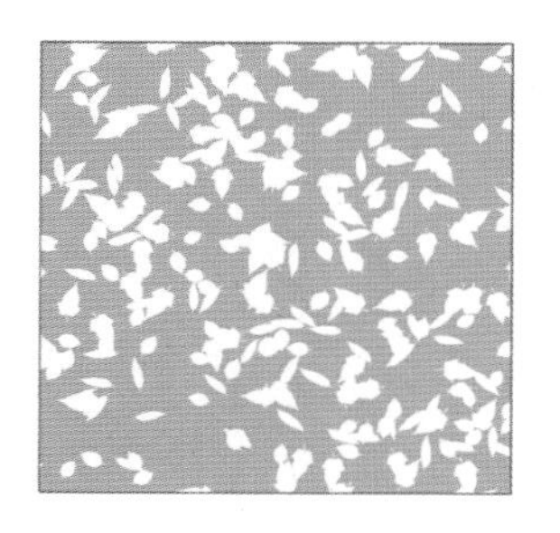

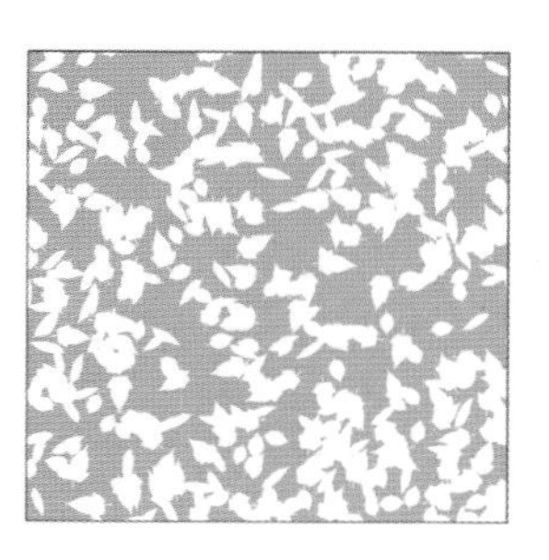

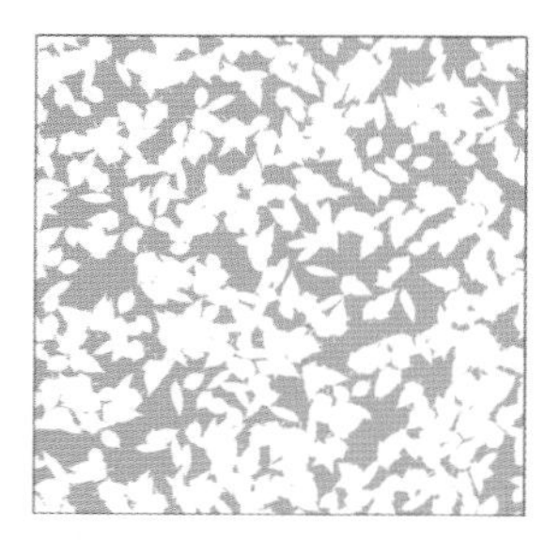

图 5.9　15%、30%、45%、60% 的烧结模式

资料来源：Brady Peters，基于福斯特建筑事务所的设计。

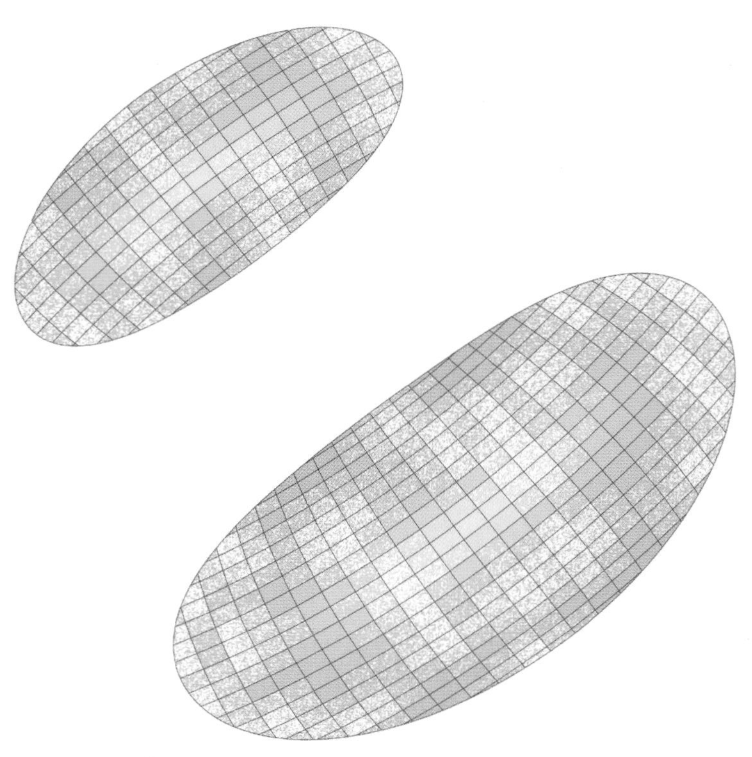

图 5.10　天棚烧结模式的分布

资料来源：Brady Peters，基于福斯特建筑事务所的设计。

5.6 本章小结

哥本哈根新大象馆的程序包含了限制约束和一套复杂且未经测试的要求。其设计进程使用了多种不同媒介，既有模拟的又有计算的。实体模型和数字模型都为设计成果做出了贡献。圆环体的数学形式帮助实现了项目的经济性和结构逻辑。定制的计算机程序使对于数字模型的三维几何体的大量探索成为可能。这种生成方法有助于优化建筑形式和结构。通过新的面板分布模式和半随机烧结模式，将项目的环境性能整合到设计中。图 5.12 展示了项目与自然模式、几何模式和计算模式的融合。

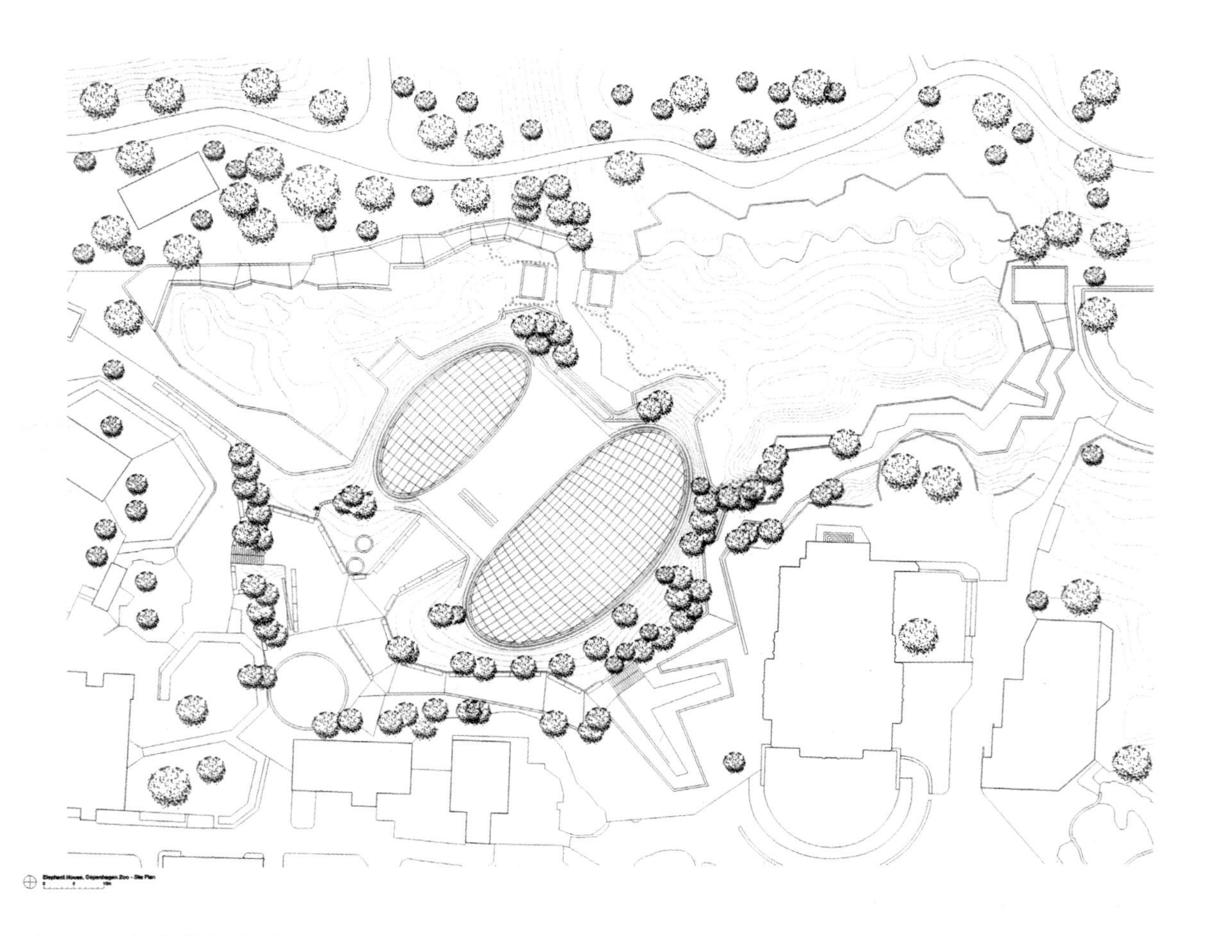

图 5.11 新大象馆平面图

资料来源：福斯特建筑事务所。

图 5.12 新大象馆主象群围栏室内

资料来源：Richard Davies，福斯特建筑事务所。

图 5.13 屋面开口细部

资料来源：Richard Davies，福斯特建筑事务所。

图 5.14 烧结模式细部

资料来源：Richard Davies，福斯特建筑事务所。

第6章

几何学

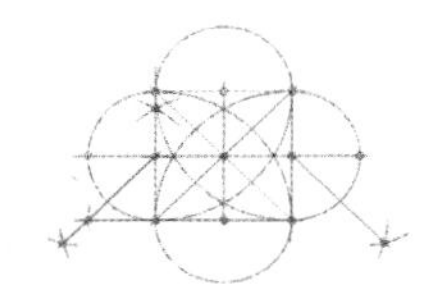

几何学是一个很大的课题。即便花费毕生精力研究，也只能精通文献中极小的一部分。它包含着非常多的数学概念和公式，其中的每一个在你能开始掌握使用这些概念的几何学思想之前，都需要花费时间和努力去研究。但是绝大多数参数化建模系统构建的项目都是通过几何学来实现的。那么设计者怎样学才算“够用”呢？

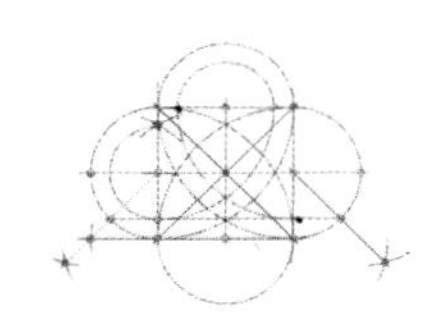

历史证明，设计者们始终都对他们重要的几何学方面“学得足够多”。技术娴熟的泥瓦匠使用欧几里得罗盘和直尺结构来设计哥特式教堂及其细部构造（见图6.1、图6.2和图6.3）。利用罗盘和直尺，设计者就能可靠地制作很多几何图形，包括直线、角度、均分、等腰三角形以及互成比例的长度序列。一些类似的结构，如角度的三等分和著名的求取以方代圆（建造一个和所给圆面积相等的正方形）利用这些工具则实现不了。

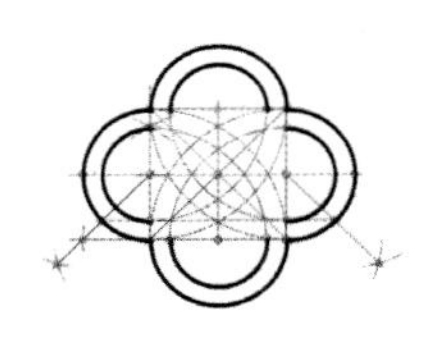

画图工具中直尺的引入使得设计者能够按比例画图，同时可以在图纸中和图纸之间进行度量和传递尺寸。

文艺复兴时期的设计者学习绘制明确的透视图。西方艺术中透视（重新）引入的确切时间成为争论的焦点，它的核心是像Masaccio和Masolino这样的艺术家们，以及Brunelleschi和Alberti的这类集画家、雕刻家和建筑师于一身的全才。Alberti于1972年的著作《On Painting》一书是传播新透视理念的关键。由这些最早的工作开始，透视成为描绘和设计建筑的一种工具。的确，错视画派壁画实践很快使描画和设计之间的界限变得模糊。

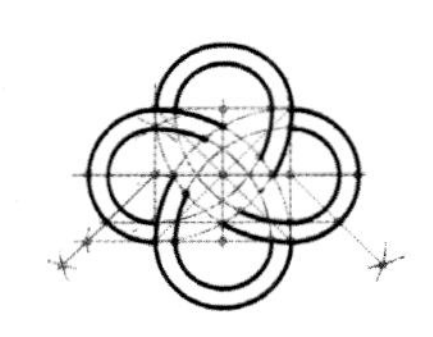

图6.1　哥特建筑中的花饰窗格的逐步建构

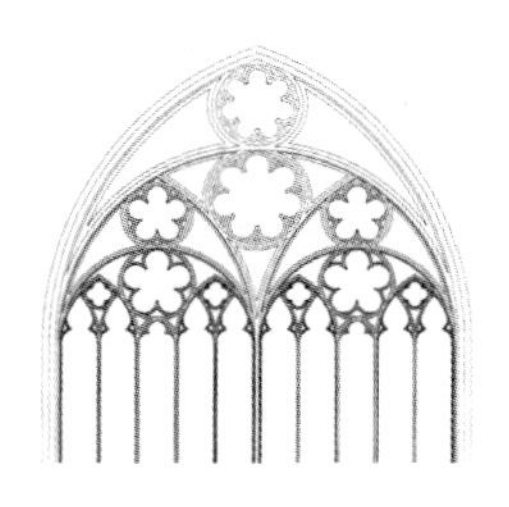

图 6.2 哥特式花饰窗格的绘制和建造使用了圆规和直尺技术。这些简单的媒介深深地影响了形态的创造。实际上，它们在几何学上留下了不可磨灭的印记。

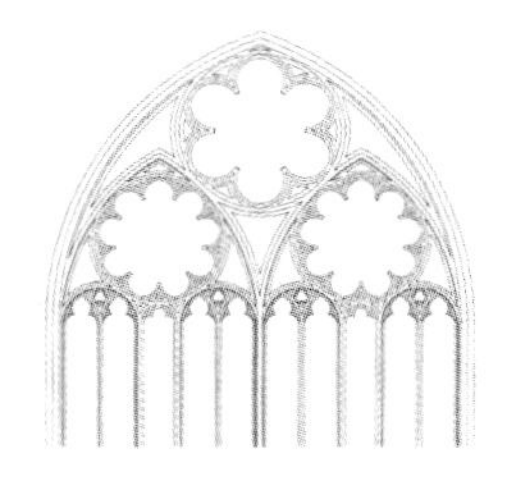

画法几何学由加斯帕·蒙日（Gaspard Monge）于 1795 年引入，其发展贯穿整个 19 世纪，是从不同角度绘制复杂交叉物体的一批技术。这一画法使得工业革命时期日益增加的复杂机械的全新设计成为可能。多数手工的机械和建筑草图都是建立在蒙日的规律之上的。20 世纪上半叶，在建筑和工程学院中大规模教授画法几何。在 20 世纪下半叶，至少作为一门明确的学科，它从课程中大部分消失。

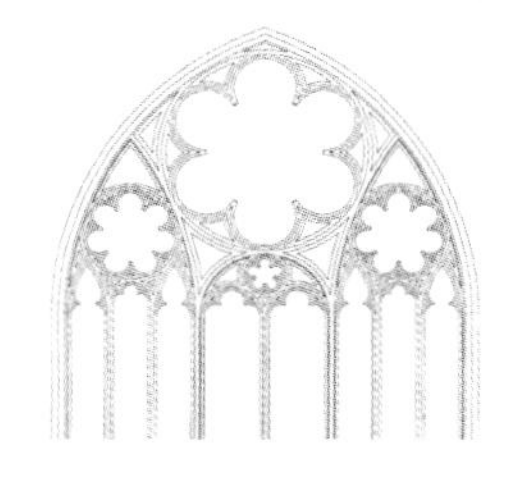

图 6.4 马索利诺·达·帕尼卡莱（Masolino de Panicale）（也有 Masaccio 的一些贡献）自 1924 年在佛罗伦萨 Santa Maria del Carmine 教堂布兰卡契（Brancacci）礼拜堂的绘画——Healing of the Cripple and Raising of Tabitha——显示出透视线，这些透视线的共同交点证明了对透视的理解和深思熟虑的使用。

资料来源：Yorck 项目（2002）。

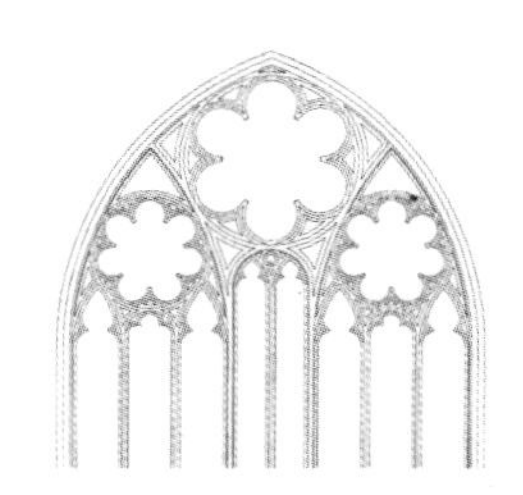

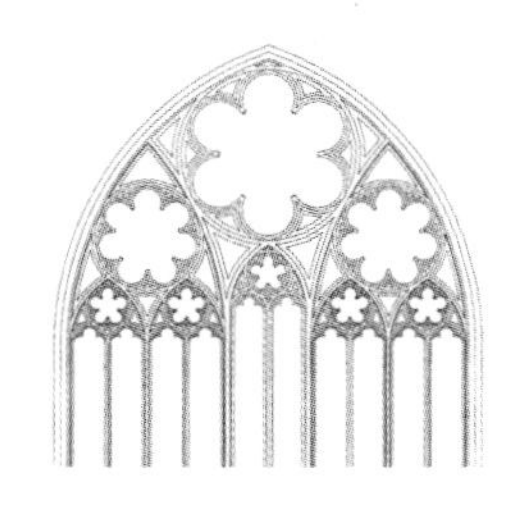

图 6.3 哥特式花饰窗格示例

资料来源：Christopher Carlson（1993）。

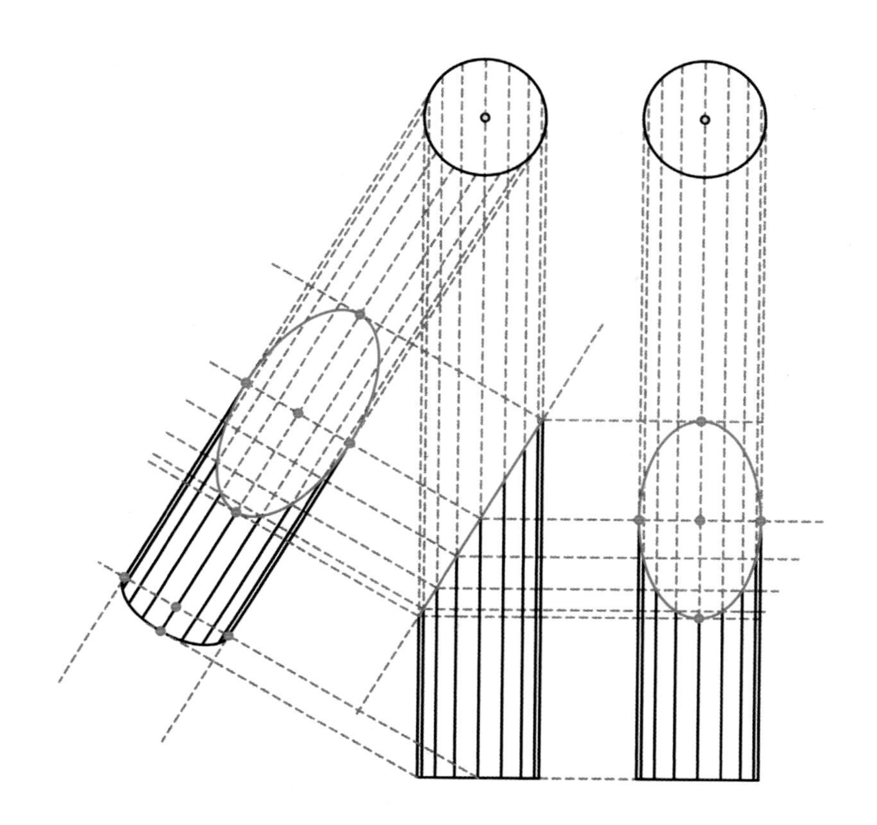

图 6.5　画法几何学的一个简单实例。从绘制一个斜切圆柱体（中心）开始，视线沿切面边缘，生成一个显示剖切后所得椭圆的真实尺寸（左侧）和与原图（右侧）呈 90° 正交视角的视图。

图 6.7 直到 1428 年，马萨乔（Masaccio）在佛罗伦萨 Santa Maria Novella 教堂的绘画 The Holy Trinity with the Virgin and Saint John and Donors，显示出明确的空间透视结构和视点选择。

资料来源：Yorck 项目（2002）。

图 6.6　安德里亚·曼坦那（Andrea Mantegna）在曼图亚公爵宅邸 Camera degli Sposi 婚礼堂壁画中的顶棚上绘画的圆窗（1471–1474），是错觉透视的一个早期实例。

资料来源：Yorck 项目（2002）。

在 20 世纪末之前，CAD 系统支持了大量的建筑工程。两个基本概念就是捕捉和交叉点。捕捉，如图 6.8 所示，就是在系统中当源对象接近目标对象时自动识别，并将源对象放置在与目标对象完全相同的位置的交互作用技术。如果线段的中点是目标点，移动一个多边形，使其一个顶点靠近线段中点，将造成系统精确地移动该多边形以使两点重合。交集运算符计算精确位置并产生物体交叉点。交叉结果可加入到后续的交叉点捕捉中。与全局定位如栅格、导航和基准面相结合，捕捉和交叉点起到了中世纪圆规和直尺在建造体系中的作用。当代的系统也具有输入数字代表尺寸或位置的能力，或者将数字明确地输入到对话框中，或者隐秘地通过尺寸和标尺等交互装置。

几何学处于所有这些工具的核心，那么设计者使用它们必然成为专家，如果表面上看不出来，一定会有几何学家在他们的工作领域中。使用当时可获得的工具箱，设计者常能开发出一套“诀窍”，通过这种方式他们能够

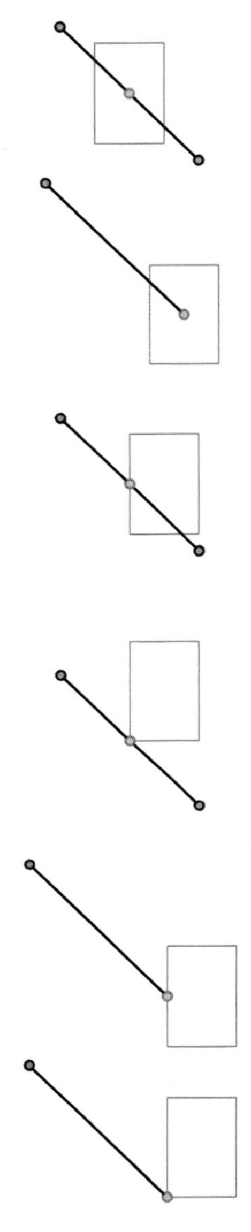

图 6.8 捕捉已经在CAD系统中必不可少，并成为包括栅格和位置的数值规范的工具箱的一部分。在源（红色矩形）的端点、中点或是中心点，都能够捕捉到目标的端点或中点（斜线段）。

可靠地建造他们想要的形式。当然，媒介会给设计传递信息。圆规和直尺的痕迹展示在哥特建筑的尖拱、尖顶窗和四叶形凸饰中。很多历史学家提出，是创建透视图的能力将文艺复兴时期建筑的焦点从对象转变到通过空间表述运动和视图上来。

如果观看设计者使用当前的CAD系统，你可能发现这些技术（显式结构、透视、画法几何、捕捉和交叉）和其他正在使用的工具有机地结合在一起。设计者确实在他们的工作中使用几何工具。

对于设计工作而言，参数化建模只是最新的工具箱。冒着解读正在发生着的历史的风险，我认为这个工具箱中的工具给设计者强加一种新的并且不同的关系。第一个差异在于持久—— 一旦一个物体被参数定位，定位它的操作将在每次模型改变时继续生效。这意味着设计者们需要预测工具如何随其发展在设计中起作用。第二个差异来自于多样和丰富——只是工具箱中有了更多的工具。每个工具有一个开放并可被设计者改写的数学基础。第三个差异在于媒介本身—— 不管工具箱多大，设计者将在某种情况下被其束缚。这时的解决方案是打开系统，允许设计者们直接表达新工具。设计者们必须明确地将对几何的良好意识转化成精确的数学和算法。

掌握新的工具箱需要不同类型的几何学知识，这些知识使设计者们能够预测持续的效应，以（至少定性地）理解数学工具箱的多样和结构，并且在预期效果和做模型的数学发明之间穿梭。本章是我在关键概念集合方面最合理的猜测，设计者们需要掌握新的媒介。每个概念可能有助于理解参数化工具箱中的一个重要工具组，以及拥有一个扼要的数学和算法结构。

一些概念相对而言会更加重要，至少在实际使用方面。在本章中我覆盖了少量的重要概念。实际上，“覆盖”是个有趣的词。我们通常认为它的意思是在详细地处理一个概念。在此它的含义则不同——重要的是概念如何影响参数化建模：它怎样有助于预测效果，解释多样性并实施新概念。

所有这些概念取决于一些基本的数学思想。正是这些被“覆盖”的概念和传统意义上的有些相似。这些思想非常重要，因为你——参数化设计师，将需要它们。它们是你在一个系统中所做的很多事情的基础，并且它们是你为参数化工具箱建造新工具所需的元素。它们是必要的，但不是充分条件。为成为真正的专家，你将需要超越这个基本的初学者集合。学习关于参数化工具，包括将四种不同的理解空间物体数学的方式结合在一起：几何学的、视觉的、象征的和算法的。我们将每个称为工具箱上的一个观点。

几何思考即了解并应用此类思想，例如向量的非定位、曲线中切线和法线的存在、物体间的距离和角度以及通常的垂直。

视觉领域包括静态和动态的显示。能够绘制并使基本物体及其关系可视化非常重要。很多问题都可以通过英明地选择图表来解决。绘制一个图表是选择省去特定的信息，并添加其他实际上并不真实的信息。例如，严格地说向量不能绘制——它们没有方位。无论如何我们还是绘制它们，将它们放在特定的位置，然后希望记住不基于其位置来下结论。绘图是静态的；我们的视觉系统在一个动态的世界中逐步演变。参数化模型使我们能够利用物体的运动更好地理解几何关系如何发挥作用。

算法是秘诀。在参数化建模中它们大胆地说出代表和控制设计对象的实际任务。它们是明确的、具体的指令目录，意味着需逐字按顺序执行。我们写算法时在脑海里有特定的目标：向前移动一个曲线、投掷一个点或找出一个区域。算法是空间计算的媒介。

我们生活在一个具有 3000 多年使用符号化表达的共同经验的世界文化中。符号允许我们加入不同的理解方式，并且符号领域是我们结合几何的、视觉的和算法的观点的地方。符号使推理成为可能。它们支持精确推理，超越其他理论中的实践性。象征性观点是复杂的，并且我们可以充分思考它，因为它本身还包含了几种观点。例如，我们能够使用符号如 $\dot{p}$-$\dot{q}$ 表达多个点之间的关系，三角形的关系如 $\cos(\dot{p}\dot{q}\dot{r}) = \sqrt{2}/2$ 或者坐标如

$$[3\quad 2\quad 5]^T-[1\quad -1\quad 1]^T=[2\quad 3\quad 4]^T$$

每种使用符号的方式支持不同的理解与洞察。使用符号一种非常常见的方式是在不同的象征性之间创建明确的联系。例如，第 6.1.9 小节开发的两个不同定义的数积，使几何学方法和基于坐标的符号方法相关联，而且通过这些使洞悉和证明成为可能。

学习参数化建模，即学习结合几何的、视觉的、符号的和算法的物体表达，特别是学习这些形式如何相互关联。我们处于这个新媒介的最初时期，并且既不能预测工具又不能预测技术在以后的确切发展。也就是说，本章的几何学概念可能只是刚刚开始。它们当然不是结束。随着你学习越来越多的几何学知识，你的书架和硬盘将被几何学书籍和文章填满。有些经典的教材你最好拥有。Euclid 于大约公元前 300 年所著的《Elements》［一个近期的版本是（Euclid，1956）］可读性令人感到惊讶，书中介绍了基本几何公理和论证过程。画法几何方面的书籍完全填满了图书馆的书架。著名的早期著作包括加斯帕·蒙日于 1827 年所著的、有许多版本的《Geométrié Descriptive》，Charles Davies 于 1859 年写作的教科书以及 Henry Miller 于

1911 年写的名为《画法几何》的著作。手绘插图的《Natural Structure》(William，1972）提供了三维空间对称性的可视化介绍，主要通过多面体及其填充来阐述。最佳的数学教科书都是不可置信的清晰。数学和证明与清晰的论证、简洁的注释以及令人信服的数据共同呈现。然而数学并非这种方式，它是一个发明和探索的行为。《证明与反驳》(Proofs and Refutations)(Lakatos,1991)是一个数学研讨班的虚构文献。在这本书里，一个教授和他的学生们模拟在数学工作中真实发生的情况。它与设计惊人地相似。带有巧妙插图的《Architectural Geometry》(2007）一书解析了几何学思想，特别是其与当代建筑设计的协调，书中运用实际的设计案例进行了清晰、形象化的阐述。Henderson 于 1996 年所著的《Experiencing Geometry》提供了很多论证，并且将多种多样的主题，例如对称性和平面、圆锥体以及球体中的微分几何等联系起来。值得尊敬的《Mathematical Elements for Computer Graphics》(Rogers and Adams，1976）构建了几何学与计算机编程间的一个早期桥梁。更为精炼的是《A Programmer's Geometry》(Bowyer and Woodwark，1983)，这本书提供一个基本几何结构的选择，并且提供类似 Fortan 的代码来表达它们。20 年后，Schneider 和 Eberly 于 2003 年所著的《Geometric Tools for Computer Graphics》为世界提供了几何学算法方面的一本近似百科全书。如果你对于几何学和计算机操作很认真，你必须拥有这本书。Vince 于 2005 年提供了数百种基本几何体及其关系的公式、实例和证明。那本薄册子《Interactive Curves and Surfaces》(Rockwood and Chambers，1996）可能缺乏深度，然而它在明晰、洞察力和紧凑的节奏方面做出了补偿。我特别珍视这几本好书。除此之外，其他有用的书籍还有数百本。

6.1 向量和点

向量和点是执行三维空间操作的基础对象。它们形成了参数化技能的基础。

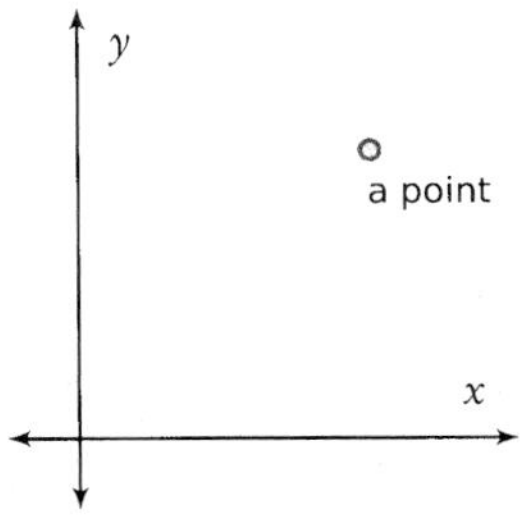

6.1.1 点

几何学中，一个点代表空间的一个位置。数学需要空间，所以点的描绘经常包括一个用来定义它的坐标系。

点遍布 CAD 系统界面。出人意料的是，它们主要作为实际计算工作中的占位符。几乎所有实际工作和概念都是通过向量来完成的。绝大多数情况下，点都是为向量完成的工作提供一个空间位置的。

6.1.2　向量

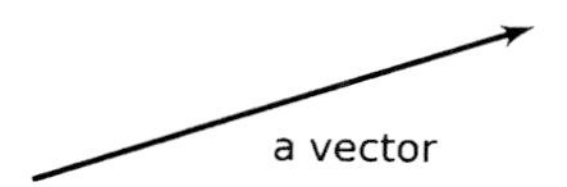

在几何学里，向量既有方向，也有长度（其他长度名字有标准和量级）。在数学上，向量是作为一个向量空间一部分的抽象对象，它本身也是一个数学对象。通常我们使用符号 V 来表示向量空间，向量 $\vec{v}$ 的长度表示为 $|\vec{v}|$ 。

向量承载着参数化系统的大多数计算工作。但是，在多数 CAD 系统中，向量是次级对象。向量的表示法和计算要比点复杂得多，但是也几乎和基础代数类似和简单。

我们将点和向量表示为一维矩阵。按照惯例，我们来决定使用列向量（在此做出的选择）还是行向量。将列向量表示为行向量通常很方便，反之亦然；为此，运算符 ^{T} 具体指定了矩阵的转置。

我们将单独的矩阵元素称为向量和点的分量。

6.1.3　向量和点是不同的

因为我们将向量和点都表述为相同的矩阵，所以非常容易使其混淆。考虑三个标量 x，y 和 z 组成的元组。两者的解释是相关的。

$$\dot{p}=\begin{bmatrix}x\\y\\z\end{bmatrix}$$

指定一个点——某一坐标系统中的一个位置。点是受约束的——它们指的是关于某些数据的一个特定的位置。同样的元组

$$\vec{v}=\begin{bmatrix}x\\y\\z\end{bmatrix}$$

指定一个向量，向量具有方向和数量（但无固定位置）。向量是“自由”的，即没有位置的概念，仅仅作为方向和数量，向量在空间的任意位置都是有意义的。

元组代表点

$$\dot{p}=\begin{bmatrix}x\\y\\z\end{bmatrix}=\begin{bmatrix}x & y & z\end{bmatrix}^T$$

代表向量

$$\vec{v}=\begin{bmatrix}x\\y\\z\end{bmatrix}=\begin{bmatrix}x & y & z\end{bmatrix}^T$$

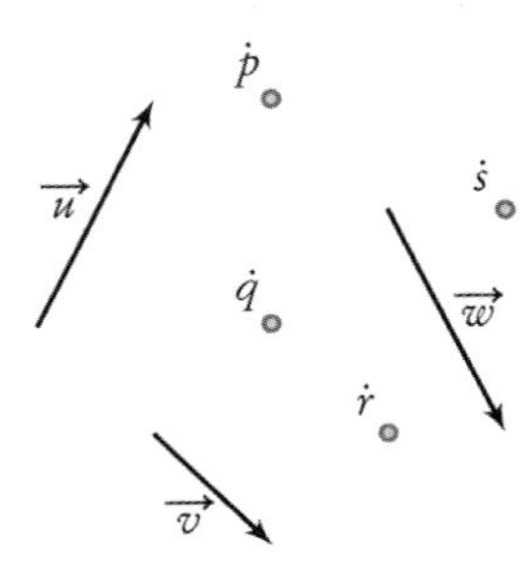

图 6.9 向量和点是不一样的。我们使用不同的符号来描绘它们。它们遵循各自的数学规律。但是我们使用非常相似的方式来表述它们，这就可能（并且确实）引起混淆。

一些课本（如本书）将点和向量看成是列向量，其他课本使用行向量。一些课本甚至在不同章节混淆这两个向量。它们的意思是相同的，然而对象在方程式中的符号和次序不同。这就是生活，适应它吧。尽管一致性并不是平庸的最后庇护所。在你自己的工作中使用一个统一的表示法非常有意义。只是不要过多期待它能用在其他地方。

从几何角度讲，我们对于点和向量具有不同的直觉认识——它们的绘制方法都不一样，如图 6.9 所示。它们不仅在绘制时看起来不一样，而且表现也有不同。我们知道我们能够在不以任何实质性的方式影响它们的情况下“移动向量”，但是点的本质是其位置。然而，我们使用同样的句法来描述它们——行或列向量。出于符号的方便产生了在直觉理解计算机图形学中的数学时，遇到的首要障碍之一。除了其他方面，我们的目的是要适当加强理解两种基本类型的对象间的明显不同。

下面我们增加了向量和点的表述的第四行。对于向量，该行的数值总是 0，对于点则总是 1。这样表述向量和点被认为是在齐次坐标下。例如向量为

$$\vec{v}=\begin{bmatrix}x\\y\\z\\0\end{bmatrix}=\begin{bmatrix}x & y & z & 0\end{bmatrix}^T$$

这种表述形式的一个点为

$$\dot{p}=\begin{bmatrix}x\\y\\z\\1\end{bmatrix}=\begin{bmatrix}x & y & z & 1\end{bmatrix}^T$$

你将在几乎每本空间计算方面的书籍中，找到更多关于齐次坐标的论述——我们在这里介绍它们，因为你将在其他地方看到它们，例如 6.5 节使用它们表达坐标系统。

6.1.4　向量运算

基本的数学素养是建立在数字运算基础上的。加减乘除相互之间都涉及数字。它们结合到表达式中，具有优先原则（括号内的运算先于指数先于乘除先于加减），这些技能在小学时就已经学过，并且几乎在每天的工作中都会无意识地使用到。几何学也是基于算术的：即向量和点的运算。这与数字运算在几方面存在差异。

向量（实际上是向量空间）定义了两种运算，向量加法和标量乘法。

向量加法将两个向量结合起来生成第三个向量

向量加法

$$\begin{bmatrix}1\\2\\5\end{bmatrix}+\begin{bmatrix}2\\-1\\2\end{bmatrix}=\begin{bmatrix}3\\1\\7\end{bmatrix}$$

$\vec{u}+\vec{v}=\vec{w}$

标量乘法

$$2\begin{bmatrix}2\\1\\-3\end{bmatrix}=\begin{bmatrix}4\\2\\-6\end{bmatrix}$$

标量乘法（$a\vec{u}$或$a\cdot\vec{u}$）将一个实数和向量结合起来生成同一方向，但长度可能不同的第二个向量：

标量乘法

交替符号

$a\vec{u}$
or
$a\cdot\vec{u}$

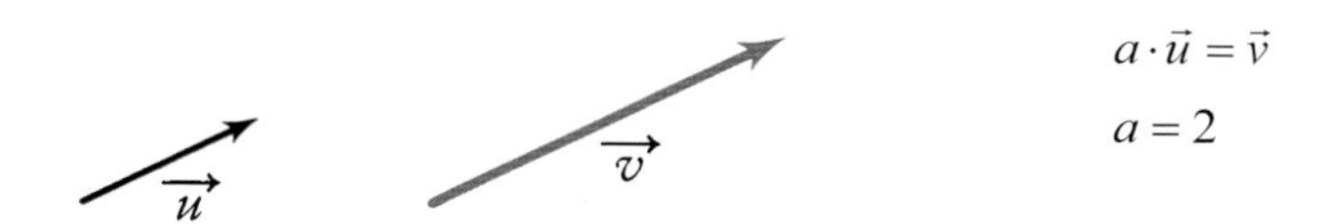

$a\cdot\vec{u}=\vec{v}$

$a=2$

向量连同向量加法和标量乘法都遵循规律。这些是我们熟悉的实数运算的模拟，并且是参数化建模中几乎所有其他几何运算的基础。

加法是闭合的

$$\begin{bmatrix}1\\2\\3\end{bmatrix}+\begin{bmatrix}2\\-1\\2\end{bmatrix}=\begin{bmatrix}3\\1\\5\end{bmatrix}$$

加法的闭合性

$\vec{u}+\vec{v}\in V$，所有向量的空间

两个向量相加仍得到一个向量。

零标量

$$\begin{bmatrix}1\\-3\\2\end{bmatrix}+\begin{bmatrix}0\\0\\0\end{bmatrix}=\begin{bmatrix}1\\-3\\2\end{bmatrix}$$

零向量

$\vec{v}+\vec{0}=\vec{v}$

有一个唯一的零向量。其与任何向量相加，该向量不发生任何变化。

逆向量

$$\begin{bmatrix}1\\-3\\2\end{bmatrix}+\begin{bmatrix}-1\\3\\2\end{bmatrix}=\begin{bmatrix}0\\0\\0\end{bmatrix}$$

逆向量

$\vec{v}+-\vec{v}=\vec{0}$

每个向量都有一个逆向量。按照惯例，逆向量以$\vec{v}-\vec{u}=\vec{v}+(-\vec{u})$的形式构建向量的减法运算。

加法的交换性

加法是可交换的

$$\begin{bmatrix}1\\2\\5\end{bmatrix}+\begin{bmatrix}2\\1\\2\end{bmatrix}=\begin{bmatrix}2\\1\\2\end{bmatrix}+\begin{bmatrix}1\\2\\5\end{bmatrix}$$

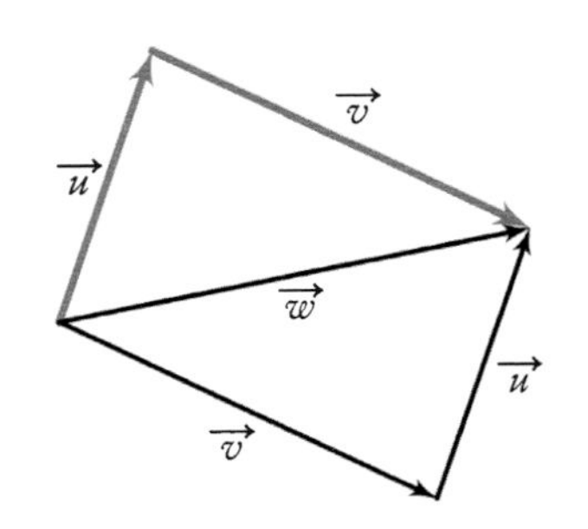

=

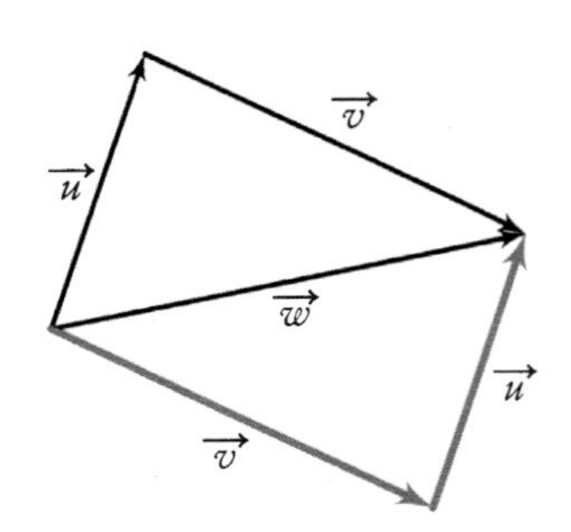

$\vec{v}+\vec{u}=\vec{v}+\vec{u}$

所给加法及其逆序的运算结果相同。

加法是可结合的

$$\left(\begin{bmatrix}1\\2\\3\end{bmatrix}+\begin{bmatrix}2\\1\\2\end{bmatrix}\right)+\begin{bmatrix}3\\1\\4\end{bmatrix}$$
$$=\begin{bmatrix}1\\2\\3\end{bmatrix}+\left(\begin{bmatrix}2\\1\\2\end{bmatrix}+\begin{bmatrix}3\\1\\4\end{bmatrix}\right)$$
$$=\begin{bmatrix}6\\4\\9\end{bmatrix}$$

加法的结合律

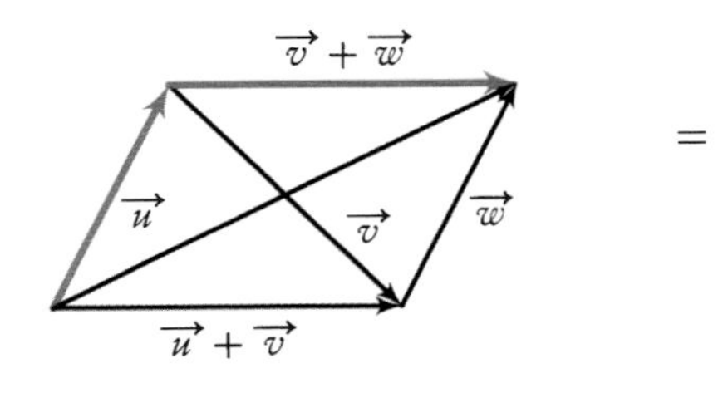

=

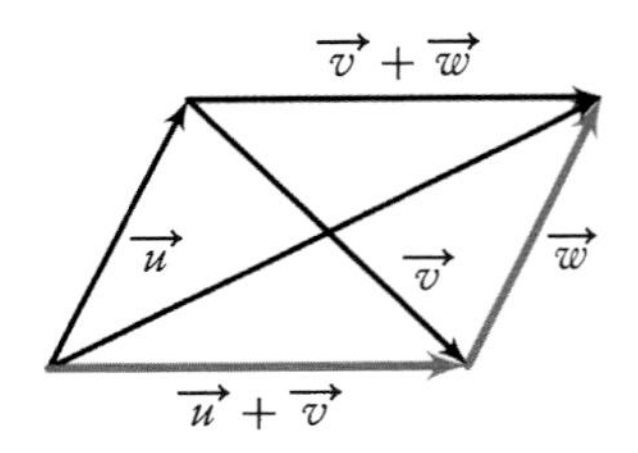

$\vec{u}+(\vec{v}+\vec{w})=(\vec{u}+\vec{v})+\vec{w}$

所给加法的序列不影响运算结果。

乘法是封闭的

$$2\begin{bmatrix}2\\1\\-3\end{bmatrix}=\begin{bmatrix}4\\2\\-6\end{bmatrix}$$

标量乘法的封闭性

$a\vec{v}\in V$

标量乘法始终产生结果。

标量乘法的单位元

$1\vec{v}=\vec{v}$

使用 1 乘以向量产生原向量。

乘法单位元

$$1\begin{bmatrix}2\\1\\-3\end{bmatrix}=\begin{bmatrix}2\\1\\-3\end{bmatrix}$$

标量乘法的结合性

$(ab)\vec{v}=a(b\vec{v})$

通过数值或因子连续缩放结果相同。

乘法是可结合的

$$(3\times2)\begin{bmatrix}2\\1\\-3\end{bmatrix}=3\left(2\begin{bmatrix}2\\1\\-3\end{bmatrix}\right)$$

标量乘法的左分配率

$(a+b)\vec{v}=a\vec{v}+b\vec{v}$

使用比例因子的总和与向量相乘的结果，与各因素分别与向量相乘再相加的结果相同。你可以将比例因子相加再与向量相乘，反过来也一样。

左分配率

$$(3\times2)\begin{bmatrix}2\\1\\-3\end{bmatrix}=3\times\begin{bmatrix}2\\1\\-3\end{bmatrix}+2\times\begin{bmatrix}2\\1\\-3\end{bmatrix}$$

标量乘法的右分配率

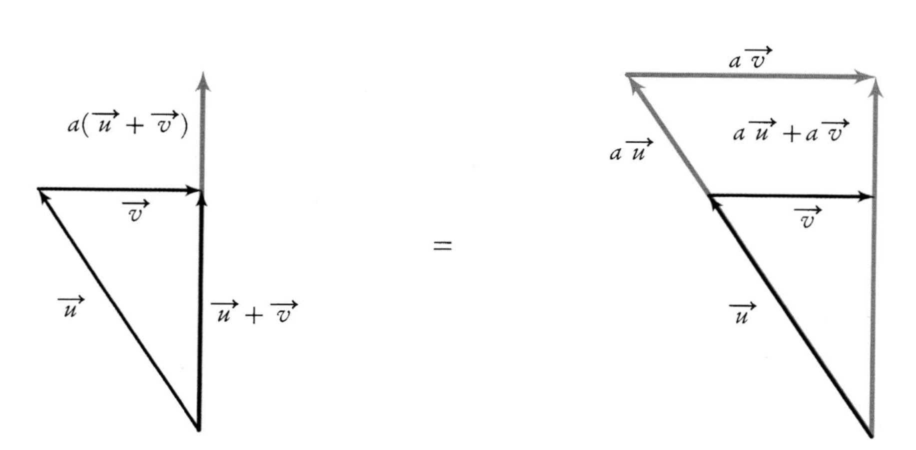

$a(\vec{u}+\vec{v})=a\vec{u}+a\vec{v}$

数值与向量的和相乘与数值与各向量相乘再相加的结果相同。你可以先求向量的和再相乘，反过来也一样。

右分配率

$$3\left(\begin{bmatrix}1\\2\\5\end{bmatrix}+\begin{bmatrix}2\\-1\\2\end{bmatrix}\right)=3\begin{bmatrix}1\\2\\5\end{bmatrix}+3\begin{bmatrix}2\\-1\\2\end{bmatrix}$$

6.1.5 点的运算

与向量形成鲜明对比，点仅仅只有一个单一操作。两个点进行相减即生成一个向量。

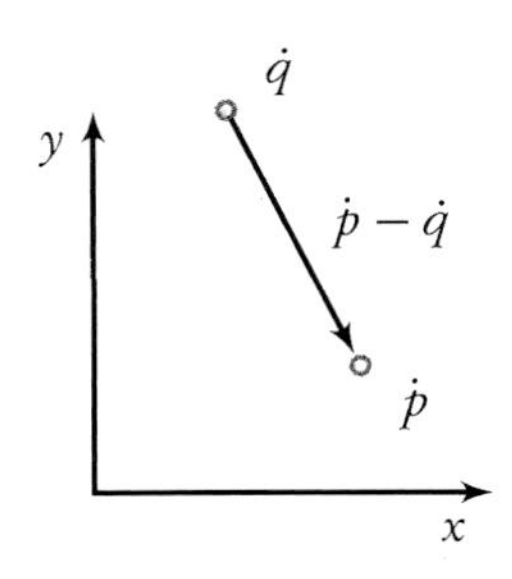

点和向量通过一个单一运算结合。点和向量相加得到一个新的点。

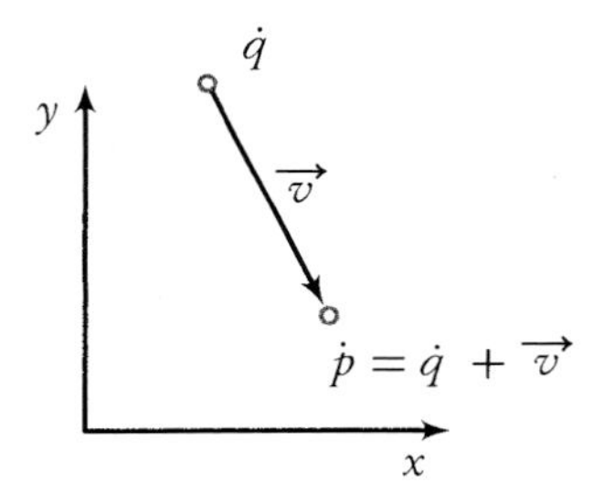

一个典型的空间数学计算的整体结构是始于点，使用点与点间的减法来转换成向量，使用向量完成难做的工作并通过点与向量的加法转换回点。

6.1.6 复合向量

向量加法和标量乘法的运算于向量上以产生其他向量。以下是描述向量生成的若干术语。

线性组合

向量集合的线性组合是任意比例的每个向量相加。向量联合所生成的向量$\vec{v}$是线性的，并可以表达为如下形式$\vec{u}_i, i=0\cdots n$，其中 a_i 为任意常数，并称作线性组合系数。

$\vec{v}=a_0\vec{u}_0+\cdots+a_n\vec{u}_n$

线性独立与线性依赖

如果一个向量不能表示为另一个向量乘以系数的形式，则两个向量称为线性独立。仅当其中没有任何向量是线性相关时，向量集合$\vec{u}_i, i=0 \cdots n$是线性独立的。

正式地，线性独立的充分必要条件是

$a_0=\cdots=a_n=0$ 为$a_0\vec{u}_0+\cdots+a_n\vec{u}_n=\vec{0}$的唯一解。

向量集合的跨度

向量集合 B 的跨度 S 是通过 B 中向量的线性组合生成的集合。

基向量

如果向量集合 B 线性独立并且跨越 V，则称向量集合 B 是向量空间 V 的基。

基向量的符号思维捕捉到一个坐标系中有三个向量的几何思维。在三维坐标系中的三个向量即为该系统的基向量。

线性组合的唯一性

给定基向量 B，则 B 跨越的空间中每个向量都可以表示为 B 中向量的唯一线性组合。

这里有两个重要的概念。第一，基向量连接起来可以代表空间中的任一向量。第二，这样的表示方法是唯一的，即只有一种可行的基向量的组合。

二维和三维基底

任何两个线性独立向量都能形成二维基底，这个二维基底可以通过其线性结合来表示所有的二维向量。类似的，三个线性独立向量形成一个三维基底。

自然基底

自然基底是最简单的形式。它的每个单位向量都有一个精确的非零元素。所以空间下的自然基底由三个向量组成。

自然基底

$$i=\begin{bmatrix}1 & 0 & 0\end{bmatrix}^T$$
$$j=\begin{bmatrix}0 & 1 & 0\end{bmatrix}^T$$
$$k=\begin{bmatrix}0 & 0 & 1\end{bmatrix}^T$$

6.1.7 长度和距离

向量的范数（或长度）表示为 $\vec{v} = \langle v_0 \cdots v_n \rangle$，定义 $|\vec{v}|$ 为其组成部分的平方和的平方根，即：

$$|\vec{v}| = \sqrt{v_0^2 + \cdots + v_n^2}$$

需要注意的是，在二维空间中，这只是 Pythagoras 规则的一种说法，因此对于二维向量 $\vec{v}$ 的长度为

$$|\vec{v}| = \sqrt{\vec{v}_x^2 + \vec{v}_y^2}$$

对于三维向量则有

$$|\vec{v}| = \sqrt{\vec{v}_x{}^2 + \vec{v}_y{}^2 + \vec{v}_z{}^2}$$

两个点之间的距离为向量的长度，即两点相减的结果。

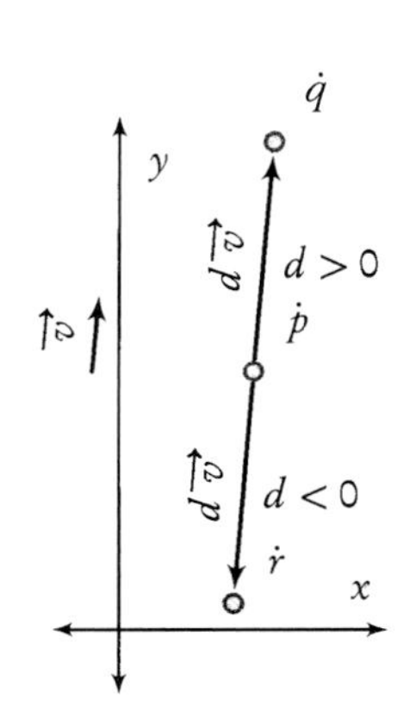

$$\left|\overrightarrow{\dot{p}\dot{q}}\right| = |\dot{q} - \dot{p}| = \sqrt{(\dot{q}_0 - \dot{p}_0)^2 + \cdots + (\dot{q}_n - \dot{p}_n)^2}$$

向量 $\vec{v}$ 的方向为另一个向量 $\overrightarrow{dir}$（称作方向向量），因此

$$\overrightarrow{dir}_{\vec{v}} = \frac{\vec{v}}{|\vec{v}|}$$

任何方向向量 $\overrightarrow{dir}$ 的长度均为 1（亦称为单位长度）。

要想对向量进行处理，应给出符号距离的概念。

给定初始点 $\dot{p}$，方向向量 $\overrightarrow{dir}$ 和比例因子 d，点 $\dot{q}$ 为点 $\dot{p}$ 沿方向向量 $\overrightarrow{dir}$ 的符号距离 d。正的符号距离为沿该向量测量的距离，负的符号距离为反方向测量的距离。符号距离不能很好地转化为图形——尺寸线按惯例传达无符号距离。当使用一条尺寸线绘图时，一个符号距离 d 换算为它的绝对值 $|d|$。

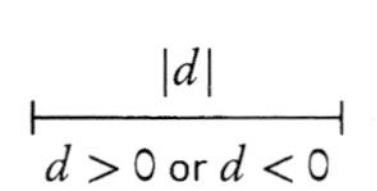

符号距离和我们对沿一个实数线的减法的理解类似：8−5=3 即从 5 到 8 的符号距离；然而 5−8=−3 为从 8 到 5 的符号距离。

6.1.8 约束和自由向量

我们经常将向量认为是自由的，或是在空间中没有位置的：因为它们

只给出了长度和方向，无所谓位置。另一种解释是将向量视作约束，即从一个共同点开始，这个点一般是原点，按照惯例记为 $\dot{O}$。定位向量是约束向量的另一种表述方式。一系列约束向量加上作为共同点的原点就能够去确定一系列点，其中每个点都是在每个约束向量上。

约束向量需要一个共同点。当它们写为矩阵时，它们需要一个完整的坐标系。设计者必须知道在哪里和在什么方向使用向量组件。解决方法就是总要考虑到三个向量，分别称为 $\vec{i}$、$\vec{j}$ 和 $\vec{k}$ 的三个向量分别代表 x，y，z 三个坐标轴。因此一个约束向量 $\vec{v}=[x\ y\ z]^T$ 实际上是向量的和

$$x\vec{i}+y\vec{j}+z\vec{k}$$

并且其相关的点为

$$\dot{p}=\dot{O}+\vec{v}$$

6.1.9　数积

两个向量的数积为一实数，能够通过多种方法使用。它提供了一种垂直的测试方法，两个向量间夹角的测量方法，向量到向量的投影的工具以及向量长度的测量方法。非正式地说，数量积也被称为点积。

两个向量 $\vec{u}\cdot\vec{v}$ 的数积为

$$\vec{u}\cdot\vec{v}=\sum_{i=0}^{n}\vec{u}_i\cdot\vec{v}_i$$

例如，假设 $\vec{u}=\begin{bmatrix}\vec{u}_x & \vec{u}_y & \vec{u}_z\end{bmatrix}^T$ 和 $\vec{v}=\begin{bmatrix}\vec{v}_x & \vec{v}_y & \vec{v}_z\end{bmatrix}^T$ 为两个三维向量，其数量积 $\vec{u}\cdot\vec{v}$ 为

$$\vec{u}\cdot\vec{v}=\vec{u}_x\vec{v}_x+\vec{u}_y\vec{v}_y+\vec{u}_z\vec{v}_z$$

数积仅仅是定义在向量上的。按照惯例，它能够应用到点上。当点 $\dot{p}$ 被用于数量积中时，意为其中的向量是从原点 $\dot{p}$ 到点 $\dot{O}$。

数积有几种属性。这些属性在做涉及数积的建构和推导工作中都很有用。

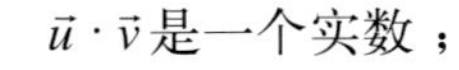

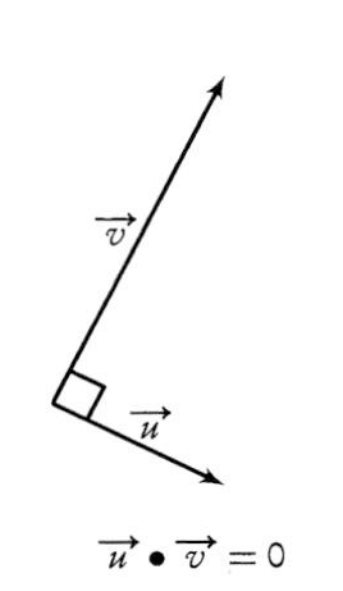

$\vec{u}\cdot\vec{v}=\vec{v}\cdot\vec{u}$

$\vec{u}\cdot\vec{0}=0=\vec{0}\cdot\vec{u}$

$\vec{u}\cdot\vec{u}=|\vec{u}|^2$

$(a\vec{u})\cdot\vec{v}=a(\vec{v}\cdot\vec{u})=\vec{v}\cdot(a\vec{u})$

$\vec{u}\cdot(\vec{v}+\vec{w})=\vec{u}\cdot\vec{v}+\vec{u}\cdot\vec{w}$

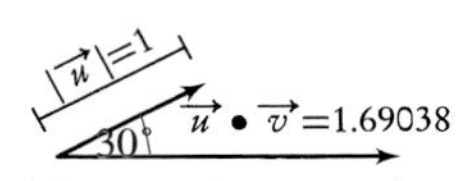

向量的垂直关系

如果 $\vec{u}$ 和 $\vec{v}$ 是两个非零向量，二者垂直且仅当它们的数量积为 0。

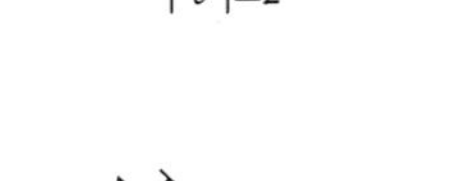

两个向量间的夹角

如果 $\vec{u}$ 和 $\vec{v}$ 为两个非零向量，它们就决定了唯一的一个夹角 α，$0\leqslant\alpha\leqslant180°$。数积能够通过另一种含有该夹角 α 的方式来表示。

$\vec{u}\cdot\vec{v}=|\vec{u}||\vec{v}|\cos\alpha$

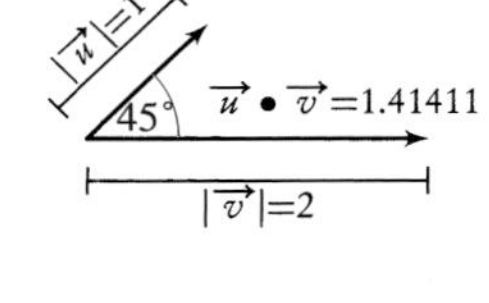

如果 $\vec{u}$ 和 $\vec{v}$ 都是单位向量，则

$\vec{u}\cdot\vec{v}=\cos\alpha$

$\alpha=\arccos(\vec{u}\cdot\vec{v})$

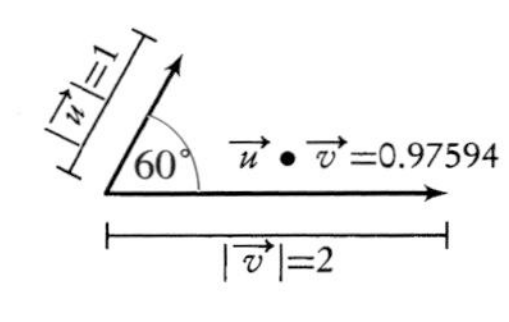

6.1.10 向量在向量上的投影

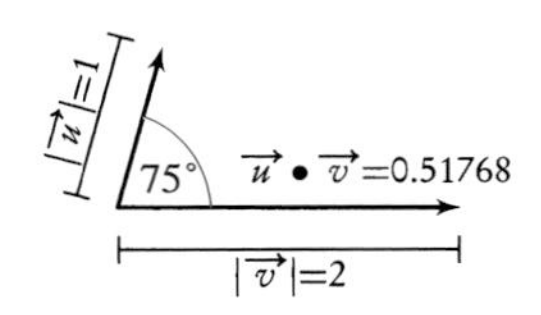

代数学上，数量积是自变量各组分的乘积之和。

几何学上讲，数量积是一个向量在另一个向量上的投影的长度。首先，考虑向量 $\vec{u}$ 和 $\vec{v}$ 是单位向量的情况。则两者的数量积即为简单的余弦值或 $\vec{v}$ 在 $\vec{u}$ 上的投影或反之。

当向量 $\vec{u}$ 或 $\vec{v}$ 中的一个为非单位向量时，数量积仅为它们长度的某个比例。因此，一般而言，向量 $\vec{u}$ 到 $\vec{v}$ 上的投影的长度 $l_{\vec{u},\vec{v}}$ 按照下式给出。

$$l_{\vec{u},\vec{v}}=|\vec{u}|\cos\theta=\frac{|\vec{u}||\vec{v}|\cos\theta}{|\vec{v}|}=\frac{\vec{u}\cdot\vec{v}}{|\vec{v}|}$$

请仔细注意，$l_{\vec{u},\vec{v}}$是向量$\vec{u}$在$\vec{v}$上投影测得的长度。实际投影向量经常需要用到。这样的向量没有通用的符号。这里我们修改了 Schneider 和 Eberly（2003，p.87）使用的符号。向量$\vec{u}$在$\vec{v}$上的投影表述如下

$$\vec{u}_{\parallel\vec{v}}=l_{\vec{u},\vec{v}}\frac{\vec{v}}{|\vec{v}|}=\frac{\vec{u}\cdot\vec{v}}{|\vec{v}|}\frac{\vec{v}}{|\vec{v}|}=\frac{\vec{u}\cdot\vec{v}}{\vec{v}\cdot\vec{v}}\vec{v} \tag{6.1}$$

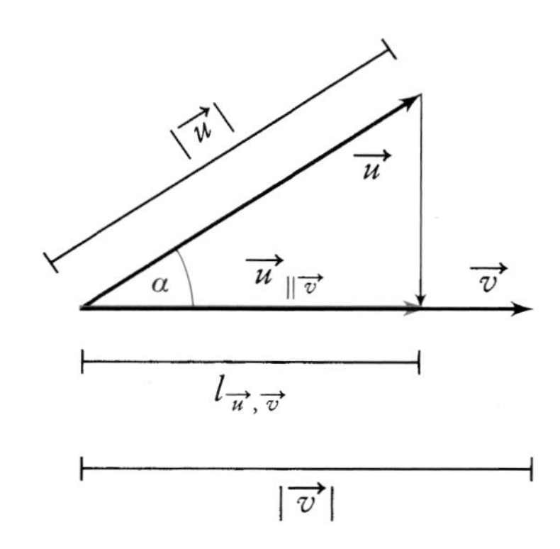

图 6.10　向量$\vec{u}$在向量$\vec{v}$上的投影

6.1.11　逆向投影

有些时候向量的投影与其自身及在其他向量上的投影垂直是很有用的。

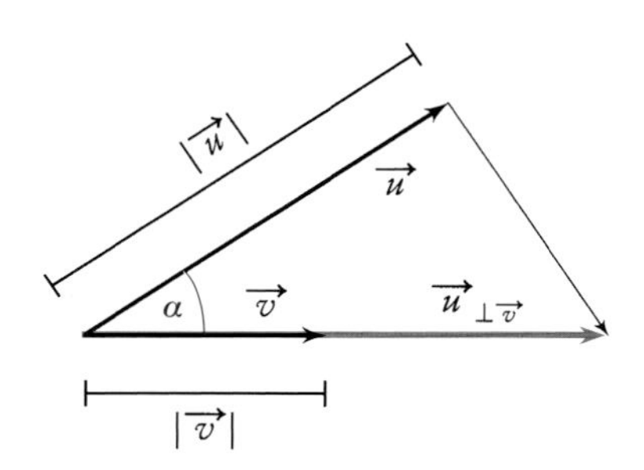

图 6.11　向量$\vec{u}$到向量$\vec{v}$的逆向投影

逆向投影$\vec{u}_{\perp\vec{v}}$计算公式为

$$\vec{u}_{\perp\vec{v}}=\frac{\vec{u}\cdot\vec{u}}{\vec{u}\cdot\vec{v}}\vec{v}$$

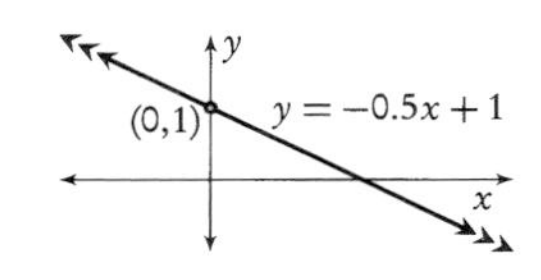

图 6.12 显式方程绘图简单。将点 $\dot{b}$ 放置在 y 轴的（0，b）位置。画一条通过 $\dot{b}$ 点斜率为 m 的线。

6.2 二维直线

除了向量和点，直线是最基本的空间对象。二维空间中的直线十分类似于三维空间中的平面。在二维空间中，直线可以表示成多种方式。每一种表示法都有相较于其他更为简单的数学推理和 / 或算法步骤。

从一种几何视角来看，一条直线可由几个对象构成。例如，一条直线上的点，直线的方向，直线与主轴的交叉点，直线的斜率和法线方向都可以用来作为一条直线的部分表示方法。下面四种方程的每一种都对应着上述几何思维中的一种或几种。

6.2.1 显式方程

显式方程同时也称作斜率 y 截距方程。

$y=mx+b$

在该方程中，m 是直线的斜率，b 是其 y 轴截距。可能这是最普遍的方程。但是它不是一个很好的计算方程。垂直直线有着无限的斜率，所以不能用此方程来表示。趋近于垂直的直线具有接近或者超过实际计算数值精度的斜率。

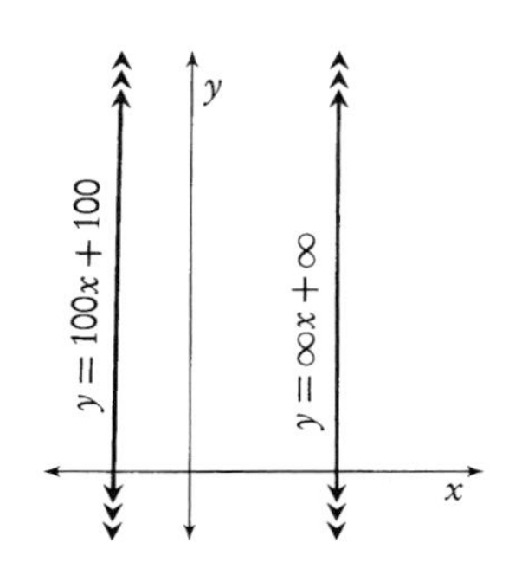

图 6.13 接近垂直的直线具有高系数。垂直直线有着无限的系数。设计者们经常想要使用此类直线。

6.2.2 隐式方程

隐式方程是一个简单的线性方程。

$ax+by+d=0$

注解：为使对应线和面的方程式（6.4.2 小节）前后一致，我们在此方程中使用字母 d，而非更为常用的字母 c。字母 d 也是一个提示，这个变量在方程中起到的作用——它承载着距离的信息——见下文。

隐式方程为判断一给定点是否在直线上提供一种简单的测试方法。仅仅将点的 x 和 y 坐标带入方程，如果方程成立，则点在该直线上，否则，该点不在已知直线上。

当 $d=0$ 时直线穿过原点，可以通过将方程中的 x，y 和 d 设为 0 看到。

向量 $\vec{v}$ =[a b] 是直线的法线（垂直线）。

当向量 $|\vec{v}|=1$ 时隐式方程为标准形式。在此形式中，它具有简单的

几何解释，向量元素即与角度 α 和 β 直接相关，d 为符号距离。数值 $a=\cos\alpha$ 和 $b=\cos\beta$ 为向量 $\bar{v}$ 的方向余弦，$-d$ 为沿向量 $\bar{v}$ 原点到直线的距离。如果 d 为负值，则直线位于向量 $\bar{v}$ 所指的方向。如果 d 为正值，则直线定义为上述方向的相反方向，自向量 $\bar{v}$ 的基点，距离为 d。

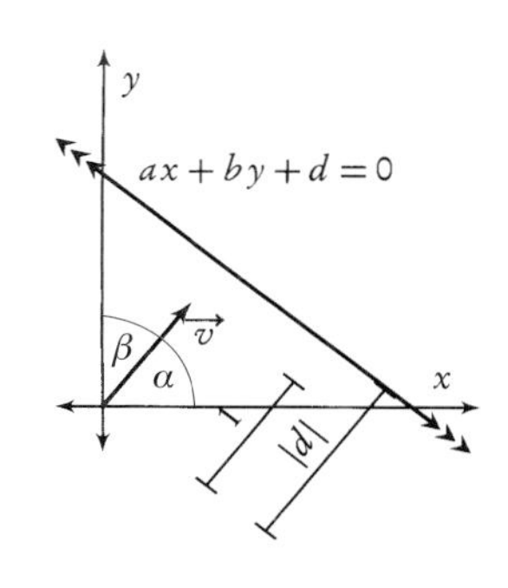

$a=\cos\alpha=\sin\beta$

$b=\sin\alpha=\cos\beta$

$-d$=signed distance from origin to line

当向量 $\bar{v}$ 并非为标准形式时，情况更为复杂。向量 $\bar{v}$ 保持与直线正交。方向余弦不再能够从向量 $\bar{v}$ 中直接读取；可以通过将向量 $\bar{v}$ 按比例缩小为原长度的 $1/\sqrt{a^2+b^2}$ 来计算。数量 d 成为到直线距离的负值乘以向量 $\bar{v}$ 的长度，即 $\sqrt{a^2+b^2}$。沿着向量 $\bar{v}$ 从原点到直线的实际符号距离为 $-d/|\bar{v}|$。当 $|\bar{v}|=1$ 时，$-d$ 即为符号距离。

改变 d 的符号创建了与原点等距的平行直线，但是沿向量的反方向。

6.2.3　直线运算符

隐式方程为所代表直线提供了一种整齐的矩阵形式，我们称之为直线运算符。直线即为行向量 $\gamma=[a \quad b \quad d]$，以使点 $\dot{p}=[x \quad y \quad 1]^{\mathrm{T}}$ 在直线 γ 上当且仅当

$$\gamma\dot{p}=\begin{bmatrix}a & b & d\end{bmatrix}\begin{bmatrix}x\\ y\\ 1\end{bmatrix}=0$$

$$ax+by+d=0$$

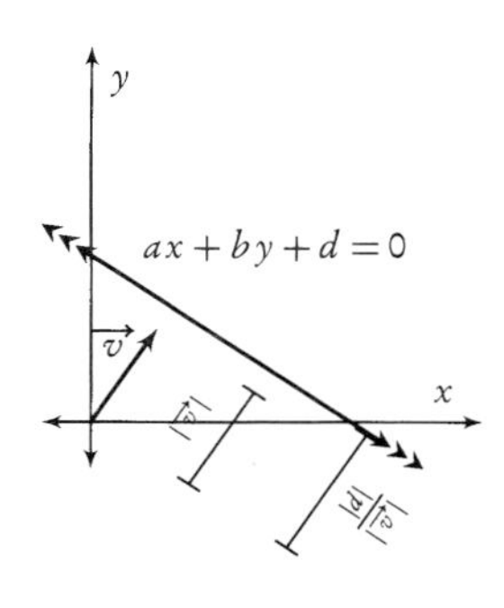

这个测试具有上述隐式直线方程的所有属性。其作为矩阵的形式使其容易形象化表达其他属性。将直线运算符分成两个部分 $\gamma_{\vec{v}}$ 和 γ_{d} 非常有用，两部分分别代表向量本身和距离部分。

$\gamma=[\gamma_{\vec{v}} \mid \gamma_{\mathrm{d}}]$

其中

$\gamma_{\vec{v}}=[a \quad b]$ 且 $\gamma_{\mathrm{d}}=[d]$。

尽管直线运算符具有简单的形式，从其中可以推演出很多的结论。其中第一个推论是它对向量的作用。我们将直线运算符应用于向量上的结果定义为：

$$\gamma\vec{v}=\begin{bmatrix}a & b & d\end{bmatrix}\begin{bmatrix}x\\y\\0\end{bmatrix}$$
$$=ax+by+0d$$
$$=ax+by$$

考虑任何向量 $\vec{v}=[x \quad y \quad 0]^T$。因为其第三个向量元素为0，$\gamma\dot{p}$ 运算的效果是计算直线运算符和向量的前两个元素的数量积。我们知道当两个向量的数量积为零时，该向量是相互垂直的。因为 $\gamma_{\vec{v}}$ 是垂直于直线的，对于所有平行于直线的向量都有 $\gamma_{\vec{v}}=0$。

直线运算符可以实现在不改变直线的情况下与任何实数 r（除了0）相乘。这等价于通过 r 值缩放向量 $\gamma_{\vec{v}}$ 和数值 γ_{d}。当然，0乘以直线运算符的结果是没有意义的。

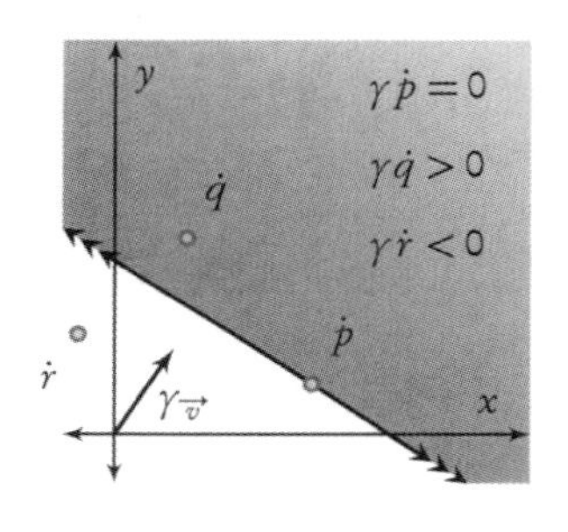

直线具有方向性。向量 $\vec{v}=[a \quad b]$ 指向直线的正方向。当应用直线运算符的结果是正数时，测试点位于直线的正方向一侧。当该结果为负时，点位于直线的负方向一侧，即远离向量 $\vec{v}$ 所指方向。当一个负数乘以直线运算符时，线的方位相反。此外，当直线运算符是标准化时（$\gamma_{\vec{v}}=1$），它可以产生点到直线的符号距离，$\gamma\dot{p}$ 等于点 $\dot{p}$ 沿着 $\gamma_{\vec{v}}$ 到 γ 的距离。侧方向一般用于代表设计中固体材料的位置。

6.2.4 正位点方程

直线的正位点方程是通过一个点 $\dot{q}$ 和与直线垂直的非零向量 $\vec{n}$ 定义的。由于点 $\dot{q}$ 位于直线上，其与直线上另一点组成的向量必定垂直于直线的法线向量 $\vec{n}$，因此与向量 $\vec{n}$ 的数量积必为0。

$\vec{n}\cdot(\dot{p}-\dot{q})=0$

这个方程提供了一个使用向量和点作为完整实体的一个测试，以判断点 $\dot{p}$ 是否在直线上。因此为参数化建模者提供基本的向量运算是很有用的——无须与其他方程形式或者拆分向量与点的组成部分之间进行换算。

6.2.5 参数方程

参数方程是直线方程最常用的形式。这是因为它在二维和三维空间中均有效，并且因为该方程是有建设性的，即该方程可以用来生成直线上的任何一点。与此相反，隐式直线方程就擅长于测试某个点是否在直线上。

直线被点和向量唯一定义。给出一个点 $\dot{p}$ 和一个向量 $\vec{v}$，直线上任何点 $\dot{p}$（t）都具有函数方程

$$\dot{p}(t)=\dot{p}+t\vec{v}$$

其中 t 为向量 $\vec{v}$的实系数。t 的每个值都可以定义直线上的一个点。

我们定义点 $\dot{p}_1$ 为点 $\dot{p}_0$ 和向量 $\vec{v}$的和，那么

$$\begin{aligned}\dot{p}(t)&=\dot{p}_0+t(\dot{p}_1-\dot{p}_0)\\&=(1-t)\dot{p}_0+t\dot{p}_1\end{aligned} \tag{6.2}$$

或者也可以（以向量形式）

$$\dot{p}(t)=\dot{p}_0+t\left(\overrightarrow{\dot{p}_0\dot{p}_1}\right)$$

上述形式的任何一种都称为参数 t 的直线参数方程。

方程 6.2 可以改写为

$$\begin{aligned}\dot{p}(t)&=\dot{p}_0+t(\dot{p}_1-\dot{p}_0)\\&=(1-t)\dot{p}_0+t\dot{p}_1\\&=t_0\dot{p}_0+t_1\dot{p}_1\end{aligned}$$

其中（$t_0+t_1=1$）。

即使它们都包含点，直线参数方程可以不通过坐标系表示出来，因为生成的点 $\dot{p}(t)$ 仅依赖于点 $\dot{p}_0$ 和 $\dot{p}_1$——它独立于点所在空间位置。

变更参数 t 就可以沿直线移动点 $\dot{p}$（t）。特别是它以比例 t 来移动 $\dot{p}$（t）。例如，如果 $t=0.4$，$\dot{p}$（t）就是直线上点 $\dot{p}_0$ 和 $\dot{p}_1$ 之间距离的 4/10。$\dot{p}$（t）和 t 之间的线性关系仅适用于直线。本章 6.9.5 节显示该结论不适用于曲线。

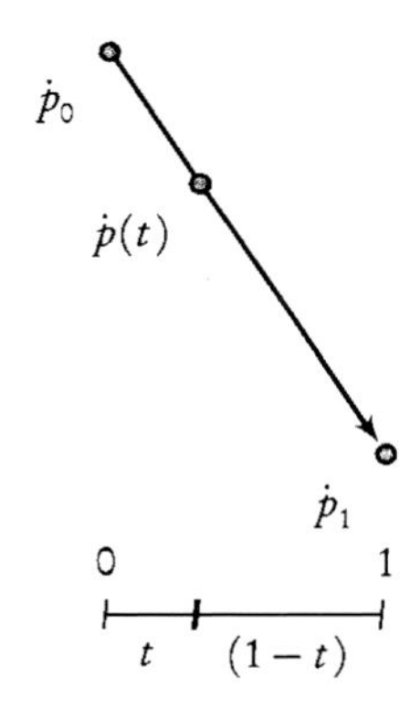

如果 $t=0$，则 $\dot{p}$（t）$=\dot{p}_0$；

如果 $t=1$，则 $\dot{p}$（t）$=\dot{p}_1$；

如果 $0<t<1$，则 $\dot{p}$（t）在 $\dot{p}_0$ 和 $\dot{p}_1$ 之间；

如果 $t<0$，则 $\dot{p}$（t）在 $\dot{p}_0$ 的左侧；

如果 $t>1$，则 $\dot{p}$（t）在 $\dot{p}_1$ 的右侧。

6.2.6 点到直线的投影

点 $\dot{p}$ 到直线 $\bar{L}$ 上的投影即为寻找直线上离点 $\dot{p}$ 距离最近的点 $\dot{q}$，或者理解为寻找点 $\dot{q}$ 使得点 $\dot{p}$ 和点 $\dot{q}$ 之间的线段垂直于直线 $\bar{L}$。

当直线为标准直线运算符形式时，投影可得到最简单的表达，其中 $\gamma\dot{p}$ 是点 $\dot{p}$ 到直线的距离。点到直线的投影为点 $\dot{p}$ 的集合和直线 $\gamma_{\vec{v}}$ 的标准向量点按比例乘以直线运算符 $\gamma\dot{p}$。

$\dot{p}_{\text{proj}}=\dot{p}+(\gamma\dot{p})\ \gamma_{\vec{v}}$

虽然一般情况下，得到投影点的参数坐标非常有用。应用直线参数方程的一种计算投影的方法，是使用 97 页的方程式（6.1）做矢量投影图。给定点 $\dot{q}$ 在参数线上投影 $\dot{p}(t)=\dot{p}_0+t(\dot{p}_1-\dot{p}_0)$，就是简单地将 $\overrightarrow{\dot{p}_0\dot{q}}$ 的投影添加于点 $\dot{p}_0$ 到 $\overrightarrow{\dot{p}_0\dot{p}_1}$ 上。　　因此直线 $\bar{L}$ 上的投影点 $\dot{p}(t)$ 为：

$$\dot{p}(t)=\dot{p}_0+\frac{\overrightarrow{\dot{p}_0\dot{q}}\cdot\overrightarrow{\dot{p}_0\dot{p}_1}}{\overrightarrow{\dot{p}_0\dot{p}_1}\cdot\overrightarrow{\dot{p}_0\dot{p}_1}}\overrightarrow{\dot{p}_0\dot{p}_1} \tag{6.3}$$

$$t=\frac{\overrightarrow{\dot{p}_0\dot{q}}\cdot\overrightarrow{\dot{p}_0\dot{p}_1}}{\overrightarrow{\dot{p}_0\dot{p}_1}\cdot\overrightarrow{\dot{p}_0\dot{p}_1}} \tag{6.4}$$

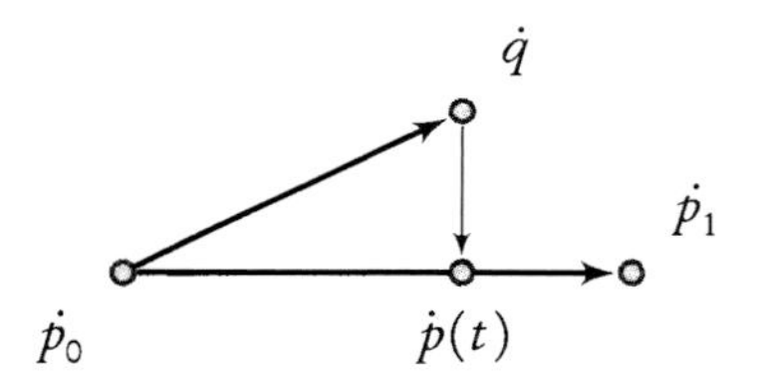

图 6.14　点 $\dot{q}$ 在参数直线 $\bar{L}$ 上的投影为点 $\dot{p}(t)$。

方程式 (6.4) 中的参数 t 和方程式 (6.3) 中的向量的比例因子完全相等。

6.3 三维直线

在三维空间中，直线既没有显式方程，也没有隐式方程。对于几乎所有的实用性目的，参数方程都可以实现。在三维空间中，一个点和一个向量就定义了一条直线。其形式和二维空间中相同——给定一个点 $\dot{p}_1$ 和一个向量 $\vec{v}$，直线上的任何点 $\dot{p}(t)$ 都满足如下方程

$$\dot{p}(t)=\dot{p}_1+t\vec{v}$$

唯一的区别就是点和向量具有三维元素，而不是二维的。

6.4 平面

平面在三维中对应于直线在二维中。直线的隐式方程和参数方程可以很容易地延伸来表示平面。

6.4.1 法向量

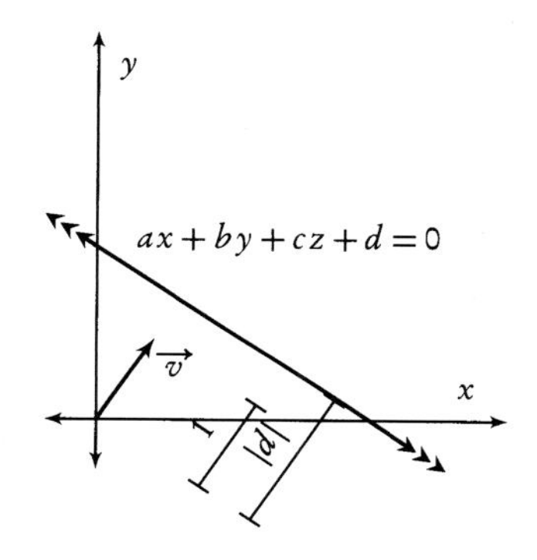

$a=\cos\alpha$

$b=\cos\beta$

$c=\cos\gamma$

$-d$=signed distance from origin to line

定义一个平面有多种方法：三个不共线的点；垂直于平面的一个向量加上平面上的一个点；平行于平面的两个非共线向量加上平面上的一个点。

给出平面的一个法向量 $\vec{n}$ 和平面上的一个点 $\dot{p}$，任何平行于平面的向量都垂直于平面的法向量 $\vec{n}$。点乘运算提供了判断平行的简单方法。平面上的已知点 $\dot{p}$ 可以用来定义到空间中任意点 $\dot{q}$ 的向量。如果该向量垂直于向量 $\vec{n}$，则点 $\dot{q}$ 在平面上。

普遍意义上，同样的图形也可以用来解释平面和直线。第三维度可以通过使用沿着一个基本空间轴线的正交图画来简单抑制。这种方法唯一的欠佳之处就是不能解释向量和坐标轴之间的角度问题。

6.4.2 隐式方程

平面的隐式方程如下：

$$ax+by+cz+d=0$$

和二维直线一样，除末项外的所有系数定义一个向量。如果该向量为单位长度，方程为标准方程，$a=\cos\alpha$、$b=\cos\beta$ 和 $c=\cos\gamma$ 是向量 $\vec{v}$ 的方向余弦，$-d$ 是原点到直线沿向量 $\vec{v}$ 的符号距离。

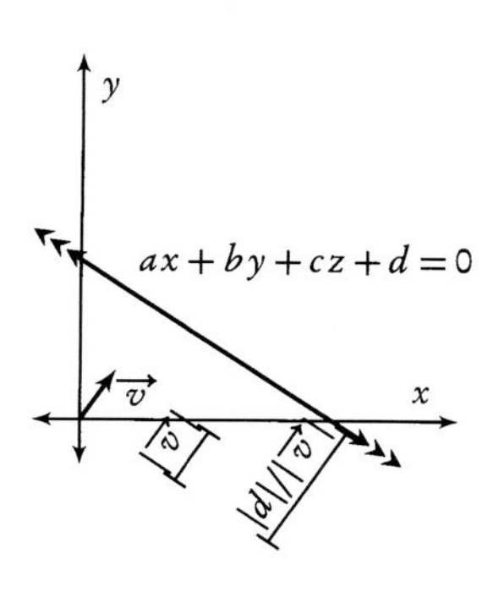

6.4.3 正位点方程

平面的正位点方程由一个点 $\dot{q}$ 和一个垂直于平面的非零向量 $\vec{n}$ 构成。该方程和直线的方程形式相同，涉及对象仅有一个 z 方向元素。

$\vec{n}\cdot(\dot{p}-\dot{q})=0$

6.4.4 平面运算符

同样的对于二维直线而言，隐式方程给出了代表平面的简单矩阵形式。

一个平面可以用一个行向量 $\gamma=[a \quad b \quad c \quad d]$ 表示，以使点 $\dot{p}=[x \quad y \quad z \quad 1]^T$ 在平面 γ 上当且仅当

$$\gamma\dot{p}=\begin{bmatrix}a & b & c & d\end{bmatrix}\begin{bmatrix}x\\y\\z\\1\end{bmatrix}=0 \tag{6.5}$$

$$ax+by+cz+d=0$$

该测试，即平面隐式方程的矩阵表达，被称为平面运算符。它具有上述平面隐式方程的所有属性。

标准平面运算符的方向余弦是向量 $\vec{v}$ 分别和三个坐标轴夹角 α、β 和 γ 的余弦。

对于平行于平面的向量，平面运算符的值为 0。

$$\begin{aligned}\gamma\vec{v}&=\begin{bmatrix}a & b & c & d\end{bmatrix}\begin{bmatrix}x\\y\\z\\0\end{bmatrix}\\&=ax+by+cz+0d\\&=ax+by+cz\\&=0\end{aligned}$$

在且只有在其中 $\vec{v}$ 与平面平行时。

平面运算符可以在不改变平面的前提下和除 0 以外的任何实数 r 相乘。

平面具有边。和对于直线一样，向量 $\vec{v}=[a \quad b \quad c]$ 指向正的边界。当平面运算符为标准向量时，数值 $\gamma\dot{p}$ 本身给出点 $\dot{p}$ 到平面的符号距离。

6.4.5　参数方程

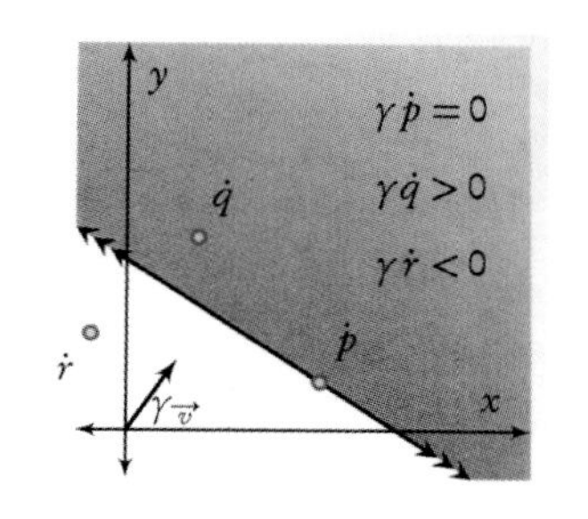

平面是由平面上的点和两个向量定义的。组成平面的所有的点可通过绑定到点 $\dot{p}$ 的两个向量的线性组合达到。

平面的参数方程需要两个参数，每个都是定义平面的一个或两个向量的一个比例因数。

$$\dot{p}(u,v)=\dot{p}+(u\cdot\vec{u}+v\cdot\vec{v})$$

通常向量 $\vec{u}$ 和 $\vec{v}$ 是通过相互垂直和单位长度选取出来的。这样的选取方式能够在平面上构建二维坐标系。随后即可以定义平面上的任何一个点。

参数平面方程可以通过三点定义一个平面轻松地表示出来。给定三个非共线的点 $\dot{p}_0$、$\dot{p}_1$ 和 $\dot{p}_2$，则有

$$\dot{p}_{(u,v)}=\dot{p}_0+(u\cdot\overrightarrow{\dot{p}_0\dot{p}_1})+(v\cdot\overrightarrow{\dot{p}_0\dot{p}_2})$$

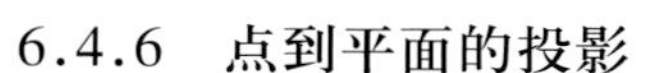

6.4.6　点到平面的投影

将点 $\dot{q}$ 投影到平面上意味着寻找平面上距离点 $\dot{q}$ 最近的点。等价的，即为寻找从点 $\dot{q}$ 起始，方向为垂直于平面的法向量的直线与平面的交点。后一种定义给出了使用平面运算符的暗示。

同样对于直线而言，在标准平面运算符中，点 $\dot{q}$ 和平面 γ 的符号距离以 $\gamma\dot{q}$ 给出。所以点 $\dot{q}$ 在平面上的投影即为点 $\dot{q}$ 与平面 $\gamma_{\vec{v}}$ 的法向量和平面运算符 $\gamma\dot{q}$ 的乘积的和。

$$\dot{q}_{proj}=\dot{q}+(\gamma\dot{q})\gamma_{\vec{v}}$$

如果投影点的参数需要用到平面参数方程中。最好的办法是平面向量是相互垂直的，且为单位长度。而后标量 $\overline{\dot{p}\dot{q}}$ 的乘积与 $\vec{u}$ 和 $\vec{v}$ 每个向量给出了平面上的投影点的参数 u 和 v。

$$\dot{q}_{(u,v)}=\dot{p}+(\overrightarrow{\dot{p}\dot{q}}\cdot\vec{u})\cdot\vec{u}+(\overrightarrow{\dot{p}\dot{q}}\cdot\vec{v})\cdot\vec{v}$$

6.5 坐标系≡框架

坐标系为何物?

你可能知道非正式的答案。坐标系定义了空间的坐标轴。图形中的 x 轴和 y 轴定义了二维坐标系统。再增加 z 轴就可以得到三维坐标系统。系统坐落在空间中——系统移动则里面的对象随之移动。坐标系就是精确地对空间位置进行定位，提供准确并且全面的位置信息。这样的坐标系，而不是点，就成了定位的典型概念。

但愿你并不会惊讶于在几何视角下，我们将坐标轴作为向量，而将位置作为点来处理。形式上而言，三维坐标系由三个向量和一个点组成。而在二维中，坐标系由两个向量和一个点组成。其中向量必须线性独立。总的来说，它们构成了空间的基础，空间中的所有向量都可以由这些基础向量唯一的线性组合来表示。

很多文献使用框架一词来取代坐标系。这样表述更为方便，所以我们也采用该种方法描述。

通过给框架中向量和点加以约束，我们可以创建特殊的框架类型。例如，框架中向量形成自然基底，即它们是单位长度并且适应主要整体方向，可被认为代表框架中给定点数量的一个简单转换。

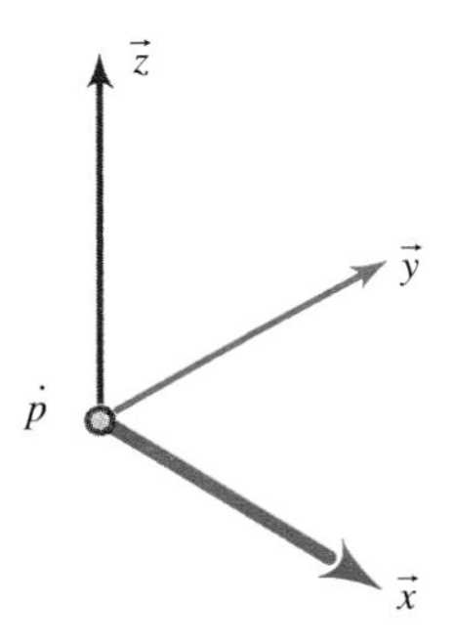

图 6.15 框架的 x、y 和 z 轴分别以红色、绿色和蓝色表示。点 $\dot{p}$ 将框架定位在空间中。

读者可能已经注意到一些问题。类似“主要整体方向”的短语代表着该框架和其他框架之间有联系。在几何学里，没有主框架，也没有通用的参考框架。实际上，选择一个特殊的框架并将所有的点与其联系在一起可以为特殊的运算创建有效的主框架。

按照惯例，我们只考虑右手框架。我们将框架的三个向量定义为

[$\vec{x}$ $\vec{y}$ $\vec{z}$] 或 [$\vec{n}$ $\vec{o}$ $\vec{a}$]。前者是参考欧几里得空间的 x、y 和 z 轴，后者是按照法向、绝对方向和自下而上的字面意思定义的。为了解这些词语之间的关联，将你的右手伸出到身前，使食指指向某物，拇指和食指成直角并和你的视线平行，中指在竖向与拇指和食指成直角。而后你按照拇指、食指和中指的顺序依次数出 $\vec{x}$（*or* $\vec{n}$）、$\vec{y}$（*or* $\vec{o}$）和 $\vec{z}$（*or* $\vec{a}$）：拇指 =$\vec{x}$（*or* $\vec{n}$）、食指 =$\vec{y}$（*or* $\vec{o}$）和中指 =$\vec{z}$（*or* $\vec{a}$）。术语法向、绝对方向和自下而上和机器人技术有关，它们是用来描述机器人手臂末端的机器手位置的右手框架的表示方法。为什么需要两种方式来描述坐标轴呢？因为在某些场合，x、y 和 z 更为直观，例如你索引一个已命名的框架。而在另一些场合，在描述框架的内部组分时，类似 $\vec{x}_x$ 的表达式（向量 $\vec{x}$ 的 x 组件）令人迷惑，而采用符号 $\vec{n}$、$\vec{o}$ 和 $\vec{a}$ 的效果比较好。

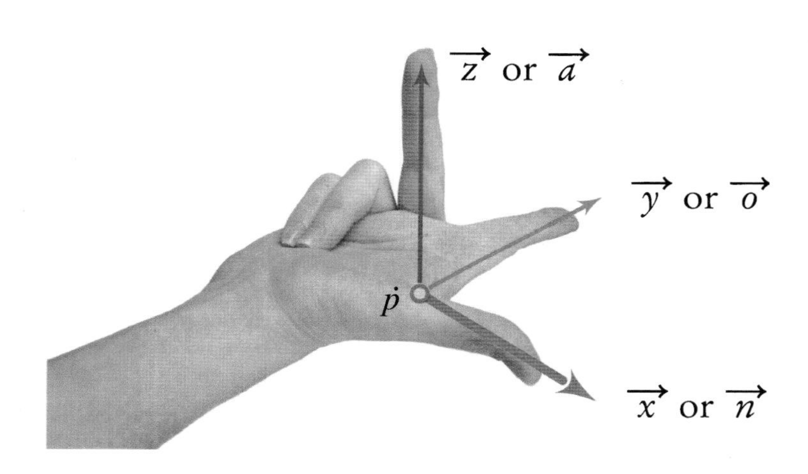

图 6.16　叠加在右手上的右手框架的 $\vec{x}$（$\vec{n}$*ormal*）、$\vec{y}$（$\vec{o}$ *rientation*）和 $\vec{z}$（$\vec{a}$*pproach*）向量。

另一种常用惯例是采用逆时针旋转的方法来定义坐标轴，如果我们沿着正轴向坐标原点看去就得到正向旋转角度。这就是有名的右手定则。一种记忆深刻的标志性记忆方法是用你右手的拇指抵住你的鼻子（开始做吧，如图 6.17 所示）并卷曲你的手指。如果你看向原点，你的手指所指方向即为正向旋转方向。右手框架和右手定则很好地协调一致。你可以使用同一只手同时理解两个内容。

图 6.17　一种记住右手定则旋转的不易忘记的方法

认识框架有如下重要的三点：如何将其生成，如何将其表达和如何将其构建。

6.5.1　框架生成：向量积

两个线性独立的向量的向量积产生一个新的向量。

从几何学的角度看，$\vec{u}$和$\vec{v}$设为两个线性独立的向量。图 6.18 所示两者的向量积 $\vec{u}\otimes\vec{v}$为第三个与两者都正交的向量。其长度是两个向量围合成的平行四边形的面积。向量 $\vec{u}$作为 x 轴，向量 $\vec{v}$作为 y 轴时，它们的向量积为右手框架中的 z 轴。因此 $\vec{u}\otimes\vec{v} \neq \vec{v}\otimes\vec{u}$。实际上，两个向量积属于逆向量 $\vec{u}\otimes\vec{v} = -\vec{v}\otimes\vec{u}$。

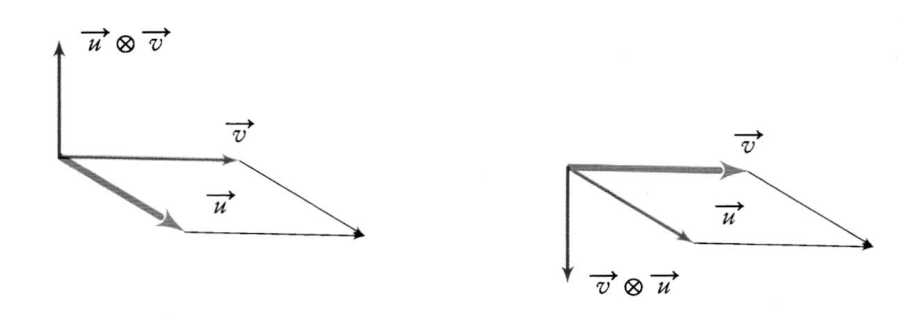

图 6.18　两个线性独立向量的向量积。因为向量积始终生成右手框架，改变向量积的参数顺序，仅倒置结果的向量：$\vec{u}\otimes\vec{v} = -\vec{v}\otimes\vec{u}$。

向量积的长度为向量 $\vec{u}$ 和 $\vec{v}$ 所定义的平行四边形的面积。平行四边形的面积是其底边与高度的乘积。以向量 $\vec{u}$ 为底边，基本三角法（如图 6.19）所示其高度为 $|\vec{v}|\sin\theta$，其中 θ 为向量 $\vec{u}$ 和 $\vec{v}$ 的夹角。这样，平行四边形的面积即为 $|\vec{u}||\vec{v}|\sin\theta$，同时 $\vec{u}\otimes\vec{v} = |\vec{u}||\vec{v}|\sin\theta$。

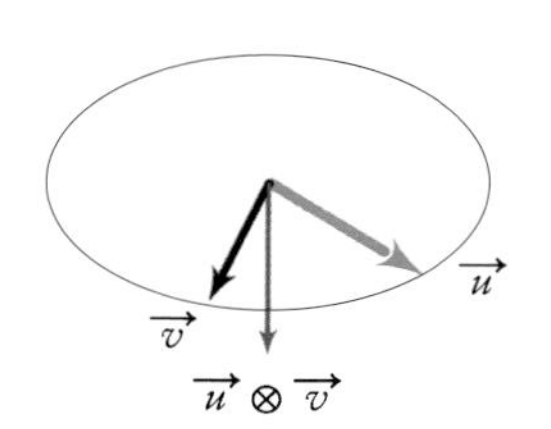

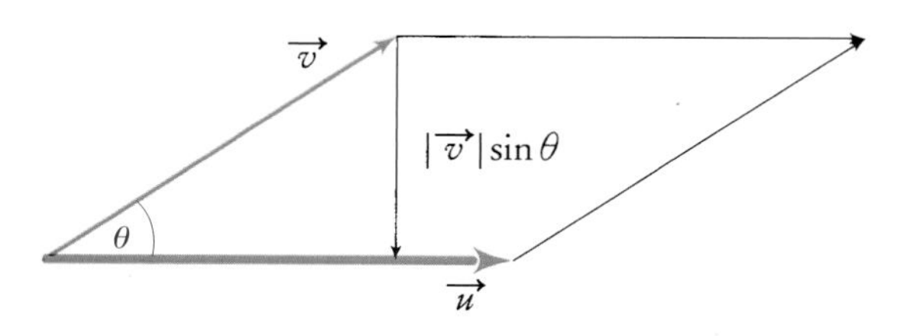

图 6.19　平行四边形的面积

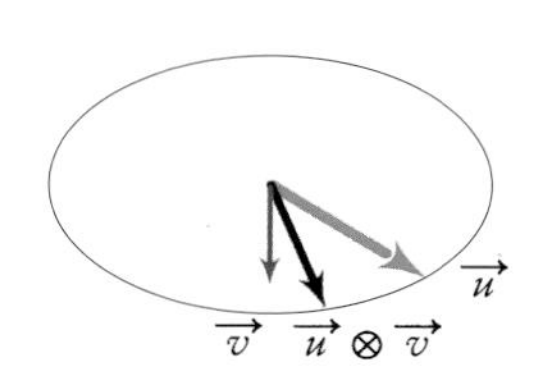

如果参数向量 $\vec{u}$ 和 $\vec{v}$ 是单位长度，其向量积的长度为向量 $\vec{u}$ 和 $\vec{v}$ 夹角的正弦值。如果两个向量之间是正交的，则两者组成的平行四边形为边长为单位值并且面积为 1 的正方形。因此其向量积的长度也为 1。框架相互正交并且具有单位长度的向量称作标准正交。如果向量为它们所占据的空间建立基础，则它们共同构成空间的标准正交基。标准正交基具有很多优异的数学属性（如任意向量 $\vec{u}$ 与一个作为向量 $\vec{u}$ 在其上投影长度的基本向量的向量积），这些属性使得它成为代表向量基底的主要形式。

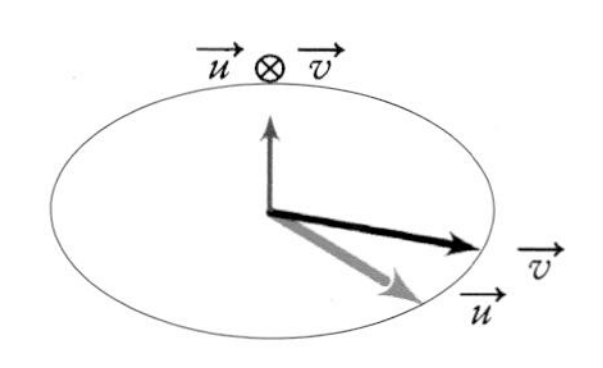

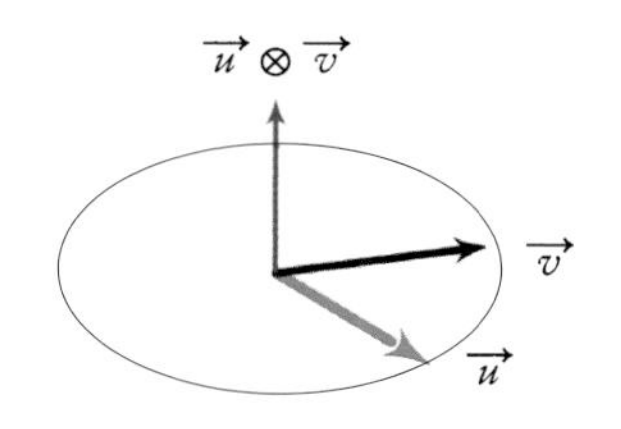

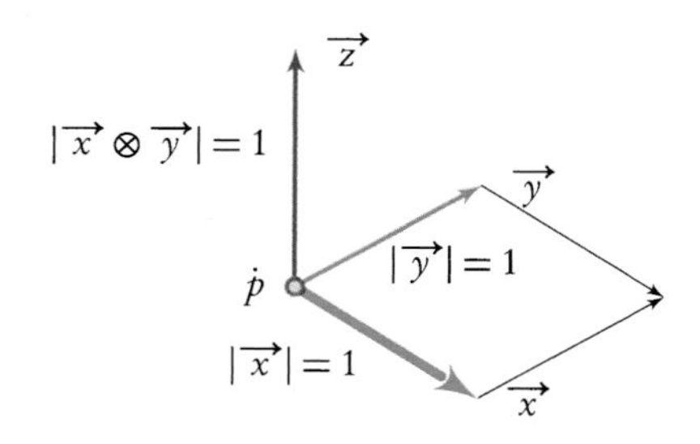

图 6.20　标准正交积。每个轴都与其余两个垂直且为单位长度。由 x 轴和 y 轴定义的平行四边形面积为 1

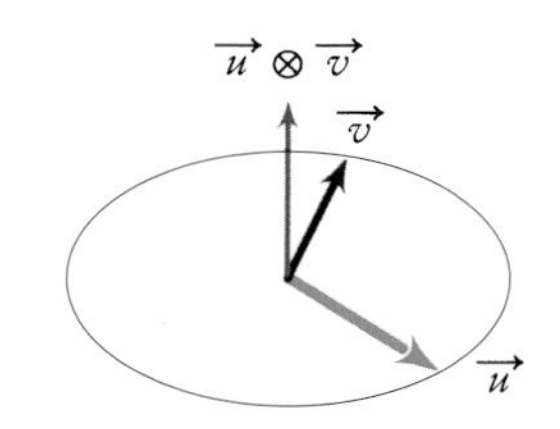

图 6.21　两个单位向量的向量积的长度是其夹角的正弦值 $|\vec{u}\otimes\vec{v}| = \sin\theta$。在此图中，$\vec{u}$ 和 $\vec{v}$ 都位于单位半径的圆上。

依据向量 $\vec{u}$ 和 $\vec{v}$ 的分量，向量积 $\vec{w} = \vec{u}\otimes\vec{v}$ 可以由如下公式给出：

$$
\begin{aligned}
\vec{w}_x &= \vec{u}_y\vec{v}_z - \vec{u}_z\vec{v}_y \\
\vec{w}_y &= \vec{u}_z\vec{v}_x - \vec{u}_x\vec{v}_z \\
\vec{w}_z &= \vec{u}_x\vec{v}_y - \vec{u}_y\vec{v}_x
\end{aligned}
\tag{6.6}
$$

向量积与平面方程

两个向量的向量积定义了标准平面。这就给出了通过一个点和两个向量（或者通过平面上三个点）来计算平面的隐式方程的方法。给出平面上的一个点 $\dot{p}$ 和两个非共线向量 $\vec{u}$ 和 $\vec{v}$，隐式方程可以建立如下。假定

$$\vec{w} = \vec{u} \otimes \vec{v} \tag{6.7}$$

则隐式方程为

$$\vec{w}_x \dot{p}_x + \vec{w}_y \dot{p}_y + \vec{w}_z \dot{p}_z - \left(\vec{w}_x \dot{p}_x + \vec{w}_y \dot{p}_y + \vec{w}_z \dot{p}_z\right) = 0$$

平面运算符为

$$\left[\vec{w}_x + \vec{w}_y + \vec{w}_z - \left(\vec{w}_x \dot{p}_x + \vec{w}_y \dot{p}_y + \vec{w}_z \dot{p}_z\right)\right] \tag{6.8}$$

利用向量积

当定义一个模型时，在某个地方需要一个框架，这种情况极为常见。如果模型被再利用，或者在空间中无限制地移动，这样的框架应该在模型内部。如果它是外部的，那么模型可依赖于它的位置，并且有时以令人惊讶的方式。无论何时一个模型有三个非共线的点，或者只是一个参数化形式的单一平面，建造这样的一个框架很容易。在非标准正交时向量基底（因此框架）是最佳的——记住第 109 页上的讨论。

上述进程产生了一个等价于名为 Gram-Schmit 标准正交化过程的结果。给定三个线性独立向量 $\vec{u}$，$\vec{v}$ 和 $\vec{w}$，带有向量 $\vec{x}$，$\vec{y}$ 和 $\vec{z}$ 的标准正交框架计算如下：

$$\vec{x} = \frac{\vec{u}}{|\vec{u}|}$$

$$\overrightarrow{y_{pre}} = \vec{v} - (\vec{v} \cdot \vec{x})\vec{x}$$

$$\vec{y} = \frac{\overrightarrow{y_{pre}}}{\left|\overrightarrow{y_{pre}}\right|}$$

$$\overrightarrow{z_{pre}} = w - (\vec{w} \cdot \vec{x})\vec{x} - (\vec{w} \cdot \vec{y})\vec{y}$$

$$\vec{z} = \frac{\overrightarrow{z_{pre}}}{\left|\overrightarrow{z_{pre}}\right|}$$

6.5.2 描绘框架

直到现在，我们把对象看作是位于一些通用的空间中。虽然所有的几何问题都可以通过这种方式描述，建模、数学和编程很快都变得繁重又乏味。框架为在空间中组织对象提供了基本的实用工具。

有几个建模工作需要局部性地描述对象和使局部表示法之间产生联系的能力。

- 我们想要在不同的参照系中参考一些东西。如果我们将一个自行车轮子想象成位于某个框架的原点，且它的轮轴中心线与主轴之一一致，自行车轮子是最容易被描绘的物体。
- 我们想要移动物体。将自行车轮子及框架定位，与移动它的所有点相比，可以通过移动它的框架更容易地实现。通过旋转其框架可简单地旋转自行车轮子。
- 我们想要能够在二维屏幕上绘制三维物体的图像。这涉及创造一系列的框架：领域、相机以及屏幕。

描述框架就是要从这样的几何概念开始：三个向量（一个基底）形成一个框架，一个点是一个代表向量的记号，向量基础为矩阵。框架的表达和操作很大程度上是建立信息，并以适当的方式应用向量操作的问题。通过建造向量上的表达法来理解关于框架的一切通常是个好主意。换句话说，不要将操作和转化当成黑匣子对待——理解它们的概念。

构建的第一步是使用矩阵来描述框架向量，即其向量基底。在方程（6.9）所示的二维实例的 $n \times n$ 矩阵中给出 n 和向量的 n 个元素的每个向量基底。

$$[\vec{u}\ \vec{v}] = \left[\begin{bmatrix} u_1 \\ u_2 \end{bmatrix} \begin{bmatrix} v_1 \\ v_2 \end{bmatrix}\right] = \begin{bmatrix} u_1 & v_1 \\ u_2 & v_2 \end{bmatrix} \tag{6.9}$$

按照惯例，矩阵的列为基础向量。因此使用矩阵描述基底非常简单：将每个基础向量作为一个矩阵的列。对于二维空间，阵列为 2×2，三维空间为 3×3。

著名的线性代数矩阵恒等式描述自然基底。

$$\begin{bmatrix}\vec{x}\ \vec{y}\ \vec{z}\end{bmatrix} = \begin{bmatrix}\begin{bmatrix}1\\0\\0\end{bmatrix}\begin{bmatrix}0\\1\\0\end{bmatrix}\begin{bmatrix}0\\0\\1\end{bmatrix}\end{bmatrix} = \begin{bmatrix}1 & 0 & 0\\0 & 1 & 0\\0 & 0 & 1\end{bmatrix}$$

使用列向量的解释作为基底向量只是读取自然基底向量。

代表一个空间的三个向量为我们提供了除了基底向量的位置之外的所有信息。还记得吗？框架是三个向量与一个点——即其位置。其位置可以作为第四列向量添加入矩阵中。框架矩阵因此具有两个组成部分。前一部分记录了框架的基底向量，后一个是原点的位置。使用框架向量的符号 $\vec{n}$、$\vec{o}$和 $\vec{a}$（因此 x，y 和 z 轴不会与向量的表达方式相混淆），即给出

$$\begin{bmatrix}\vec{n}\ \vec{o}\ \vec{a} \mid \dot{p}\end{bmatrix} = \left[\begin{array}{ccc|c}\vec{n}_x & \vec{o}_x & \vec{a}_x & \dot{p}_x\\ \vec{n}_y & \vec{o}_y & \vec{a}_y & \dot{p}_y\\ \vec{n}_z & \vec{o}_z & \vec{a}_z & \dot{p}_z\end{array}\right]$$

其中 $\vec{n}_x$ 为框架中基底向量 $\vec{n}$的 x 坐标，$\vec{p}_x$ 为框架中原点的 x 坐标。

这个矩阵并非正方形，正方形矩阵感觉起来很好，它们进入一个代数公式中具有更少的尺寸检查，具有行列式（一个描述矩阵属性的非常有用的数字）并且潜在地可逆。为恢复方形的有益属性，我们在矩阵的底部增加一行。

我们现在通过增加用一个单一数字对向量和点的表达（0 为向量，1 为点）来区分它们。向量成为 $[x \quad y \quad z \quad 0]^T$，点成为 $[x \quad y \quad z \quad 1]^T$。

所以碰到增加的非正方形矩阵可以写成如下形式

$$\left[\begin{array}{ccc|c}\vec{n}_x & \vec{n}_y & \vec{n}_z & \dot{p}_x\\ \vec{o}_x & \vec{o}_y & \vec{o}_z & \dot{p}_y\\ \vec{a}_x & \vec{a}_y & \vec{a}_z & \dot{p}_z\\ \bar{0} & \bar{0} & \bar{0} & \bar{1}\end{array}\right]$$

前三列可被作为向量读取（显著标志是第 4 排为 0），并且第四列是一个点（显著标志是第 4 排为 1）。这些向量和点实际上是有意义的。其实它们有三方面的含义。一个持有它们的矩阵可被看成：或者一个表达法，或者一个框架间的贴图操作符，或者一个改变对象的变换算符。

6.5.3 矩阵作为描述

第一种演绎是矩阵依据另一个框架来具体指定一个框架。在这种演绎下，第一个矩阵的前三个列向量是其相应的基底向量，并将其写为其他框架的向量形式。第四个向量是框架的位置，也写为其他框架的向量形式。此概念可以使用相应的绘图和矩阵形式来完全实现。

如果有一张图纸（或者物理模型），就可以使用矩阵来描述框架。框架的向量是矩阵左侧上部的列向量模块。框架的位置是矩阵右侧上部的模块。如果具有一个现成的矩阵，就可以画出相应的框架。仅仅使用矩阵左侧上部的列向量模块作为图形向量的 x、y 和 z 坐标。使用矩阵右侧上部的列向量模块作为框架的位置。

矩阵和绘图之间的关系非常罕见地完全反映了数学和图表之间的关系。绘图通常既移动信息，也引入外部信息。在这种情况下，即使假定向量束缚于点也是有意义的。从框架原点将一个向量投影为框架向量点 $\dot{p}$，并用在框架中产生坐标的框架向量的长度划分它。

框架：

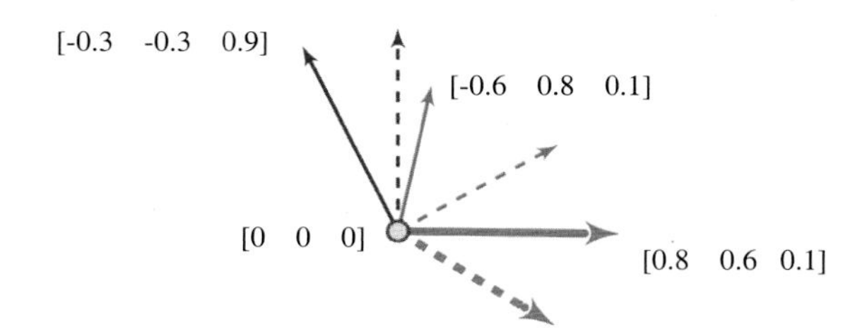

矩阵：

$$
\left[\begin{array}{ccc|c}
0.8 & -0.6 & -0.3 & 0 \\
0.6 & 0.8 & -0.3 & 0 \\
0.1 & 0.1 & 0.9 & 0 \\
\hline
0 & 0 & 0 & 1
\end{array}\right]
$$

图 6.22 框图和矩阵间的对应关系是完美和精确的。虚线框架是框架绘制和矩阵定义的参考。（仔细阅读此框架，表明它并非完全标准正交的——在这里为获得简短的数字牺牲了精确度）

6.5.4 矩阵作为映射

使用矩阵来描绘框架时，矩阵乘法十分实用。应该记住点和向量是列矩阵，因此在任何矩阵乘法中必须出现在矩阵后面（矩阵乘法正形性的基本规则是一个尺寸为 $m\times n$ 的矩阵，只能被一个尺寸为 $n\times p$ 的矩阵乘）。

如果 T 是框架的矩阵描述，则

$\vec{v}'=\mathrm{T}\vec{v}$

意味着新向量 $\vec{v}'$是由表达式 $\mathrm{T}\vec{v}$引入的。

一种实用的演绎是 $\vec{v}'$描述参考框架 A 中的向量，$\vec{v}$为描述框架 B 中同样的向量，T 代表就参考框架而言的描述框架。符号使上述过程非常清晰，这很有帮助。使用 ${}^{A}_{B}\mathrm{T}$ 来描述框架 A 到框架 B 的演绎过程，${}^{A}\vec{v}$表示框架 A 中向量 $\vec{v}$的描述。为完善一个完整图像，使用 ${}^{B}\vec{v}$作为框架 B 中向量 $\vec{v}$ 的表示法。

$${}^{A}\vec{v}={}^{A}_{B}\mathrm{T}\,{}^{B}\vec{v} \tag{6.10}$$

图 6.23 所示为相同几何向量 $\vec{v}$的描述 ${}^{A}\vec{v}$和 ${}^{B}\vec{v}$，它们数字不同因为是这个向量在它们相应框架里的表达。

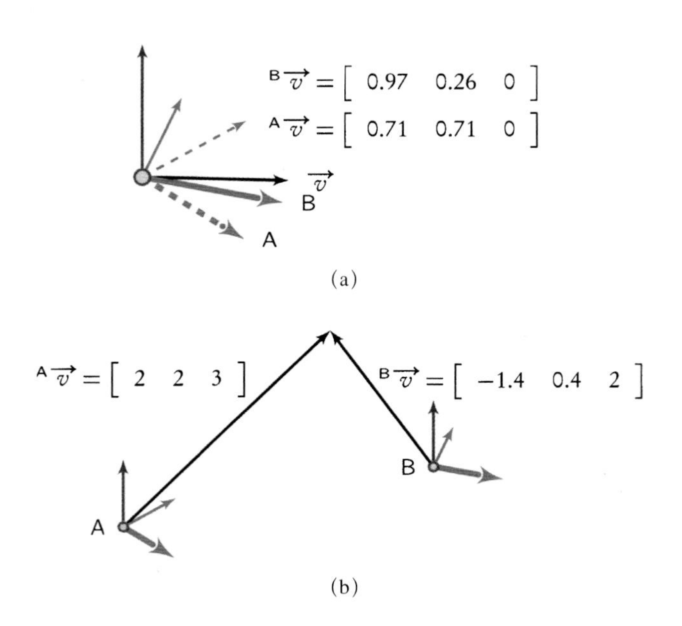

图 6.23 方程 ${}^{A}\vec{v}={}^{A}_{B}\mathrm{T}\,{}^{B}\vec{v}$映射了几何向量 $\vec{v}$从框架 B 中的表达 ${}^{B}\vec{v}$到框架 A 中的表达 ${}^{A}\vec{v}$的过程。在图（a）中，两个框架共享一个原点并通过在 z 轴的旋转存在差异。在图（b）中，两个框架同样通过一个转换存在差异。

其几何意义是框架 B 中描述的每个点至少是两个坐标集合：一些是框架 B 本身中的，另一些是框架 A 中持有 B 的对应向量。这就解释了参数化建模系统中的常用描述，在此系统中一个点既具有 X，Y 和 Z 属性，又有 XLocal，YLocal 和 ZLocal 属性 [1]。当然，每个点都有就模型中指定的每个框架而言的隐式描述。通常一个系统仅仅在需要时对此进行计算。

框架 B 持有另一个框架 C，而 C 本身被第三个框架 A 持有。

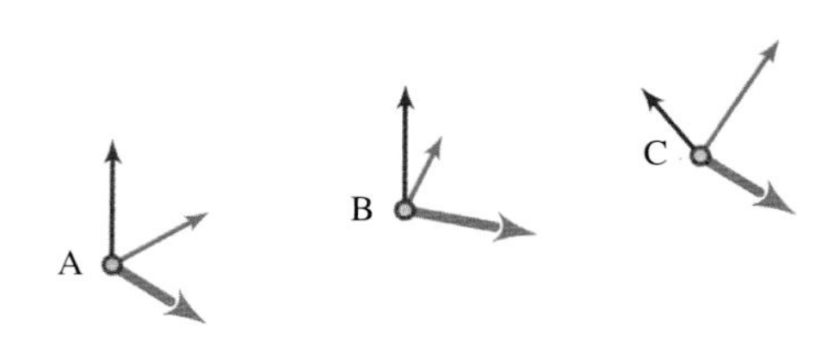

上面的框架符号传达了在理解映射的链条时的一种优势。

例如，下面的链条

$$ {}^{A}\vec{v} = {}^{A}_{B}T\,{}^{B}_{C}T\,{}^{C}_{D}T\,{}^{D}_{E}T\,{}^{E}_{F}T\,{}^{F}_{G}T\,{}^{G}\vec{v} $$

可以通过取消框架 G 的任何映射来检验一致性，如果它位于另一个映像的左侧——该映像的表达式按照 G 来写的。

$$ {}^{A}\vec{v} = {}^{A}_{\cancel{B}}T\,{}^{\cancel{B}}_{\cancel{C}}T\,{}^{\cancel{C}}_{\cancel{D}}T\,{}^{\cancel{D}}_{\cancel{E}}T\,{}^{\cancel{E}}_{\cancel{F}}T\,{}^{\cancel{F}}_{\cancel{G}}T\,{}^{\cancel{G}}\vec{v} $$

当然，消去法是自身及其内部不具有数学意义的标记技巧。它的确让我们能够检验链条是否形式良好。如果消去法不能完成任务，则我们不能完成矩阵乘法并期望达到理想的结果。

方程（6.10）给出了向量框架的矩阵描述的第二种意义：框架之间的映射。我们使用矩阵既可以描述框架，又可以描述框架之间的映射。

1　这些名字的命名习惯有很大不同，如全局名称和本地名称可以分别命名为 X：XLocal、XGlobal：X、XGlobal：XLocal、X：XTranslation 或其他惯用名。你不得不去习惯你所使用的系统。

6.5.5　矩阵作为变换

框架的矩阵描述还有第三种意义。这就像一个操作，在同样的框架中产生如同原向量的新向量。我们说，新向量是旧向量的一种变换。操作的不同并非在于数学形式，而是在于演绎方法。

$\bar{v}'=T\bar{v}$描述了在单一框架中定义的两个向量。图 6.24 所示为在参考框架的 xy 平面上的向量 $\bar{v}$和向量 $\vec{v}'$，而且向量 $\bar{v}'$自向量 $\vec{v}$绕 z 轴旋转 30°。矩阵给出了绕 z 轴刚好旋转 30° 的结果。

$$\left[\begin{array}{ccc|c} \cos 30 & -\sin 30 & 0 & 0 \\ \sin 30 & \cos 30 & 0 & 0 \\ 0 & 0 & 1 & 0 \\ \hline 0 & 0 & 0 & 1 \end{array}\right]$$

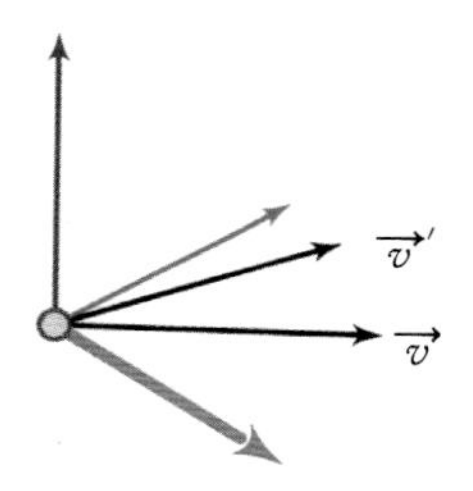

图 6.24　向量$\bar{v}'$是向量$\bar{v}$绕 z 轴旋转的结果，两个向量表达在同一框架中。

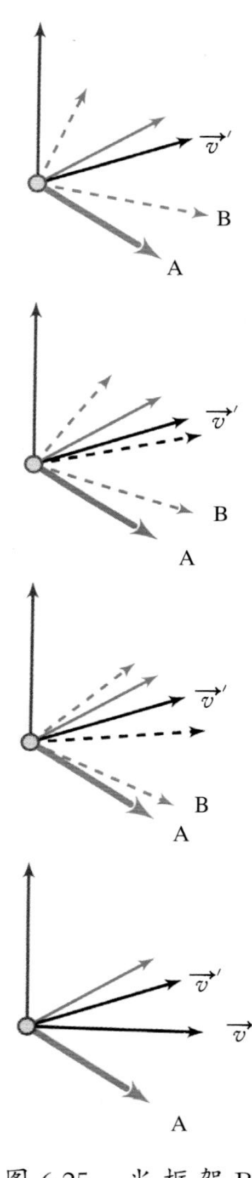

图 6.25　当框架 B 旋转时，它就带来其中的向量描述。当其和框架 A 一致时，其中的向量与方程 $\bar{v}'=T\bar{v}$ 中的向量 $\bar{v}$ 一致。

图 6.25 所示为一个思维技巧，可以帮助理解变换。考虑到映射方程 ${}^{A}\bar{v}={}^{A}_{B}T^{B}\bar{v}$然后移动框架 B，使其与框架 A 一致，引入和它在一起的向量 $\bar{v}'$。当框架一致时，框架 B 就演绎为框架 A，向量 $\bar{v}$ 即被移入正确的位置。变换和映射在本质上是等同的，只是原向量从一开始就被赋予框架 A，而非框架 B。

6.6　几何学上重要的向量基底

框架通常由一系列更简单的表达它的框架组成。例如，围绕 z 轴旋转来转换空间中的框架 A，可被认为是一个将 A 开始于全局原点的转换，接下来是沿全局原点的旋转以及最终 A 转换回原始位置。简单框架包含的组分有旋转、缩放、切变和平移。

三个原始的旋转都是关于 x、y 和 z 轴的。围绕单个坐标轴的旋转组分是可交换的。围绕多个坐标轴的旋转组分是不可交换的。

围绕 x 轴的旋转

框架： **矩阵：**

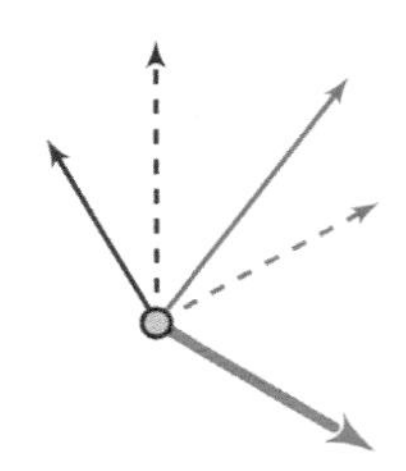

$$\mathrm{Rot}_x(\theta)=\left[\begin{array}{ccc|c} 1 & 0 & 0 & 0 \\ 0 & \cos\theta & -\sin\theta & 0 \\ 0 & \sin\theta & \cos\theta & 0 \\ \hline 0 & 0 & 0 & 1 \end{array}\right]$$

围绕 y 轴的旋转

框架： **矩阵：**

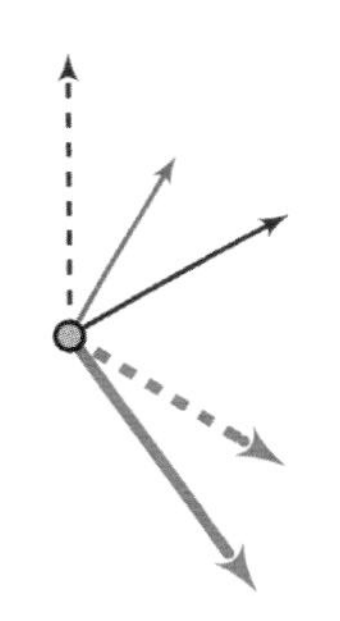

$$\mathrm{Rot}_y(\theta)=\left[\begin{array}{ccc|c} \cos\theta & 0 & \sin\theta & 0 \\ 0 & 1 & 0 & 0 \\ -\sin\theta & 0 & \cos\theta & 0 \\ \hline 0 & 0 & 0 & 1 \end{array}\right]$$

围绕 z 轴的旋转

框架： **矩阵：**

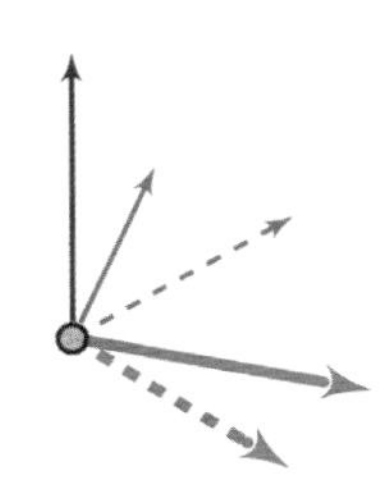

$$\mathrm{Rot}_z(\theta)=\left[\begin{array}{ccc|c} \cos\theta & -\sin\theta & 0 & 0 \\ \sin\theta & \cos\theta & 0 & 0 \\ 0 & 0 & 1 & 0 \\ \hline 0 & 0 & 0 & 1 \end{array}\right]$$

为什么 y 轴的旋转形式和 x 轴或者 z 轴的旋转形式不同呢？看图并联想下面各自的坐标轴即可得到答案。y 轴旋转代表了一种不同于另两种的几何旋转——x 轴与 z 轴和其他实例相比处于相对不同的次序。

等分标尺

等分标尺增加了框架的“尺寸”。等分标尺的组分是可交换的。

框架：　　　　　　**矩阵：**

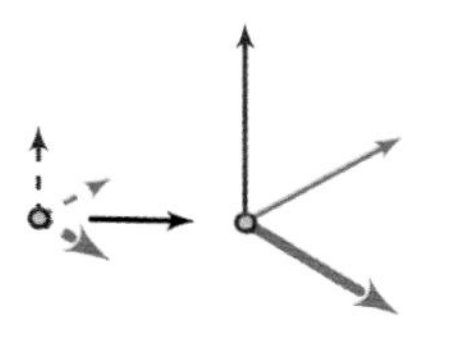

$$\mathrm{Scale}_{\mathrm{uniform}}(\theta)=\left[\begin{array}{ccc|c} s & 0 & 0 & 0 \\ 0 & s & 0 & 0 \\ 0 & 0 & s & 0 \\ \hline 0 & 0 & 0 & 1 \end{array}\right]$$

图 6.26　框架 B 对另一个框架 A 的起源的统一缩放。注意参考坐标系和所代表的框架在绘图中不一致——视觉一致将会令人混淆。这里未隐含平移。

沿一个轴的缩放

沿一个轴的缩放也称为不均匀缩放。在单个矩阵中三个坐标轴的此类缩放可以结合起来。每个坐标轴都是通过相应的因素进行缩放。非均匀缩放的组分也是可交换的。

一般的缩放组分是可交换的。

$$\mathrm{Scale}_{\mathrm{x,y,z}}(s_{\mathrm{x}},s_{\mathrm{y}},s_{\mathrm{z}})=\left[\begin{array}{ccc|c} s_{\mathrm{x}} & 0 & 0 & 0 \\ 0 & s_{\mathrm{y}} & 0 & 0 \\ 0 & 0 & s_{\mathrm{z}} & 0 \\ \hline 0 & 0 & 0 & 1 \end{array}\right]$$

框架：　　　　　　**矩阵：**

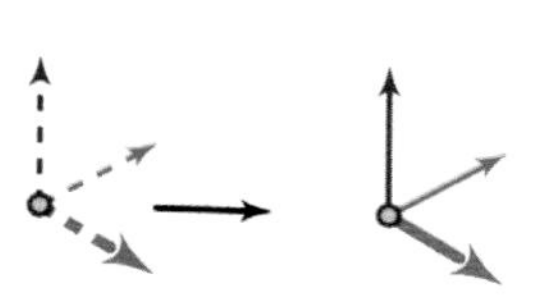

$$\mathrm{Scale}_{\mathrm{x}}(\theta)=\left[\begin{array}{ccc|c} s & 0 & 0 & 0 \\ 0 & 1 & 0 & 0 \\ 0 & 0 & 1 & 0 \\ \hline 0 & 0 & 0 & 1 \end{array}\right]$$

图 6.27　框架 B 围绕原点的缩放和沿着另一个框架 A 的 x 轴缩放。注意参考坐标系和所代表的框架在绘图中不一致——视觉一致将会令人混淆。这里未隐含平移。

切变

剪切系数给出了沿着切变坐标系，距原点单位距离的切变数量。这就定义了新旧切变坐标轴之间的角度正切值。

框架： **矩阵：**

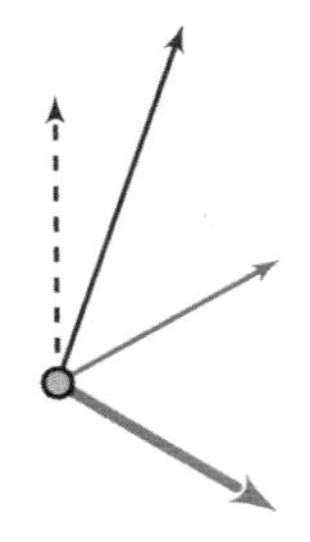

$$\text{Shear}_{zy}(\alpha)=\left[\begin{array}{ccc|c}1 & 0 & 0 & 0\\ 0 & 1 & \tan\alpha & 0\\ 0 & 0 & 1 & 0\\ \hline 0 & 0 & 0 & 1\end{array}\right]$$

图 6.28 沿着框架 B 的 y 轴的 z 轴切变。原始 z 轴称为已切坐标，并且原始 y 轴为在切坐标。剪切系数是新老 z 轴夹角的正切。

这里有六个可能的初始切变，对应基础单位矩阵对角线的六个 0 值。

$$\left[\begin{array}{ccc|c}1 & Sh_{yx} & Sh_{zx} & 0\\ Sh_{xy} & 1 & Sh_{zy} & 0\\ Sh_{xz} & Sh_{yz} & 1 & 0\\ \hline 0 & 0 & 0 & 1\end{array}\right]$$

为其中一个初始切变建立模型可能不是 0 值。建立切变需要联系初始切变和矩阵的乘法运算。一般情况下，初始切变的组分并不仅是单独切变矩阵的两个值的设置。方程（6.11）（仅显示框架的基本组分）所示为 zx 轴和 xz 轴上 45° 的组分带来的一个在对角线上带有非单元值的矩阵。

$$\begin{bmatrix}1 & 0 & 1\\ 0 & 1 & 0\\ 0 & 0 & 1\end{bmatrix}\begin{bmatrix}1 & 0 & 0\\ 0 & 1 & 0\\ 1 & 0 & 1\end{bmatrix}=\begin{bmatrix}2 & 0 & 1\\ 0 & 1 & 0\\ 1 & 0 & 1\end{bmatrix} \tag{6.11}$$

然而，两个坐标轴可以被平行于第三个坐标轴切变，而且组合是直截了当的。

框架： **矩阵：**

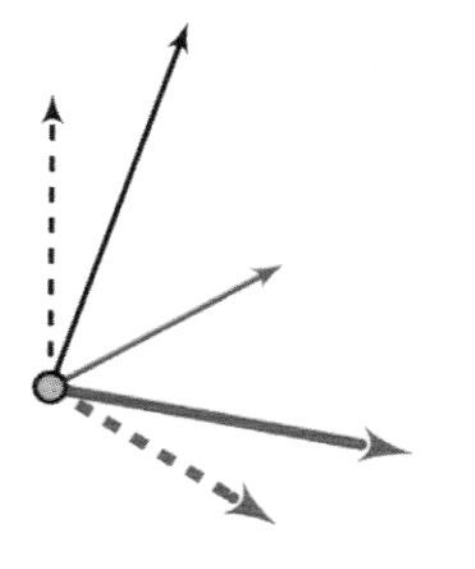

$$\text{Shear}_{xy}(\alpha,\beta)=\left[\begin{array}{ccc|c}1 & 0 & 0 & 0\\ \tan\alpha & 1 & \tan\beta & 0\\ 0 & 0 & 1 & 0\\ \hline 0 & 0 & 0 & 1\end{array}\right]$$

图 6.29　沿着框架 B 的 y 轴的 x 和 z 轴切变。最初的 x 轴和 z 轴为已切的坐标，并且最初的 y 轴为在切的坐标。剪切系数是新老 x 轴与 z 轴间夹角的正切。

平移

通过沿 x，y 和 z 轴的距离，平移表示了一个坐标系统相对另一个的位置。平移组分是可交换的。

框架： **矩阵：**

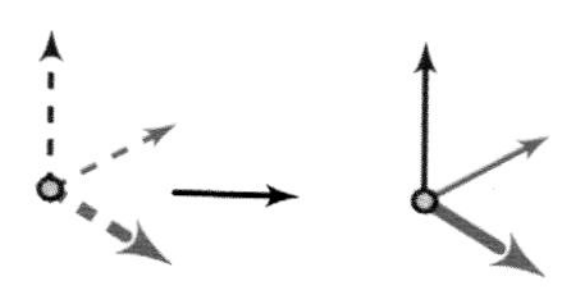

$$\text{Trans}(x,y,z)=\left[\begin{array}{ccc|c}1 & 0 & 0 & x\\ 0 & 1 & 0 & y\\ 0 & 0 & 1 & z\\ \hline 0 & 0 & 0 & 1\end{array}\right]$$

6.7　构建向量基底

所有原始的几何学上重要的向量基底都由复杂的几何建模组成，并且有一个通用的智力技巧来实现。首先，设想几何体位于一个通用的全局框架中。其次，使用一系列几何运算调整几何体使其与全局框架对齐。第三，建立适当的几何模型。第四，使用第二步中一系列几何运算的逆序列，随着模型变化将模型存储在其原来的位置。

矩阵描述由右到左组成的向量基底。为什么是这样的呢？考虑一系列矩阵，这些矩阵中的每一个都执行如下运算：

$R_0R_1\cdots R_{n-1}R_n$

按照这个次序计算的任何向量 $\vec{v}$ 置于这个次序的最后，因此

$$\vec{v}' = R_0 R_1 \cdots R_{n-1} R_n \vec{v}$$

因为矩阵乘法是可以结合的，上式也可写成：

$$\vec{v}' = \left(R_0\left(R_1 \cdots \left(R_{n-1}\left(R_n \vec{v}\right)\right)\right)\right)$$

从向量基底的矩阵表达的算子角度来说，每个连续的运算从右向左读取，生成另一个向量，该向量可在全局框架中移动。因此，从右向左读取，使用算子 R_n，然后 $R_{n-1}\cdots$，再然后 R_1，最后 R_0。

矩阵表示向量基底从右向左组成。从右边开始读取，每个连续的移动改变它自身及其左侧框架之间的关系。思考一下矩阵作为运算，这对移动框架和所有内容到其右侧具有影响。随着你在左侧增加基底，对于全局原点而言每次都产生一个运动。

6.7.1　谁先发生？是平移还是旋转？

框架由三个向量和一个点组成。首先将这两部分当成动作来考虑，然后联合成框架，比如说旋转和平移。谁先发生？最好的答案是通过几何学和矩阵的双重角度来衡量。

首先是几何学。作为框架描述，矩阵是其执行的框架的直接描述。所以图 6.30 是给定框架的矩阵描述。

$$\left[\begin{array}{ccc|c} \cos 30 & -\sin 30 & 0 & 2 \\ \sin 30 & \cos 30 & 0 & 2 \\ 0 & 0 & 1 & 1 \\ \hline 0 & 0 & 0 & 1 \end{array}\right]$$

记住连续的矩阵运算采用相对于全局原点的从右到左的模型动作。因此，如果我们想要分别执行旋转和移动，框架必须通过首先围绕 z 轴 30° 旋转，接下来平移 $[2 \quad 2 \quad 1]^T$ 来生成。向量组件首先出现在一个框架描述中。

框架：

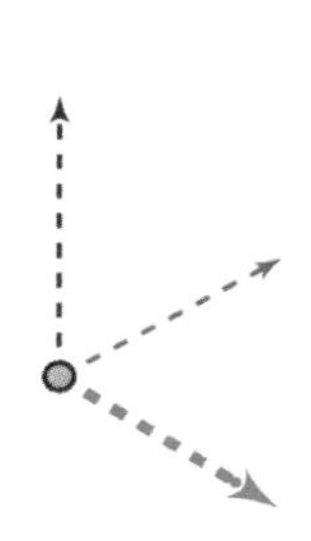

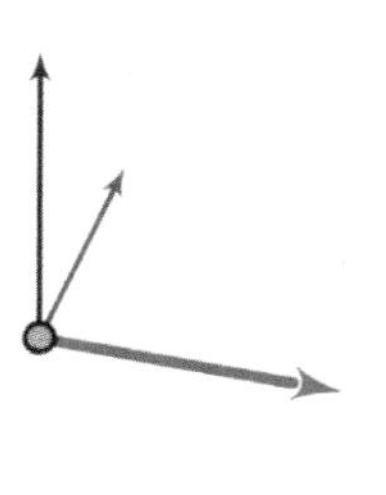

矩阵：

$$\text{Trans}_{x,y,z}(\theta)=\left[\begin{array}{ccc|c}\cos 30 & -\sin 30 & 0 & 2\\ \sin 30 & \cos 30 & 0 & 2\\ 0 & 0 & 1 & 1\\ \hline 0 & 0 & 0 & 1\end{array}\right]$$

图 6.30 沿 z 轴旋转 30°，再平移 $[2 \quad 2 \quad 1]^T$ 的框架描述。

第二个视图使用矩阵乘法以达到对几何图形的深刻理解。

$$\left[\begin{array}{ccc|c}1 & 0 & 0 & 2\\ 0 & 1 & 0 & 2\\ 0 & 0 & 1 & 1\\ \hline 0 & 0 & 0 & 1\end{array}\right]\left[\begin{array}{ccc|c}\cos 30 & -\sin 30 & 0 & 0\\ \sin 30 & \cos 30 & 0 & 0\\ 0 & 0 & 1 & 0\\ \hline 0 & 0 & 0 & 1\end{array}\right]=\left[\begin{array}{ccc|c}\cos 30 & -\sin 30 & 0 & 2\\ \sin 30 & \cos 30 & 0 & 2\\ 0 & 0 & 1 & 1\\ \hline 0 & 0 & 0 & 1\end{array}\right]$$

反之

$$\left[\begin{array}{ccc|c}\cos 30 & -\sin 30 & 0 & 0\\ \sin 30 & \cos 30 & 0 & 0\\ 0 & 0 & 1 & 0\\ \hline 0 & 0 & 0 & 1\end{array}\right]\left[\begin{array}{ccc|c}1 & 0 & 0 & 2\\ 0 & 1 & 0 & 2\\ 0 & 0 & 1 & 1\\ \hline 0 & 0 & 0 & 1\end{array}\right]=\left[\begin{array}{ccc|c}\cos 30 & -\sin 30 & 0 & 2\left(\cos 30-\sin 30\right)\\ \sin 30 & \cos 30 & 0 & 2\left(\sin 30+\cos 30\right)\\ 0 & 0 & 1 & 1\\ \hline 0 & 0 & 0 & 1\end{array}\right]$$

6.8　相交

几何图元中的相交是在很多计算机图形和模型应用中的基础结构。其最简单的模式包括线性元素点（一维）、线（二维）和面（三维）。一般情况下，相等维数的元素或者一个元素的维数比所涉及元素最低的维数还要低，两个元素会（或不会）相交。这样的话，两个平面可能相交于一个平面或是相交于一条直线（但不会相交于一个点），两条直线可能相交于一条直线或是一个点，两个点只能相交于一个点（这是点的特性）。而不同元素之间，直线可能与平面相交于一条直线或是一个点。

相交条件有很多，很多案例在数学上也是复杂的。大多数参数化建模系统提供大量的相交操作。大多数情况下，这些就足够了。注意“大多数情况下”这种说法。其余情况它都有助于相交问题的解决。本节提出了一系列相交问题和它们的解决方法。其目的是要展示构建框架和解决一些简单问题的方法。在更复杂的情况下，手边有一个好的文本会很有帮助，例如 Schneider 和 Eberly 在 2003 年出版的著作。

还记得对点、直线和平面的有效的三维描述。几何学上来讲，点就是点。直线可以参数化定义为点和向量（或者两个点）。平面具有存在于两大类中的多种定义方式，一类与法向量有关（隐式的，平面运算），另一类参数化为一个点和两个线性独立向量（点向量和三点）。

下面有几种与相交有关的问题。

- 不通过实际生成相交部分，判断两个对象是否相交。
- 生成位于另一对象上的对象（点、线、面）。
- 如果对象确实存在，判断其与其他两个对象相交与否。
- 在两个对象相交处，判断相交类型（点、线或面）。
- 判断极其接近的两个对象的相交与否，例如点和直线间的直线，或是两条直线间的直线。

上述所有问题都需要相似的思维和数学方法来解决。前一节包含了所需的数学基础。本节提出问题并讨论如何解决每个问题。采取一种建设性的方法，即它提出一种带有一系列步骤的解决方法，每一种都是几何的并且可视化的。这样的方法很少是最高效的，并且它们在案例中可能没有想象中的那么可靠。的确，当相交（以及其他问题）在 CAD 系统中被专业化编程时，研发者需要做更多的工作以使代码稳固、准确和高效。

业余的编程人员通常不会也不能通过这种方式编写程序。它们经常通过设想一系列步骤来实现工作，每一步都使用能够解决当前几何问题的简单结构。

6.8.1 两个对象能够相交吗?

直线上的点≡点的共线性

$\dot{p}$、$\dot{q}$ 和 $\dot{r}$ 三点是否共线?

点 $\dot{p}$（5，2，4）、$\dot{q}$（2，-4，1）和 $\dot{r}$（4，0，3）是否共线?

点 $\dot{p}$（5，2，4）、$\dot{q}$（2，-4，1）和 $\dot{r}$（3，-1，2）是否共线?

讨论。如果三个点组成的三角形所围成的面积为 0，则这三个点共线。

向量积是两个向量定义的三角形面积的二倍。如果 $\left|\overrightarrow{\dot{p}\dot{q}} \otimes \overrightarrow{\dot{p}\dot{r}}\right| = 0$，则 $\dot{p}$、$\dot{q}$ 和 $\dot{r}$ 共线。在英语中，如果向量积产生零向量，所有点共线。

使用第 109 页上的方程（6.6）

$$\overrightarrow{\dot{p}\dot{q}} \otimes \overrightarrow{\dot{p}\dot{r}} = \left[\vec{u}_{\mathrm{y}}\vec{v}_{\mathrm{z}} - \vec{u}_{\mathrm{z}}\vec{v}_{\mathrm{y}} \;\; \vec{u}_{\mathrm{z}}\vec{v}_{\mathrm{x}} - \vec{u}_{\mathrm{x}}\vec{v}_{\mathrm{z}} \;\; \vec{u}_{\mathrm{x}}\vec{v}_{\mathrm{y}} - \vec{u}_{\mathrm{y}}\vec{v}_{\mathrm{x}}\right]^T$$

对于 $\dot{r}(4,0,3)$，$\vec{u} = \overrightarrow{\dot{p}\dot{q}} = [3\,6\,3]^T$，$\vec{v} = \overrightarrow{\dot{p}\dot{r}} = [1\,2\,1]^T$

$$\overrightarrow{\dot{p}\dot{q}} \otimes \overrightarrow{\dot{p}\dot{r}} = [61-32 \quad 31-31 \quad 32-61]^T = [0\,0\,0]^T$$

点 $\dot{p}$、$\dot{q}$ 和 $\dot{r}$ 共线。

对于 $\dot{r}(3,-1,2)$，$\vec{u} = \overrightarrow{\dot{p}\dot{q}} = [3\,6\,3]^T$，$\vec{v} = \overrightarrow{\dot{p}\dot{r}} = [2\,3\,2]^T$

$$\overrightarrow{\dot{p}\dot{q}} \otimes \overrightarrow{\dot{p}\dot{r}} = [62-33 \quad 32-32 \quad 33-62]^T = [3\,0\,-3]^T$$

点 $\dot{p}$、$\dot{q}$ 和 $\dot{r}$ 不共线。

平面上的点

点 $\dot{p}$（1，-2，3）在平面 $2x-3y+z=11$ 上吗？

点 $\dot{q}$（5，-6，0）呢？

讨论

上述问题在平面以任何与隐式方程有关的形式表达时很容易解决，如在此处一样。仅仅是将点的坐标值代入方程中。

对于点 $\dot{p}$（1，-2，3），$2\cdot1-3\cdot(-2)+3=11$，所以该点在平面上。

对于点 $\dot{q}$（5，-6，0），$2\cdot5-3\cdot(-6)+0=28$，所以该点不在平面上。

在计算上，无限趋近于0的结果意味着点在平面上。我们忽略无限趋近的含义。几何学使用的实数在计算机中仅表达为近似实数。一个简单的临界值 δ，$-\delta<a<\delta\Rightarrow a=0$，对于绝大多数设计应用已足够。

平面上的直线

判断直线是否在平面上。

直线经过点 $\dot{p}_{\text{start}}$（1，3，1）。

其方向向量为$\vec{d}=\begin{bmatrix}2\\3\\1\end{bmatrix}$。

平面经过点 $\dot{q}$（0，1，0），且其法向量为$\vec{n}=\begin{bmatrix}1\\-1\\1\end{bmatrix}$。

讨论

检查直线的每个端点在此已经足够了。这些点是 $\dot{p}_{\text{start}}$（1，3，1）和 $\dot{p}_{\text{end}}$（3，6，2）。如果这两个点都在平面上，则直线就在平面上。如果点与平面运算符的乘积为0，则点在平面上。

平面运算符为 $\gamma=\left[\,\vec{n}^T\,\middle|\,d\,\right]=\left[1\quad -1\quad 1\quad d\right]$。因为点Q在平面上，$\gamma Q=0$，因此

$$\left[1\quad -1\quad 1\quad d\right]\begin{bmatrix}0\\1\\0\\1\end{bmatrix}=0\Rightarrow d=1$$

对于点 $\dot{p}_{\text{start}}$

$$\left[1\quad -1\quad 1\quad 1\right]\begin{bmatrix}1\\3\\1\\1\end{bmatrix}=0\Rightarrow \dot{p}_{\text{start}}\text{在平面上}$$

对于点 $\dot{p}_{\text{end}}$

$$[1 \quad -1 \quad 1 \quad 1]\begin{bmatrix}3\\6\\2\\1\end{bmatrix}=0 \Rightarrow \dot{p}_{\text{end}}\text{在平面上}$$

因此直线在平面上。

平面上的直线

判断直线是否在平面上。

直线 $\begin{bmatrix}x\\y\\z\end{bmatrix}=(1-t)\begin{bmatrix}1\\3\\1\end{bmatrix}+t\begin{bmatrix}3\\6\\2\end{bmatrix}$

平面 $x\text{-}y\text{+}z\text{+}1\text{=}0$。

讨论

与前个问题的唯一区别是直线表达为参数形式，平面表达为隐式形式。起始点和终止点能够通过直线方程直接读出。平面算子仅为平面方程的系数，即为 [1 -1 1 1]。

相交线

决定直线 $\bar{L}$ 和 $\bar{K}$ 是否相交。

直线 $\bar{K}(s)=\begin{bmatrix}2\\1\\7\end{bmatrix}+s\begin{bmatrix}-4\\4\\-8\end{bmatrix}$

直线 $\bar{L}(t)=\begin{bmatrix}3\\5\\2\end{bmatrix}+s\begin{bmatrix}6\\-3\\-3\end{bmatrix}$

讨论

如果线不平行且四个端点共面，则两条直线必定相交。

除了向量积，使用标量积也可以验证平行。如果两条直线的向量是平行的，则直线也是平行的。平行向量之间的角度为 0° 或 180°，其余弦值为 1 或 -1。所以对于平行向量有

$$\begin{aligned}\vec{u}\cdot\vec{v}&=|\vec{u}||\vec{v}|\cos\alpha\\&=\pm|\vec{u}||\vec{v}|\end{aligned}$$

等式两边均取平方则去除 180° 旋转的效果。

$$(\vec{u}\cdot\vec{v})^2=|\vec{u}|^2|\vec{v}|^2$$

展开有

$$(\vec{u}_x\vec{v}_x+\vec{u}_y\vec{v}_y+\vec{u}_z\vec{v}_z)^2=(\vec{u}_x^2+\vec{u}_y^2+\vec{u}_z^2)(\vec{v}_x^2+\vec{v}_y^2+\vec{v}_z^2)$$

在这一情况下有

$$\begin{aligned}(\vec{u}\cdot\vec{v})^2&=((-4)(6)+(4)(-3)+(-8)(-3))^2\\&=((-24)+(-12)+(24))^2\\&=(-12)^2\\&=144\end{aligned}$$

且

$$\begin{aligned}|\vec{u}|^2|\vec{v}|^2&=((-4)^2+(4)^2+(-8)^2)((6)^2+(-3)^2+(-3)^2)\\&=(16+16+64)(36+9+9)\\&=(96)(54)\\&=5184\end{aligned}$$

所给直线不平行。

随着非平行的建立，使用一个直线上的两个点和另一条直线的一个起始点来决定一个平面。使用第 103 页上的方程（6.6）判断三个点是否共线——三者的向量积的组分必须为零。如果这样的话，直线相交。

点 $\bar{K}_{\text{start}}$、$\bar{K}_{\text{end}}$ 和 $\bar{L}_{\text{start}}$ 的共线性。

$$\bar{K}_{\vec{u}}=\vec{u}=[-4\quad 4\quad -8]^T$$

$$\overrightarrow{K_{\text{start}}L_{\text{start}}}=\vec{w}=[-5\quad 4\quad -5]^T$$

$$\begin{aligned}\vec{n}&=\vec{u}\otimes\vec{w}\\&=[4(-5)-(-8)4\quad (-8)(-5)-(-4)(-5)\quad (-4)4-4(-5)]^T\\&=[12\quad 20\quad 4]^T\end{aligned}$$

向量积不为 0，所以这些点不共线。向量积 $\vec{v}$ 就是这三个点形成的平面的法向量。

随着对非共线性的了解，使用第 104 页上的方程（6.8），法向量 $\vec{n}$ 和三个点中的任何一个，比如 $\bar{K}_{\text{start}}$，决定一个平面运算符。使用平面运算符来检验第二条直线的终止点。

平面运算符$\lambda = [\ \vec{n} \mid d\ ] = [\ 12 \quad 20 \quad 4 \quad -72\ ]$

$$\begin{aligned} d &= -(12\times 2+20\times 1+4\times 7) \\ &= -(24+20+28) \\ &= -72 \end{aligned}$$

针对 λ 测试 $\bar{L}_{\text{end}}$。

$$[12 \quad 20 \quad 4 \quad -72]\begin{bmatrix} 3 \\ 2 \\ -1 \\ 1 \end{bmatrix} = 36+40-4-72=0$$

因为所有四个点都是共面的，且两条直线也不平行，所以两条直线相交。

因为直线是参数形式，它们定义了无限长线和直线线段。如果无限长线相交，并且相交时在 0 和 1 之间每条直线上具有参数值 s 和 t，其中 $0 \leqslant s \leqslant 1$ 且 $0 \leqslant t \leqslant 1$，这些线段就相交。这一后续验证需要实际参数，而且因此交点可计算。见下面的第 6.8.3 节。

6.8.2 在另一个对象上生成对象

平面经过点

找出经过点 $\dot{m}$（2,-1,5）并且穿过点 $\dot{a}$（3,-7,1）、$\dot{b}$（2,0,-1）和 $\dot{c}$（1，3，0）平行于平面 γ 的方程。

讨论

平面 γ 由三个点来表示。使用第 104 页上的方程（6.7）确定平面的法向量和 d 值。

使用点对之间的向量的向量积，找出平面的法向量。

$$\begin{aligned} \overrightarrow{ab} &= [2 \quad 0 \quad -1]-[3 \quad -7 \quad 1]=[-1 \quad -7 \quad -2] \\ \overrightarrow{ac} &= [1 \quad 3 \quad 0]-[3 \quad -7 \quad 1]=[-2 \quad 10 \quad -1] \end{aligned}$$

$$\begin{aligned} \vec{n} &= \overrightarrow{ab} \otimes \overrightarrow{ac} \\ &= [10(-2)-(-1)7 \quad (-1)(-1)-(-2)(-2) \quad (-2)7-10(-1)]^T \\ &= [13 \quad 5 \quad -4]^T \end{aligned}$$

使用这个法向量和第 104 页上的方程 6.5 中平面运算符给出的点 $\dot{m}$ 获得一个单一未知数 d 的方程，求解位置参数 d。

$$\begin{aligned} d &= -\left(132 + 5(-1) + (-4)5\right) \\ &= -\left(26 - 5 - 20\right) \\ &= -1 \end{aligned}$$

平面 λ 即为$\left[\ \vec{n} \mid d\ \right] = \left[\ 13 \quad 5 \quad -4 \quad -1\ \right]$。

平面穿过点

找出穿过点 $\dot{q}$（6，1，0）且垂直于所给直线的平面 λ 的方程。

$$\overline{L}: \begin{bmatrix} x \\ y \\ z \end{bmatrix} = \begin{bmatrix} 5 \\ 5 \\ 5 \end{bmatrix} + s \begin{bmatrix} 8 \\ -2 \\ 0 \end{bmatrix}$$

讨论

直线的方向向量为$\vec{n} = \begin{bmatrix} 8 & -2 & 0 \end{bmatrix}^T$。

则平面 λ 可以表示为

$$\lambda : \vec{n} \cdot \left(\dot{p} - \dot{q}\right) = 0$$

对于给定点，该方程表述为

$$\begin{bmatrix} 8 \\ -2 \\ 0 \end{bmatrix} \cdot \left(\dot{p} - \begin{bmatrix} 6 \\ 1 \\ 0 \end{bmatrix} \right) = 0$$

6.8.3　使两个对象相交

直线和平面

将直线 $\overline{L}$ 看作由点 $\dot{p}$ 和向量 $\vec{d}$ 给出。

$$\dot{p}(t) = \dot{p} + t\vec{d}$$

此外，将平面 λ 看作由点 $\dot{q}$ 和法向量 $\vec{n}$ 决定。

判断直线和平面的交点。

讨论

将平面表述转变成平面运算符的形式，即

$\lambda=\begin{bmatrix}\vec{n}_x & \vec{n}_y & \vec{n}_z & d\end{bmatrix}$

其中$d=-\vec{n}\cdot\dot{q}$。

测试每个直线的相对于平面运算符的终点。

即使得

$\dot{p}_{start}=\dot{p}$

$\dot{p}_{end}=\dot{p}+\vec{d}$

$\lambda_{start}=\lambda\cdot\dot{p}_{start}$

$\lambda_{end}=\lambda\cdot\dot{p}_{start}$

如果 $\lambda_{start}=0$ 且 $\lambda_{end}=0$，则直线在平面上；否则

如果 $\lambda_{start}=\lambda_{end}$，则直线平行于平面；否则

如果 sign（λ_{start}）=sign（λ_{end}），则线段位于平面的一边；否则

如果 sign（λ_{start}）≠sign（λ_{end}），则线段与平面相交。

实际上相交出现在参数$\frac{-\lambda_{start}}{\lambda_{end}-\lambda_{start}}$对应的点上。

图 6.31 所示为其中的原因。

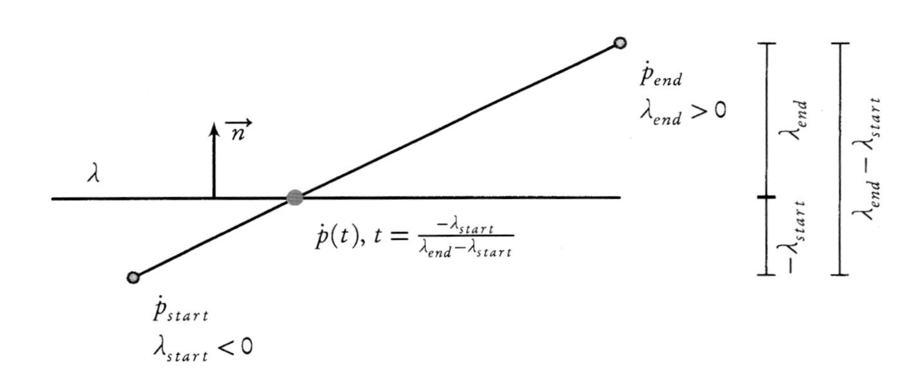

图 6.31 计算平面和直线的交点的参数值。平面被看作“竖立”，即平面的法向量与视线向量垂直。λ_{start} 和 λ_{end} 的值与它们和平面（它们被法向量的长度等比划分）对应点的符号距离成比例。λ_{start} 与（$\lambda_{end}-\lambda_{start}$）的比率是寻求的参数值。这是因为阈 λ_{start} 到 λ_{end} 线性映射在 0 和 1 的范围之间。

平面与平面

将两个平面 λ 和 γ 看作是正位点的形式定义而成。

$$\lambda : \vec{n}_\lambda \cdot \left(\dot{p} - \dot{q}_\lambda\right) = 0$$

$$\gamma : \vec{n}_\gamma \cdot \left(\dot{p} - \dot{q}_\gamma\right) = 0$$

点 $\dot{p}$ 的位置定义一个平面、直线或者为空。判断两个平面的相交线。

讨论

如果$\vec{n}_\lambda \otimes \vec{n}_\gamma = \vec{0}$，则平面是平行的，即两平面不相交或重叠。

如果平面是平行的，且其中一个平面的一个点也位于另一个平面上，两个平面一致，相交线可以如任一平面一样被明确指出。

$$\vec{n}_\lambda \cdot \left(\dot{q}_\gamma - \dot{q}_\lambda\right) = 0$$

否则平面相交于直线 $\bar{L}$。直线的法线方向向量是两个平面向量的标准的向量积。

$$\overrightarrow{dir}_{\bar{L}} = \frac{\vec{n}_\lambda \otimes \vec{n}_\gamma}{\left|\vec{n}_\lambda \otimes \vec{n}_\gamma\right|}$$

位于两个平面上的点即可完成直线的点向量方程。很明显，这样的点有无限多。位于一条接近原点的直线上的点是适合的。该点由如下三个线性方程的解建立（$\dot{o}$ 为原点）。

$\lambda : \vec{n}_\lambda \cdot \left(\dot{p} - \dot{q}_\lambda\right) = 0$，$\dot{p}$ 在 λ 上。

$\gamma : \vec{n}_\gamma \cdot \left(\dot{p} - \dot{q}_\gamma\right) = 0$，$\dot{p}$ 在 γ 上。

$\overrightarrow{dir}_{\bar{L}} \cdot \overrightarrow{op} = 0$，$\overrightarrow{op}$ 与 $\bar{L}$ 垂直。

平面与平面

判断下面两个平面的相交线。

$\lambda \;: 2x - 3y + 5z = 2$

$\gamma \;: 3x - y + z = 4$

讨论

此问题和前一问题相比，除了平面的前两个方程为隐式方程形式之外，两者均相同，平面相应的向量分别就是方程中 x，y 和 z 的各项系数。

和上一个例子类似，寻找定义结果直线的点需要三个方程。前两个就是平面的隐式方程。第三个则是两个平面的法向量的向量积。

$$\begin{bmatrix} 2 \\ -3 \\ 5 \end{bmatrix} \otimes \begin{bmatrix} 3 \\ -1 \\ 1 \end{bmatrix} = \begin{bmatrix} 2 \\ 13 \\ 7 \end{bmatrix}$$

因此，三个所需方程如下所示：

$2x-3y+5z=2$，$\dot{p}$ 在 λ 上。

$3x-y+z=4$，$\dot{p}$ 在 γ 上。

$\overrightarrow{OP} \cdot \begin{bmatrix} 2 \\ 13 \\ 7 \end{bmatrix} = 0$，$\overline{OP}$ 与 $\bar{L}$ 垂直。

6.8.4 适合对象的最近距离线

两条直线间的直线

在空间中给定两条直线，判断连接这两条直线的最短线段。如果两条直线是平行的，则最短线有无限条且相互平行。如果直线相交，则最短线长度为0，但仍然是存在的。如果直线不相交且不平行，则将它们称作斜交。很多CAD系统都提供这类函数，或者是独立的，或者是作为相交的特定条件。这也可以被有效地计算出来。这里包含它的点，在于示范简单的几何结构能够产生所需答案。有时直接的几何推理更快；当然它比方程求解更为设计化。

讨论

求解方法结合了一个向量积，两个向量投影，一个向量逆向投影和一些各种各样的操作，例如点向量求和。其中的每一个都能够在几何结构的每一层中体现出来。

几何学上来讲，当两条直线平行时，求解方法并不确定，因为有无限条直线与这两条直线相互垂直，且长度相同。在这种情况下，两条直线的向量积为零向量。

当向量积为非零向量时，两条直线不是直接相交就是斜交。在这种情况下，向量积生成向量，这个向量部分定义直线。余下的部分就是要在直线上寻找点，并且将向量成比例划分，所以其长度即为两条直线间的最短距离。

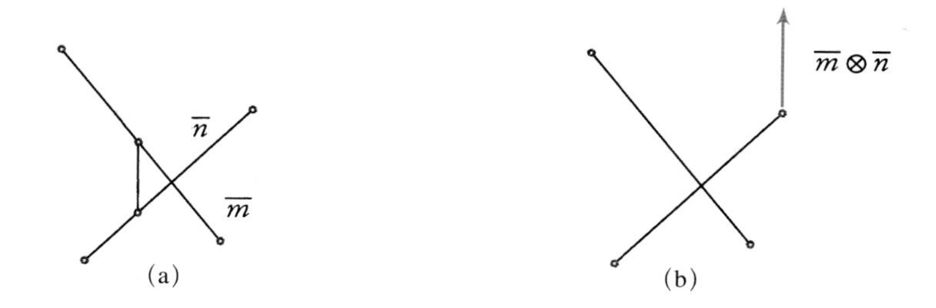

图 6.32 （a）两条斜交直线 $\overline{m}$ 和 $\overline{n}$ 及其之间的最短距离。
（b）计算直线 $\overline{m}$ 和 $\overline{n}$ 的向量的向量积，并标记在直线 $\overline{n}$ 的末端。该向量定义了直线 $\overline{m}$ 和 $\overline{n}$ 之间的最短距离线段的方向。

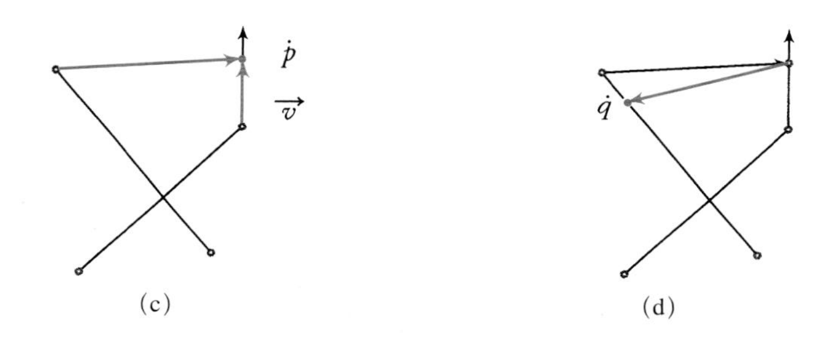

图 6.33 （c）从直线 $\overline{m}$ 上向向量积结果向量投影点。由于向量积结果向量已经定位，这将产生一个点 $\dot{p}$。在直线 $\overline{m}$ 的端点和这个点之间的向量 $\vec{v}$ 的长度是最短直线的长度。
（d）将点 $\dot{p}$ 投影回到直线 $\overline{m}$ 上。这就给出了垂直于 $\overline{m}$ 的一个点 $\dot{q}$ 和向量 $\overrightarrow{\dot{p}\dot{q}}$。

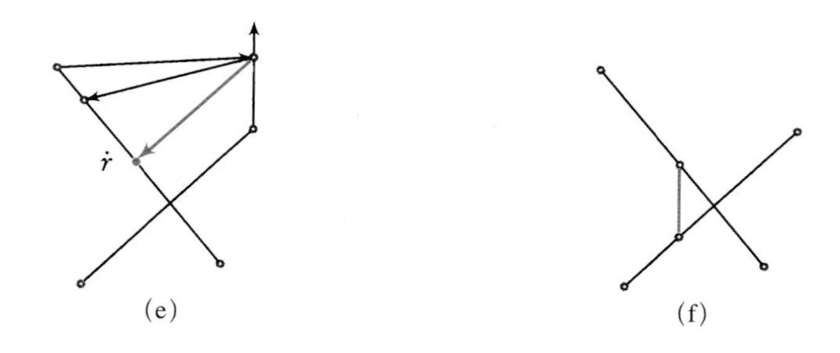

图 6.34 （e）将向量 $\overrightarrow{\dot{p}\dot{q}}$ 逆向投影到向量 $\overline{n}$ 上。在向量积上将结果的向量增加到点 $\dot{p}$。这就产生了最短线段的一个端点 $\dot{r}$。
（f）向直线 $\overline{n}$ 上投影点 $\dot{r}$。或者从刚刚找到的点 $\dot{r}$ 减去向量 $\vec{v}$。

6.9 曲线

直线和平面的使用是十分方便的。它们很容易表达，而且基于它们的对象易于建造。不过看看你的周围，除非你在野外生存的旅途中，否则你更可能被大量的人工制品所包围—— 一些人们创造、制造或者建造的东西。例如在实用性上，在纸张尺码和窗玻璃中，直线和平面占据统治地位。尽管大部分人工制品具有曲线轮廓和表面。仔细观察你身边的一些人工制品，并问你自己一个问题“是什么决定了在此设计中使用这样的曲线呢？”在物理约束环境中，功能通常占据着统治地位。例如，张帆的小游艇通过水和风的共同作用提供动力。它的形式深受加载在其上面的复杂力所约束。船体、活动船板、船舵和帆等都是为了将受力有效地转变成前进动力而设计的，并为达到此目标采取其需要的任何形式。在一个受建造约束的环境中，使用的工具施加几何学影响于设计上。例如，在建筑施工中，直线元素的相对低造价使直线的使用受到重视，平整表面和曲线能够直接从直线中发展出来。在约束较少的情况下，表达的工具利用几何学。当我写作的时候，我正在书桌的电脑前，一台数码相机、一台打印机、一个 MP3 播放器、一部电话、一部手机、一台计算器和一套音箱在我直接可以看到的地方。其中的每一项在其设计中都有圆曲线，这些曲线看上去既非功能性的，也非原本构造上就有的。我猜想它们的出现只是因为圆对于设计者而言，能够简单地应用到绘画和建模中去。功能、建造和表现的便捷看起来都能够影响我们制造出的形式。CAD 系统将计算引入作为第四决定因素。尤其对于曲线和曲面，CAD 系统工具的形成采取了更易处理的计算，而非功能性、可建造性或者适宜表达。的确，曲线和曲面在 CAD 系统中的历史能够通过计算能力的逐渐增强很好地解读出来。在预期功能或是结构约束方面的文献少得令人吃惊！

这部分介绍曲线，尤其是所谓的自由形式曲线，并特别关注它们所提供的计算属性。本书的主旨是参数化建模，不是数学，那么为什么在这里深入讨论呢？一种解释是曲线是典型的参数化对象。它们能够使用简单的参数化结构进行清晰而优雅的定义。理解这一点是如何实现的，对于设计者完成自己的结构构建很有帮助。另一种解释是建筑文献包含很多关于曲线和表面如何与建筑相关联的废话（我可以引用一些犯错误的例子，但是这样不太公平——这样的情况实在太多了）。通过展示曲线在大量（但愿它们是可读的）形式中的数学特性，我可能就能够揭开这些平凡设计对象的神秘面纱，并帮助作者们避免将来可能遇到的尴尬。设计者通过指定一个小的能够形成曲线的抽象描述的对象集（它们通常是点）来描绘曲线。然后通过这些对象的算法来计算曲线。例如，圆能够描述成圆心、半径和与圆平行的一个平面。

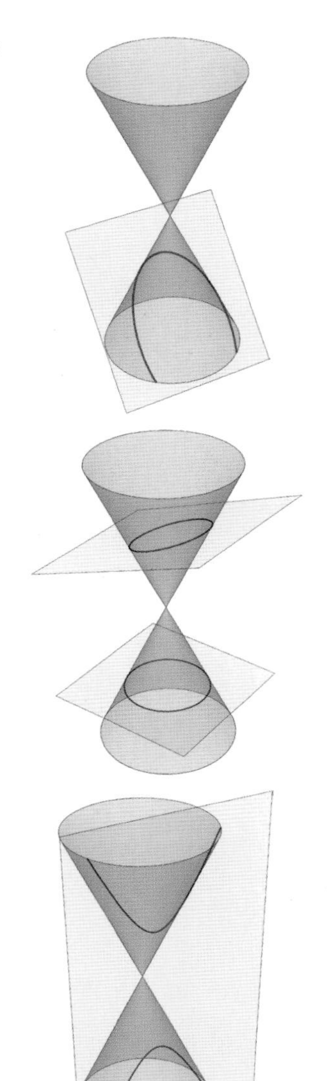

图 6.35 四个圆锥截面曲线以及它们从一个圆锥上的获取方法。圆的平面与圆锥轴线垂直。抛物线的平面与圆锥的侧边平行。双曲线的平面与圆锥轴线平行。所有其他平面生成一个椭圆。

6.9.1 圆锥截面

圆锥截面曲线指圆、抛物线、双曲线和椭圆曲线。每一种曲线都可以通过两个最大指数方程来描绘，同时每一种曲线都能够相对简单地绘制与物态建构。敏感又节俭的设计者们经常使用圆锥曲线。将它们平滑地联系在一起是问题的关键。为加入圆的片段，用曲线板手工绘制是一项成熟并且稳定的技术。圆锥截面在一个设计中的重复利用可辅助视觉构成。圆锥截面的确会出现问题。当它们能够不出现明显的扭结(这被称为一阶连续性)连接在一起时，它们不能实现更高度的平滑。

在当代的 CAD 的惯例和参数化工作中，设计者使用这些曲线的情况比他们预期的要少。所谓的自由形式曲线易于使用并且易于给出动态控制的直接外观。

6.9.2 当圆锥截面不够时

有时圆锥截面对于设计工作并不是真正够用。图 6.37 所示是一个船体（国际鱼角鳍级小艇）设计。它的设计就受到诸多因素影响，不仅仅是驱动，还包括稳定性、速度和容量的精密考虑以及设计者对优美明快形式的眼光。在其约束世界中，圆锥阻碍设计而不是有所帮助。其他领域则感觉有相似的驱动力，例如航空、汽车和手工工具等。在 1990 和 2000 年间，在建筑设计中对于非圆锥截面表现出了极大的兴趣。不论什么特定的动机，它都与其他领域中的必要性经验很难比较。

在 CAD 中，很可能由于自由形曲线包围的形式差别很大以及编辑的相对容易，它们占据工具箱的优势地位。一些参数化建模工具甚至不支持全范围的圆锥截面。从数学上来说，自由形曲线很难是自由的。更确切地说，它们是表达参数化多项式曲线的被约束的特定的方法。一个多项式是一个或多个变量的非负的整数幂的总和。每个变量可被一个实系数相乘。一个变量的一个多项式（称为单变量多项式）具有通用形式 $a_nx^n+a_{n-1}x^{n-1}+\cdots+a_1x+a_0$。方程 $3.1x^2-2x$ 是一个多项式，而 $4x^{2.2}+7x-4$ 不是，因为它有一个实值的幂。自由形曲线最初是由使用物态的样条在楼板放样中布置复杂形体及第二次世界大战的现实激发的。数学可复制，并因此很难将炸弹投掷到

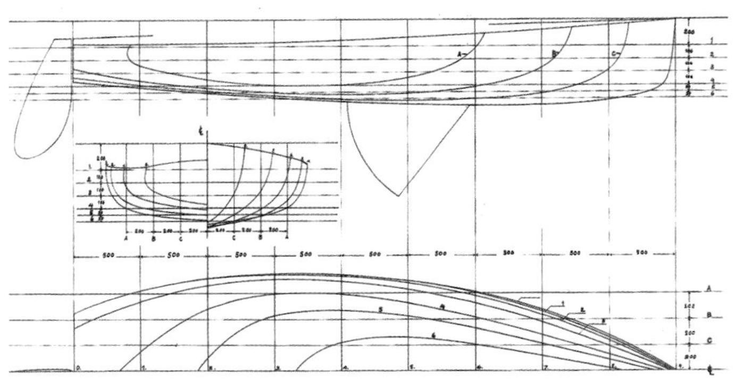

(a) 资料来源：国际帆船联盟。

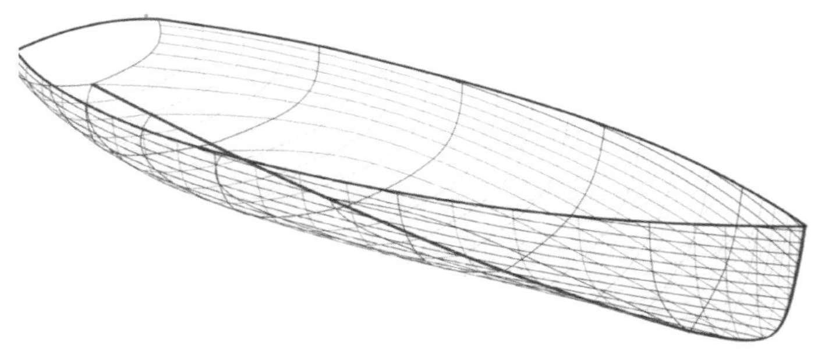

(b) 资料来源：Gilbert Lamboley。

图 6.36 帆船尺寸没变，但是技术更加先进了。20 世纪 50 年代的木质帆船具有木质桅杆和棉布船帆。如今的玻璃纤维帆船采用碳纤维桅杆和聚酯薄膜帆。

资料来源：国际帆船联盟。

图 6.37 国际芬兰人级帆船设计线条（Rickard Sarby 设计），曾在 1952 年奥林匹克运动会上出现。（a）一张出处不详的图纸，但被认为是发往一些参赛国，因为它们需要为参加赫尔辛基奥运会比赛做准备。（b）一个帆船船体的数字模型。帆船等级测量记录的历史显示了对于准确数学表达的实际需求。直到 1964 年，国际帆船联盟只有源自于斯堪的纳维亚帆船竞赛联盟的船体尺寸表。从那些公布的船体尺寸表中得到的图纸被认为在一次火灾中已遭到焚毁。Charles Currey（在 Fairey marine）于 1964 年在铝合金薄板上雕刻了一个真实尺寸的帆船物态模板（以及横切的模板线）。这些薄板被作为消除残余应力并且因此使尺寸稳定的装置。模板根据早起的船体尺寸表制作，避免了明显的错误。聚酯薄膜副本来自铝制模板，后来被发现尺寸不稳定。铝合金横切面的模板为现场使用制造，它们由于被摔或其他影响因素随着时间发生变形。然而，最初的模板薄片在 20 世纪 90 年代后期丢失。2003 年，根据断断续续的历史记录，Gilbert Lamboley 重建了船体尺寸表并且准备了第一个数字帆船模型。

存在的一个工厂楼面之外。图 6.37 中的船身提供了这个需求的一个实际案例，虽然图纸原件已经在火灾中遗失！在拥有这些数学以及基于计算机的最终表达式之前，主要的设计媒介是四个正交投影中的船身线的绘图和半边船模［见图 6.37（a)］。建造一艘船开始于沿着强力背板建造站场。接下来通过物理样条穿过站场使线条呈流线型。在数学抽象中，物理样条函数的约束大部分消失，在新的工具箱中只剩下比喻说法，如“桅杆”和“薄板”这样的词。自由形曲线有它们自己的逻辑，与它们的物理学源头分离开，并且很大程度上旨在实现数学和计算上规则的曲线，能够在设计中使用。反过来，CAD 的研发者们和设计者们在他们的工具箱中采用并修改了这些曲线。在这个文化协同进化的过程中，数学使设计成为可能，然而受到可能的限制，并且基于设计专业及其市场的现实情况，设计向数学提出新问题。

接下来的章节介绍了二维和三维空间中都可用的曲线。它们形成了本书中最为复杂的部分。为什么花费这么多篇幅在细节上面？答案是简单的。曲线是典型的参数化对象。理解它们如何工作可以洞察曲线造型的可能性以及普遍意义上的参数化建模。几乎没有例外，从曲线上学到的全部内容均可转化到表面上，所以关于表面的章节比较简短，仅仅介绍了高效建模和设计中需要的关键的新概念。

6.9.3 插值与近似值相对

图 6.38 所示为某一曲线算法插值：它们计算穿过输入点的曲线。其他近似的如：它们将曲线在某种意义上置于输入点的“附近”。我们将输入的点称为控制节点，它们定义的（很有可能是开放的）多边形为曲线控制多边形。

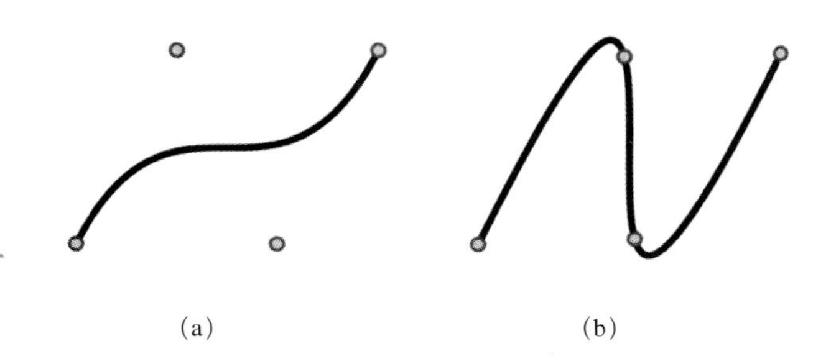

图 6.38 （a）为插值曲线，（b）为近似曲线。

在绝大多数设计系统中，近似占据着统治地位。这可能看起来很令人惊讶：使一条曲线穿过已知的位置似乎更实用。原因是近似曲线在几何学上更加可预测并且更规则，在数学实现上更为简单。

6.9.4 线性插值≡中间计算

很多种曲线的基础构架使用线性插值或中间计算的概念。非正式来讲，插值使一个值在其他一系列值“内部”移动。线性插值的移动非常平滑并且以固定比例。你可能在数学中的参数直线和平面方程之前已经看到过这一概念。参数化曲线由方程的参数线性插值而来，从而在曲线上生成点。在参数化直线中，点和参数具有直接的关系：参数值间的等量增长产生了直线上点间相应的等量增长。在曲线中，这一联系变得并非直接。同一的参数变更能够产生点间的不相等间距——这些暗示深刻地影响着造型过程。

图 6.39 所示为适用的图解，称为脉动阵列，目的是表达一个参数化直线方程，即 $\dot{p}(t)$、$\dot{p}_0$、$\dot{p}_1$ 和 t 之间的关系。$\dot{p}_0$ 和 $\dot{p}_1$ 的坐标值流入 $\dot{p}(t)$，即其关联方程 $\dot{p}(t)=\dot{p}_0+t(\dot{p}_1-\dot{p}_0)$。

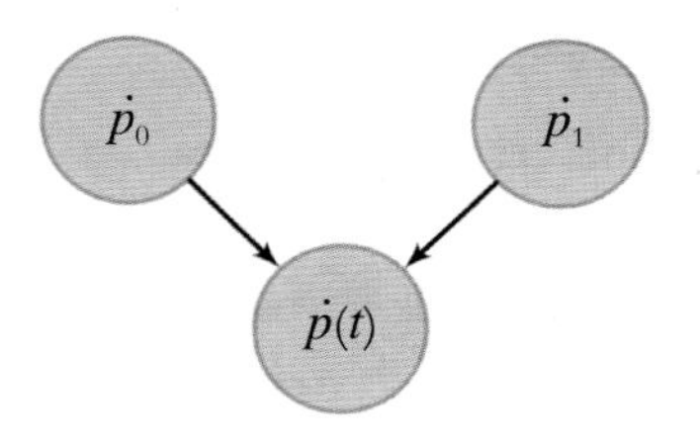

图 6.39 脉动阵列由三个点组成，其中较低的点由较高的点和脉动阵列参数 t 决定。这是构建脉动阵列代表曲线的基本（首要）结构。

6.9.5 参数化曲线表述

和参数化直线类似，参数化曲线也可以通过随着参数 t 移动的点来定义。

但与直线不同，其移动不是线性的，沿着 $\dot{p}(t)$ 和 $\dot{p}(t+\delta t)$ 之间曲线的距离与 $\dot{p}(t+\delta t)$ 和 $\dot{p}(t+2\delta t)$ 之间的距离不必相同，其中 δt 是与 t 相关的表达微小变化的数值。

点可以沿曲线按距离均匀递增设置，除非最后一个点距曲线端部可能不是给定的距离。点也可以按一个给定的确切数量均匀间距设置。

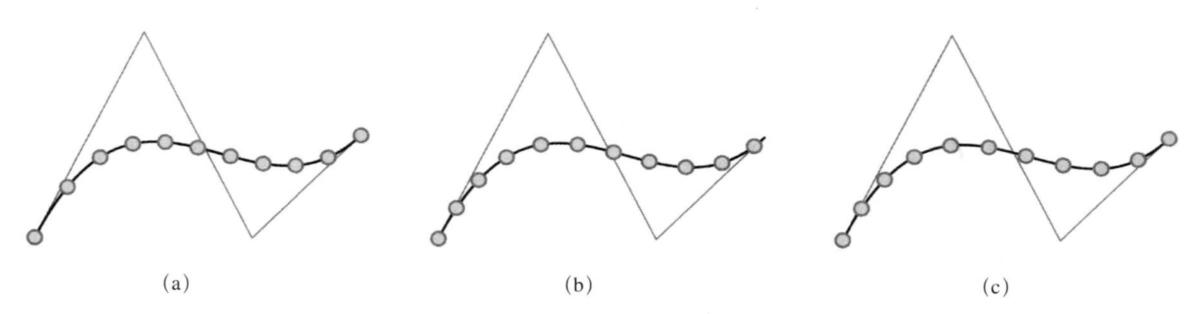

图 6.40　点能够沿着参数化曲线以多种方式分布。(a) 显示各点参数间隔相等，都为 0.1，即 $t=\{0, 0.1, 0.2\cdots1\}$。注意沿着曲线测量两点间的距离不同。(b) 显示在一段给定的距离中的间距相等。注意最右边的点并非曲线的端点，留下一个比在它和曲线端点间所选距离小的缺口。(c) 显示在线上给定一个确切数量点的情况下间距相等。

这里最大的问题是参数化空间和几何空间是不同的。在参数化空间中工作很容易，但是设计是在几何空间中建立的。两者的差别会带来很多额外工作。

6.9.6　曲线关联对象

在设计中，关联其他对象和复杂关系的曲线可以通过简单的曲线来建立。基本关系涉及向量：正切和正交。

切向量

曲线上的每个（几乎每个）点 $\dot{p}(t)$ 都有其切向量集合。唯一的例外出现在其一阶导数（来自微积分）未定义或者是 0 向量时。

参数化点 $\dot{p}(t)$ 的无穷的向量切线中，只有一个是其切向量。其原因是切向量的长度捕获了 $\dot{p}(t)$ 在曲线上的变化率。在微积分学中，切向量是参数化曲线在点 $\dot{p}(t)$ 上的一阶导数。切向量的长度沿着曲线不断变化。当所有切线结合在一个点上时，就可以容易地看出其长度不同。图 6.41 所示为点沿着等参数空间中的曲线上运动。点之间相关的几何距离和相关的切向量长度近似。当连续的点靠近在一起时，切向量相应地变短。规格化的切向量给出单位切向量，这十分实用，例如在曲线上构建坐标系的时候。见图 6.42。

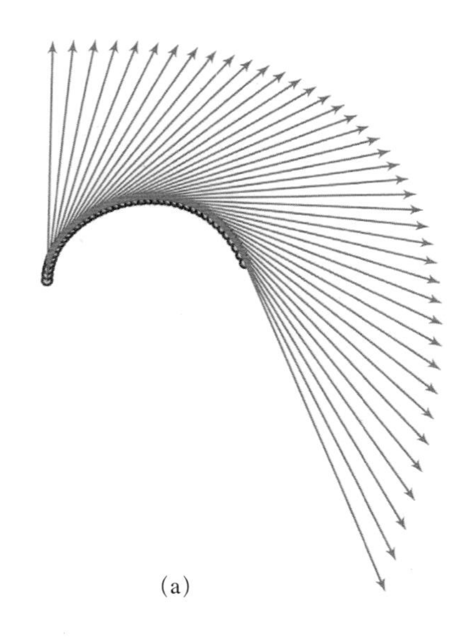

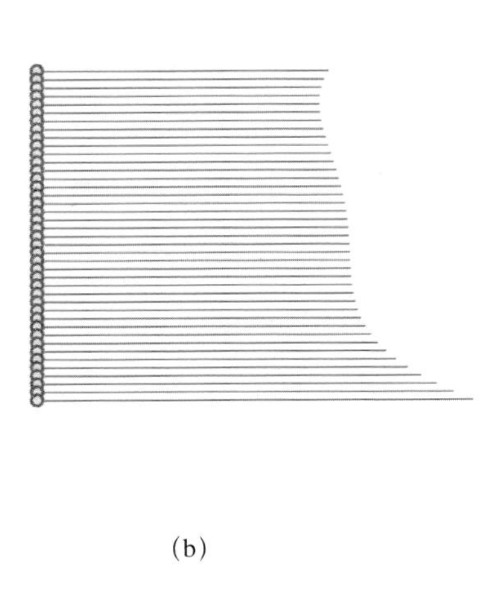

图 6.41　（a）曲线上范例点的切向量；（b）一系列向量中每个向量的长度是其切向量，但是分布在同一方向上。注意区别在于长度。这依赖于特定的代表曲线的公式。特别是切向量是曲线的一阶导数。

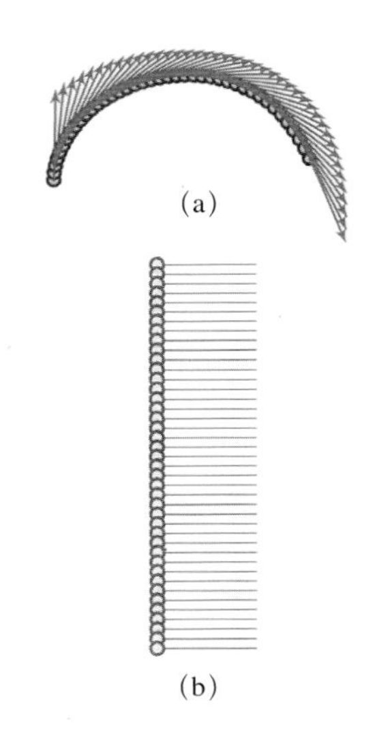

图 6.42（a）沿着曲线的单位切向量阵列；（b）相同方向的对应向量和各自单位切向量的长度，显示所有这样的向量共有相同的长度。

法向量

在二维曲线中，与曲线正交的方向向量（几乎在每个案例中）是唯一的。对于两个这样的向量，每个向量指向曲线的一个方向，按照惯例我们选取指向曲线内部的向量。当然，它仍然位于曲线所在平面上。

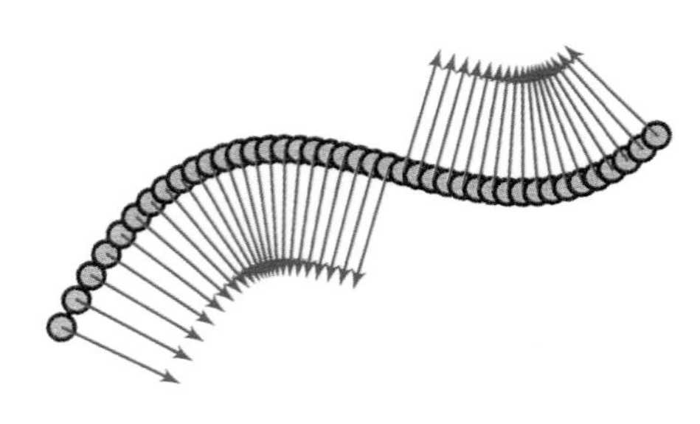

图 6.43　几乎二维曲线的每个点都有唯一的单位法向量

对于三维曲线，事情变得更为复杂。曲线上的一个点及其切向量定义了平面与曲线在该点正交。平面上的每个向量都和曲线正交。

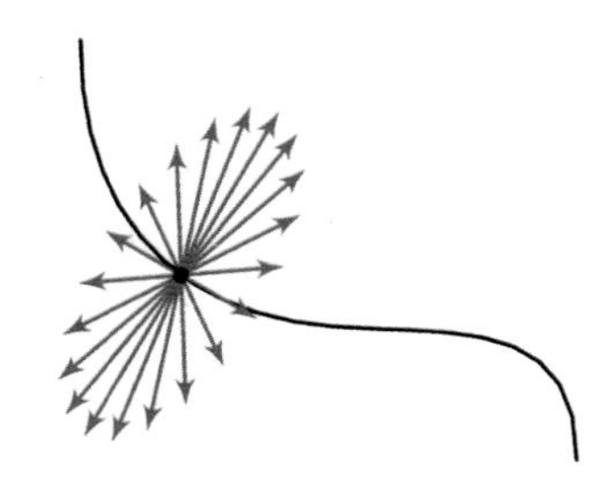

图 6.44　在一条曲线上无穷多的共面单位向量与切向量正交于三个点的示例

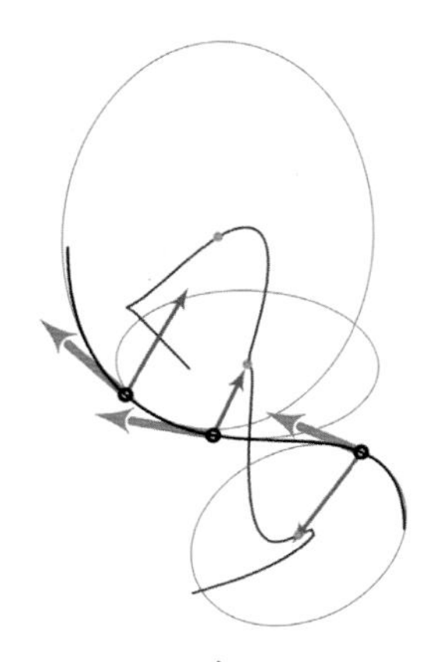

图 6.45　单位切向量；法向量；在一个三维曲线上的过三点的密切圆；以及渐屈曲线，所有密切圆的圆心集合。

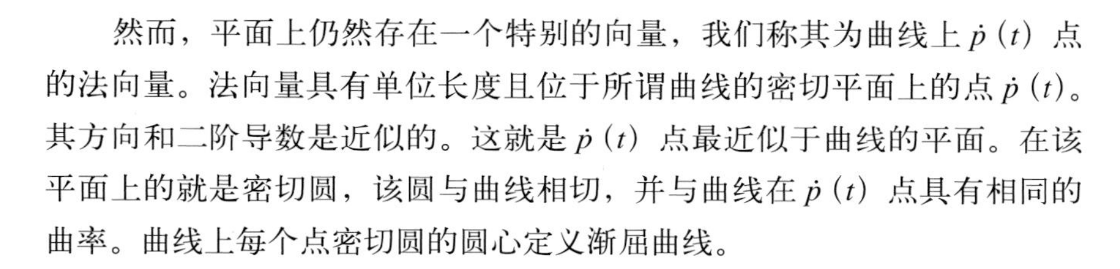

然而，平面上仍然存在一个特别的向量，我们称其为曲线上 $\dot{p}(t)$ 点的法向量。法向量具有单位长度且位于所谓曲线的密切平面上的点 $\dot{p}(t)$。其方向和二阶导数是近似的。这就是 $\dot{p}(t)$ 点最近似于曲线的平面。在该平面上的就是密切圆，该圆与曲线相切，并与曲线在 $\dot{p}(t)$ 点具有相同的曲率。曲线上每个点密切圆的圆心定义渐屈曲线。

副法线向量

副法线向量是单位切线向量和法线向量的向量积。

单位切向量、法向量和副法线向量能够结合到一个结构中，例外情况极少，在曲线上每个点提供一个合理的坐标系统。这就是弗朗内特标架。

弗朗内特标架

弗朗内特标架是由三维曲线上的（几乎）每个点定义的规格化正交的框架。它由对应笛卡儿坐标系的 x、y 和 z 坐标轴的单位切向量、法向量和次法向量组成。

弗朗内特标架作为设计工具存在一些问题。在单数的和拐点上它们没有被定义。当一个点穿越拐点时，弗朗内特标架似乎能够转化或者跳跃，即它可以围绕切向量瞬间旋转 180°。这对于设计者来说并不是好消息，例如在你使用弗朗内特标架在一个曲线立面上定位窗户时，框架在立面的每个内凹曲线反转两次。几何上来讲，密切圆在拐点具有无穷大的半径。

当曲线受到平面的限制时，这样的拐点经常出现，而实际上它们是被期待的。图 6.47 所示为一条这样的曲线。

弗朗内特标架在直线上没有被定义。一条直线本质上讲就是一个无限大拐点。

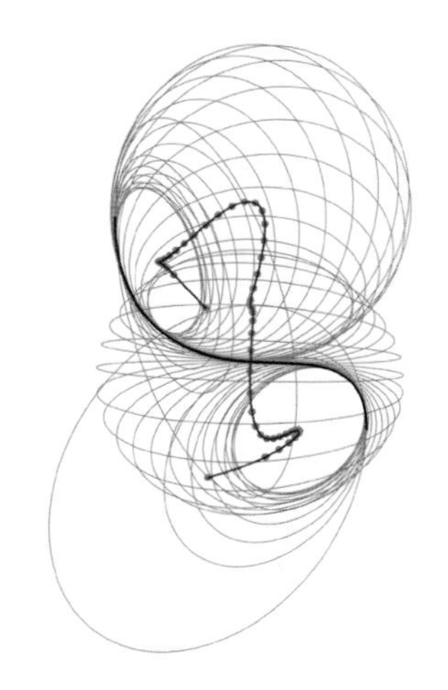

图 6.46　沿着一条曲线均匀分布的 50 个密切圆集合。圆心追随渐屈曲线。

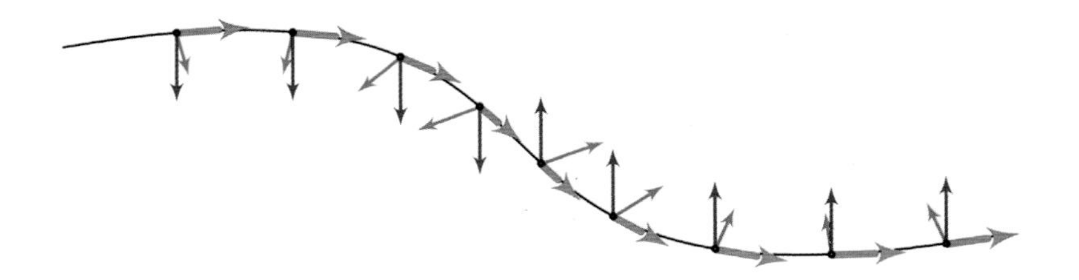

图 6.47 在一条具有一个拐点的曲线上的弗朗内特标架。注意弗朗内特标架在拐点每一侧都发生反转。对于拐点本身，标架没有被规定。

拐点很少在三维曲线中出现。在它们的空间中会出现类似高挠率的一些缺点。即使曲线包含拐点，它也经常通过有效围绕该点扭曲而避免拐点区域过窄。在弗朗内特标架中的结果在较小参数化范围内以近似或者精确的 180° 角度旋转。

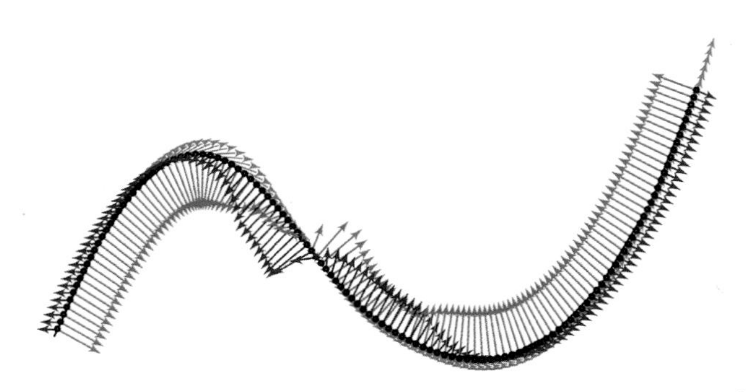

图 6.48 接近变形条件的曲线导致其弗朗内特标架绕曲线迅速旋转。这就使得沿着曲线定向物体较为困难。

这些情况的普遍矫正是采取参考方向，该参考方向不依赖于曲线上点 $\dot{p}(t)$ 的局部环境。而后在曲线上设置框架，并使该框架的 x 向量与弗朗内特标架的 x 向量相同，z 向量与 x 向量成直角，并与 x 向量以及参考向量共面。该框架就会在曲线上，并且其 x 向量会与曲线的切线向量具有相同的方向。我们有多种做出选择的途径，例如，使用全局坐标系的 z 向量。但是这样的框架并不是弗朗内特标架，因为它不持有曲线的曲率和扭矩的相关信息。其 y 向量并不总是指向曲率中心。曲线外部参考方向的选取有时会导致新框架的奇怪定向。更好的选择是基于曲线控制多边形中的三个非共线的点，计算局部参考，或者是基于曲线控制多边形的平均平面。这一方法常常会减少失败，比如当曲线是一条直线时。

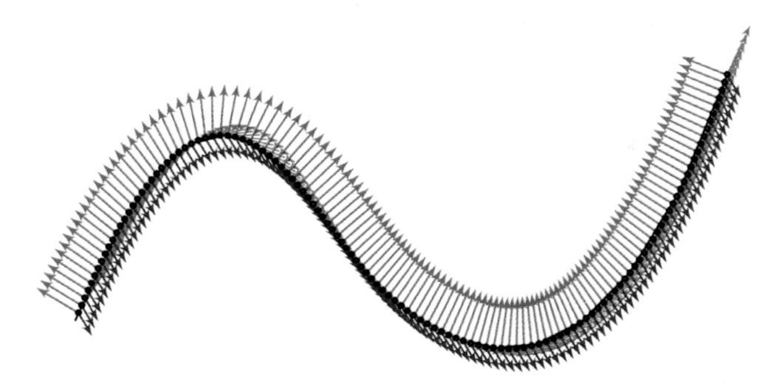

图 6.49 与图 6.48 中的曲线相同。曲线的坐标系具有 x 切向量及其近似参考向量的 z 向量。

几乎任何节点…

上文多次提到，我已声明一个属性存在于一条参数化曲线上的“几乎任何点”。4 个例外出现在一阶和二阶导数没有定义或者为零时。在实践中，曲线几乎总是已经定义了一阶导数，因此这种情况是较为罕见的。遗憾的是，其他三种情况则非常常见，或者至少经常引发问题。实际上，我说谎了；它们是家常便饭。例如，直线就是曲线，但是具有恒定的一阶导数和到处为零的二阶导数，所以弗朗内特标架在直线上的任何点没有定义。

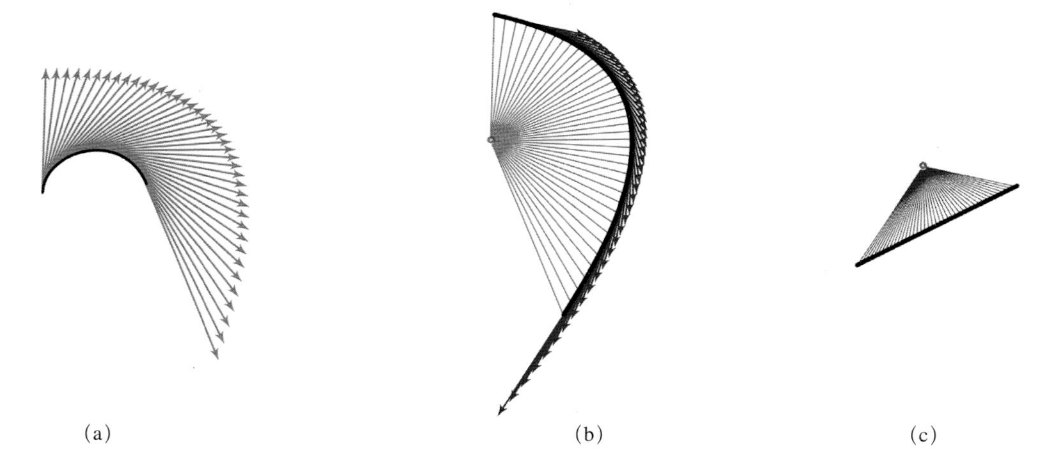

图 6.50 曲线上举例点的（红色）切向量。(a) 位于曲线上；(b) 汇集于矢端曲线上的单一节点，并且因此展示了曲线的一阶导数；(c) 速矢图的矢端曲线汇集了的一阶导数的（蓝色）切向量，并将它们置于原点。这是初始函数的二阶导数。在本图以及下面的两张图中，二阶导数向量被缩放到它们实际长度的 20%，否则图形变得过大。全部三个案例中二阶导数是一条直线。第 6.9.9 小节预示，发生这种情况的原因是曲线实例属于 4 阶 3 次。

将曲线的切向量定位在原点即可生成矢端曲线，该曲线通过向量的终点来定义，并且当例外的节点出现时是良好的图解手段。矢端曲线是曲线的一阶导数。速矢图像的矢端曲线是二阶导数。使用图 6.41 的曲线，图 6.50 所示为第一条和第二条矢端曲线。

当矢端曲线经过零点或二者局部共线时，曲线中的例外节点出现。第一条矢端曲线穿过曲线尖端的零点，同时两条矢端曲线在拐点排列成为一行。如下面图 6.51 和图 6.52 曲线所示。

6.9.7 曲线连接的连续性

就参数化函数而言，连续性是个技巧，因为它来自两种风格，一个是关于参数化空间，另一个是关于几何空间。它们分别称为 C 连续和 G 连续。

如果曲线是连贯的，它具有 C_0 连续。如果其一阶导数是连续的，则其初始曲线具有 C_1 连续。如果第 n 阶导数是连续的，则其初始曲线具有 C_n 连续。图 6.50、图 6.51 和图 6.52 所示曲线均为 C_2 连续。

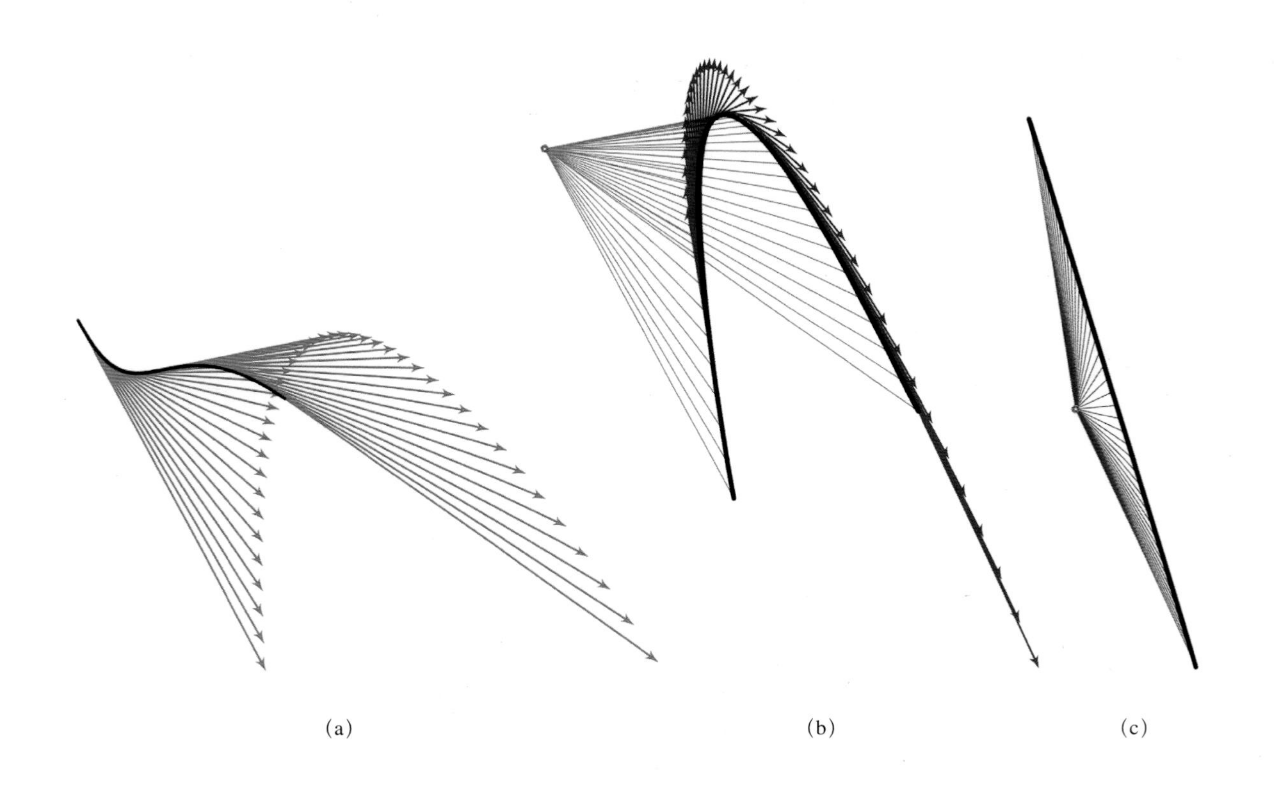

图 6.51　一条变形曲线的两个速矢图在拐点是共线的，导致一个未定义的弗朗内特标架。

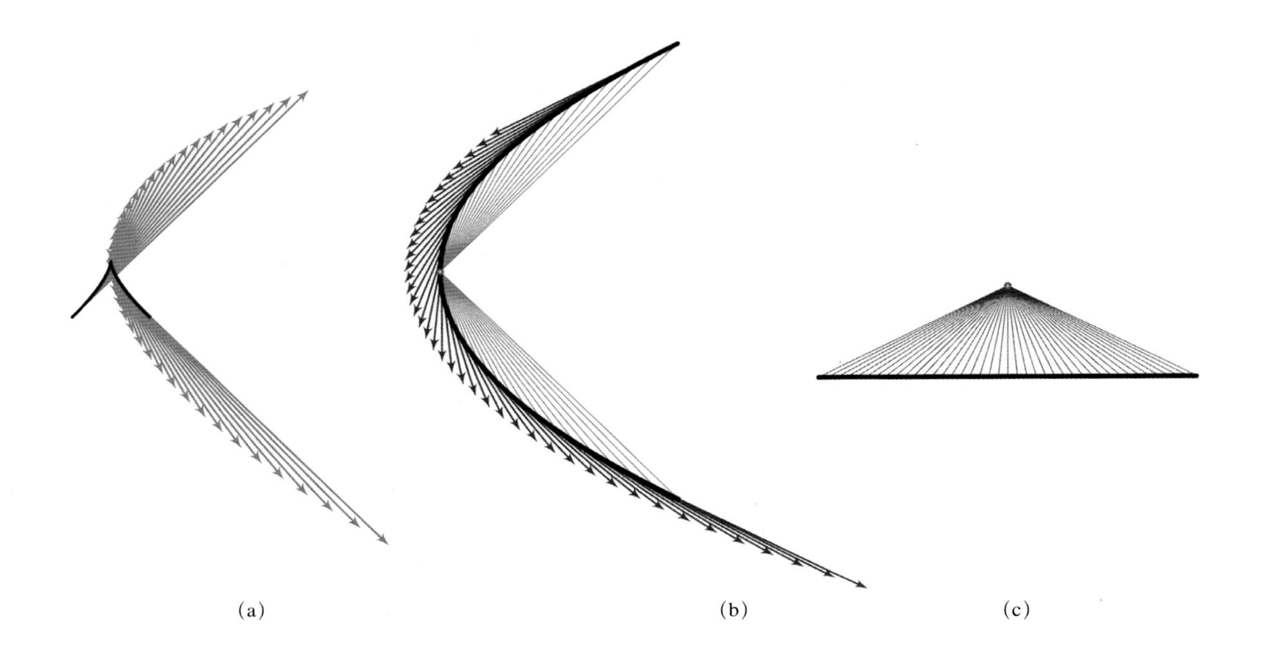

图 6.52　尖形曲线（a）的速度矢量线（b）经过 0 点，这样弗朗内特标架在尖点没有定义。

然而，C 连续并不意味着曲线是几何光滑的。例如图 6.52 中的尖形曲线具有几何扭结，但是它参数光滑。这是因为 C 连续是通过参数空间而非几何空间衡量。

G 连续的概念就捕获了几何光滑度。

如果曲线是 C_0 连续，则它也是 G_0 连续。它们是相关的，并且在参数空间几何空间中具有相同意义。

如果曲线是 G_0 连续，并且其切线方向连续变化，这条曲线为 G_1 连续。例如，一条 C_1 连续而非 G_1 连续的曲线，是其速矢图通过原点的任何曲线，如图 6.52 所示。切线具有一个方向——背离开原点，经过原点后切线跳到一个不同的方向。数学上讲，G_1 连续存在于曲线的标准切向量连续之时。

很多参数化建模者执行 C 连续，并将 G 连续控制留给用户处理。

下面的章节从应用于所有曲线的通用属性转到特定曲线类型的表述。

6.9.8 贝塞尔曲线——最简单的一种自由形态曲线

最简单的自由形态曲线是贝塞尔曲线，该曲线是由以其发明者皮埃尔·贝塞尔（Pierre Bézier）的名字命名的。贝塞尔曲线的三次形式（后面将介绍立方标签的更多内容）是由控制多边形的四个点递归定义的。

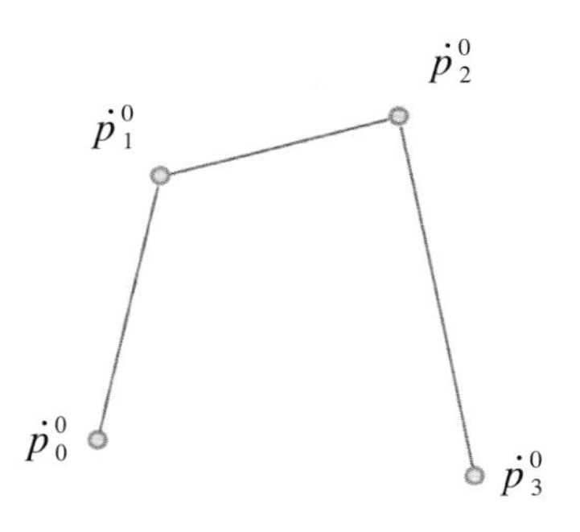

图 6.53 贝塞尔曲线的控制点。在标记法 $\dot{p}_j^0$ 中，j 代表 j^{th} 控制点，0 代表控制多边形的第 i^{th} 等级。这是外部的或者第 0th 等级。

然后参数化节点被置于每条线上，在控制多边形中每条线持有一个带有给定的参数值的参数化节点，比如说 t=0.5。等级 1 的控制多边形有多个控制节点，它们按顺序加入等级 1 控制点。

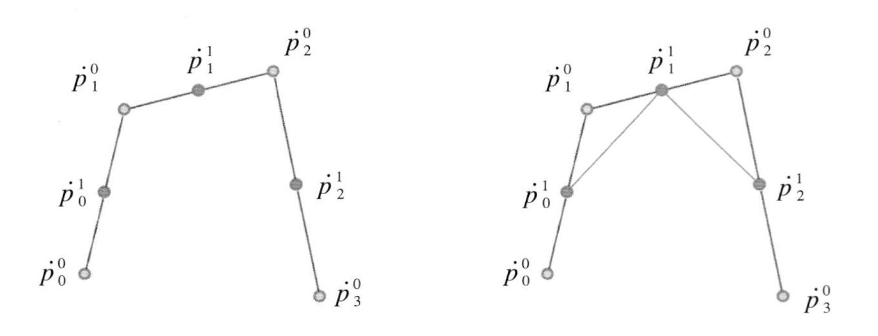

图 6.54 等级 1 控制点 $\dot{p}_0^1$、$\dot{p}_1^1$ 和 $\dot{p}_2^1$。每个节点都有相同的参数 t，在这种情况下 t=0.5。等级 1 控制多边形连接了这些点。

参数节点在 t=0.5 的相同条件下形成等级 2 控制节点，来定义等级 2 控制多边形形成单一直线。

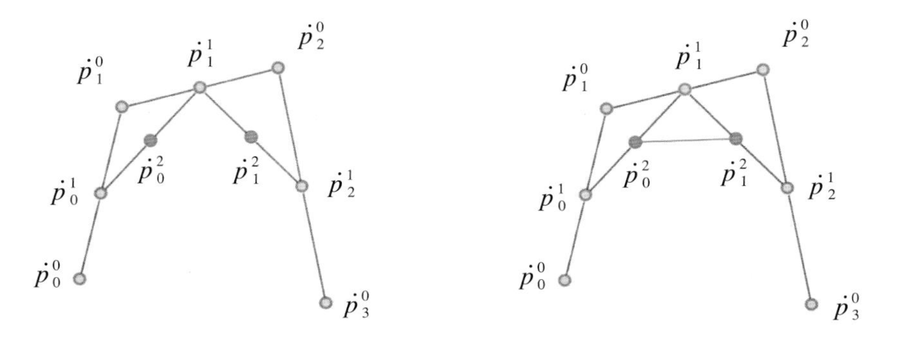

图 6.55 等级 2 控制节点 $\dot{p}_0^2$ 和 $\dot{p}_1^2$。同样具有相同的参数 t=0.5。等级 2 控制多边形是单一直线。

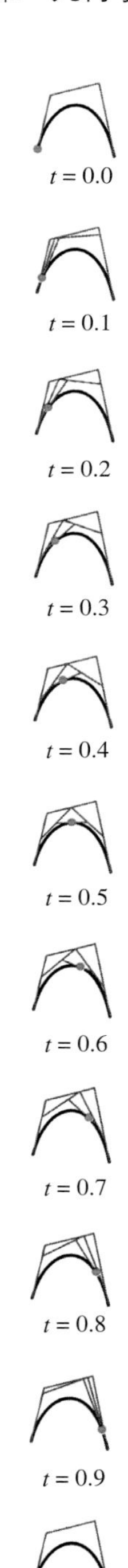

图 6.57 t 由 0 到 1 变化时，$\dot{p}\,(t)$ 沿曲线运动，事实上它定义了曲线。

等级 3 控制节点 $\dot{p}\,(t)\ =\dot{p}_0^3$ 在参数 t=0.5 时位于贝塞尔曲线上。图 6.57 所示为 t 由 0 变化到 1 时，$\dot{p}\,(t)$ 描绘出的贝塞尔曲线。

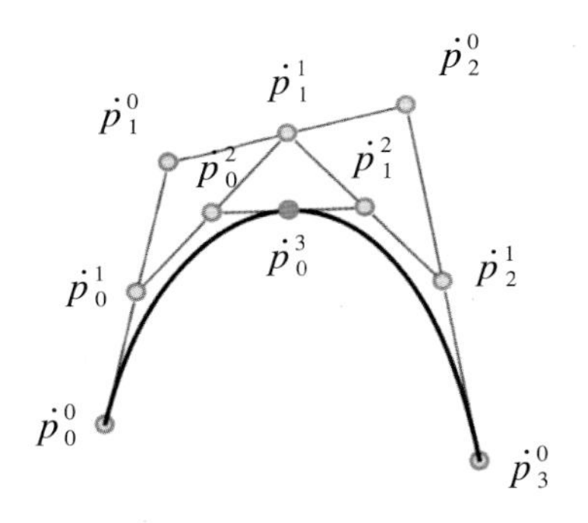

图 6.56 等级 3 控制节点 $\dot{p}_0^3$。这是贝塞尔曲线的定义点。

贝塞尔曲线可以通过结合初始脉动阵列（图 6.58）到复合脉动阵列（或者只是脉动阵列）进行符号化表示，如图 6.59 所示，定义了整个贝塞尔曲线。脉动阵列为标记阵列的中间节点提供了清晰的惯例。在点 $\dot{p}_j^i$ 中，i 代表脉动阵列的层级（开始于零级），j 代表特定层级的点（点置于一个序列上）的索引。在脉动阵列中，数据流沿着弧线从较高级节点流向较低级节点。脉动阵列的顶节点不接收任何数据，这些节点是整个系统的输入。阵列的内部节点接收上层节点以及与其相连接的节点的输入。弧线表示从上游节点流向下游节点的数据流。特定脉动阵列中的节点通过参数直线方程与输入结合起来。（每个节点中可加入一个表达式以决定如何处理输入，但是这里不必所有节点使用同样的简单运算：将一个点和一个向量的总和缩放 t。）

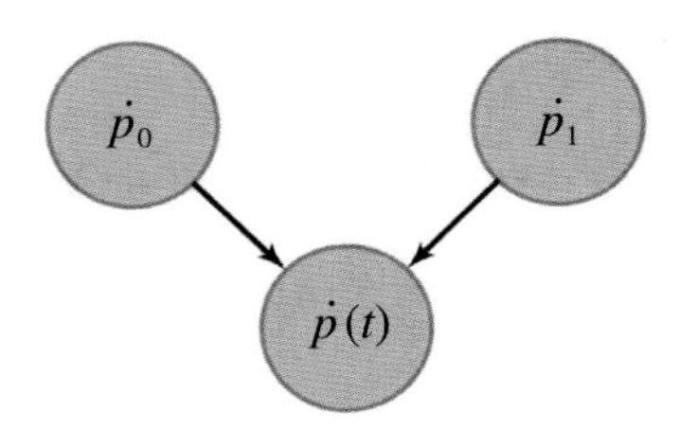

图 6.58　初始脉动阵列通过作为上游节点的直线端点以及作为唯一的下游节点的参数点，记录了参数直线方程。

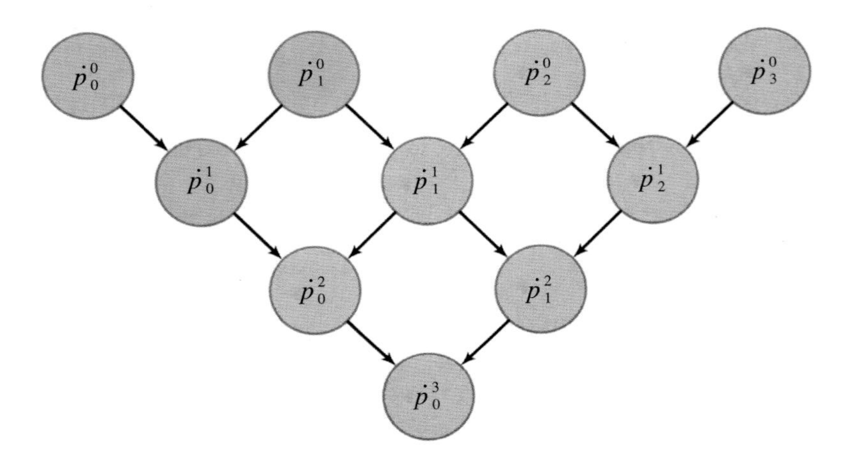

图 6.59　脉动阵列将六个初始收缩阵列（第一个显示为蓝色）连接起来，其中每一个都代表一条直线，以定义参数化节点 $\dot{p}(t)=\dot{p}_0^3$。

脉动阵列中每个节点（不同于控制点）的定义只是使用被运算的点以上两个点的一个参数线性方程。

脉动阵列用来定义在贝塞尔曲线上通过给定数值 t 计算点 $\dot{p}(t)$ 的 deCasteljau 算法。本质上来说，算法可以被阐述如下：

从一个控制点 $\dot{p}_i^0$ 和参数 t 开始
创建脉动阵列
计算任意节点的值，以获取上游节点的值
当不能进行任何计算时停止

几何上来讲，算法通过几何结构的每一层级递减，在每一层通过相同的参数数值寻找节点。

6.9.9　阶数和次数

贝塞尔曲线属于通过多项式构造的实用曲线集合。多项式是多个单项式的总和。一个单项式是由常数或者变量的指数形式构成的。例如 $3x^7$ 是单项式，而 $4x^2-2x+1$ 就是多项式。

单项式和多项式有两种描述：阶数 n 和次数 d，其关系为 $n=d+1$。次数反映了多项式的最高次幂。阶数等于 $d+1$。所以多项式 $4x^2+2x+1$ 次数为 $d=2$，阶数为 $n=3$。

贝塞尔曲线通过控制多边形的顶点数定义其阶数（以及次数）。4 阶贝塞尔曲线具有一个四顶点控制多边形，而 3 阶曲线则有三顶点控制多边形，2 阶曲线则有两顶点控制多边形。图 6.60 所示为两顶点定义直线段。简单的参数化直线方程实际上就是一条数学上最简单的贝塞尔曲线。

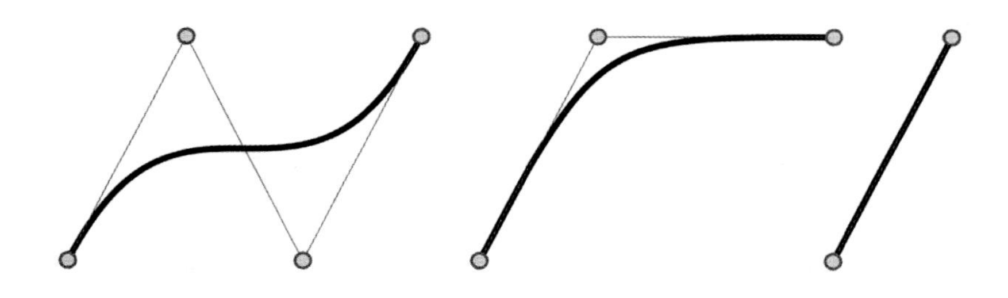

图 6.60　4、3 和 2 阶贝塞尔曲线（黑色）及其控制多边形（灰色）。

6.9.10　贝塞尔曲线属性

贝塞尔曲线具有多个有用的属性，这些属性可以帮助我们理解曲线，并使用它们来编写算法。

凸包。直观上来讲，点集的凸包可以通过设想围绕在点周围伸展的橡皮筋来加以描述。这些点中一部分可以形成一个凸多边形的顶点，其余的点位于多边形的内部。这样的多边形称为凸包。它是点所占据的区域的有用近似。以凸包为基础的算法可以使用凸性属性。例如，判断点是否在凸包上是检查点在每个包线的同侧的简单方法（也适用于三维空间中的平面）。

贝塞尔曲线完全包含在其控制多边形的凸包内。

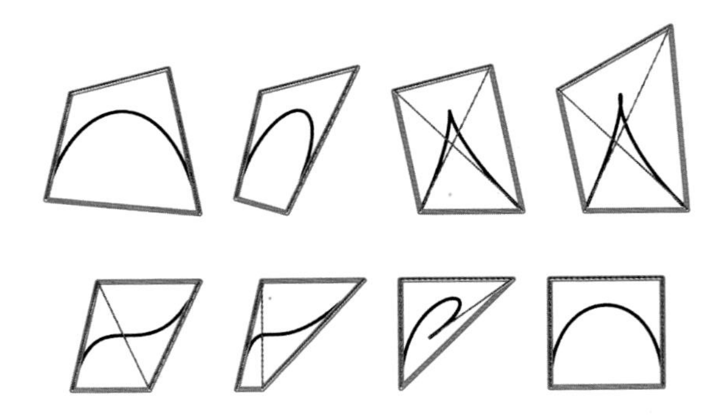

对称性。对于贝塞尔曲线而言，我们将点定义为 $\dot{p}_0$，…，$\dot{p}_d$ 或者 $\dot{p}_d \cdots \dot{p}_0$ 无关紧要。两种排序方法对应的曲线看起来是同样的，它们仅仅在参数化遍历方向上有所不同。

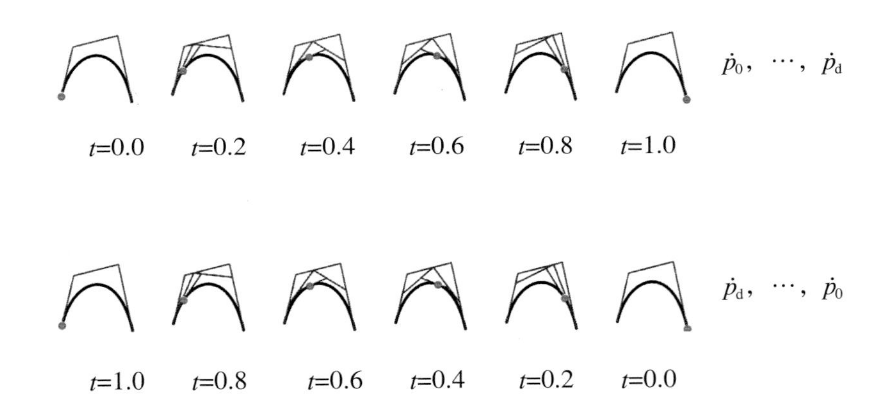

终点插值。贝塞尔曲线的次数 d 穿过点 $\dot{p}_0$ 和 $\dot{p}_d$。在设计环境中，控制曲线的起始点和终点是非常重要的。

这一点可以从定义的源点到节点的弧线特征脉动阵列直接看出来。记住参数化直线方程写为 $\dot{p}(t)=(1-t)\dot{p}_0+t\dot{p}_1$。如图 6.61 所示，编码入初始脉动阵列，左侧弧线具有因子（1-t），右侧弧线具有因子 t。脉动阵列每个内部节点方程取其上游节点的集合特征，由弧线因子加权。

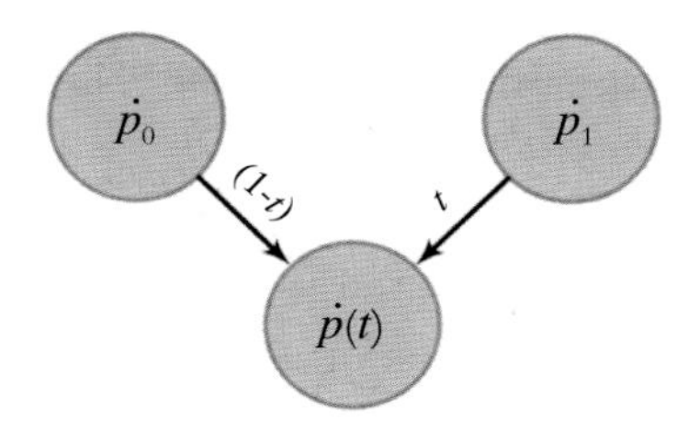

图 6.61　参数化直线方程中定义的标有缩放因子的弧线初始脉动阵列

如图 6.62 所示，标记整个脉动阵列，t=0 时，脉动阵列的所有右侧分支均不起作用，这意味着 $\dot{p}_0^0$ 是到最终节点 $\dot{p}_0^3$ 的唯一贡献者，即 $\dot{p}$ (0) $=\dot{p}_0^0$。当 t=1 时，$\dot{p}_0^0$ 是 $\dot{p}_0^3$ 的唯一贡献者，即 $\dot{p}$（1）$=\dot{p}_3^0$。

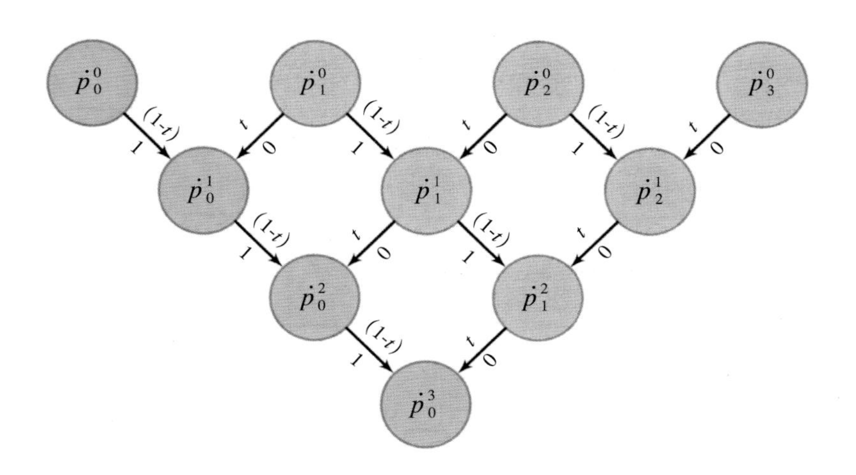

图 6.62　一个完整的脉动阵列为参数直线方程标有比例因子

仿射不变性。贝塞尔曲线在仿射变换下保持不变。这就意味着下面的两个进程产生了相同的结果：(1) 首先计算 $\dot{p}$ (t)，然后在其上应用仿射变换；(2) 首先在控制多边形上应用仿射变换，然后在 t 处评价图形。

仿射不变性迟早会有用的，比如当我们要通过在 100 个点求值来绘制一个旋转的三次曲线 $\dot{p}$ (t) 的时候。我们可以旋转这四个控制节点，而后计算 100 次再绘制，而非旋转 100 个计算节点而后绘制它们。我们可以仅做 4 次矩阵乘法而非 100 次。

贝塞尔曲线的一大缺陷是它们不能在投影中保持不变性，即它们在透视图中会发生变化。当然，所有的 CAD 系统都使用透视图。6.9.13 节概述了非均匀有理 B 样条曲线（NURBs），其主要目的就是要保证投影的不变性。

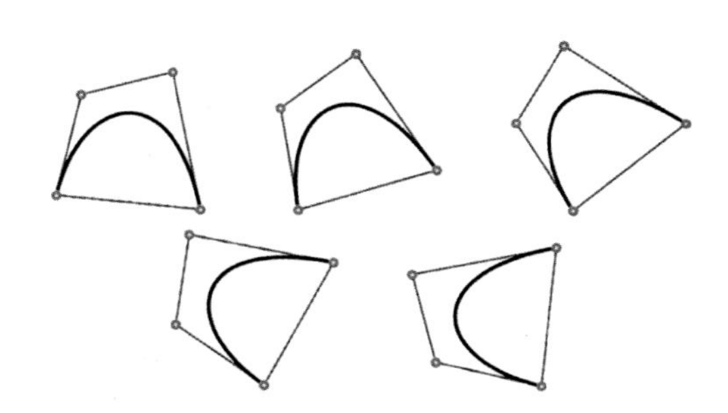

参数转换仿射下的不变性。我们经常将贝塞尔曲线定义在区间 [0，1] 上。然而，我们也可以考虑将贝塞尔曲线根据参数 s 定义在任何区间 [p，q] 上，因为有 $t=\dfrac{s-p}{q-p}, p\leqslant s\leqslant q$，这里我们将区间 [$p$, q] 变换到区间 [0, 1]。从本质上来讲，这意味着在实数线上任何区间都能够用于控制参数 t。这仅仅需要一些简单的工作。

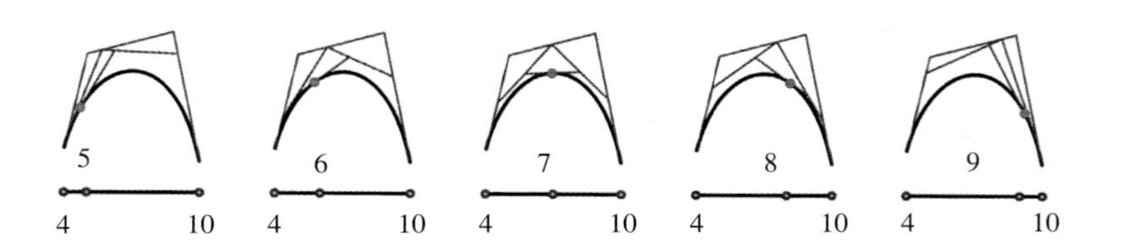

线性精度。当贝塞尔控制节点共线的时候，贝塞尔曲线是一条直线。

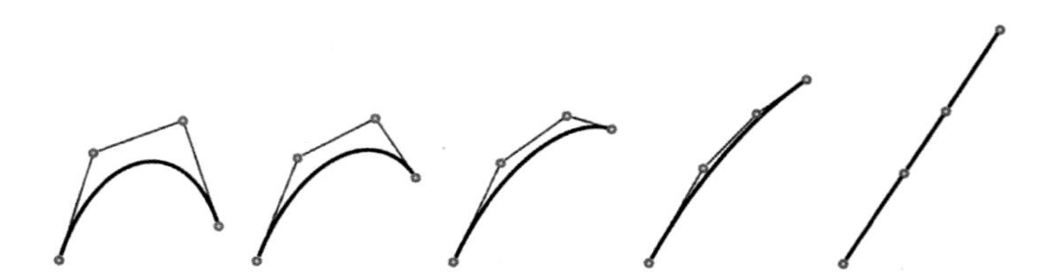

变差衰减。任何直线与贝塞尔曲线的控制多边形相交次数，至少等于其与贝塞尔曲线的相交次数。

伪局部控制。局部控制的原理意味着移动任何控制节点仅会移动曲线邻近控制节点的部分。局部控制具有很多的优点——作为对位法，设想在体育场屋顶的角落编辑一个单一节点，致使整体的屋顶发生变化。贝塞尔曲线不满足这些原理，因为所有的点（端点除外）都受任意给定控制节点的移动的影响。它们在局部意义上执行局部控制：控制点距离曲线越近，其移动对曲线的影响越大。词汇“靠近”和“较近”的引用标志着它们在数学上的非正式性。

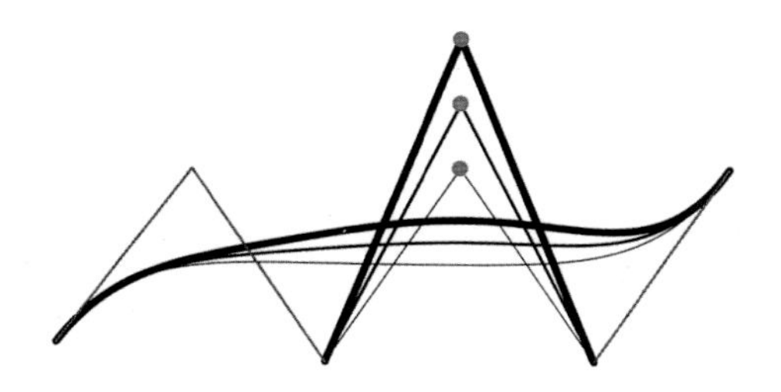

图 6.63 移动控制多边形的内部节点意味着移动除了端点以外的所有点。在参数上接近控制节点的点相比远离控制节点的点移动得更多，这证明了伪局部控制的非正式概念。

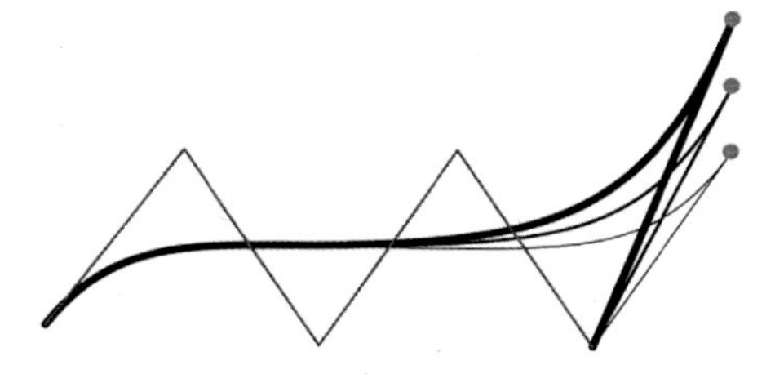

图 6.64 移动控制多边形的端点，近似于移动曲线上除其余端点外的所有点。

6.9.11 连接贝塞尔曲线

样条曲线是由每部分连接而成的合成曲线。贝塞尔曲线能够连接在一起组成样条曲线。这样做就揭示了为什么贝塞尔曲线在需要样条曲线时通常用不上。

我们感兴趣将不同连续性和光滑程度的曲线联系起来，这两点我们现在都只是定性地定义。回想 6.9.7 节就介绍了连续性和光滑度的一些基本概念。

将两个贝塞尔曲线连接在一起能够通过一系列方法实现，序列中的每一个成员都可以增加结果的光滑程度。

如果两条曲线拥有共同的有控制节点的起始点和终止点，它们将连接在一起，因为贝塞尔曲线插入它们的端点，两个连接在一起的控制多边形将产生共享端点的曲线，但是在它们连接处可能会出现“扭结”。这样的样条曲线同时具备 C_0 和 G_0 连续性。

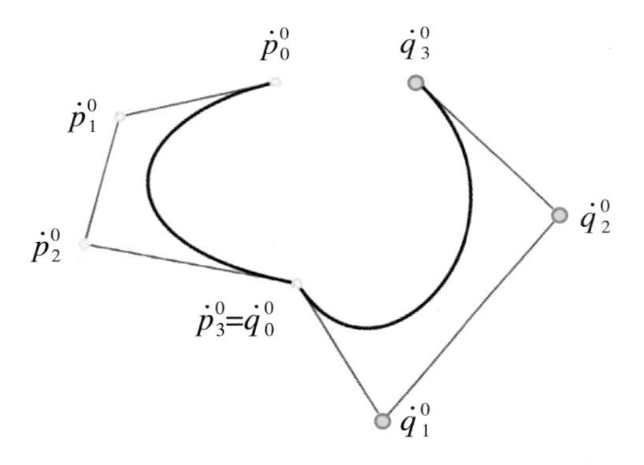

图 6.65 在 C_0 连续下，两个贝塞尔曲线的控制多边形共享一个单一控制节点。点 $\dot{q}_1^0$、$\dot{q}_2^0$ 和 $\dot{q}_3^0$（图中显示为红色）可以自由移动。

如果曲线共享控制节点的起始点和终止点，同时每个控制多边形上的下一个控制节点与链接处的引入点共线并且与连接处距离相等，则贝塞尔样条就是 C_1 连续。它在连接处是光滑的，但是相等的参数化节点之间的距离可能发生突变。其结果是，如果将一条曲线连接到另一条，两个节点都是提前预定的。

除 C_1 连续的约束外，C_2 连续要求贝塞尔曲线的二阶导数在连接节点处相同。对于至今我们使用过的贝塞尔曲线而言，这一条件具有令人惊奇的几何学结果，如图 6.67 所示。

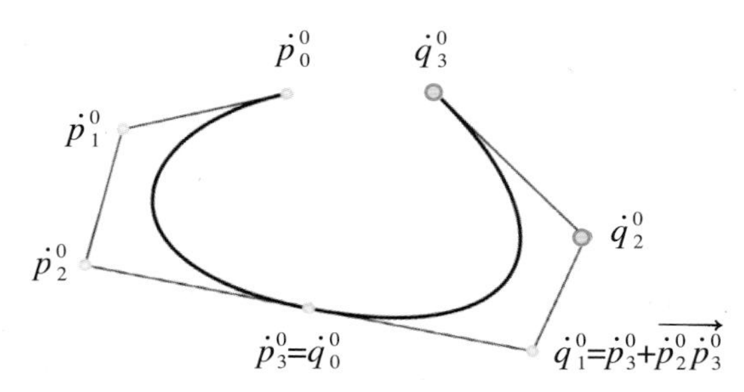

图 6.66　C_1 连续约束每个控制多边形的两个点。点 $\dot{q}_2^0$ 和 $\dot{q}_3^0$（红色）保持自由。

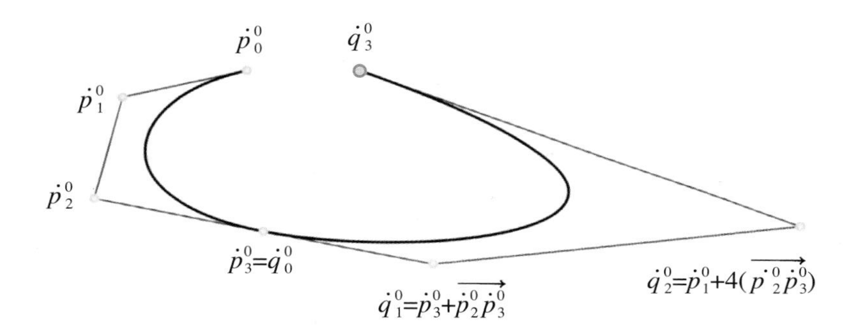

图 6.67　将两条曲线 $\dot{p}(t)$ 和 $\dot{q}(t)$ 按照 C_2 连续连接在一起，其初始点和终止点的二阶导数必须是相等的。也就是说，$p''(1.0)=q''(0.0)$。这决定了 $\dot{q}_1^0$ 和 $\dot{q}_2^0$。当放样到 C_2 连续时，在 3 级贝塞尔曲线上 4 个点中有 3 个已经确定，只剩下 $\dot{q}_3^0$ 是自由的（红色）。

6.9.12　B样条曲线

贝塞尔曲线在几何学和数学上都具有简单的形式，但是它们具有深层次的（并且相互关联的）问题：控制仅仅出现在伪局部环节，贝塞尔曲线的阶数即为控制多边形中的点数。伪局部控制意味着曲线上任何控制点发生变化时，所有曲线上的点都发生变化：对于在不影响船尾的情况下调整船体表面的弯曲度是一件好事。阶数和控制点之间的链接意味着复杂的设计必须按照高阶数曲线进行，同时这在交互编辑中产生问题：引入局部凸轨十分简单，而使曲线直接可视则非常困难。曲线可能与控制多边形相距很远，使其难以预测编译动作可能如何影响到曲线。所有这些问题都能通过一系列曲线相互连接成复合曲线来矫正，即一条样条曲线。不幸的是，贝塞尔曲线样条姿态不优美。

B 样条曲线则可以解决所有这些问题。和贝塞尔曲线类似，B 样条曲线也定义在控制多边形上。而和贝塞尔曲线不同的是，它们能很轻松地样条化。实际上，样条化如此的自然以致通常在曲线（一段样条）和样条（多段样条）之间没有什么区别。在曲线阶数上的唯一约束是其必须少于或等于控制多边形的点数。

描绘 B 样条曲线有出色的数学和计算方法（Rockwood and Chambers，1996；Piegl and Tiller，1997；Rogers，2000；Farin，2002），它们为曲线如何工作和为什么工作提供深刻的洞察。但是在这里使用 B 样条曲线很重要，而且 B 样条曲线对于贝塞尔曲线的控制点提供了两种新的模型控制：节点的选取和阶数的独立规范。接下来的解释拓展了贝塞尔曲线的上述处理方法以证明 B 样条曲线及其控制。

本质上来讲，B 样条曲线是构建贝塞尔曲线的框架——B 样条曲线控制多边形是指定贝塞尔控制多边形的一种新方法，反之，定义预期的曲线。这对设计具有深远的含义——B 样条曲线和贝塞尔曲线都能够精确模拟同样的可能情况，仅仅是在实现方式上有所不同（见图 6.68）。

图 6.68　B 样条曲线控制多边形（灰色），导出的贝塞尔控制多边形（红色）和作为结果的 B 样条（以及贝塞尔）曲线。

阶数为 n 的 B 样条曲线所需要的数据和贝塞尔曲线是相同的，具有一个额外的节点向量组成一个实际值的非衰减序列。节点向量不仅在定义曲线上决定参数值，还影响着曲线的形状。依据指定的数学解释，具有 p 个控制点、n 阶曲线长度为 k 的节点向量具有 $k=p+n$ 或 $k=p+n-2$ 个元素。这里展示的技术使用了较短的节点向量，即具有长度 $k=p+n-2$。参见 Rogers（2000）为较长的形式。

为了带有 4 个控制点的 4 阶曲线，我们展示 B 样条曲线构建方法（deBoor 算法）。这就产生单一的 B 样条曲线片段。

本质上讲，B 样条曲线推广了 deCasteljau 算法以引入新的贝塞尔控制点以及由这些点引出的曲线。如图 6.69 所示的两种关键思路的第一个即为算法的每一层级使用的参数可以是不同的。使用参数集合 t_0、t_1 和 t_2，而不是单一参数 t。这样，算法引入的点具有不止一个参数，而是三个：$\dot{p}(t_0, t_1, t_2)$。

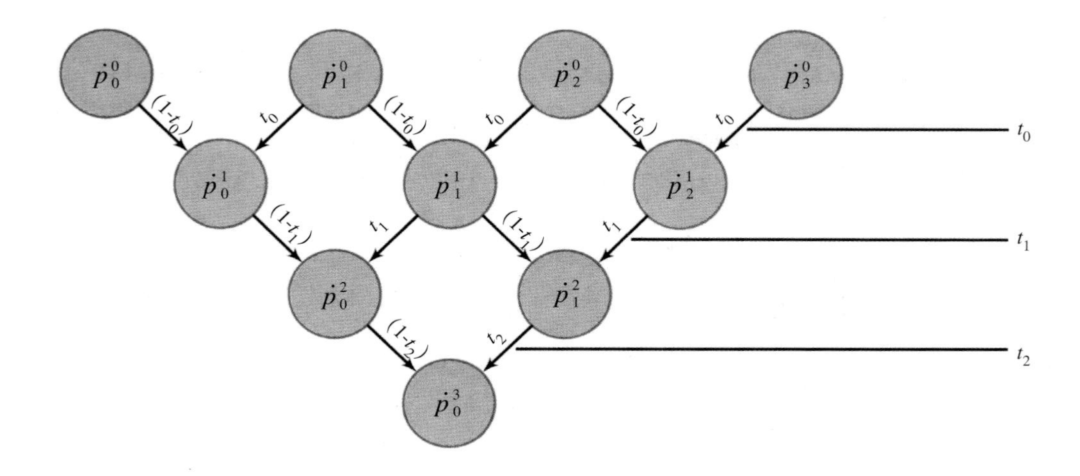

图 6.69 生成 deCasteljau 算法的第一步，为在脉动阵列的每一层定义不同的参数 t_i。

很明显，算法产生的点比之前的点更为自由。

整体而言，t 值称作点 $\dot{p}$ (t_0，t_1，t_2) 的峰值，记作〈t_0，t_1，t_2〉。这样算法的输入值就是峰值〈t_0，t_1，t_2〉，并且其输出即为带有输入峰值〈t_0，t_1，t_2〉的顶点。奇怪的是，峰值的阶数无关紧要：点〈0，1，2〉和点〈2，0，1〉以及其他任何排列的结果都是相同的。这使得区分峰值变得容易的同时，也产生出不同的结果，我们通过将峰值按照非衰减序列（变量的数字和字母次序）排序来做规范的标记。

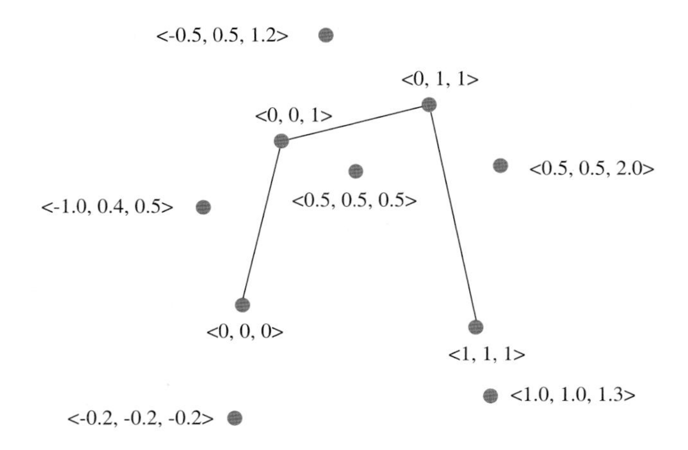

图 6.70 峰值点〈a，b，c〉的位置依赖于参数 a、b 和 c 的值。峰值〈0，0，0〉、〈0，0，1〉、〈0，1，1〉和〈1，1，1〉相当于控制点。

如果两个点共享除一个共同峰值外的所有值，则它们能够连接起来形成一个新节点。两个带有峰值 $\dot{p}\langle a, b, c\rangle$ 和 $\dot{q}\langle b, c, d\rangle$ 的节点，通过一个带有仿射参数变换的参数化直线方程产生第三个节点 $\dot{r}\langle b, c, e\rangle$，如下所示。

$$\dot{r}\langle b,c,e\rangle=\dot{p}+\frac{e-a}{d-a}(\dot{p}-\dot{q})=\frac{d-e}{d-a}\dot{p}+\frac{e-a}{d-a}\dot{q}$$

其中点 $\dot{r}$ 位于点 $\dot{p}$和点 $\dot{q}$之间的线段上。

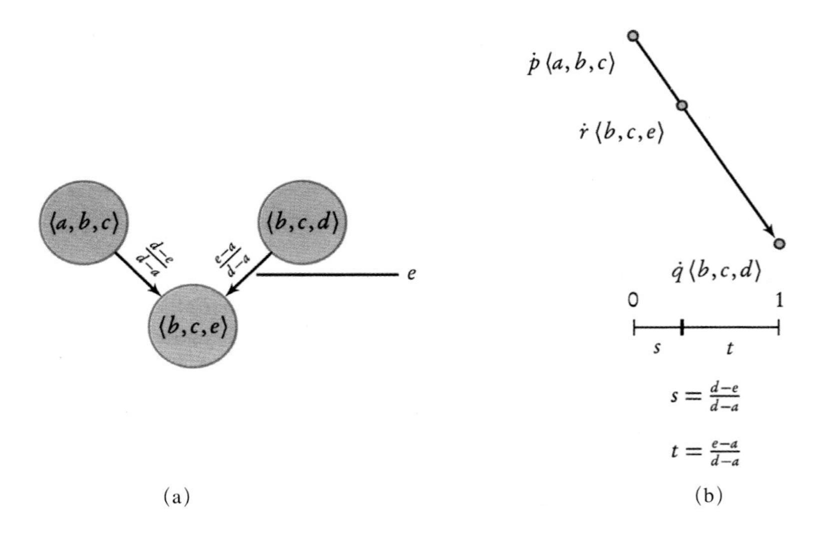

图 6.71　共享两个常规值的节点通过峰值来计算。(a) 节点的标记即为其峰值。弧线上的标记给出每个输入点在计算结果节点时的系数。(b) 结果节点位于直线上点 $\dot{p}$ 和点 $\dot{q}$ 之间的线段上。

第二个核心概念是通过赋予脉动阵列中每个点自身的峰值，并且使用那些峰值来决定线性插值在节点间如何工作，来进一步推广算法。这里就是 B 样条曲线新的主要控制进入图中的位置。节点向量是真值的非衰减向量序列，最简单的例子就是〈0，1，2，3，4，5〉。这样的统一节点向量在每个连续节点之间具有完全相同的增量。

使用节点向量，就要分配每个控制节点三个后继元素。为控制点 $\dot{p}_0^0$，指定节点向量元素〈0，1，2〉；为控制点 $\dot{p}_1^0$，指定元素〈1，2，3〉，等等。一般案例中，使用节点向量 k，赋值〈k_i，k_{i+1}，k_{i+2}〉至控制点 $\dot{p}_i^0$。这些即为控制节点的峰值参数。注意每一对相邻的控制节点共享两个峰值——它们能够通过使用上层逻辑连接起来，它们的结果也会通过初始节点共享这两个峰值。

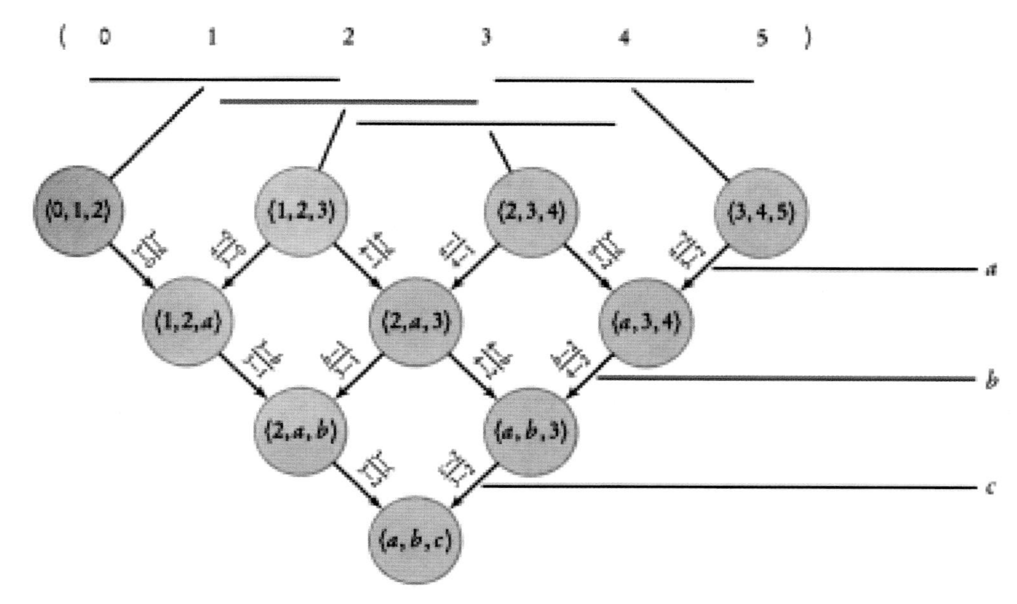

图 6.72　将峰值 ⟨a，b，c⟩ 引入算法，每个峰值在每一层作为仿射参数变换中的参数，使用非共享的峰值作为变换的界限。反过来，峰值也通过节点向量来定义。

在图形的每一层，算法都是用起始输入峰值的相应元素来计算节点和它们下一步的峰值。该算法通过在每一个脉动阵列的初始元素中创建方程来完成。算法的输出是由参数 t_0、t_1 和 t_2 得来的峰值 ⟨$t_0, t_1, t_2,$⟩ 所给出的点。

节点向量 ⟨0，1，2，3，4，5⟩ 的中间两个元素 ⟨2，3⟩，决定了用来定义隐式贝塞尔曲线的参数间隔。贝塞尔控制节点是带有值 ⟨2, 2, 2⟩、⟨2，2，3⟩、⟨2，3，3⟩ 和 ⟨3，3，3⟩ 的峰值点。

使用控制节点和它们相应的峰值，deBoor 算法通过使三个输入量相等来计算曲线上的点。即 $\dot{p}(t)$ =deBoor（t，t，t），$2 \leqslant t \leqslant 3$。当然，使用一个节点向量而不是 ⟨0，1，2，3，4，5⟩ 会改变这些边界值。对于单一 B 样条曲线段来说，阶数是由控制节点的数量给出的，所以节点向量的长度是曲线次数的二倍，即 k=2d，或者是曲线阶数的二倍减二，即 k=2n-2。节点向量的元素 n^{th} 和（n+1）th 分别决定了下部和上部相应的曲线参数。

源自贝塞尔曲线上的任何点 $\dot{p}(t)$ 都能够通过在派生控制多边形上的 deCasteljau 算法或者使用带有均匀节点的 deBoor 算法来计算，并且其结果也是相同的。反过来，源自控制多边形的 deCasteljau 算法，是一个特定的、简单的、通过这些相同的点并带有峰值 ⟨2，2，2⟩、⟨2，2，3⟩、⟨2，3，3⟩ 和 ⟨3，3，3⟩ 和边值 ⟨2，3⟩ 的 deBoor 算法的案例。

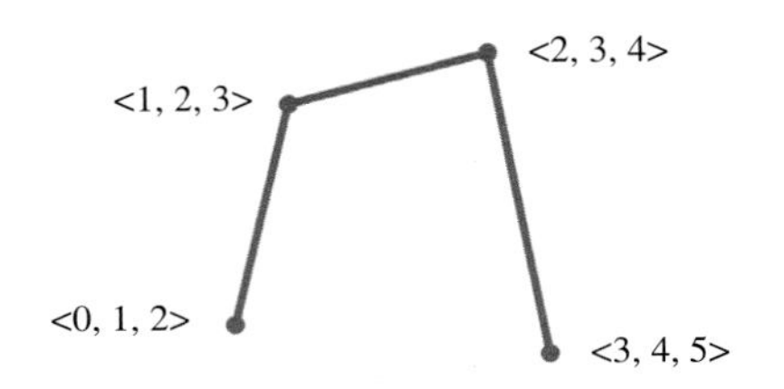

图 6.73　带有峰值标记的 B 样条曲线控制多边形。此为 deBoor 算法的第 0 层级。

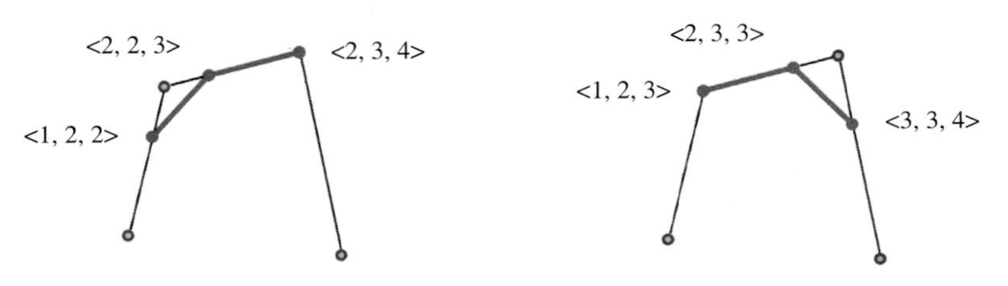

图 6.74　〈2，2，2〉（左侧）和〈3，3，3〉（右侧）的第一层控制节点。随着 deBoor 算法的第一层计算，每个点都具有其分别的峰值。

图 6.75　〈2，2，2〉（左侧）和〈3，3，3〉（右侧）的第二层控制节点。随着 deBoor 算法的第二层计算，每个点都具有其分别的峰值。第三层节点在此阶段已经作为第二层控制节点之一进行了计算。

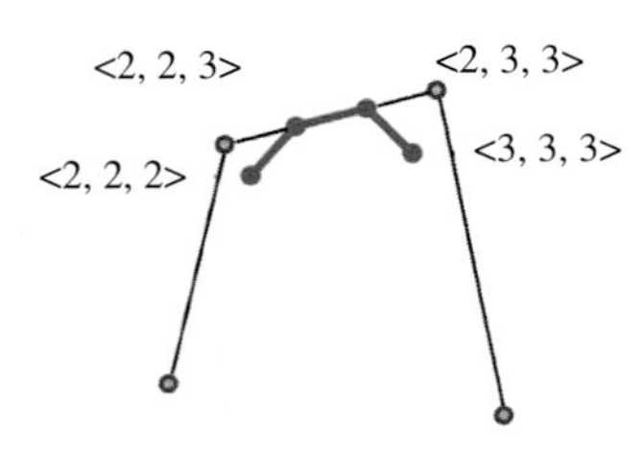

图 6.76　一个 B 样条曲线控制多边形、曲线以及源自贝塞尔的控制多边形。

上述图形和 deBoor 算法展示了相比严格计算内部贝塞尔控制节点的必要性而言，已经完成了更多工作。例如，随着输入〈2，2，2〉，则 $\dot{p}$〈2，2，3〉为算法的第一层的计算对象，而 $\dot{p}$〈2，2，2〉则为第二层。然而该算法是一般算法：它用来计算 B 样条曲线上的所有控制节点、峰值和节点。

决定贝塞尔控制节点和标准节点向量的 B 样条曲线段的漂亮的简单表达式，均使用 deBoor 算法的每层级的仿射参数转换系数。（对于曲线分割而言，标准节点向量为〈0，1，2，3〉，阶数为 3，而〈0，1，2，3，4，5〉阶数为 4。）例如，当为 4 项数曲线计算点 $\dot{p}$〈2，2，2〉时，deBoor 算法在第一层使用分数$\frac{1}{3}$和$\frac{2}{3}$，在第二层使用分数$\frac{1}{2}$，如图 6.77 所示。

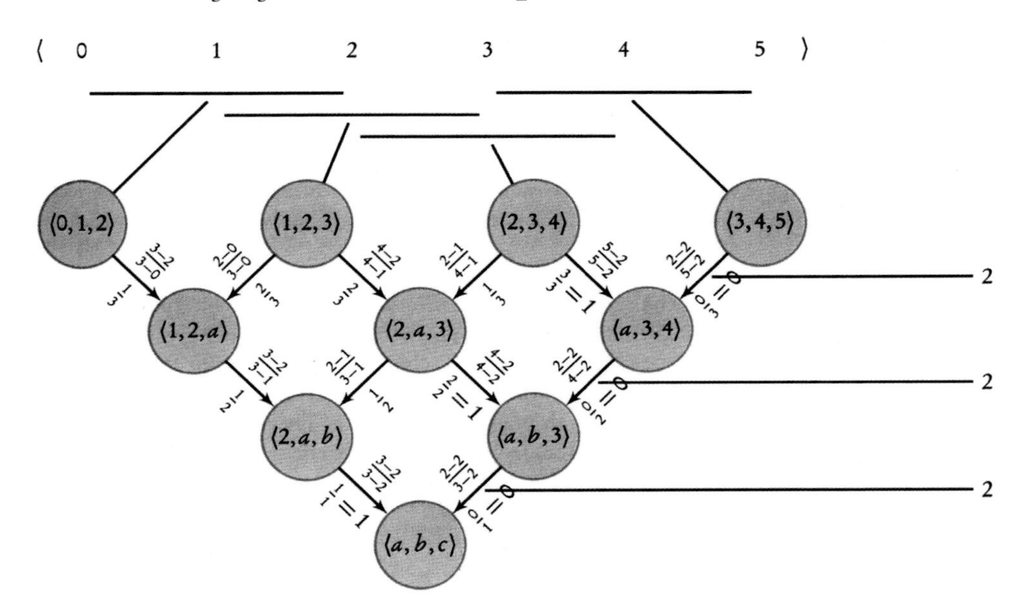

图 6.77　通过节点向量〈0，1，2，3，4，5〉来计算贝塞尔控制节点 $\dot{p}$〈2，2，2〉、$\dot{p}$〈2，2，3〉、$\dot{p}$〈2，3，3〉和 $\dot{p}$〈3，3，3〉，从而在 deBoor 算法的每一层级生成简单的分数。这里所示为 $\dot{p}$〈2，2，2〉的计算结果。

使用如下这些分数可以直接绘制贝塞尔控制节点。

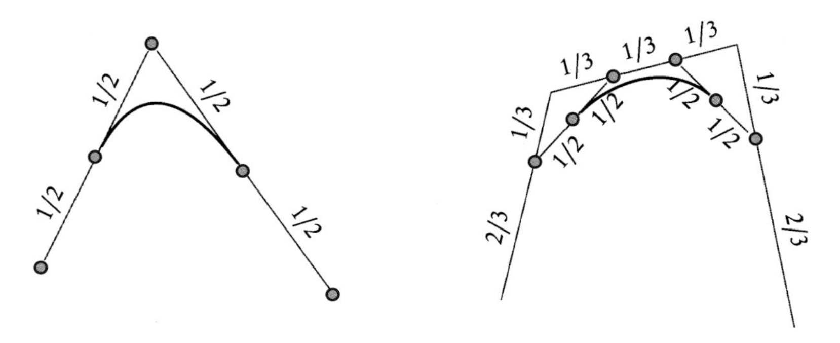

图 6.78　3 阶和 4 阶 B 样条曲线段的贝塞尔控制节点，这里使用 deBoor 算法的分数比例绘制。

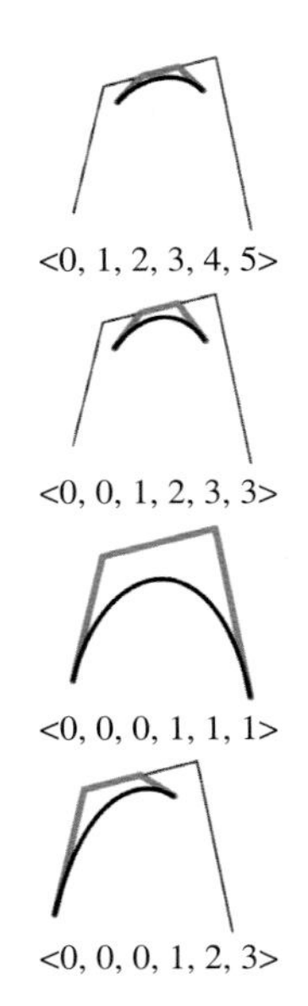

图 6.79 在节点向量的终点重复计算节点数值，能够将曲线朝向控制多边形的终点拉拽。

节点向量自身提供一个对于 B 样条曲线的控制变量。通过使用它，B 样条曲线能够强制加入它们的控制多边形终点，在控制多边形内部完成移动和变更，并且通过连续性的多种不同程度完成相互连接。

当数值在节点向量的终点重新计算时，如图 6.79 所示，曲线被“拉向”控制多边形的终点。对于单一曲线段（控制多边形顶点数量 k 以及曲线阶数 n 是一样的），当节点向量在起始点和终止点重复 n-1 遍该数值时，B 样条曲线成为贝塞尔曲线。在当代有关曲线的文献中，这样的曲线被描述为被夹紧。一个非常令人困惑的历史事实是，它们被 Rogers 在 2000 年称作开放型曲线，但是现在所谓的开放通常意味着夹紧的反面。在一个端点而非其他端点重复数值，就能够使得曲线的其他端点不发生变化。

图 6.80 所示为在向量中心“延展”节点向量数值，会朝向控制多边形的底部移动曲线（且反之亦然）。

乍看起来，B 样条是通过笨拙的方法来计算它们所组成的贝塞尔曲线的。毕竟，贝塞尔曲线插入它们的端点，首个和最终控制多边形的片段直接给出了终止点处的切线，并且该曲线也比 B 样条曲线更接近于控制多边形。当曲线一起放样时，其优势更加明显。B 样条能够非常简单地连接并保持其连续性。它们通过相邻曲线共享的控制节点，将曲线片段连接入整个样条中。这一点用图形绘制比语言描述更为简单和方便。

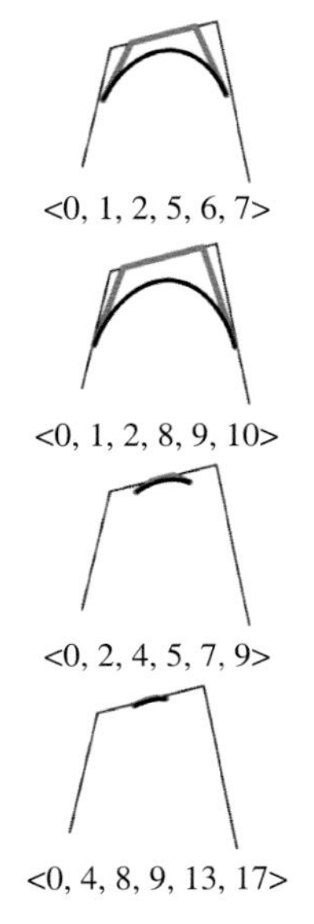

图 6.80 增加在中心节点值之间的相关延展，能够将曲线向控制节点方向拉拽。

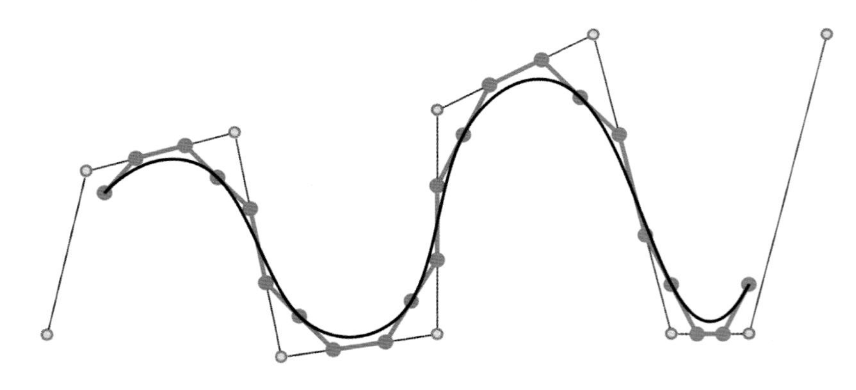

图 6.81 B 样条控制多边形；它的贝塞尔结构；以及 B 样条曲线。

曲线的阶数（以及因此产生的次数）仅仅决定了每个线段需要使用的控制多边形的节点数量。例如，4 阶 B 样条对于曲线的每个分段使用 4 个控制节点。每个点为在曲线的每个线段的每个参与点做贡献，但是对于它没有参与的线段不起作用。图 6.83 所示为多段曲线的连续B样条线段。当然，曲线受阶数选取的影响。随着阶数的减少，曲线向控制多边形靠近。当阶数为 2 时，曲线即为控制多边形：曲线的每部分都由简单的参数化直线方程给出。

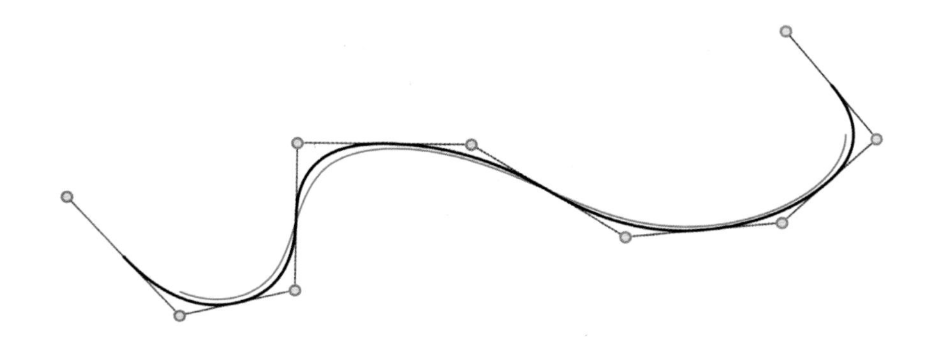

图 6.82　相同控制多边形中给出的 2、3 和 4 阶曲线。阶数为 2 的曲线即为控制多边形。当阶数从 3（黑色）增加到 4（红色）时，曲线从控制多边形移开，并且通常变化很少。

图 6.83　增加在中心节点值之间的相关延展，能够将曲线向控制节点方向拉拽。

B 样条继承了贝塞尔曲线的所有属性，并强化两方面。首先，如图 6.84 所示凸包条件是更强的。然而，贝塞尔曲线位于其控制多边形的凸包内部，B 样条片段位于其暗含的贝塞尔控制多边形的凸包内部。

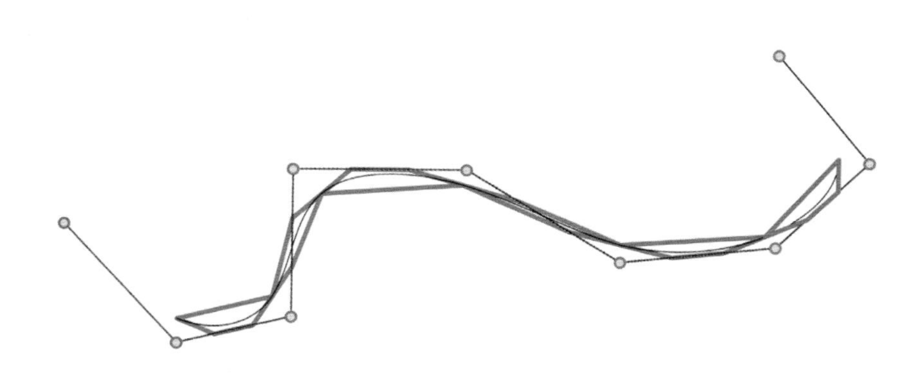

图 6.84　B 样条曲线段位于其暗含的贝塞尔控制多边形的凸包内部。这使得曲线与其他物体间相交的快速近似测试成为可能。

第二，B 样条展示了真正的局部控制。图 6.85 展示了移动一个阶数为 n 的曲线的控制多边形的顶点，对于其控制多边形使用该顶点的 n 阶曲线线段影响最大。当顶点接近于控制多边形的终点时，受到影响的线段更少。

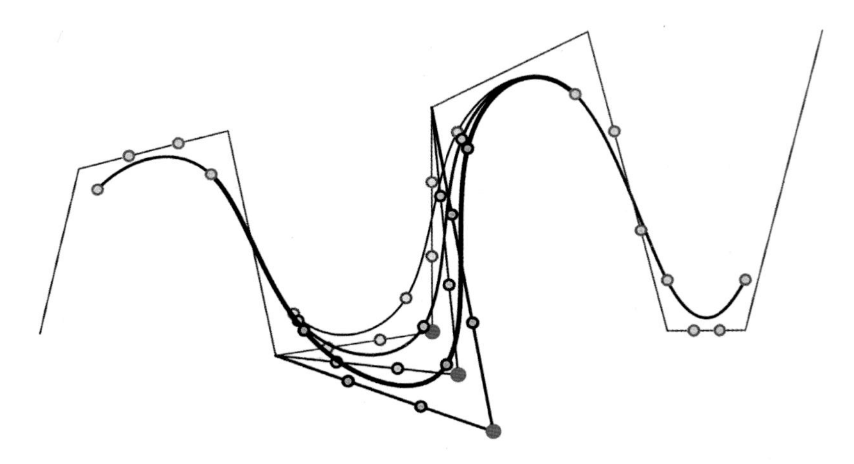

图 6.85　当 4 次 B 样条曲线的单一控制节点（红色）移动时，只有使用控制节点的曲线的 4 个部分受到影响。B 样条实施了真正的局部控制。

如上所述，B 样条引入节点作为一个新的控制。图 6.86 所示为 B 样条内部的重复节点能够减少在受影响顶点的连续性。

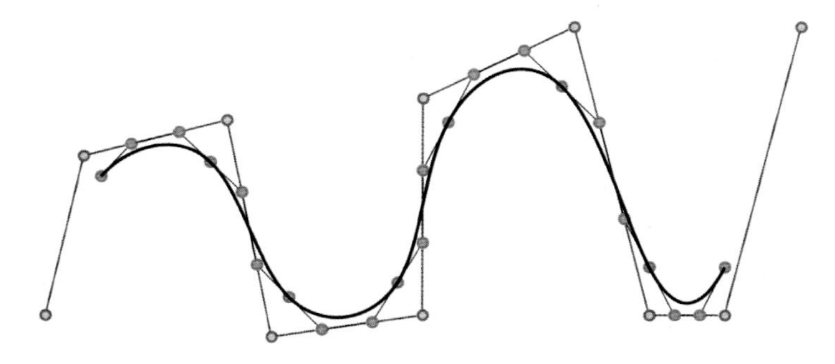

(a) 统一节点向量〈0，1，2，3，4，5，6，7，8，9，10，11〉

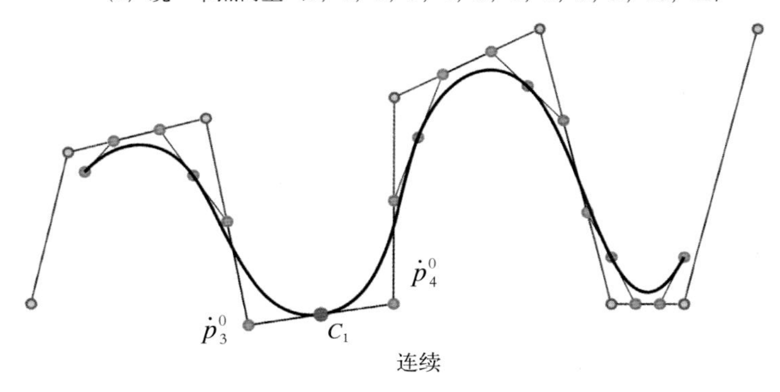

(b) 非统一节点向量，包含两个重复的内部节点〈0，1，2，3，4，4，5，6，7，8，9，10〉

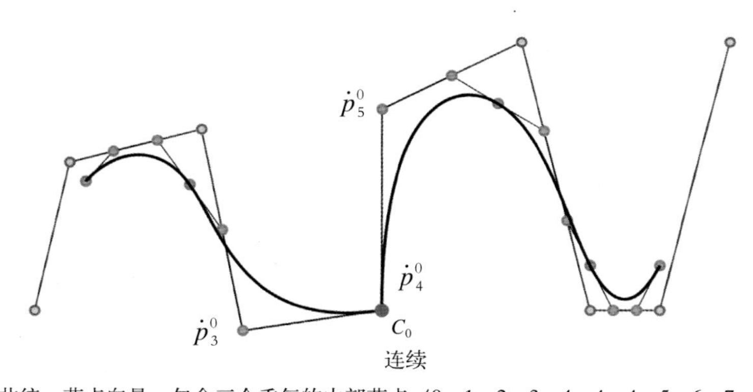

(c) 非统一节点向量，包含三个重复的内部节点〈0，1，2，3，4，4，4，5，6，7，8，9〉

图 6.86 (a) 在阶数为 4 的 B 样条曲线中，非重复节点保证 C_2 连续。(b) 这个非统一节点向量重复了第 5 个和第 6 个节点。这就改变了控制多边形顶点 $\dot{p}_3^0$〈3，4，4〉和 $\dot{p}_4^0$〈4，4，5〉的峰值，并减少了贝塞尔曲线的第 2 和 4 段的连续性。贝塞尔曲线的第 3 段具有 4 个完全相同的控制点，所以本质上来讲，它们都消失了。(c) 第 3 个复制的节点将峰值的变化延伸至第 3 个顶点：现在 $\dot{p}_3^0$、$\dot{p}_4^0$ 和 $\dot{p}_5^0$ 分别具有峰值〈3，4，4〉、〈4，4，4〉和〈4，4，5〉。这就将贝塞尔曲线的第 2 段和第 5 段之间的连续性降低为 C_0 连续，并且使曲线的第 3 段和第 4 段具有完全相同的顶点。

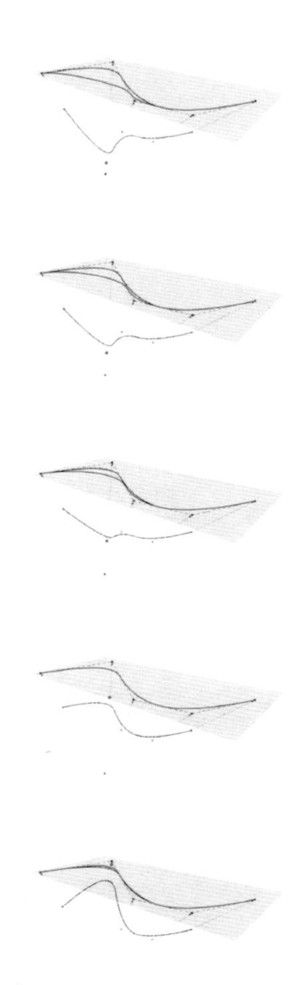

图 6.88 三维空间中 B 样条曲线控制点的 z 坐标增长，将使二维 NURB 曲线向二维控制点投影移动。三维 B 样条曲线的一个控制节点的 z 坐标，正是其对应的二维 NURB 的控制节点的权重。在倒数第二条曲线中，当权重相等时，B 样条曲线的二维投影和二维 NURB 相同。

6.9.13 非均匀有理B样条曲线

曲线具有另一个控制量：权重，是在从 B 样条曲线到非均匀有理 B 样条曲线（NURBs）过程中引入的。CAD 系统界面和市场营销资料的特征词汇“NURB”就好像是某种魔法一样。一些设计文献甚至走得更远，将其归属于更深层次的“非理性”术语。现实不仅更大众化而且本质上低于设计。NURBs 的存在使得曲线控制多边形能够完成透视投影以及后期的曲线计算。为了完成这些,NURBs 定义权重。数学上 NURBs 被具体指定的空间，比其嵌入的几何空间高一个维度。其权重是那个空间中控制点坐标的最高维度。在设计术语中，权重显示为控制，随着控制点的权重增加，绘制一条接近控制点的曲线。很多 CAD 系统甚至不提供有权使用权重或节点的机会。这样的系统可能声称具有链接 NURB 的能力，以及界面基于 NURBs 建立，但是它们本质上只提供 B 样条曲线。NURBs 确实具有一个几何重要特征。随着正确选取权重，它们能够代表圆锥曲线，而 B 样条曲线则不能。对于 CAD 系统而言，这就意味着只有 NURBs 描述是必需的。从一个设计的角度而言，这个问题的重要性大打折扣。

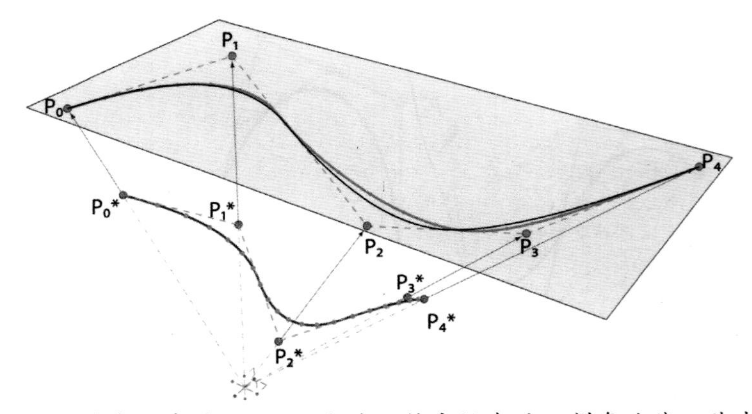

图 6.87 二维空间中的 NURBs 即为三维空间中的 B 样条曲线。其中二维的 NURB（渲染为红色）带有控制节点 P_0，P_1，P_2，P_3 和 P_4，当与 B 样条曲线控制点的 z 坐标相等时，对应的三维 B 样条曲线（渲染为灰色）的控制节点分别为 P^*_0，P^*_1，P^*_2，P^*_3 和 P^*_4。否则，如这里所示情况一样，NURB 和 B 样条曲线存在着一定的区别。

权重完成曲线属性和控制需要的词汇。贝塞尔曲线、B 样条曲线和 NURBs 组成一个系列，其中的每一个都建立在前者的基础之上。如下就是它们的对比。

属性	贝塞尔曲线	B 样条曲线	NURB
凸包	是	是	是
对称性	是	是	是
端点插值	是	可选	可选
仿射不变性	是	是	是
仿射参数不变性	是	是	是
变差递减	是	是	是
局部控制	伪	是	是
连续样条	难做	是	是
次序控制	否	是	是
节点	否	是	是
投影不变性	否	否	是
圆锥曲线	否	否	是
权重	否	否	是

从设计角度而言，它们相关的枝节问题正是和这些属性冲突最多的地方。确实，我们有时需要依靠这些属性中的每一个。例如，仿射不变性非常重要。当我们作为一个整体移动控制点时，生成曲线不会就控制点而言发生变化。但是对于一般的曲线概念才是关键。参数化和几何学上的距离存在很大的差异，弗朗内特标架（几乎）总是如此定义的，并且我们期望控制连续性比设计更重要。贝塞尔曲线、B 样条曲线和 NURBs 都是（不止这么简单）我们需要达到这一目的的数学手段。

6.9.14 规则四和五

究竟有多少控制点是实际需要的呢？阶数多少才是很好的选择呢？这些是独立的问题，但是其答案又相互关联。我们有足够的理由将每个数目都编得小一点，结果是 5 个控制点和 4 阶就足以完成很多建模工作。5 个控制点意味着曲线有一个“下凹”区。而 4 个阶意味着曲线衔接能够非常平滑，甚至在光反射下没有明显的接头。具有小数目的控制点能够使得预测一个模型将会如何变化更加容易。阶数越低，曲线越接近于控制多边形，同时这也帮助理解模型的工作表现。

图 6.89 控制多边形上具有 5 个控制点的 4 阶曲线允许一个下凹区域。这一简单且易于计算的描绘对于绝大多数设计情况都适用。

6.10 参数曲面

参数曲面和曲线共享数学结构。曲面自然比曲线更为复杂，它们的描述必定包含更多。这部分从建模的角度描述曲面的表现，而不是它们如何在数学和参数上进行工作。

参数曲面包含一个点 $\dot{p}$（u，v），该点在参数 u 和 v 改变时在曲面上移动（见图 6.90）。按照惯例曲线具有参数 t，所以曲面可以使用字母表中的下两个字母作为变量。

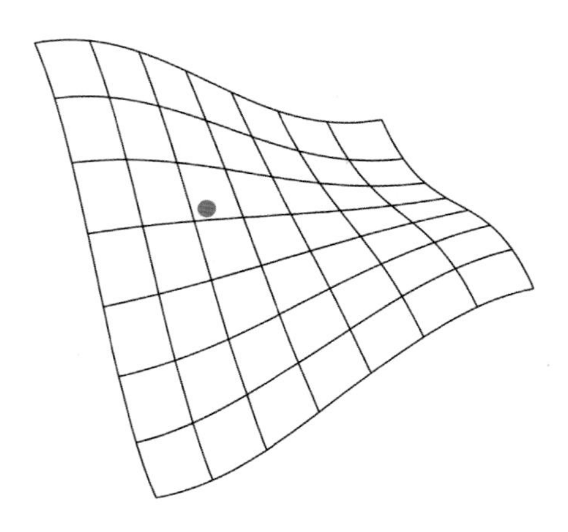

图 6.90 一个曲面 $\dot{p}$（u，v）上的点 uv

类似于曲线，移动不是线性的（见图 6.90）。和曲线不同，没有统一的方式来使空间一致。这就导致细分曲面时的很多复杂问题。

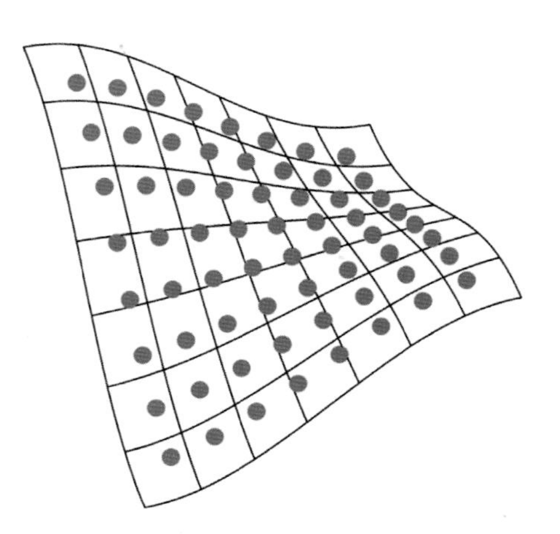

图 6.91 曲面上的一系列参数化的空间等价点 uv。可以容易地看出几何空间在一对点之间的变化。

对于和曲线相类似（但是更加复杂）的例外情况，图 6.92 所示为曲面上每个点都有各自的独立单位曲面法线。

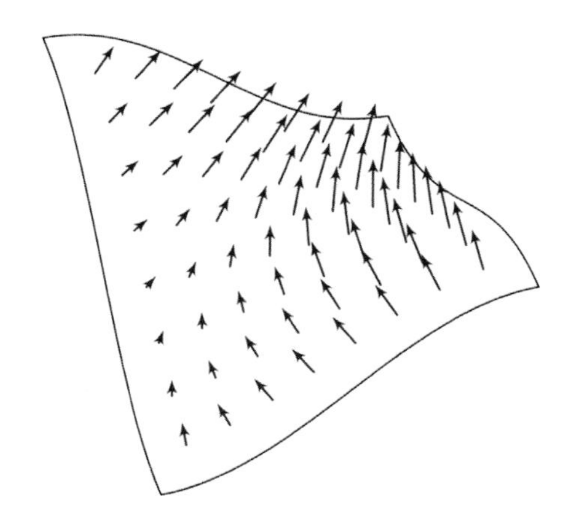

图 6.92　由图 6.90 引出的曲面上的点 *uv* 处的单位曲面法线

参数空间 *u* 和 *v* 中的直线可以标示为曲面上的曲线。无论 *u* 和 *v* 谁是常值，参数空间的直线都平行于参数坐标轴。*uv* 参数空间的面积也可以标示到曲面上，在进程中像胶皮一样伸展。几何空间中的曲线和胶皮一起伸展，因此曲线在曲面上与在参数空间上大体成比例。这样的曲线，*u* 和 *v* 之一保持常值，称作标准曲线。如图 6.93 所示四条这样的曲线。

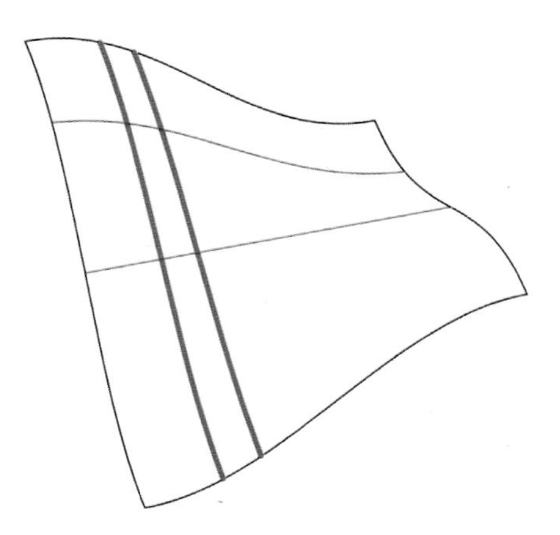

图 6.93　依据图 6.90 所得的曲面标准曲线，其中 u=0.2、u=0.3、v=0.5、v=0.8。

几乎在曲面上的每个点都具有坐标系组成曲面的法线（*z* 轴），在局部 *u* 方向（*x* 轴）的一个向量以及在局部 *v* 方向（*y* 轴）的一个向量。这样的系统称作 *uv* 坐标系统。图 6.94 渲染了等参数间隔的系统阵列。

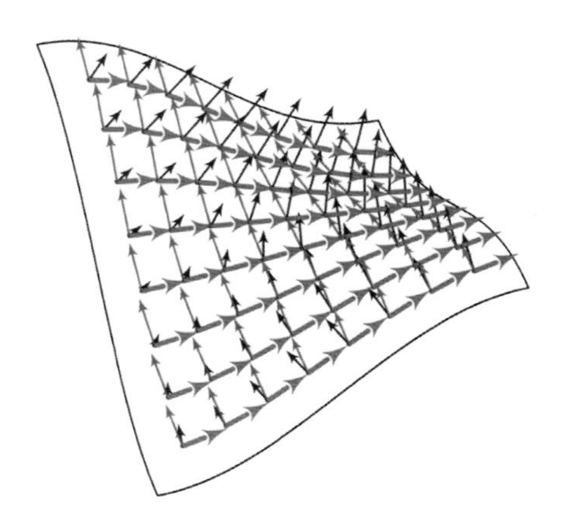

图 6.94　曲面上 *uv* 坐标系统阵列

图 6.95 给出了另一种坐标系。它指出了不沿着 *uv* 标准曲线，而是沿着主曲率的曲线。几乎在曲面上的每个点（除了像球和平面这样的奇异的表面之外），都存在两个平面，彼此之间及与法向平面成直角。两个平面都与曲面相交，一个包含最大曲率曲线，另一个包含最小曲率曲线。这些平面的方向定义为曲面在某点的主方向。

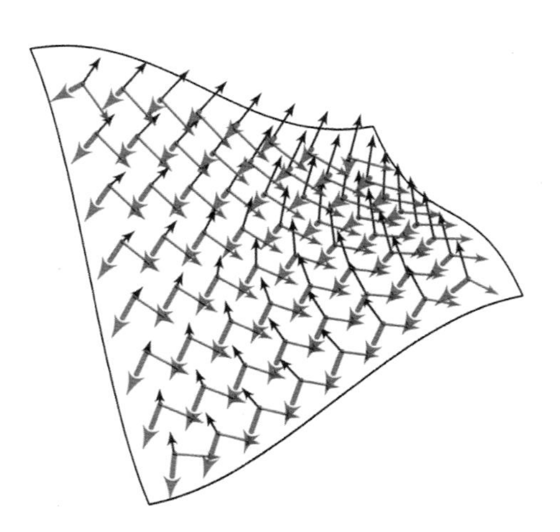

图 6.95　曲面上坐标系的主要方向阵列

第7章
几何表现

建筑师：Kohn Pederson Fox Associates（KPF）

本章作者：Onur Yuce Gun

参数化建模使设计者能够通过精确控制构建复杂的设计。通过利用等级关系将离散部分连接起来，这样才能够通过数字、文本和逻辑值构成的参数来驱动、升级和修改设计。自此设计模型不再是固定的实体，而是具有可塑性的，让我们有机会探索、测试和评价设计的多样性。

参数化模型超越传统的 CAD 模型的最主要优点之一是传递图形，它允许设计过程中的不同部分同时操作。这就鼓励设计者跨越一系列相互联系的设计理念进行思维，并能够在设计的各部分中发现或建立相关规则。单一动作在构建系统内部时触发一系列反馈。当参数化模型系统的逻辑和当代的自由形态建模相结合时，形态发掘和设计探索就会被大大增强。

在设计中不受约束的和好玩的探究工作，是我们如何发掘新的思想。更强的计算能力和更少的几何限制仅仅意味着创新的更广阔领域。然而，设计—建造的实践最后需要更多的几何和成本控制手段。一旦嵌入参数化模型，几何关系、连接和限制能够被用来实现这些实用的目标。

当几何学融入设计进程的初期，众所周知的设计后合理化策略就成为预合理化：几何学和结构本身成为造型概念。通过使用此类工具，设计者获得了洞察力与明辨力。

7.1 几何流动性：白木兰大厦

作为上海卢湾区标志性建筑的 68 层白木兰大厦是 Kohn Pedersen Fox 于 2003 年设计的，。该大厦的数字化模型是在 Rhinoceros3.0 软件下建构的，使用了非均匀有理 B 样条曲线（NURB）建模技术。其最初的设计是塑形练习，既没有使用预先合理化，也没有使用参数化建模技术。

该大厦的原始模型由三个相同的表面组成，这三部分只在建筑物顶部的延伸处有一些轻微的不同（图 7.1）。相似的方法从建筑物顶部一直沿用到塔楼基座的天棚。

图 7.1 大厦的三维模型

资料来源：Robert Whitlock 和 KPF。

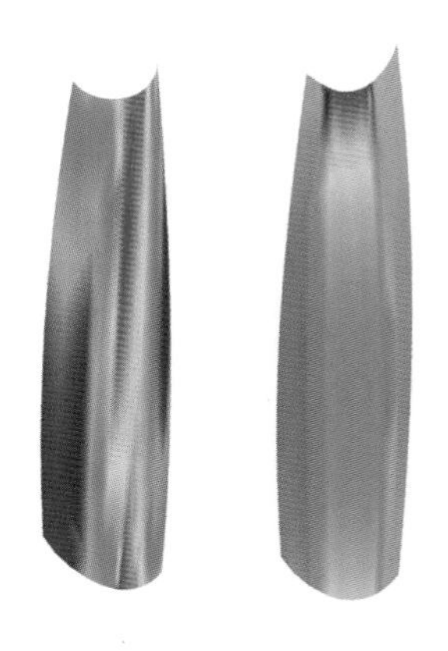

图 7.2 几何合理化前（左图）后（右图）的表面曲率属性

资料来源：Onur Yüce Gün 和 KPF。

主要出于造型考虑，设计者们不会尝试去控制初始数字模型中的表面曲率。其复杂的结果具有不同且不规则的表面曲率值。实际的幕墙设计包含了几乎任何类型的规律性：曲率、平面离散化或者普通边值长度（图 7.2）。曲率的平滑度变化使面板更有规律和成本效率。扁平面板仍然保持它们相比弯曲面板的历史优越性，包括生产时间和成本、耐用年限和维护费用。

白木兰大厦的设计深化研究专注于概念生成和参数化控制圆环片的使用。圆环面或者用直线围合的圆环片是一个圆环表面的剪切块，能够细分成多个平面四边形。这些四边形可接受为幕墙建造所需的扁平面板（图 7.3）。

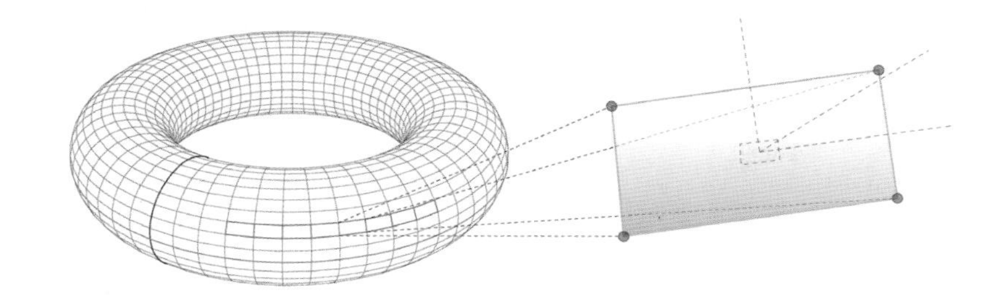

图 7.3　扁平面板组成的圆环表面。水平方向统一横排上的面板大小相同。
资料来源：©2010 Onur Yüce Gün。

参数化控制为建筑物的每一层地面生成水泥楼板。具有切线依赖的一系列圆集定义了一系列公切弧线，从而形成复合曲线（图 7.4）。在每一个楼层上，复合曲线代表通过修剪边线的两个端点得到的楼板周边线。这些线在连续的楼层上旋转一个小角度（0.44°），在 68 层总高度产生 30° 的扭转（图 7.5）。忽略扭转对整个表面边缘的切割，表面的形状仍然保持相同。

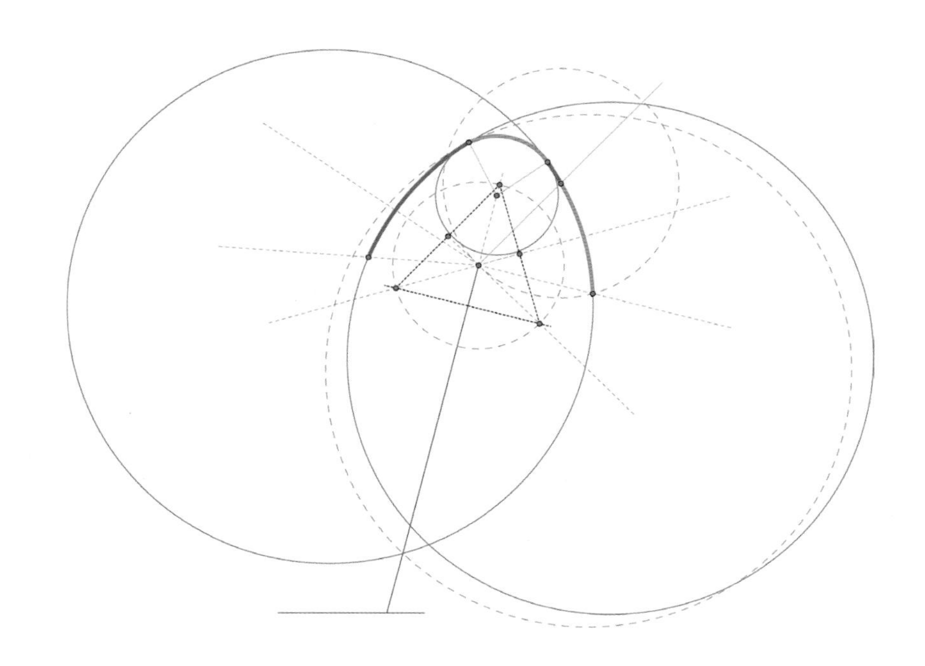

图 7.4　相切圆的基本图解，创建了由平滑度转变复合而成的连续弧线。
资料来源：Onur Yüce Gün 和 KPF。

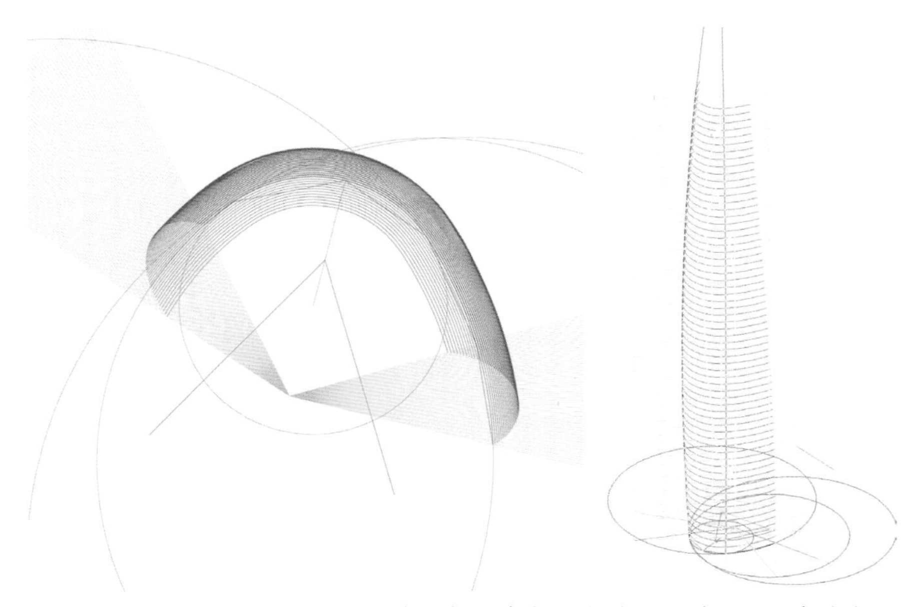

图 7.5　通过修剪线（橙色）修剪的复合基本曲线（图 7.4），该曲线被向上传递以生成每层的楼板周界。注意通过旋转修剪线创建的扭转效果。

资料来源：Onur Yüce Gün 和 KPF。

复合平板周界曲线在其沿着垂直弧线移动时缩放。对垂直弧线和复合平板周界曲线的操作定义了建筑的整体形态，控制建筑中部逐渐变尖细的数量和最大宽度。当扫过其中一个基础弧线时，垂直弧线创建一个圆环片段。因为其基底由三个公切弧线组成，其最终几何体是三个圆环片段的复合表面。然而，这些片段之间的转换非常光滑，因为复合曲线的弧线是连续相切的。

白木兰大厦的参数化模型是由 Bentley 公司开发的 Generative Components® 软件开发的。该模型能够被全局变量和通过编辑基本几何体间的相关依赖驱动，随着几何体的一部分的任何变化动态更新。一旦运行起来，设计者就能够使用参数化模型来生成塔楼的各种变化以进行进一步评价（图 7.6）。

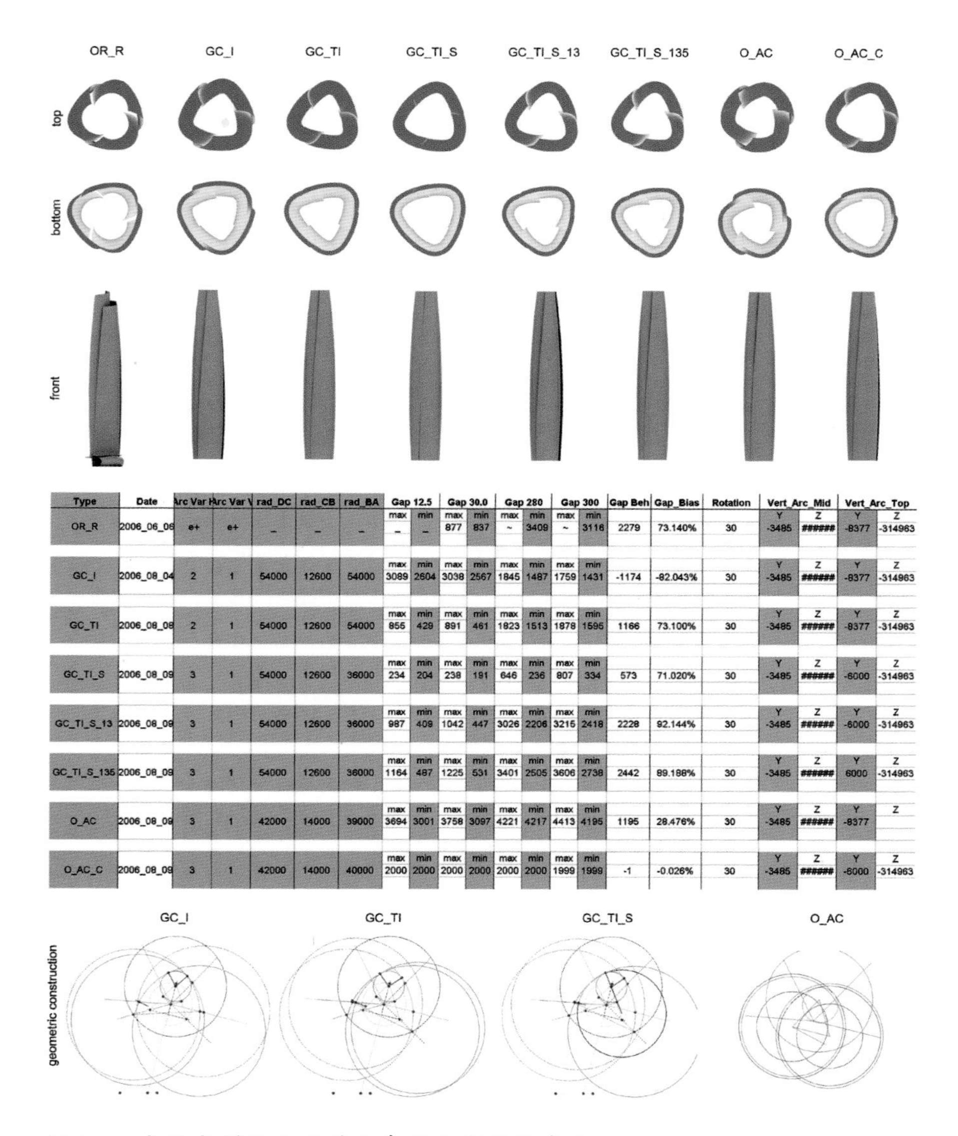

Type	Date	Arc Var H	Arc Var V	rad_DC	rad_CB	rad_BA	Gap 12.5		Gap 30.0		Gap 280		Gap 300		Gap Beh	Gap_Bias	Rotation	Vert_Arc_Mid		Vert_Arc_Top	
							max	min	max	min	max	min	max	min				Y	Z	Y	Z
OR_R	2006_06_06	e+	e+	–	–	–	–	–	877	837	~	3409	~	3116	2279	73.140%	30	-3485	######	-8377	-314963
GC_I	2006_08_04	2	1	54000	12600	54000	3089	2604	3038	2567	1845	1487	1759	1431	-1174	-82.043%	30	-3485	######	-8377	-314963
GC_TI	2006_08_08	2	1	54000	12600	54000	855	429	891	461	1823	1513	1878	1595	1166	73.100%	30	-3485	######	-8377	-314963
GC_TI_S	2006_08_09	3	1	54000	12600	36000	234	204	238	191	646	236	807	334	573	71.020%	30	-3485	######	-6000	-314963
GC_TI_S_13	2006_08_09	3	1	54000	12600	36000	987	409	1042	447	3026	2206	3215	2418	2228	92.144%	30	-3485	######	-6000	-314963
GC_TI_S_135	2006_08_09	3	1	54000	12600	36000	1164	487	1225	531	3401	2505	3606	2738	2442	89.188%	30	-3485	######	6000	-314963
O_AC	2006_08_09	3	1	42000	14000	39000	3694	3001	3758	3097	4221	4217	4413	4195	1195	28.476%	30	-3485	######	-8377	
O_AC_C	2006_08_09	3	1	42000	14000	40000	2000	2000	2000	2000	2000	2000	1999	1999	-1	-0.026%	30	-3485	######	-6000	-314963

图 7.6 各种各样的大厦作为参数化模型的产品

资料来源：Onur Yüce Gün 和 KPF。

在设计研究中生成的几何体，要从建设难易度和成本、最终形态与初始设计的接近情况两方面来评估。塔楼的视觉形状仍然是设计研究中的重点考虑之一（图 7.7）。

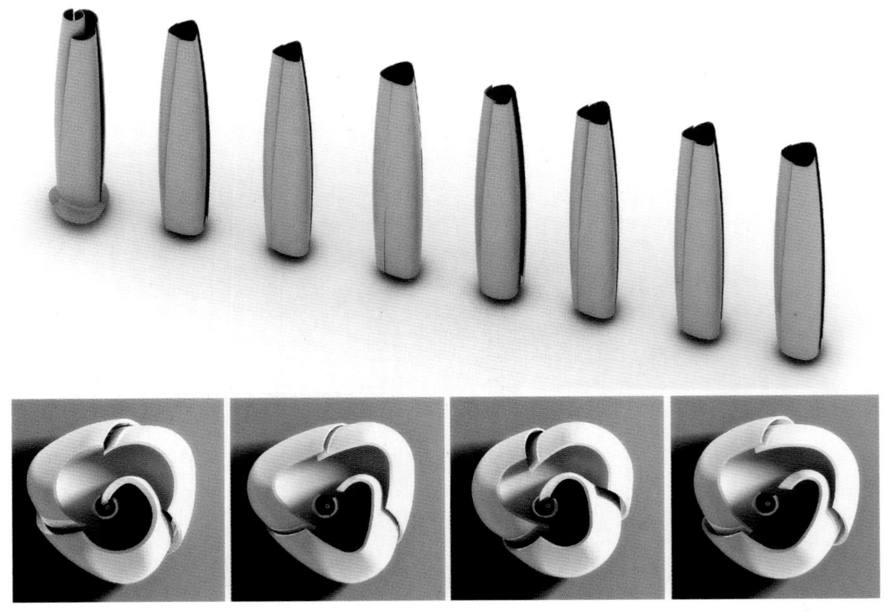

图 7.7　塔楼多种变化的初步渲染图。注意表面间缝隙的区别，以及通过不同的曲率值创建的不同视觉锐度。

资料来源：Onur Yüce Gün 和 KPF。

三维打印已经被用来比较和对照可选方案的视觉品质（图 7.8）。

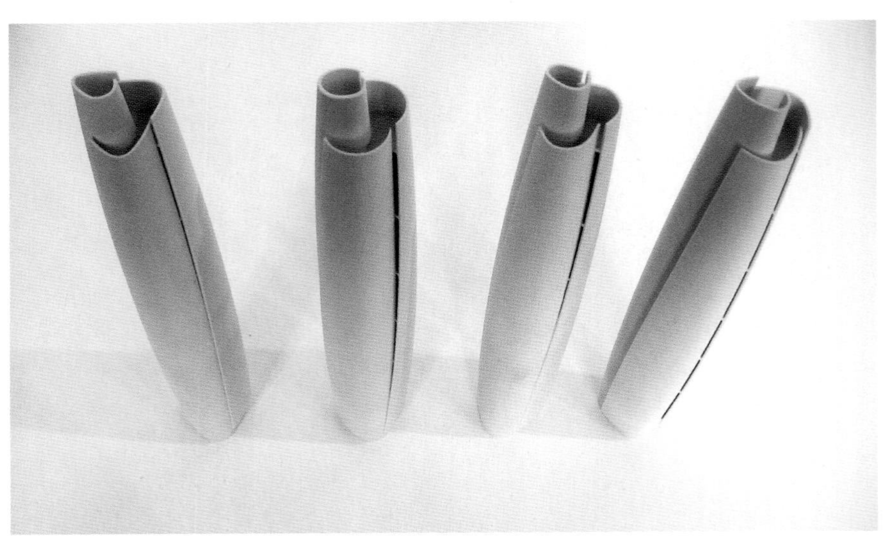

图 7.8　三维打印用来帮助设计者理解塔楼形式的品质

资料来源：Onur Yüce Gün 和 KPF。

在研究工作的下一个阶段，在 McNeel 的 Rhinoceros® 中制定脚本帮助大厦自动面板化。该面板配置工作如下：平板周界线的起始点是圆心，该圆的半径等于期望的平板宽度。该圆与平板周界线相交于一点，该点决定了平板的第二个基点。接下来的平板使用第一个平板的第二个点。第二个点成为第二个相交圆的圆心，该圆心决定了第二个平板的第二个点。该程序持续创建面板直到其到达楼板周界线的终点，之后再处理下一层（图 7.9）。

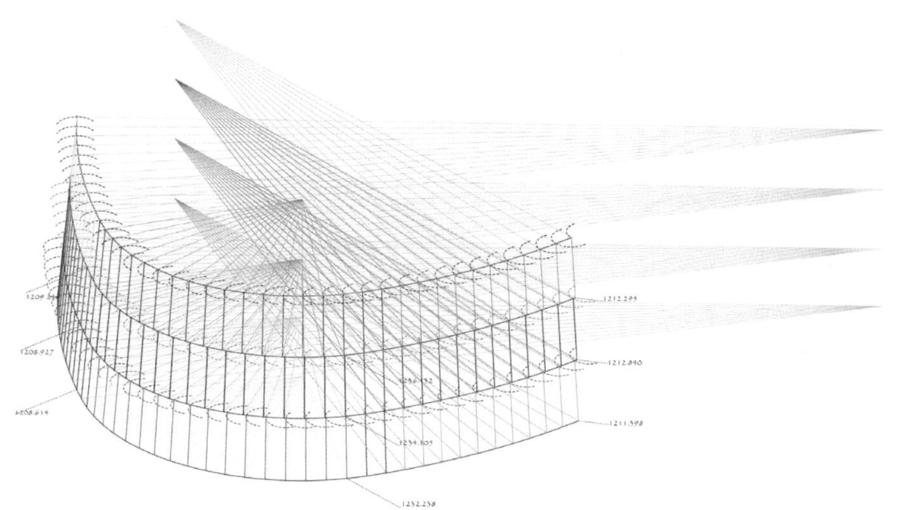

图 7.9　每个面板的创建，都是参考前一个面板以及局部的几何指南。
资料来源：Onur Yüce Gün 和 KPF。

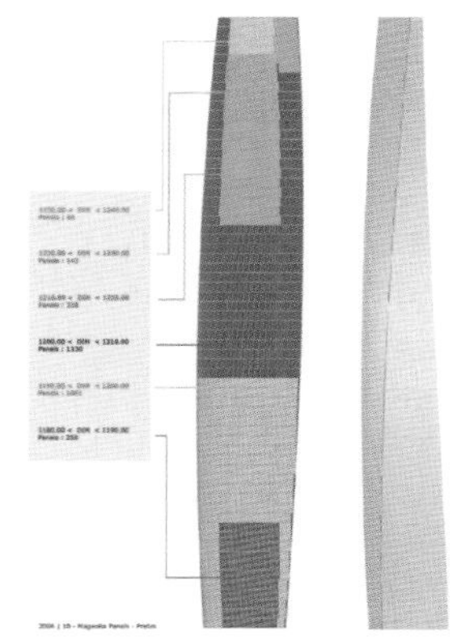

图 7.10　按照 10mm 公差允许值的面板分组以及色彩编码
资料来源：Onur Yüce Gün 和 KPF。

一旦所有的面板被创建，它们就被按照型号和色码分类开来，以使面板种类数量迅速可视化。幕墙结构允许公差是 10mm，这决定了相似的面板组之间的界限。使用这种技术，该大厦能够使用六种不同的面板类型构建出来（图 7.10）。

为白木兰大厦研发的计算设计方法影响了 KPF 事务所当时正在进行中的大量高层建筑的研究，这些高层建筑遍布全球，在本书写作时或者正在施工中或者已确定施工。例如，上海浦东的中国建筑工程总公司（CSCEC）大厦的几何模型和施工图，韩国松岛的 F3-F5 大厦都延伸了为白木兰大厦的设计所做的研究。

白木兰大厦的设计研究在完成实际幕墙建造的同时，保持了其整体形式的动人和有趣。和纽约的 KPF 计算几何小组一样，我们在一些活动和展览中，包括在洛杉矶召开的 SIGGRAPH 2008 设计计算艺廊中展示了自己的工作。在这次展览的准备阶段，我们探索了附加的、实验性的结构表面模式（图 7.11）

图 7.11 纤维表面：由 KPF（纽约）计算几何小组在 SIGGRAPH 2008 计算机设计艺廊上展示的设计模型。

资料来源：Onur Yüce Gün 和 KPF。

7.2 设计结合比特：南京南站

Kohn Pedersen Fox 纽约公司参与了南京南站的一次设计竞赛，南京南站计划建成中国高速铁路和常规服务铁路系统的一部分。该车站坐落在一个浅谷里，并由一个横穿其中心的“绿色走廊”分为两半，该走廊与区域的主要公园相连。在车站内部，这个绿色走廊采取了换乘大厅的形式，到达大厅围绕它布置，在它上面是车站的月台以及出发乘客的候车室。在升起的候车室上面，超大罩棚为旅客提供了避雨、遮阳和挡风的良好屏障（见图 7.12）。

概念性的非参数化 CAD 模型作为车站的第一个三维模型，显示了大规模和几何构筑的初始设计目标（见图 7.13）。巨大的罩棚覆盖了依次排开的东西向 15 条火车轨道间的 500 多米长的站台。然而，轨道自身不被覆盖，以便使阳光能够射到站台。该罩棚在建筑中部转变成弧形条带，以限定换乘大厅。在车站南北方向连接中部的附加罩棚强调了车站入口。

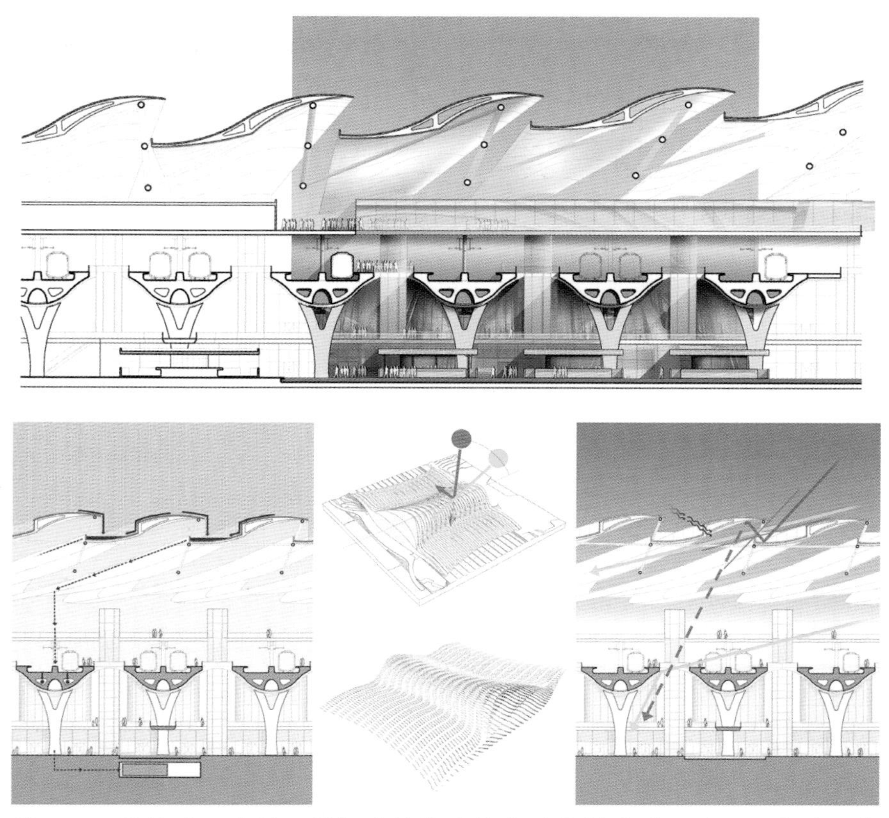

图 7.12　设计团队为揭示罩棚的性能设计意图绘制的剖面图。注意屋顶表面与列车和人之间的尺度比较。

资料来源：Nicholas J. Wallin 和 KPF。

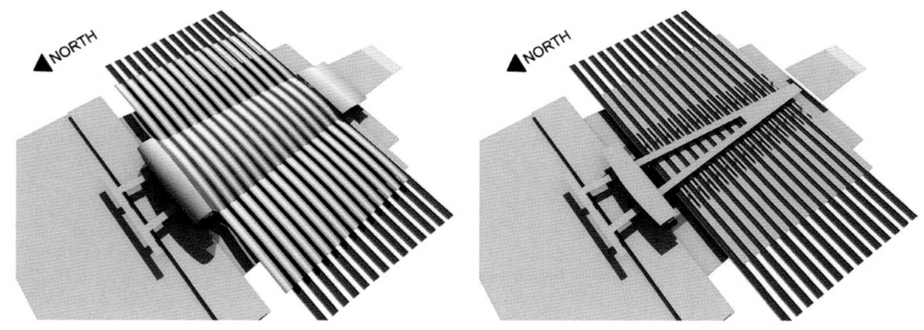

图 7.13　设计团队制作的南京南站第一个非参数化数字模型，左图展示了屋顶平面，右图所示为列车轨道。

资料来源：David Malott 和 KPF。

设计小组意在创建一个有机并且流动的形式。常规的非参数化模型要求在设计初期对其特有属性的挖掘就必须做决定。参数化模型允许这样的决策推迟到最后。

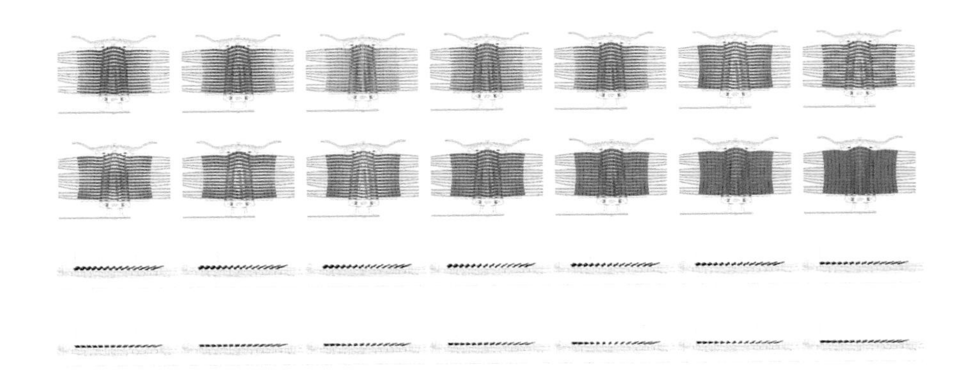

图 7.14 参数化模型使设计小组能够生成和讨论各种形式上的配置
资料来源：Onur Yüce Gün、Stelios Dritsas 和 KPF。

参考非参数化 CAD 模型，一个基本的参数化模型在 Generative Components® 下创建，以探索更多的形态组织（图 7.14）。在这个模型中，全局周界表面支撑着所有的单体罩棚表面并使之成为连续的形式。使用简单的参数就可以更新这些表面的宽度和高度，使快速探索成为可能。在这个阶段，特定的参数化关系与总体形式相比就显得略微次要一些。接下来是更为精确的控制。

在更高级的建模阶段，生成的 S 形截面在定义表面特征中扮演着重要的角色。虽然单个截面非常简单，S 曲线在构成和参数化控制方面创造了一系列不同的形式条件（图 7.15）。其中包含了表面的陡度和深度，以及向一侧面投影的数量。分离函数将 S 曲线在屋面的较高区域分割开来，撕开一个额外的开口以便在必要时能够获得更多的日照（图 7.16）。撕口基本位于 S 曲线中部的右侧：当一半被提升起来时，另一半仍然保留在原来的位置。撕口端部与垂直的连接器联系在一起。S 曲线的结尾以相似的方式与下面的主要结构构件连接。连接角的控制与下面的结构构件有关。

简单 S 曲线的不同配置、变形以及转换是由全局规则集和内部参数所控制的，它们定义着表面的所有特征。当推出和决定设计形式时，这些曲线是无形的。其最终设计模式影响着车站直射阳光的反射和渗透，排水系统也是这样。在各个季节日照以相似的方式受到影响（图 7.17）。其最终的设计图形是这些规则集对 S 曲线系统施加影响的结果，而不是手工绘制的几何图形。

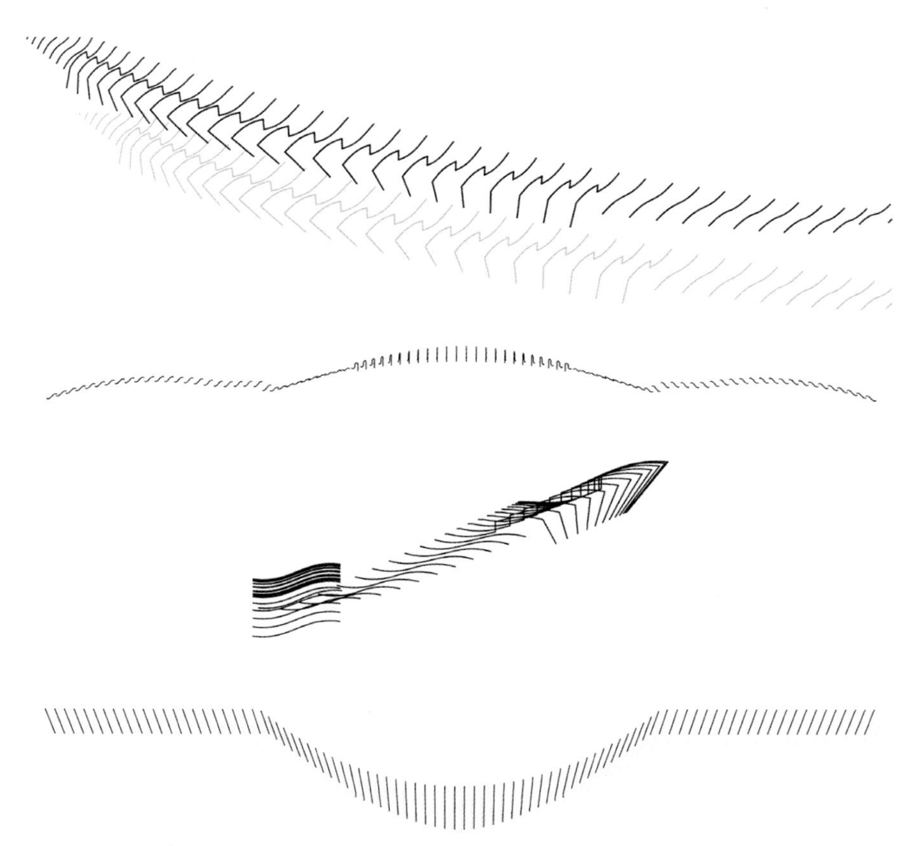

图 7.15　简单的 S 曲线及其生成变化能力

资料来源：Onur Yüce Gün 和 KPF。

图 7.16　分离函数在 S 曲线中部的右侧创建空隙，该空隙接下来与一个线性部分相连接。

资料来源：Onur Yüce Gün 和 KPF。

探索阶段的灵活性和自由度帮助我们发掘不同的形式组织（图 7.18），参数化系统中所定义的限制和约束，有助于发展下一阶段中几何学上的精确性和更高级的控制。

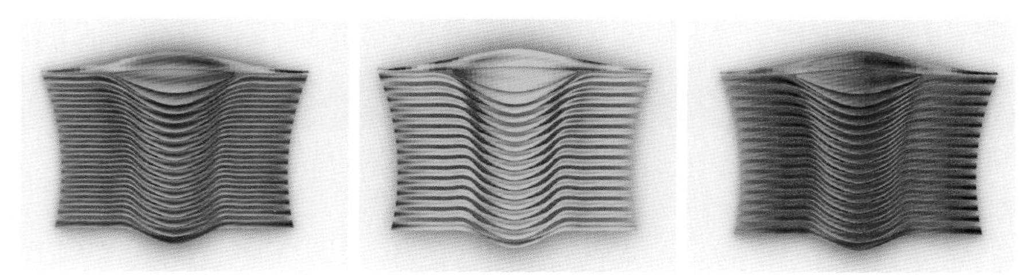

图 7.17　对春、夏和秋三个季节做的日照模拟，提供关于整个屋面表皮受日光曝晒的概念。

资料来源：Onur Yüce Gün、Stelios Dritsas，Mirco Becker 和 KPF。

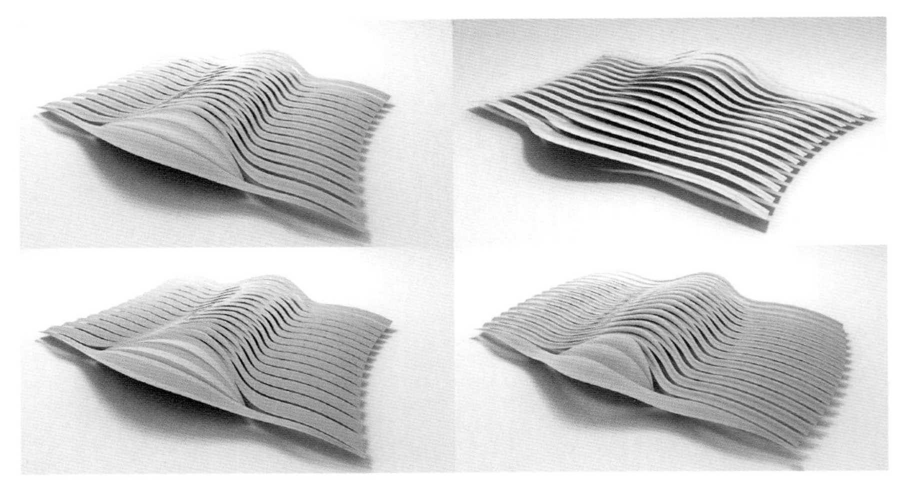

图 7.18　源于源参数化模型的变化

资料来源：Onur Yüce Gün 和 KPF。

这些定义在S曲线上的行为，在几何结果上面施加约束。通过这种方式，模型可被称为预先合理化模型。通过一些拟人化的原理，我们可以宣称模型中存在某种意识，它并不违背界限，反之它就会停止或者失败。多数时候它都提醒使用者即将发生的故障。这样就有了几分智能，或者至少是设计者嵌入了部分智慧火花。

这些努力需要用户工具制造，就像CAD平台提供的生成工具不足以解决所有的几何学问题，甚至包括中等复杂程度的建筑模型意向（图 7.19）。在这种情况下，GCScript 语言已经被广泛用于参考和生成几何形式的节点阵列的构建。

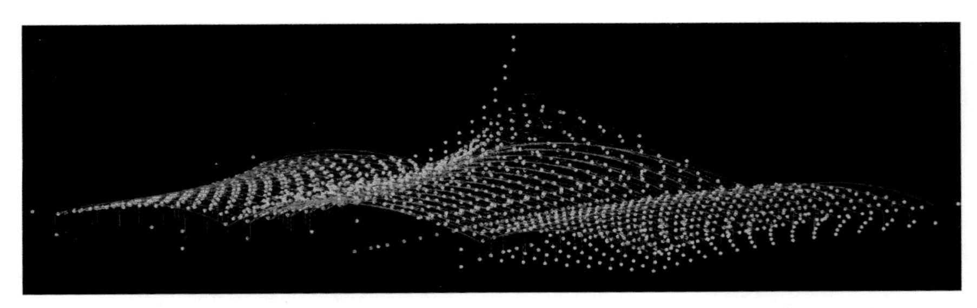

图 7.19　南京南站模型包含从柱的布局到屋面的面板化不同范围的数据

资料来源：Onur Yüce Gün 和 KPF。

参数化模型通过创建几何体占位符——点、直线和曲线等来帮助生成结构框架。这些占位符的文件送至结构顾问以供分析使用。来自顾问的反馈又帮助形式更新，以实现更高的结构效率。

最终的形式揭示了设计团队在表现模式上的发现，特别是当与初始的CAD模型进行比较的时候（图7.20）。当前罩棚在中部抬高并断开以突出联运大厅，而非所呈现的几何学上的快速起伏。北部和南部入口通过凸出物被强调。整个车站呈现了一个统一的模式，通过一般几何体与逻辑将部分联系成整体。在整体形式上的任何操作都可以动态地更新屋顶的形式。

图7.20　南京南站方案成为进入竞赛总决赛的两个方案之一
资料来源：KPF。

按照1：400的比例所做的模型，大约2米长，使用数字化文件在中国建成。这是实际建造的提前预演，因为所有的结构部件和表面片段的原型都建构完成。在模型完成时，它展示了支撑罩棚的肋状物以及组成整个形式的双曲表面的特质。

7.3　选择性设计思维

本章介绍的两个独特的项目具有很多的相同点。白木兰大厦和南京南站的设计，覆盖了非常广泛范围的关注点。他们的研究工作不是纯技术的，也不是纯美学的。正相反，为每个设计研发的工具使找形分析在技术约束下成为可能。今天的设计工作需要太多的输入信息，以致它们不再是或者不再可能是“高手的草图”。同样地，它们也不是技术人员的产品。设计的专业竞争性要求一个公司应用整体化的知识体系。成功的设计是由设计团队创造的复杂进程。

参数化模型能够承载所需要的设计复杂度。它们能够将多层面的设计考虑植入到相关的数字化模型中。在当代的工程实践中，设计模型是一个灵活的实体，可生成、操作并且再组织，从而能够创造包含高度定制化和可控制的相互连接部件的优雅整体。

第8章

参数化设计模式

抽象是设计者极难掌握的新技能。为什么呢？因为这需要设计者的思维更像是一个计算机科学家而非设计师。但是这是真的吗？设计者在组织项目和图集时一直采用抽象方式。移除不需要的详细信息有助于将注意力都集中在手头所要解决的问题上。抽象表述使得例如流线、光线和结构等的具体问题能够顺利进行下去。

和设计者从来不将一座建筑完全使用一张单一图纸绘制出来类似（当然，狗舍除外），参数化建模者永远不会在单一模型中工作。复杂的模型是由各个部分（多数是可重复使用的）组成的。

可以重复使用、抽象的部分是设计专业实践的重点。几年以来，我的研究小组在西蒙弗雷泽大学（Simon Fraser University）已经使用设计模式来理解、探究和表达参数化设计的实践和技艺。除了模式自身，小组成员已经发表了学术论文（Qian，2004；Marques，2007；Sheikholeslami，2009；Qian，2009），以及出版物（Qian 和 Woodbury，2004；Woodbury 等，2007；Qian 等，2007，2008）。我们所作的是一项共享的事业。通过这一章的内容，我使用第一人称复数来描述我们共同完成的成果。

模式是经过良好描述的问题的一般解决方案。它同时包含着问题和解决方案，以及其他情境信息。模式已经成为解释系统和设计情况的通用装置（Week，2002；Tidwell，2005；Evitts，2000；van Duyne 等，2002；Gamma 等，1995）。作者们通过多种方法来表达模式。这里我们将采用 Tidwell 在 2005 年提出的直接和不言自明的风格，包括标题、内容、何时使用、为什么使用、如何使用和例子等等。模式的“标题”必须简明扼要，并且易于记忆。模式的“内容”使用祈使语态来描述如何将模块付诸实践。“使用时间”提供了识别模式应用时间所需要的语境。“为什么使用”激发模式并且列出使用模式带来的益处。“如何使用”揭示了模式的技术性细节。对于我们而言，模块的独特特征是它解释了其机制，也即模式的所有实例具有类似的符号结构。例如，提供所需抽象模式描述的具体实例，我们称之为样本。

模式使用祈使语态。它们是对什么应做和什么能做的标准描述，同时还有前辈们的先行工作。至少在西方历史上，作者们通过课本引入实例。维特鲁威编写的《建筑十书》(Pollio，1914) 是整个古罗马时代唯一留存的建筑学课本。从文艺复兴时期开始，有在 1742 年再版的帕拉第奥的《建筑四书》。在 19 世纪，拉斯金在 1844 年编写的《建筑的七盏明灯》一书总结了过去长期的作为实践基础的大量工作。在 20 世纪，亚历山大在 1979 年将“模式”一词赋予特定的含义，“模式”是一个正式的、带有修辞色彩的表达设计意图的手段。对于一个计算机专家和语言学家而言，很明显亚历山大受到了那个时代的计算思维影响，尤其是受到了诺姆·乔姆斯基 (Noam Chomsky) 语法的影响。亚历山大围绕其模式论创建了一种建筑哲学。他使用诸如“建筑的永恒之道”、“优良的进程需求”和“无名特质”等措辞来规定人们究竟如何使用模块。

在 20 世纪晚期，软件工程学科发现了亚历山大的工作。在软件中，模式成为了解释计算机编程中非正式的中层组成思维（Gamma 等，1995）的工具。软件工程师抛弃了所有哲理，仅仅留下了手段本身。他们的理由源于整个世界；他们将模式视为实现设计目标的有效手段。他们在作者和评论家组成的具有共享专门知识的小组里确立了特定的模式。每个设计模式在基于对象的系统中进行系统化命名、解释、评价一个重要且重复出现的设计。他们倾向于使模式有助于使用者做出设计选择，该选择能够使系统可再利用，并且避免危及再利用的选择。1995 年，Gamma 等人的书发展了设计模式的概念，并使它在软件工程领域和其他领域世界范围内流行。

现在我们理解模式非常有用，因为它们促进交流。设计团队能够通过名称提及模式，而不用不得不从头开始解释一个复杂的理念。每个人都将或至少大概知道其中的含义。通过这样的共享，模式成了实例和半正式想法的收集和传播的大众化工具。

我们的模式旨在帮助设计者学习和使用以传播为基础的参数化建模系统。我们很大程度上关注于 Generative Components® 系统，因为它允许我们接近一大群设计者，他们正在学习这个系统和潜在的基于传播的系统的计算概念。然而我们期望我们的成果能够推广到其他系统，在本书成文时我们已经在 CATIA® 和 SolidWorks® 中做了有限的试验。Tsung-Hsien Wang 和 Ramesh Krishnamurti 在 2010 年已经将我们所有的模式应用到了 Rhinoceros® 中。

我们的目的是使我们的模式捕捉这些原创作者的行为，在节点之上，但在设计之下。模式能够帮助学习。我们已经将参数化建模传授给几百名专业人员和研究生。随着时间的推移，我们还注意到我们的教学已经更多地致力于策略层面。现在我们将模式在教学与学习中作为显性元素来使用。

本章给出了 13 种参数化设计模式，每一种都通过几个实例概要解释。复杂性逐渐增加——前面的模式比较简单，后面的逐渐复杂。它们可分为 5 大类。第一种模式自己就组成一类，它要求在整个模型中清晰地命名。控制器、工模、增量和反应器组成基础模型构建技术。点集和占位符表达了指定和定位复合对象的关键方法。投影、记录器和选择器显示了从模型中抽象信息的多种方法。最后三种模式，映射、递归和单变量求解器组成了实用（且有些复杂的）概念的必然的剩余范畴。

8.1 设计模式的结构

亚历山大在 1979 年将模式定义为三部分：背景、问题和解决方案。他的模式具有通用的格式：一幅图片（展示经典的例子）、一段介绍（用来设置文本）、一个题头（问题的本质）、一段冗长的章节（问题的主体）、对解决方案解释的段落和解决方案图解。1995 年，Gamma 等使用图解符号描述了设计模块并提供了多个具体案例。Tidwell 在 2005 年的用户界面（UI）模式具有清晰并且坚实的结构：名称、图解（通常是截屏案例）、内容、使用时间、使用原因、使用方法和案例。模式能够通过标准结构和一系列灵活的思维来展示。我们主要建立软件模式（1995 年 Gamma 等建立的）和 UI 模式（2005 年 Tidwell 建立的），来为如下的参数化设计模式发展结构：

- 名称是对模式能够简明生动描述的名词称谓。
- 图解是模式的图形化表述。
- 内容给出模式背后目标的描述语句。
- 时间描述由问题和背景组成的情境。
- 原因给出使用模式的缘由。
- 方法解释如何采用模式解决给定问题。
- 案例使用工作代码阐述模式。
- 相关模式展示了不同模式之间的联系。

在这八个模式元素中，案例在我们的工作中与众不同，因为它们提供具体的工作代码作为模式实例。我们将略述模式的语言方面。虽然很多模式作者致力于完整的模式语言构建设计的功能化层级，但是这样的综合性和权威性证明其自身晦涩难懂。与其相反，Week 在 2002 年出版的短篇中非正式定义的工作场所模式和 Tidwell 在 2005 年提出的广泛用户界面模式集合，采用了简单的分类模式，并得到了使用者和众多专家的广泛认可。

8.2 学习使用模式参数化建模

几乎所有的计算机手册都是以实例和步骤为基础编写的。它们通过一系列好用的实例引领读者，一步一步地描述实例建模必须做的工作。一些读者通过这种方法能够取得很好的学习效果。如果对于你而言不是这样的话，模式可能会对你有所帮助。通过将参数化建模教授给数百学员，我们已经研发了一种简单并且有效的三步法。第一步是学习最低限度的一套技巧步骤。你需要学习建模者的基本交互惯例，一些建模命令并且成功建立一个简单模型。第二步是使模型能够应用于你当前的工作。在任何你想要的媒介中从草图开始，从而加快速度。将其分成各逻辑部分，以使每部分都能够容易建模。我们已经发现好的外部建议确实在这个阶段有帮助。一个熟手能够阐明模型以及它所分成的部分。第三步是给各部分建立模型并将它们联系成一个整体。这就是模式的闪光点。你可能会发现很多部分都类似于模式（我们很大程度上通过观察设计者的工作以及与设计者互动来衍生模式）。你可能认为复制和修改模式样例十分有用，并将每个模式样例与你的目标模型关联起来。这些模式可能不会构成你的整个模型，但是其中的每一部分你都要明确区分开，并将每一部分都编写清楚。这个过程有助于你学习一个你已经知道但在参数化建模这个新语境中的强大策略。分而治之是在问题解决和设计中近乎通用的策略。它在每个媒介中看起来各不相同。在参数化建模中，模式具有非常好的表现。

8.3 使用设计模式工作

在本书中，我们研发的设计模式是通过与学习和使用参数化建模的设计者们的共同工作以及观察他们完成的。第 3 章将我们所发现的归结为 14 类设计行为。如果我们主张模式在这些行为中有很多帮助并不奇怪，但是如此论据在当前是循环的；当我们使用相同的数据来建立和验证理论时，我们会犯“在它之后，也正是由于它”（post hoc ergo propter hoc）这样的谬误。代替确切的结论，我假设模式能够对设计工作有帮助，并且提供多种论据支持这个假设。在本章的其余部分，我使用肯定的语态提出假设，就像它们是已经确立的主张。真实的情况是这些提议都需要在未来研究中加以验证。

模式的 4 种突出属性在于它们是明确的、部分的（处于节点之上设计之下）、问题为中心的（共同的问题）和抽象的（通用的）。

明确性有助于反思。模式的编写和阅读要求不同于设计流程的思维方式。就像舍恩（Schön）1983年提出的“行动中反思”，模式为提升设计技能提供了所需要的工具。编写模式是将它提交给确定的媒介，以便当你不在时其他人阅读。模式是团队建立底层建模和设计理念的共享程序库的好工具。尽管明确，但是模式中的样本像一次性的代码，可以任意复制和修改。因为精确的数字化拷贝可以免费获得，所以样本不会被毁坏。在尝试它们时最小量的工作都不需要了。每个模式的多重样本从一开始就提供不同的根源。在设计工作中，为了交流，模式的名称要求显式处理。

模式是部分的，意味着它们必须融入设计中。它们提供了部件，这些部件解决了分治策略中“治”的部分。通过提供问题各部分的独立解决方案，它们能够有助于明晰一个模型中的数据流。通过适当的编写，它们就成为非正式装置，可以大体上表达模块。

模式关注于解决问题。当写得好时，它们能够陈述问题并提供几种清晰的解决方案。它们通过加快近似模型的创建来辅助绘制草图。它们通常结合了几何学、数学和算法上的深刻见解。它们展示了如何将这些重要的和互补的技术融合起来。

最后一点，模式是抽象的。很好地使用它们就能够证明分而治之中“分”的部分的掌握。使用它们有助于研发参数化建模要求的分治策略的特殊形式。

8.4 编写设计模式

我们的研究工作证明，编写自己的设计模式可能有助于设计思维的反映以及重复使用。模式需要花费时间和精力来编写，之后反馈清晰和简单的信息。它们能够增强你的专业技能。编写模式就是聆听你自己和你的同事的思想。想想看，你是一直在变换着方式一遍又一遍做着同样的事情吗？你能使用一句话描述它吗？你有可重复使用的样本代码吗？如果你对每个问题的回答都是肯定的，那么就考虑编写一个模式吧。坚持8个模式描述符。当工作开始时，首先最主要专注于模式的名称、内容、使用时间和如何使用。收集一系列样本文件，一起看这些文件，找出它们的共同之处。每个文件中重构代码使其相容。此时，你很可能就已经具备了一个有用的模式的雏形。在你的工作进展缓慢时，反思模式，将其完善，使之更加明晰和简洁，并应用到你的工作中。如果好用，将其再优化。在你的团队中将其公开。使其方便查找，最好能够在线。其他人可能对你做的东西感兴趣，所以如果可能的话，大范围地共享它。

8.5 清晰的名称

关联模式 · 所有其他的模式。

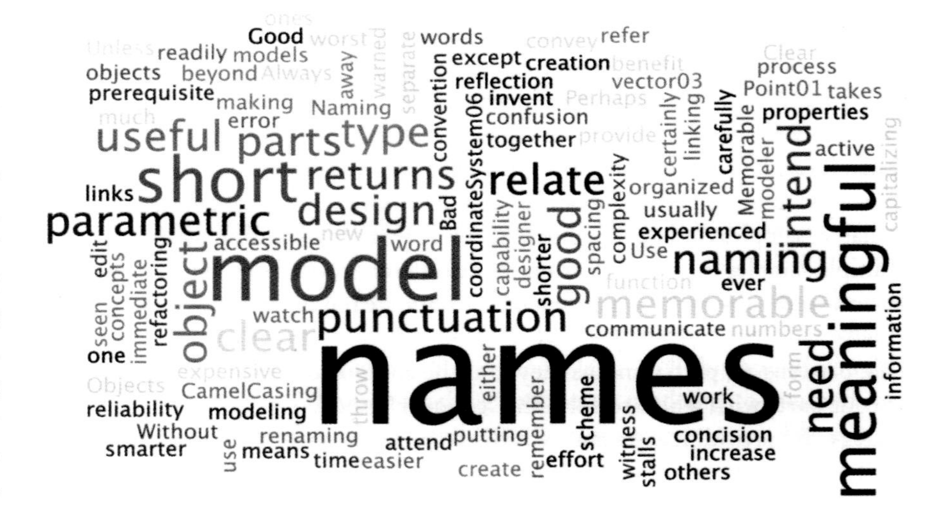

一些比较好的名字

主梁 3
屋面板
南立面
放置支撑
桁架 8
檩 8_3
基础
玫瑰窗
窗格 3_7
列 A_7
斜边

内容。使用清晰、富含意义、简短并且易于记忆的对象名称。

使用时间。始终，除了你想丢弃的工作。

使用原因。对象具有自己的名称。你使用这些来记住你是如何构建模型的，当你创建和编辑联系以及同其他人交流时提及部件。清晰、富含意义、简短并且易于记忆的名称是使得模型能够立刻使用的先决条件。

一些通常不好的名字

点 02
B 样条曲线 A
foobar
土豚
这
那
角 6
抛物线
某人
局部平面
abc
AfDrAp

如何使用。好的名称是清晰的，它们传达你的意图。同时它们也承载着设计意义，一般情况下，它们和形式、功能或位置有关。名称需要尽可能的简短（并且不能再短）。一个好的、有用的简洁惯例比如 CamelCasing，即单词不加空格或连接符并且大写每个词的首字母（用标点符号分开数字）。易于记忆的名称能够解释设计概念。

创造不好的名称更为容易。最差的命名方案可能就是按照对象的类型。“Point01”、“vector03”和“coordinateSystem06”之类没有给使用者提供任何新的信息，对象的类型就是其一种属性。

命名是主动的。如果你观察一名经验丰富的参数化设计人员，你会看到命名、反思和再命名的过程。随着模型复杂度的增加，该项复杂的重构会反馈诸多益处。在其缺乏的时候，模型会陷入混乱和错误之中。这一点非常需要注意。除非你比任何我所见过的参数化建模人员都要聪明，否则你都要在模型部件的命名环节多加注意。这需要时间和精力，但回报的是能力和可靠性。

标签云来源：www.wordle.net

8.6 控制器

关联模式 · 工模 · 点集 · 反应器 · 记录器 · 选择器 · 映射

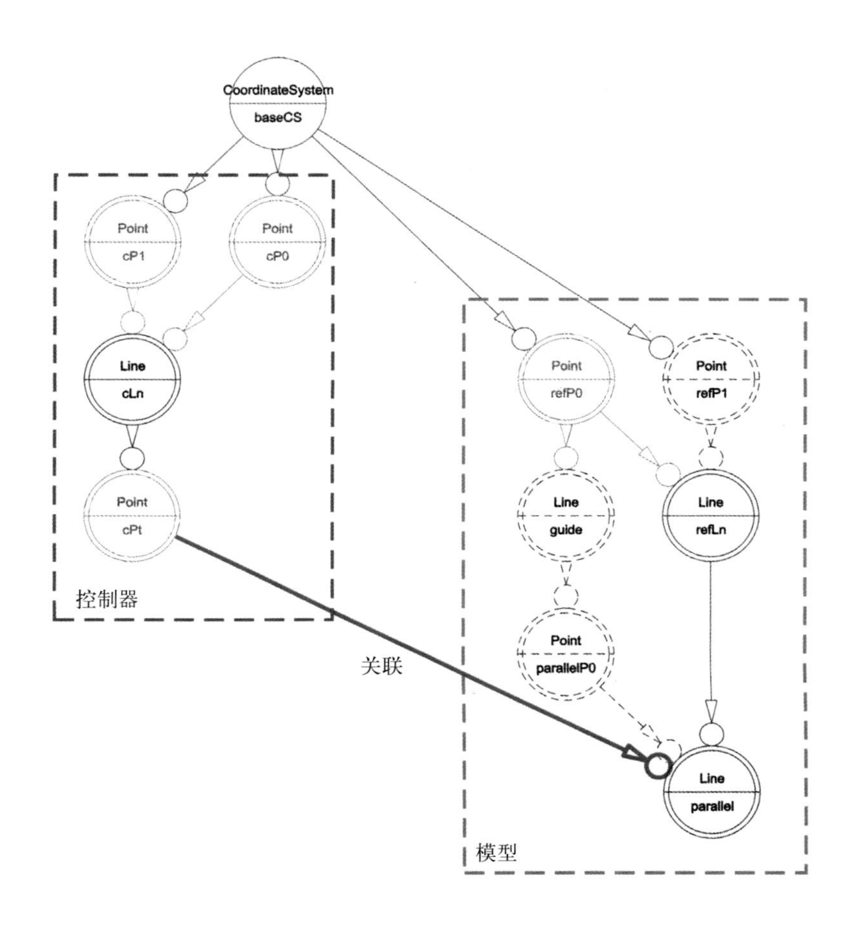

内容。通过一个简单的独立模型控制一个（或部分）模型。

使用时间。参数化建模的本质在于参数——即影响设计的其他部分的变量。理解参数如何影响一个设计是建模进程中的重要部分。若你希望与你的模型以清晰和简单的方式互动，或者你希望向其他人表达清楚你想要模型如何变化，就使用这样的模式。记住，在将来，你如果忘记了模型结构，你可能正是那个其他人啊！

使用原因。将操作隔离到一个远离模型复杂细节的单纯位置，这意味着你能更容易地改变模型。与模型的定义方法不同，使用逻辑进行控制，这意味着你能够使用最适当的交互隐喻。通过单一界面来变更对象集合，简化了交互任务。

随着模型的增大，同样需要细心考虑控制器。在特别复杂的模型中，你可能会很好地设计和执行单独的控制面板，这些面板将控制器的所有信息收集于界面的单独空间内。

如何使用。控制器能够完成下面的一个或者全部任务：它能够将模型的一个方面抽象成一个清晰而简单的装置，或将模型的一个方面转换为不同的形式。

控制器中的关键概念是分隔开。创建一个单独的模型，使该模型输出与主模型的输入能够连接起来。分隔开的模型就是控制器。它应该简单且清晰地表达你想要改变模型的方法。

控制器能够进行抽象或转换，并且能够同时完成这两项任务。抽象的控制器是抑制不必要细节的主模型的简单版本。直线和曲线上的参数都是控制器的简单例子：它们将曲线上的位置抽象成一个单个数字。设计恰当的炉灶的控制布局直接将燃烧器的布局进行抽象。反之，绝大多数炉灶的控制都不能很好地完成任务。

转换控制器改变你与模型互动的方式。例如，极坐标将笛卡儿坐标转换为一系列不同的输入值。炉灶上一个旋转按钮将传送能量的数量转换到一个角度。

当你模型的一个属性发生变化时，一个或多个部分都将发生改变，你可将这些变化中的属性通过控制器与模型连接起来。然后，你就可以简单地改变控制器并能够在模型中看到结果。控制器因此是独立的，它们具有到它们所控制的模型的最小连接，并能够按照需要很容易地连接与断开。这个清晰的分隔是控制器的特点：每个设计优良的控制器会有能够展示一个或几个其与所控制的模型相连接的符号化模型。

控制器样本

垂直线

使用时间：使用控制器来控制一条垂直线在曲线上的位置。

如何使用：曲线和曲面是复杂的对象。它们的参数化结构通常隐藏在界面中——一个点在参数变更时可能在一条曲线的一部分快速移动，然后在另一条曲线中缓慢移动。更进一步说，曲线和曲面都经常是设计的一部分。在它们的周围可能还有很多其他的对象，这些对象使得通过它们的参数化节点直接互动变得困难。通过直线上的参数点来控制曲线上的点，从而解决这两个问题。通过检验其控制点，能够看到曲线点的相对参数化。更进一步来说，控制点可位于任何位置，不论接近还是远离模型。

在本模型中，一条单一的垂直线从曲线 *pOnCrv* 上的参数化节点进行定位。控制器是一条直线和直线上一个参数化点。使点 *pOnCrv* 的参数依赖于控制器上的点，就能够将控制从曲线转移到直线上。

这是一个非常简单的实例，但是它展示了控制和模型分离的基本思路。

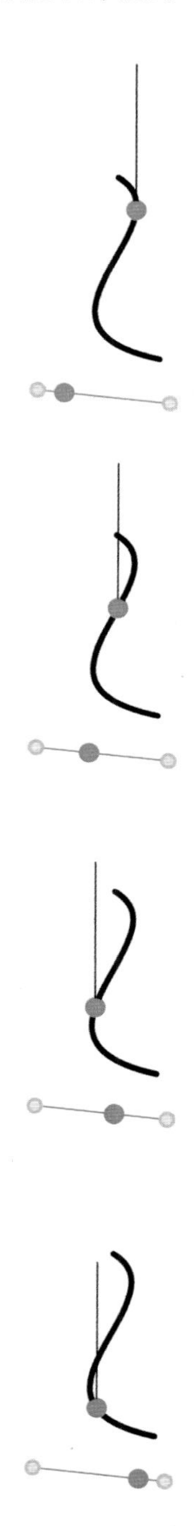

图 8.2　一个简单的控制器。直线上的点控制着曲线上的点，曲线上的点反过来是垂直线的基础。

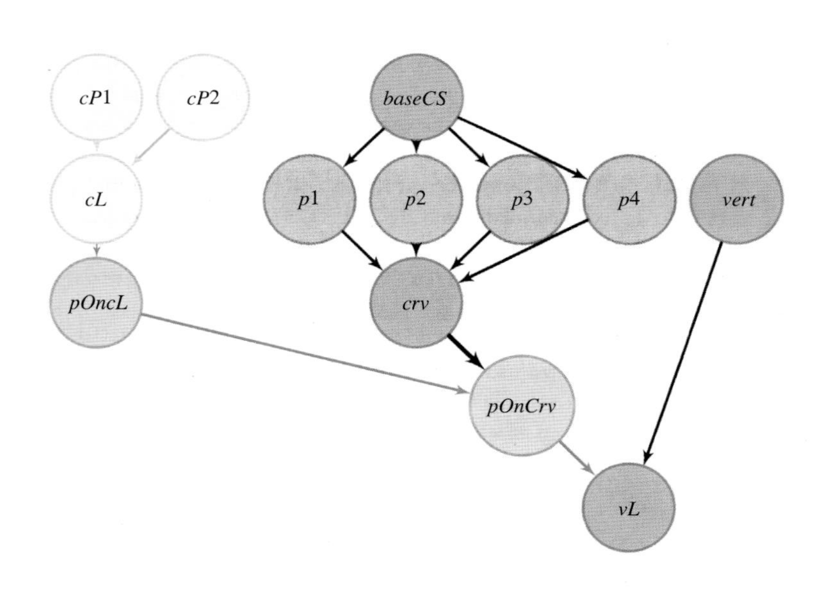

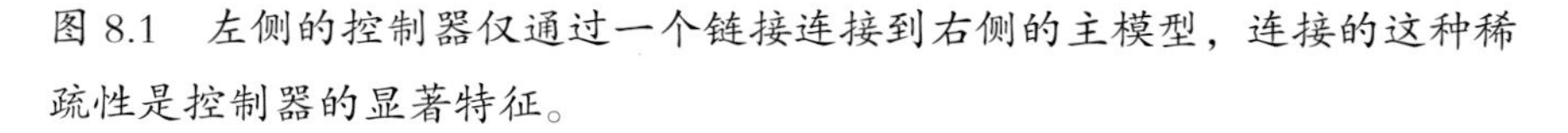

图 8.1　左侧的控制器仅通过一个链接连接到右侧的主模型，连接的这种稀疏性是控制器的显著特征。

线段长度

使用时间：使用滑块改变垂直线段的长度。

如何使用：下面是一个非常简单的控制器的实例，但是它将一个方向上线段的长度转换到另一个方向上。该实例起始于一条垂直线段和一条水平控制直线，将垂直线段的长度与控制线上的点的参数连接起来。移动控制器上的点就可以改变垂直线段的长度。

图 8.3 之前的样本映射了沿着直线的控制器的运动到沿着曲线的被控制点运动。本控制器没有那么直接：它映射了沿着直线的位置到被控直线的高度。

多重圆

使用时间：使用滑块改变同心圆的数量。

如何使用：被控制的数量可以是连续的（一个实数），也可以是离散的（一个整数或者一个序列或集合的成员）。在此实例中，滑块控制着同心圆的数量。滑块上的参数化点连接着圆的创建方法。实例中圆的数量由滑块上点的参数决定。当点的参数从 0 变化到 1 时，圆的数量也随之改变，从 m（在此情况下 m=0）到预设值 n。此控制器需要 0-1 和 1-n 之间的映射。实际用到的数学非常简单：对于所给参数 t 而言，圆的数量为 Floor（$t/(n-m)$）。映射的思想虽然很普通，但是它却形成了自己的模式：映射模式。

通过连续的滑块来控制离散的结果产生了视觉不一致：滑块看起来移动平滑，但是结果却是逐步改变。典型的解决办法就是将滑块在离散对象数量发生变化的位置上进行标记。

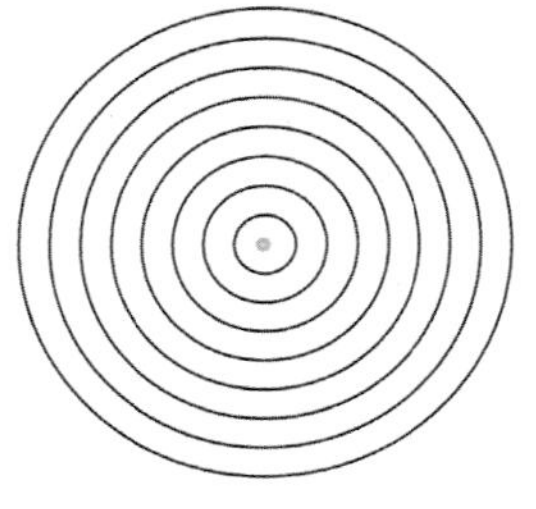

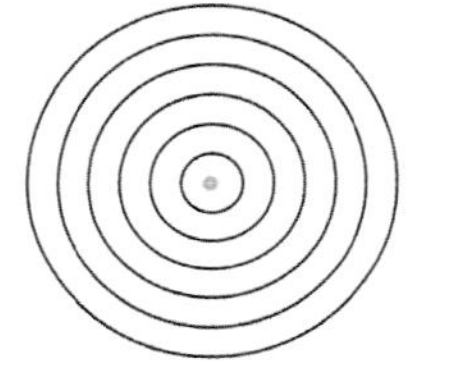

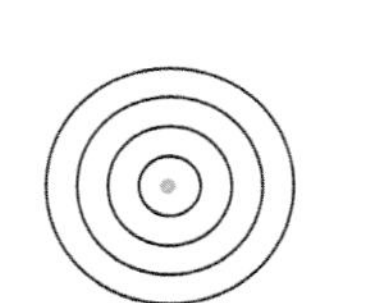

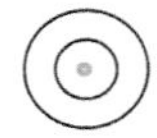

图 8.4 通过线上的点来控制模型中圆的数量

圆锥半径

使用时间：通过一对同心圆改变锥形体的半径。

如何使用：单一的控制器能够控制设计的多个方面。当然，由此也造成一个设计问题。控制器必须在视觉上与被控制对象相符。在此实例中，目标就是要控制锥形体的顶部和底部半径。控制器从平面上的同心圆开始绘制，一直绘制到锥形体的顶部和底部表面。其圆可以通过边界上的点来控制。每个控制器圆形的半径属性与圆锥体半径的两个链接将控制器连接到模型上。控制器的圆形提供了实际被控对象的视觉提示：锥形体的顶部和底部。

大多数时候，当与圆锥体相比较时，圆形的相关尺寸足以区分控制器与模型之间的连接。这样的几何一致也可能不会满足要求，例如，当视角为透视时，或是当两个半径非常近似时。其余的代码，例如颜色（这里要慎重！）、文本、线宽或是图形标签就可能有用。

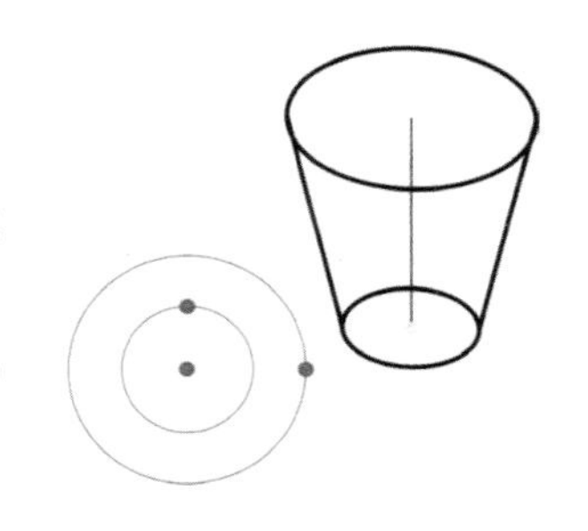

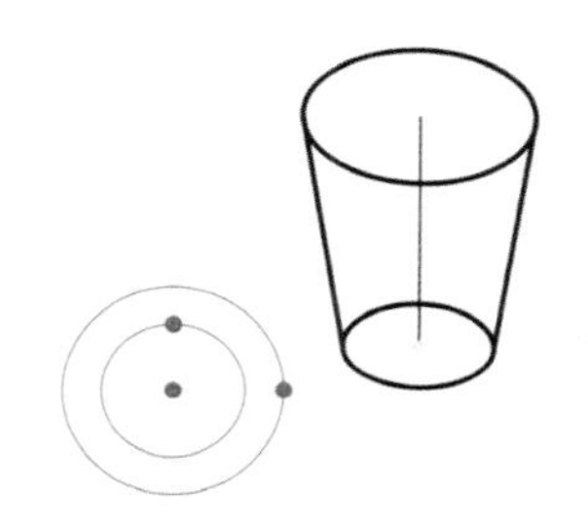

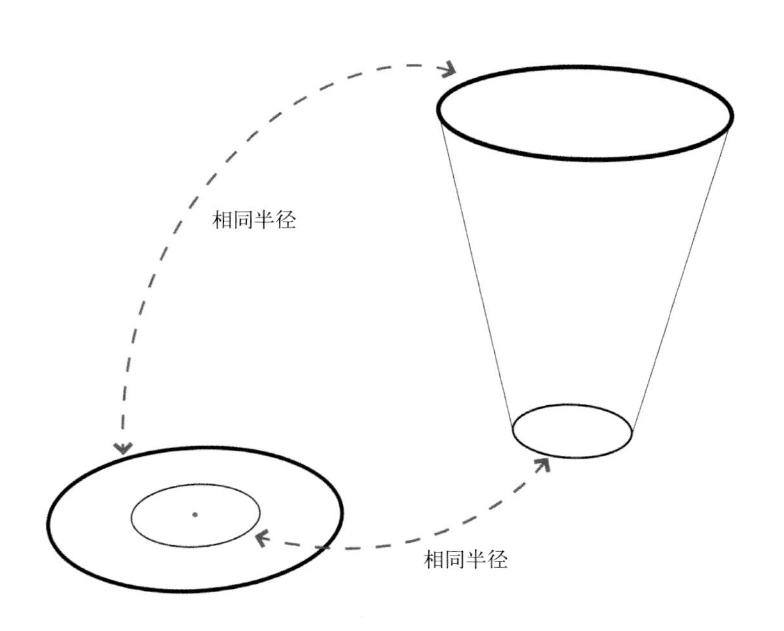

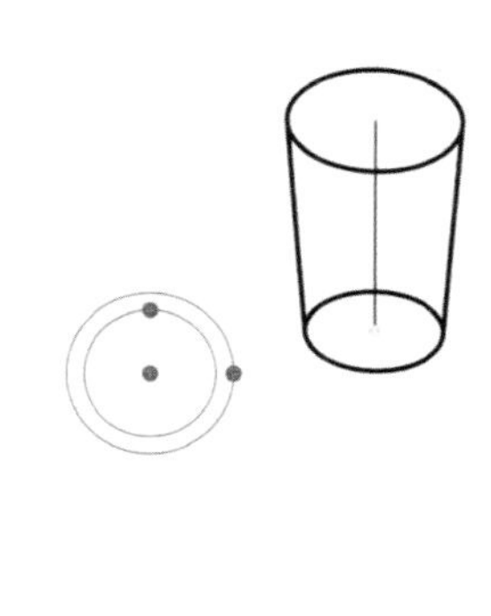

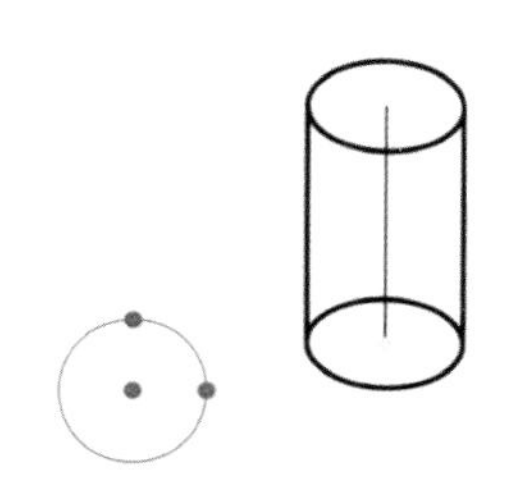

图 8.5　控制器的圆形可视化地映射圆锥体的顶部和底部

均衡器

使用时间：通过均衡器来调整多重圆柱体的高度。

如何使用：在此样本中，控制器使用一个声音均衡器方面著名的设计，在模型中对对象进行大致的线性排列。均衡器是一行滑块，其中的每一个相对其他滑块都是交互独立的。本设计将控制维度表达成视觉近似并揭示它们的相对尺寸，这在模型中可能是模糊的，因为位置、尺寸和透视效果等各个方面都相互影响。

本控制器忽略了物理声音均衡器设计的一个重要方面。通过这样的装置，操作者能够使用他的全部支配能力来同时控制多个维度，以及实现跨越维度的平滑曲线。计算机鼠标不间断地按部就班的设计，使控制器的交互性潜力枯竭。其中一些能够通过使用反应器或是选择器模式作为控制器本身的一部分来弥补。

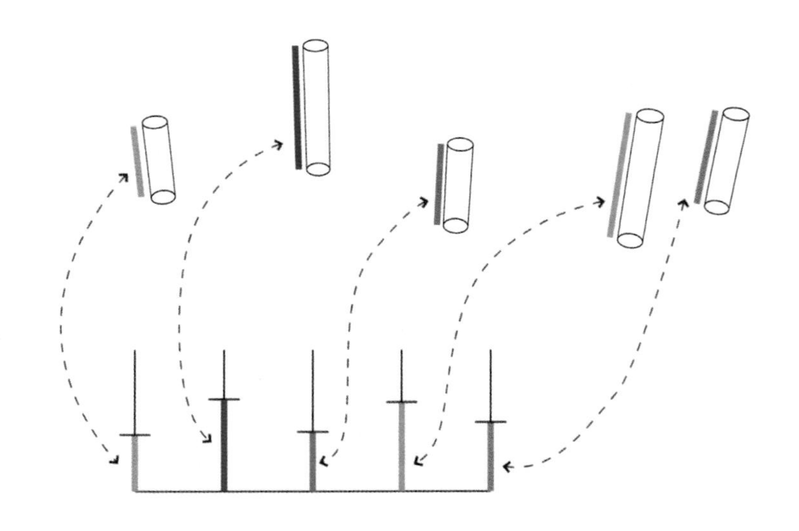

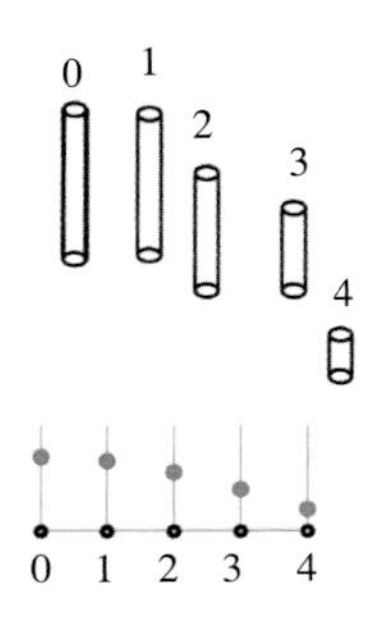

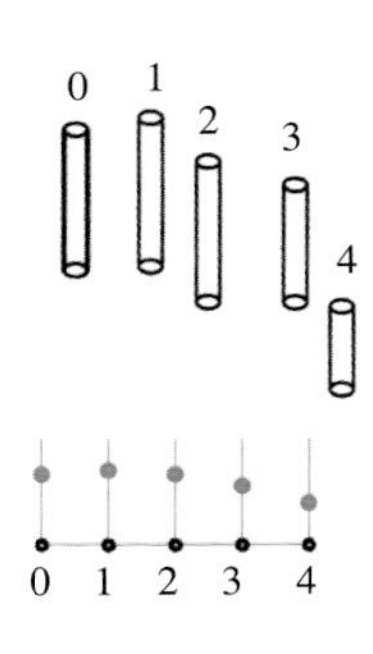

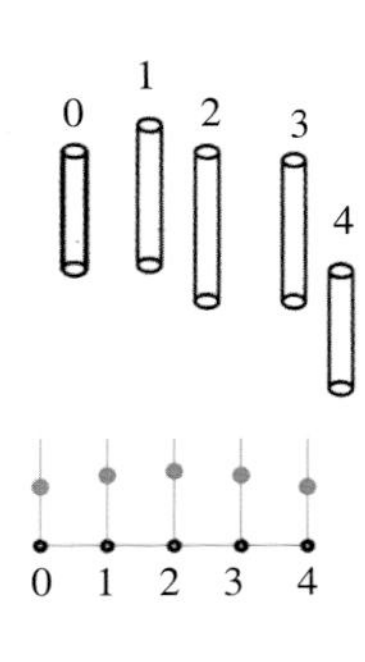

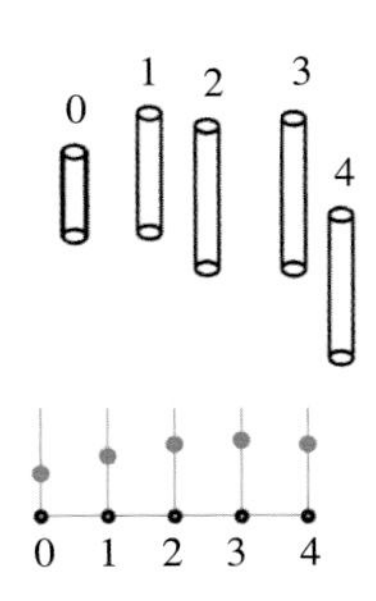

图8.6　本控制器的运行，类似于大家较为熟悉的声音系统中的均衡器。

平行线

使用时间：调整平行于参考直线的线段的长度和位置。

如何使用：在此实例中，单一控制器影响着多重参数。与上面所述实例中多重独立控制形成控制器相反。参考直线建立了结果直线的方向和最大长度。控制器包含一条携带一个参数点的单一直线。直线的方向和长度决定着导引线段的方向和长度，导引线段起始于参考线段的一个端点。导引线段上的一个点从控制器获取其参数，并且作为结果的一个起始点。其结果将其方向规定为和参考方向一致，其长度取决于控制器。

如果移动控制器的参数点，结果的长度及其与参考的距离都会发生变化。如果移动控制线，导引线也会移动以保持平行。

控制器将多个属性（直线的长度、方向以及参数距离）联合起来以控制其结果的多重方面（距离、长度以及径向位置）。它通过联合控制完成该项工作，例如结果线段的长度和距离都是沿着控制器的参数距离的一个函数。有些时候，这样的相互依赖关系既是故意的，同时也是大有意义的。尽管在更多的时候它都会产生混乱：控制器的结果随着其关联模型复杂度的增加变得难以理解。多数应用型的专家，例如Don Norman在1988年对这样的链接控制器提出了强烈的批评。

注意：优秀的控制器很难编写。

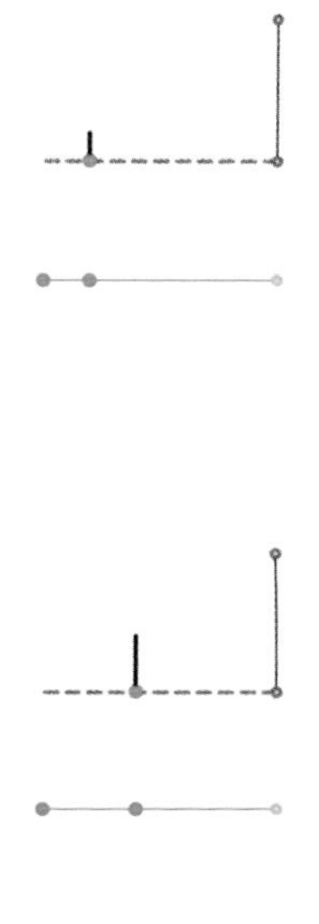

图8.7 在控制线段上的点，控制着两条线段之间的距离和被控制线段的长度。

直角三角形

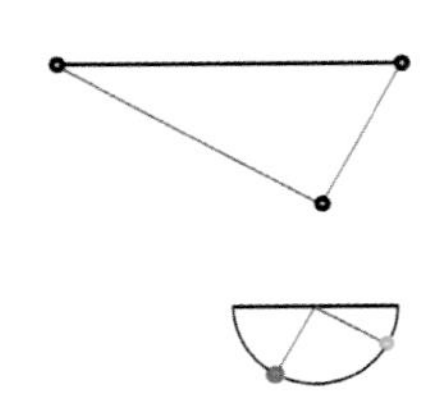

使用时间：使用同一基底创建不同的直角三角形。

如何使用：直角三角形是非常奇妙并且实用的几何对象。它的一些实例在维度上满足毕达哥拉斯三元数组，它的斜边是其外接圆的直径，它结合形成矩形，同时两个锐角的和还正好是 90°。这些特性中的每一个都能够成为控制器设计的基础。

本控制器使用上述特性中的最后一个，通过使用半圆来表达三角形三个角的和为 180°。半圆的基底给出结果三角形基底的方向和长度。圆心和圆上两个点之间的射线给出三角形的边的方向。如果这两个点能够在半圆上自由移动，它们就能够指定一个任意三角形。假设半圆具有 0-1 参数范围。如果这些点中某一个的参数 t 限定在 0 和 0.5 之间，另一个定义为 t+0.5，则生成的三角形总会是直角三角形。更进一步来说，所有的直角三角形都能够得到。

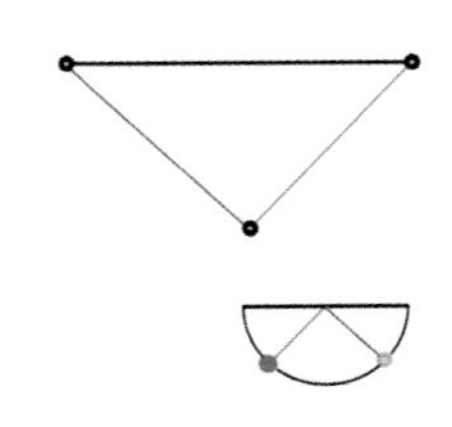

控制器展示了直角三角形是包含两个参数的对象：斜边的长度和唯一足以决定三角形胜任刚体运动的角度。当与结果对比时，它在视觉上能够转化角度和边。通过控制器和模型的解读，你会碰到诸如角度和长度次序颠倒的情况。一些视觉的一致性被用来交换几何洞察力。

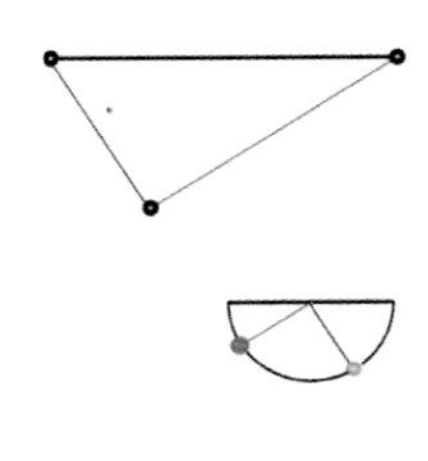

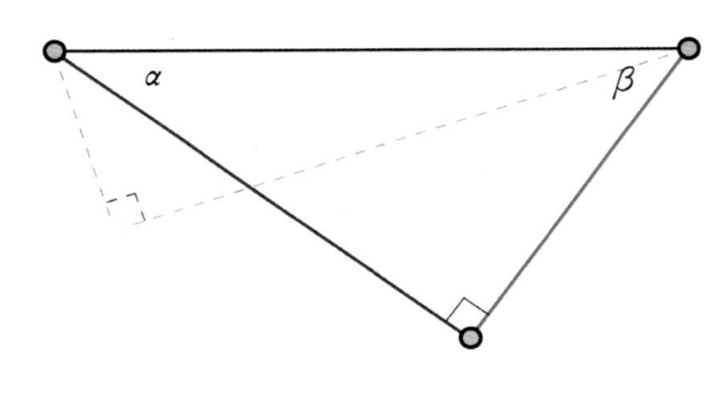

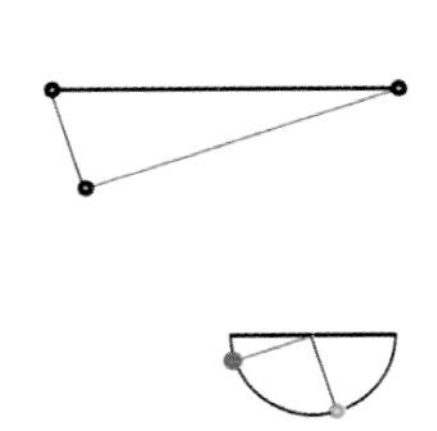

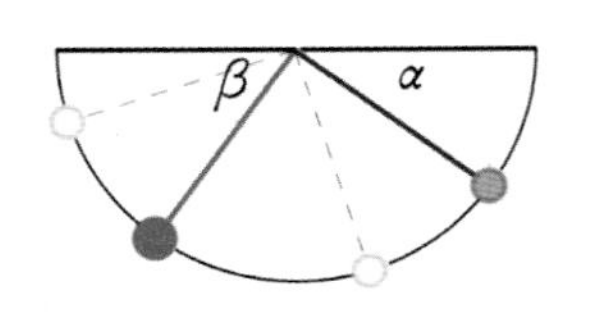

图 8.8 如果基底为已知，则控制两个角度就完全决定了一个三角形。

单叶双曲面

使用时间：抽象单叶双曲面几何到一个平面上。

如何使用：单叶双曲面是一个直纹曲面，即它能够通过一系列直线来定形。更近一步说，它具有双重法则：两个这样的序列能够结合成一个网格，同时给出结构效能的潜在作用。概念性地，双曲面能够通过扭转两个平行圆来定义，该两个圆的圆心共享一条与圆成法线的直线。

双曲面的独立参数是两个圆的半径和一个圆相对另一个的扭转。在实例中，开始于一个控制器，增加一个扭转控制到一个圆上。

当然，这个控制器具有局限性。它的范围仅仅是 -180° 到 180°。180° 的扭转将双曲面转为锥形。扭转参数为 a 和 $-a$ 的两个表面在几何上是相同的，但是在逻辑上是有区别的。区别在于两个生成直线组的顺序颠倒。如果一个直线组承载的信息与另一个不同，则设计结果也不同。

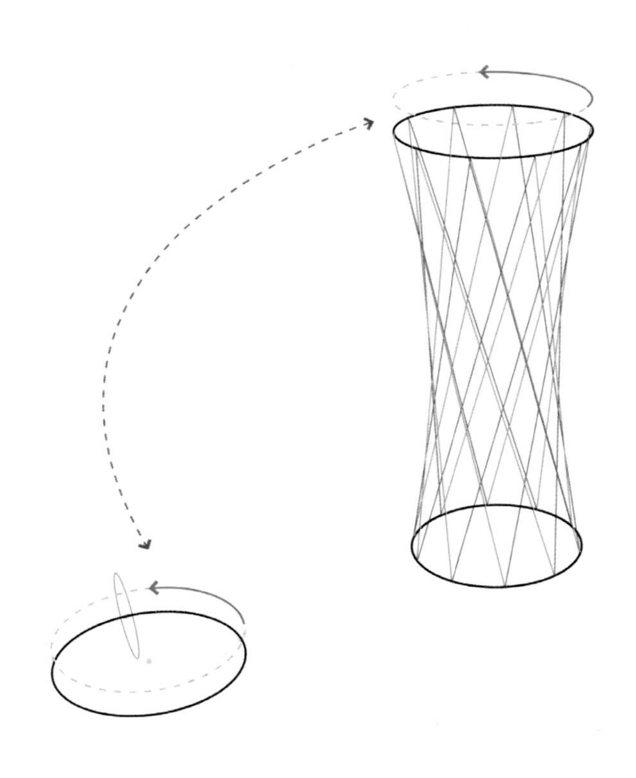

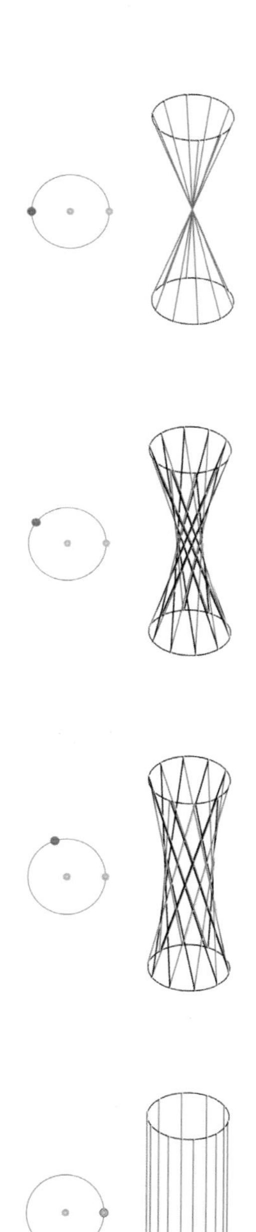

图 8.9　圆上的单一点，直接映射一个单叶双曲面的扭转度。

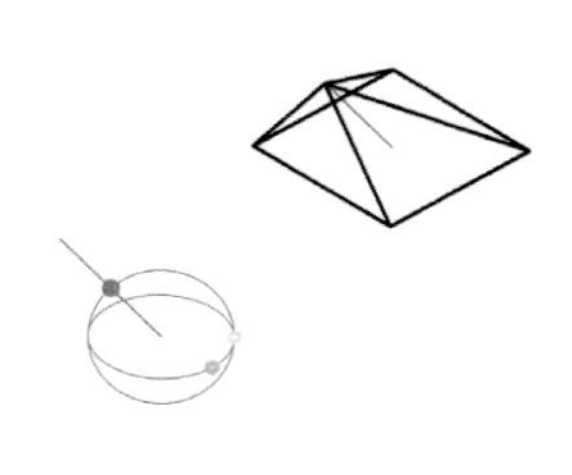

高度方位角

使用时间：通过方位角和高度来控制方向。

如何使用：一个点的方位角定义为从其参考方向的水平夹角。高度定义为与水平面的垂直夹角。作为控制，方位角和高度是独立的：它们被清楚地规定对一个点分别变化。当然，方位角和高度与球坐标系统的两个维度相关（方位、顶点和半径），同时有顶点 =90 －高度。

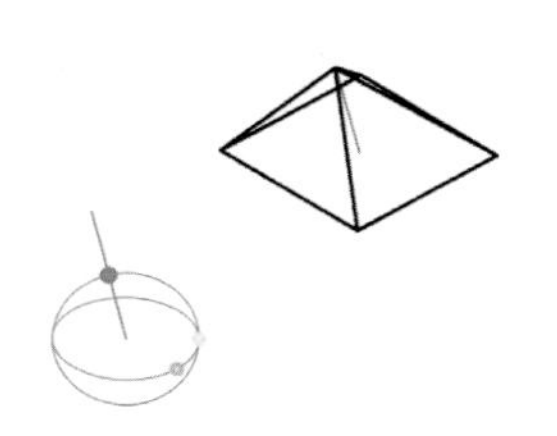

一个方位角 - 高度控制器包含两个半径相同的同心圆，一个是水平的，一个是垂直的。水平圆上的一个点既决定方位角（其中方位角 =t*360°），又决定高度圈所在的垂直平面。高度圈上的点给出高度。控制器很容易编程来报告其产生的角度。

在此实例中，模型是很简单的：具有顶点的棱锥被控制器给出的固定长度和方向的线段来控制。4 个顶点组成了棱锥的基底。控制线的起始点即为基底对角线交叉点。方向即为方位角和高度控制器，而从起始点到终点的距离为预定值，在整个模型中的控制器之外设定。

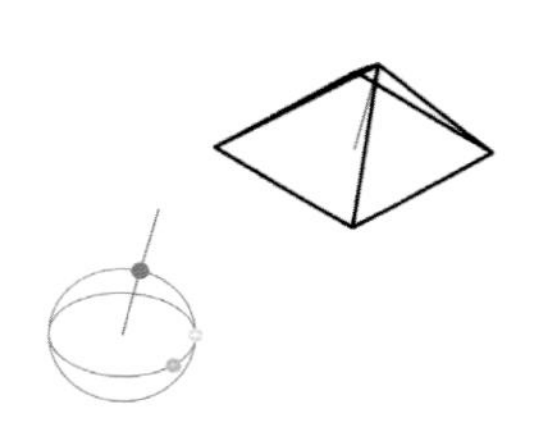

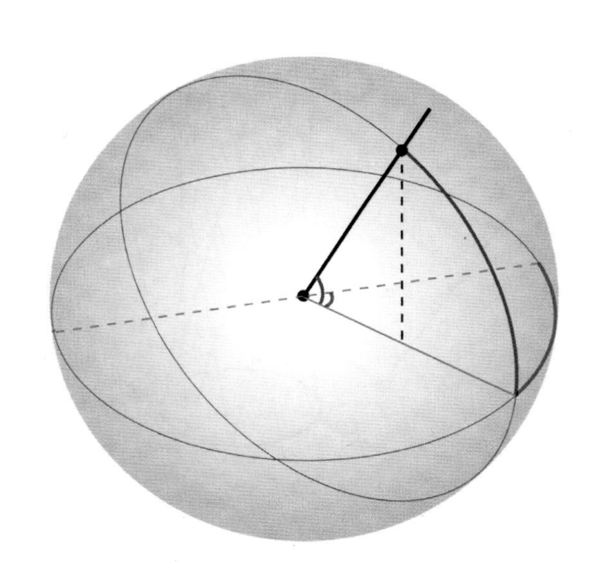

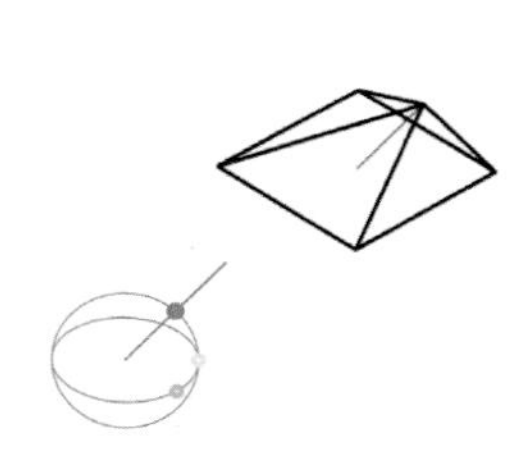

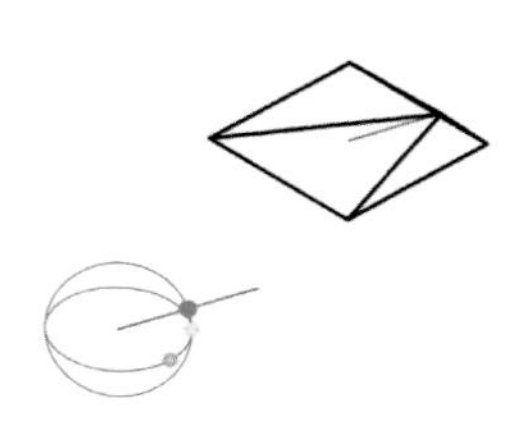

图 8.10　一个复杂的控制器，包含方位角和高度的分别控制。

8.7　工模

模式别名 · 支撑 · 参考系

关联模式 · 控制器 · 点集 · 占位符 · 映射

资料来源：Amy Taylor。

内容：构建简单的抽象框架来将结构和位置从几何细节中独立出来。

使用时间：设计者画草图。木匠构建模板。参数化建模者制作工模。这些行为具有共同的意图：它们将无关紧要的细节略去，只留下能够容易变更的单一框架。设计草图能够表达出结构和形式。木匠的模板在空间中固定方位和刀具轨迹。参数化工模混合了这些传统。当希望快速制作、修改设计的简单版本和随后深化细节时，可以使用这一模式。

使用原因：大多数模型包含有很多元素和一些控制的信息。工模能够减少元素的数量。它是揭示设计结构和控制行为的抽象模型，舍弃了细节干扰和较大模型变慢的交互。工模和更为复杂的模型相比，能够简单地被加以改变。一旦研发出来，工模就能够在其他环境中重复使用，但这只是在它能够从模型的其余部分独立出来的前提下。工模类似于抽象控制器，但是它们更为特殊（它们抽象一个特定的设计）。此外，工模通常描述整个设计，并且嵌入到设计工作当中而非与其隔离开。设计在工模的顶部直接建造。

如何使用：工模应该作为你预期设计的简化版本出现。一个实际的例子就是建造小船的甲板和操作台。操作台在构建时即加以定位，并对船体提供支撑。装配平整是使船体平滑和连续的过程，通过使用操作台的工模比使用整个船体更容易使该工作得以完成。工模类似于有助于定位元素的构造线，这和连接到参数化模型的控制线不同。

工模通常与其控制的、比控制器更丰富的模型相连接，但是始终具有连接数目的限制。这些链条中大多数都源于汇聚节点。这一点不是必需的，只是一种优秀的程序模式。非汇聚节点则捕捉工模的内部逻辑。当工模重构时，除了汇聚节点的连接会有工模失效的风险。实际上，如果工模的汇聚节点不在其服务的模型中使用时，它可能应该不在那里并且能够被删除。

构建工模，你需要了解你想要的参数化行为，以及工模是如何在定义完整模型中起作用的。通常一个优秀工模具有多个几何输入（例如点、线、平面、坐标系），并且其中的每一个都被仔细地命名。只有少量几何输入允许你方便地定位工模。工模的名字是当你（或者他人）以后再利用工模时理解它的首要方法。

我们使用工模的内部构架来捕获预期的逻辑行为。例如，如果桁架的高度与其跨度成比例，工模则可能由一条直线和与直线长度成比例的一个变量组成。

工模样本

受控的曲面变化度

使用时间：使变化从曲面开始通过抛物线的横截面进行调节。使用工模通过某种受控方式将这些变化建模。

如何使用：低阶曲线曲面更易于建立模型，并且经常显示视觉的规律性，这在更高阶中很难实现。3 阶曲线能够通过更高阶的曲线来表现，通过将高阶曲线的控制点的位置与低阶曲线精确地对应起来。在有关曲线的文献中，这叫作升阶。

对称的工模包含一个支柱和一个横梁，并提供一系列简单的参数，该参数支持受控曲面变化从抛物曲线起始［下图（a)］。从 3 阶曲线生成控制点完全一样的 4 阶曲线［下图（b)］，将 3 阶控制多边形的两条边分别按比例分割为 1：2 和 2：1。5 阶控制多边形将 4 阶多边形的三条边按比例分割为 3：1、2：2 和 1：3。最初对横梁的定位以及尺寸的设定提供了这些比率。改变比率［下图（d)］生成和抛物线视觉相近的对称曲线。还原横梁设置为上述默认值，能够还原初始的抛物曲面截面。这就允许设计者改变曲面横截面，与一个已知的、简单的并且有建造潜力的形式相比较。

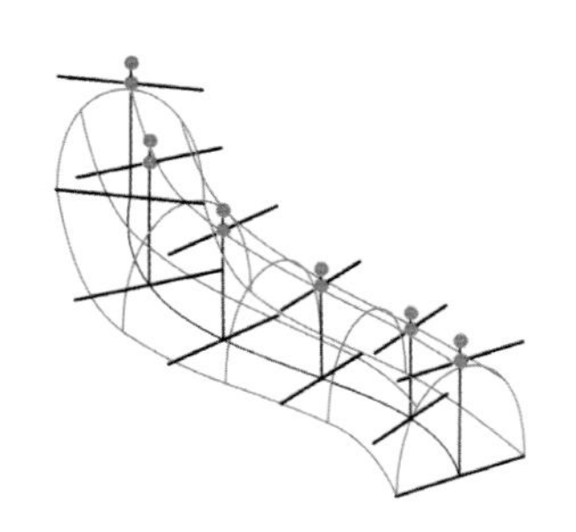

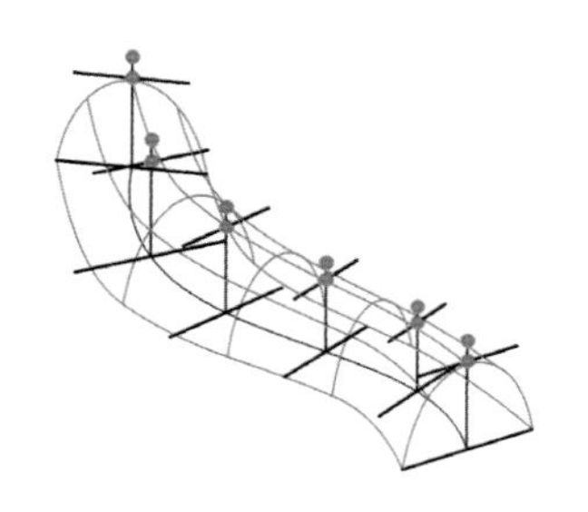

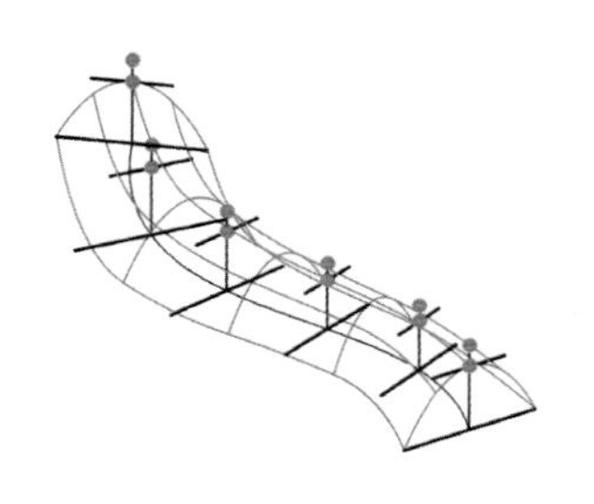

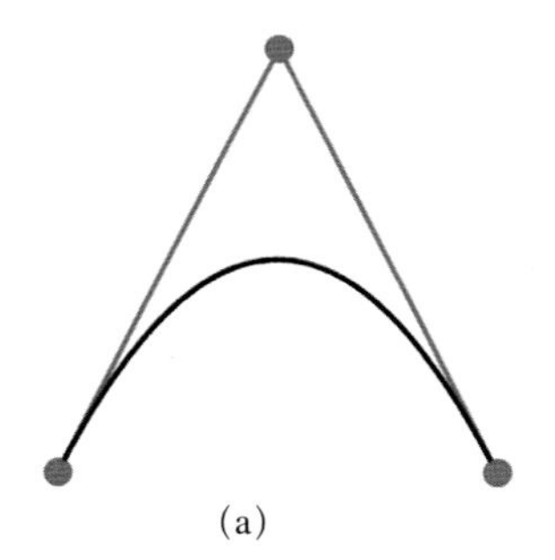

(a)

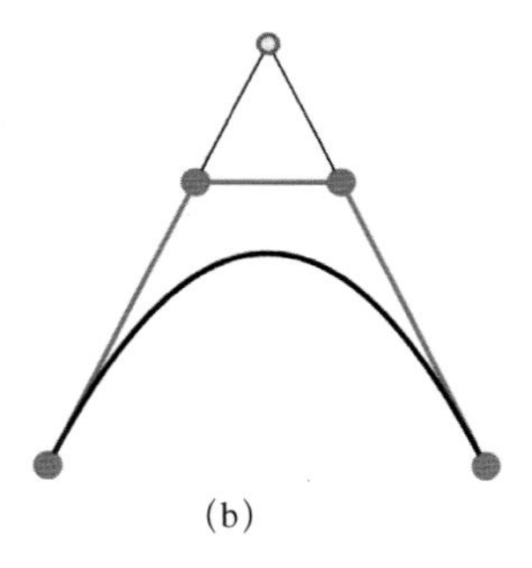

(b)

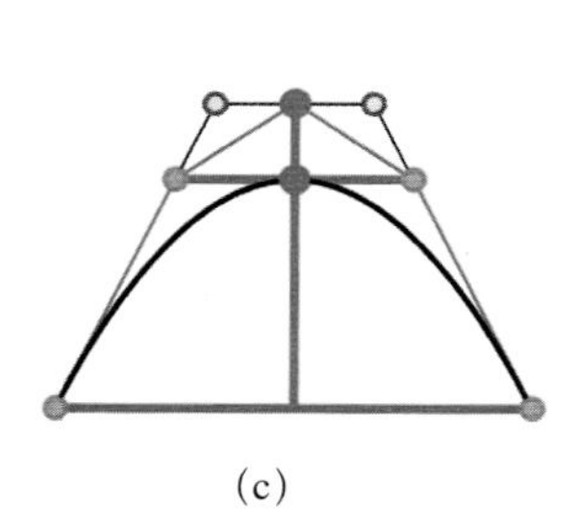

(c)

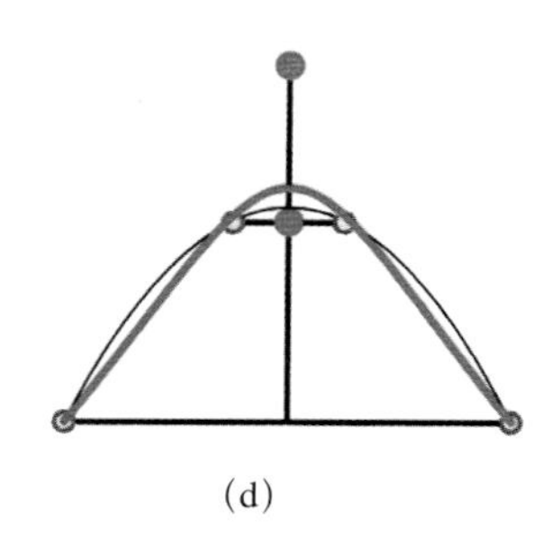

(d)

图 8.11　两个参数给出全部的高度和宽度。另外三个控制变量远离默认抛物线形式：4 和 5 阶控制多边形中心点的成比例的高度，以及 4 阶控制多边形中心点的成比例的宽度。

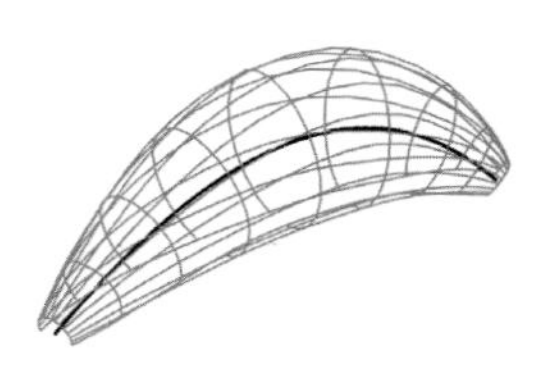

管状体

使用时间：使用曲线的局部属性来决定圆形工模的局部半径和方向。使用圆来定义管状体。反过来使用曲线作为另一件工模，并将整体形式应用于管状体。

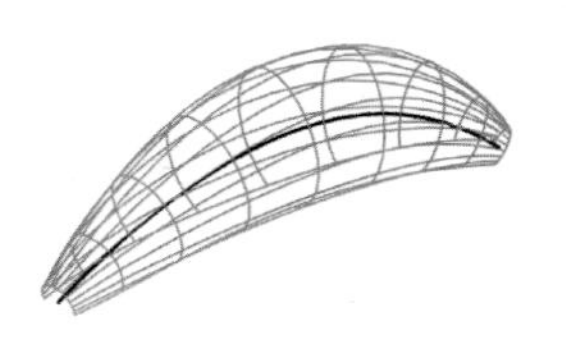

如何使用：从曲线开始，将其作为管状体的中心路径。见下图（a）。它能够通过4个点以及几乎任意的x、y和z坐标进行定义。沿着该条曲线，放置一系列圆垂直于一条坐标轴，这里即是y轴。均匀地在参数空间中分布这些圆，使圆之间的几何空间沿着曲线变化。每个圆都从其圆心的属性选取半径，在此情况下，高度高于一些外部的数据。在此实例中，半径是圆心的z坐标的绝对值再加上一些微小增量（以避免出现零或负半径的可能）。由于这些圆是组成管状体的要素，它们就组成了工模。

现在图（b）是该工模。使用低阶B样条曲线绘制一条简单的曲线。将它替代现有曲线，并应用于定义工模。现在管状体反映了曲线简单、很强的几何性。

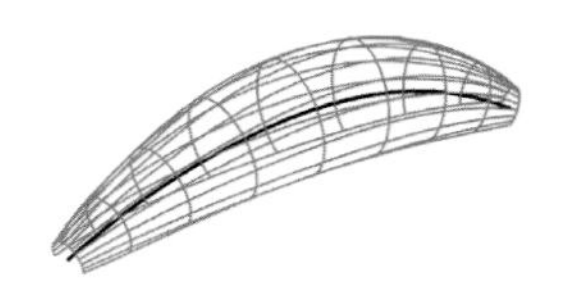

制作图（c）中的弧线，使其包含xy平面上的工模中圆的部分。

最后见图（d），改变平面，使其上的圆形工模垂直于定义的曲线，导致管状体的形态微妙的、但很关键的变化。

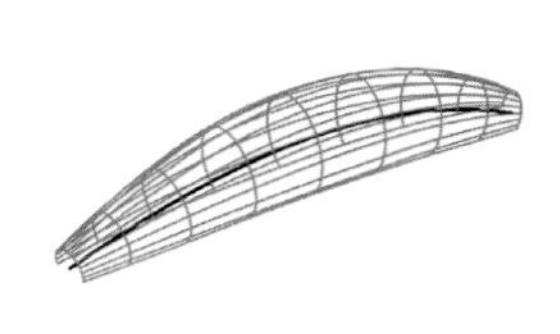

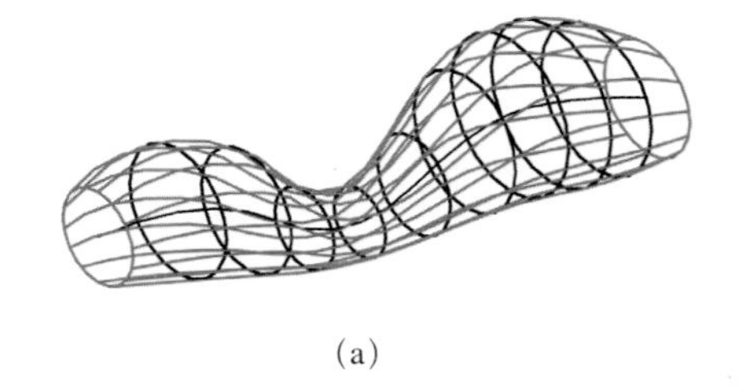

(a)

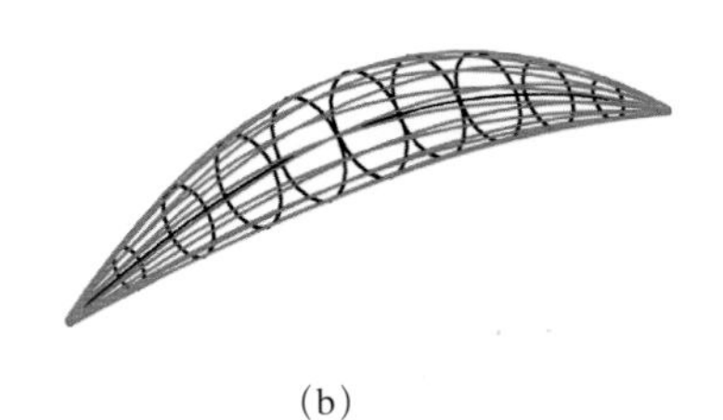

(b)

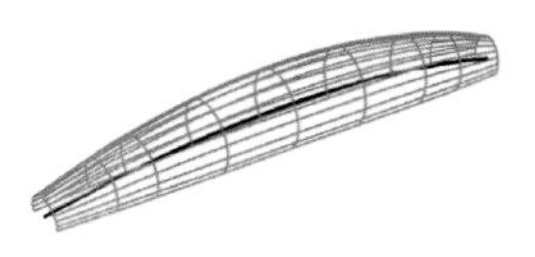

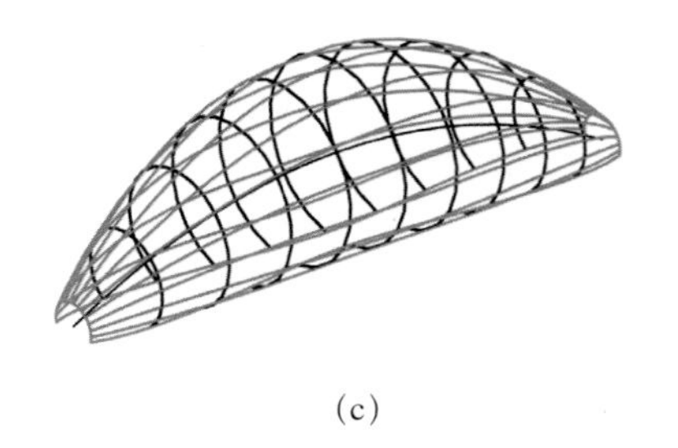

(c)

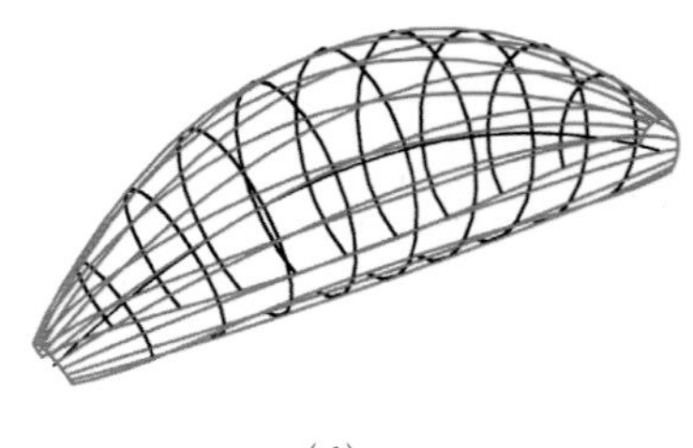

(d)

图 8.12 工模曲线的控制多边形仅仅包含三个点。在这个序列里，控制多边形的中点在x、y和z方向上都移动。

片状体

使用时间：通过与四边形联系起来，以简化对表面的控制。

如何使用：标准表面控制能够提供很多自由度。本实例通过确定拐角的相切条件，减少了曲面建模的可用控制。它仍然提供范围很广的可视逻辑变量。

工模是分等级的——它包括在工模上建立的工模，如下图所示。第一个工模（a）是四边形，可能是平面四边形，也可能是立体四边形。第二个工模（b）包含两部分。第一部分包含在每个顶点的支柱，每个对于四边形（通过顶点以及父继承顶点和子继承顶点来定义）的局部平面都是垂直的。第二部分在每个支撑的底部增加了框架，例如按照子继承顶点的框架增加的 x 轴，以及父顶点的 y 轴，但是在反向（四边形具有右手定向法则，因此框架的 y 轴与从父继承顶点到顶点本身的向量具有相同的方向）。第三个工模（c）包含通过框架的 x 和 y 坐标定义的端点切线的曲线。最后的结果（d）是由曲线定义了边界的曲面本身。

工模的控制包含四边形本身和4个支柱的长度。其中的每一个都在工模的不同层级进入系统。

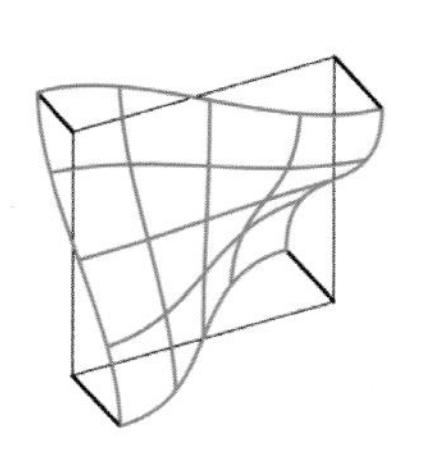

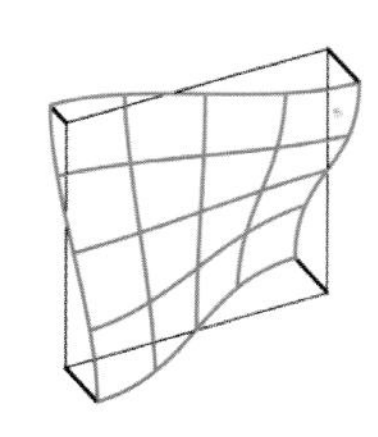

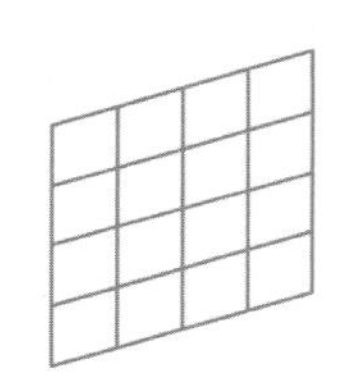

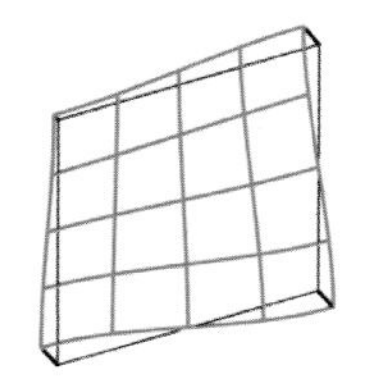

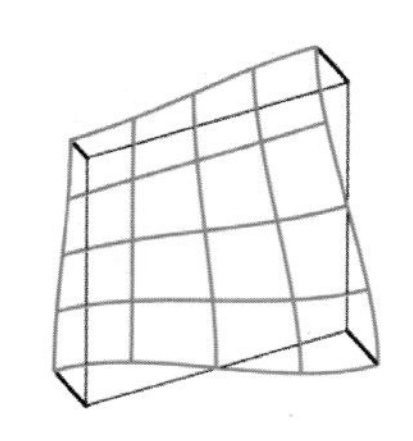

图 8.13 4个长度，每一个对应着一个拐点支撑，足以访问大范围的几何曲面。

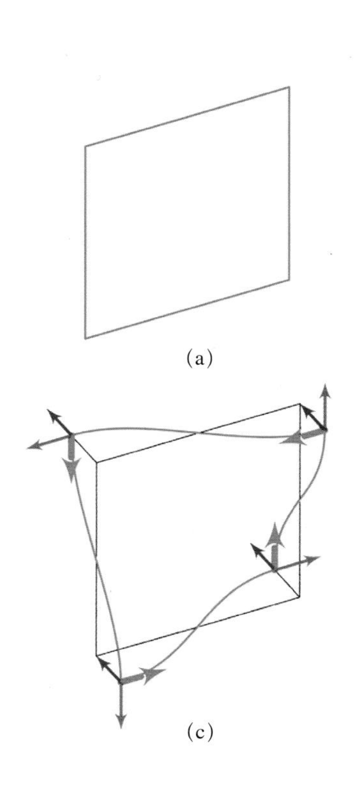

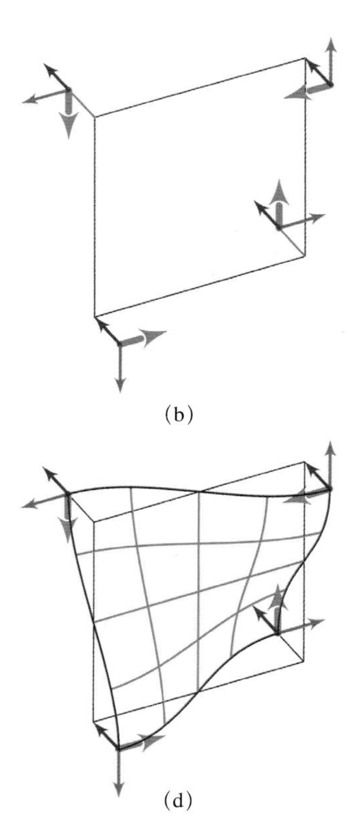

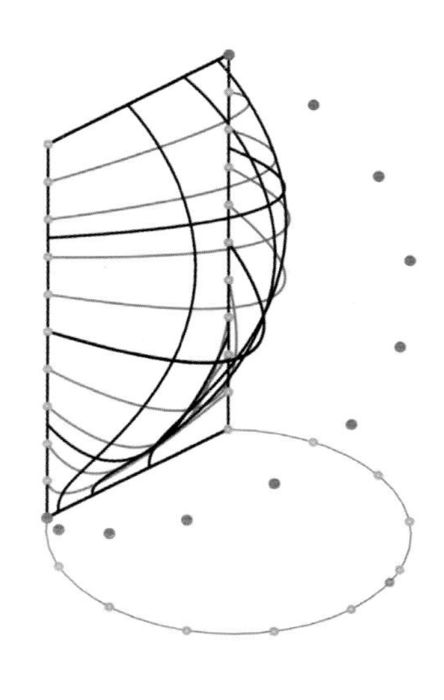

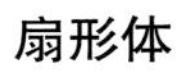

扇形体

使用时间：使用扇形体的形状作为形态搜索的出发点。实际表面和此类似，但并不是简单的复制扇形。

如何使用：在平面上，扇形的几何形状和圆弧十分近似。扇形体的基底就是弧线的弦。任何圆的边缘上的点和基底都对应着一个定角。

理念就是要“开放”扇形体的基底——将其从线段转化为垂直矩形。该工模包含一系列水平面上垂直于基底线的三角形。每个三角形的顶点都是圆上的点到平面上三角形的投影。此工模具有三个参数：圆对应的角度、圆上基底点的间距和工模要素的垂直间距。控制器能够被放置在这些中的每一个上，来为曲面开启设计空间。

生成的三角形实际上是通过 2 阶 B 样条曲线构建的。这一点和曲面本身的阶数就给出了两个额外的控制。最终形式与从扇形体出发的初始状态相去甚远。

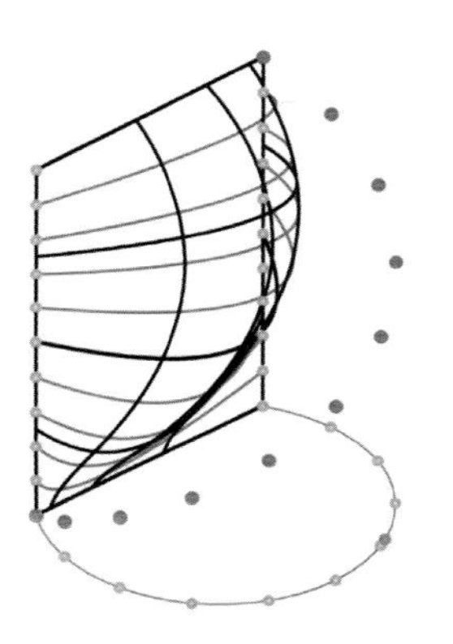

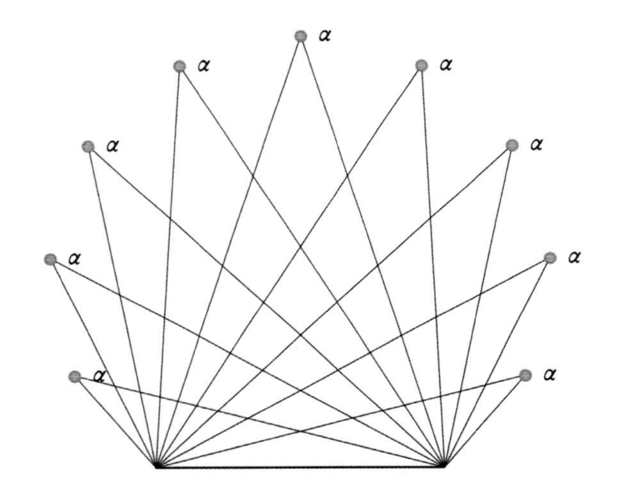

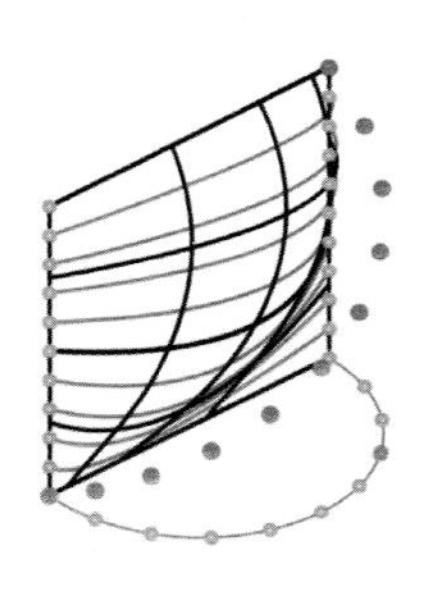

图 8.14 最初由圆上的弦对应的定角发展而来，此设计对应的工模开启了相关设计的空间。

8.8　增量

相关模式 · 点集 · 映射

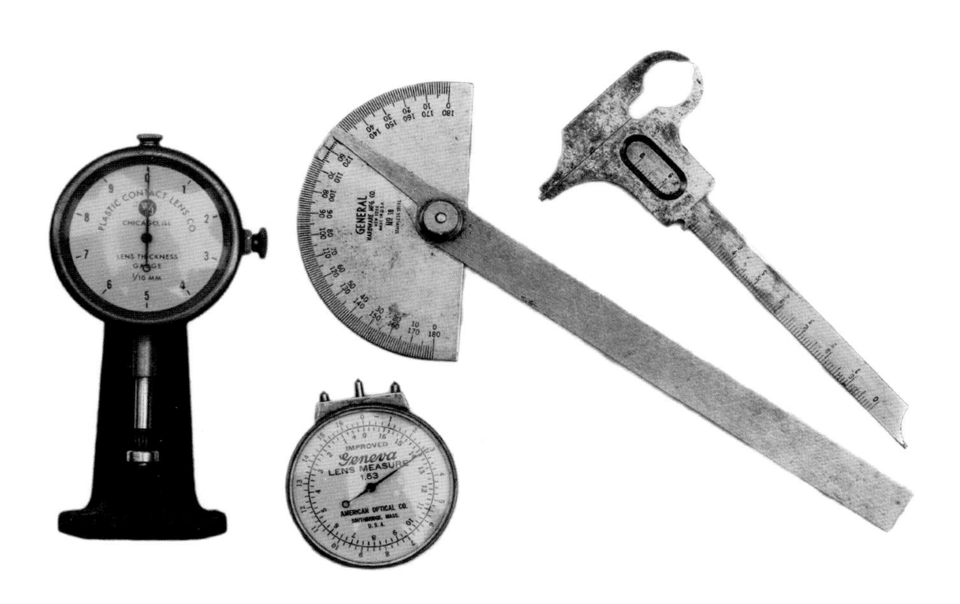

内容：通过一系列密切相关数值驱动变更。

使用时间：结构中的各部分可能很相似，但是在其输入上则存在着不同。通常输入变量在部分与部分之间平缓地过渡，而序列中的部分或者其他排列与它们邻近的都很相似。当使用者收集相关部分的时候使用这一模式。

使用原因：能够通过逐渐改变输入提供担保和控制，来关联和编辑各部分。作为一个造型策略，逐渐变化提供了与有影响力的图形形成对照的背景。

如何使用：逐渐变化发生在两种形式下。第一是在整数中，从低到高以 1 为单位逐步增长，

$$\cdots -1,\ 0,\ 1,\ 2,\ 3,\ \cdots$$

第二是在实数中，连续地变化（无限可分）。取其自身，整数和实数都只能够表达有限的变化。函数改变整数序列并将实数抽样到新序列中，这个新序列可能与初始存在显著差异。

反过来，增量运用函数的输出以任一种方式驱动变化，仅仅限于设计者的想象力。长度、尺寸、角度、方向、距离、颜色、透明度和表面纹理都能够通过整数和实数序列的增值有序（或者无序）变化。

这个模式中的例子通过追踪单一点在空间中的移动发展了更为复杂的曲线。每个后续的样本增加了增量应用参数的数量和递增函数的复杂性。纵观每个样本，模型的结构保持为常值，仅有参数的数值发生变化。

即使一个单一点也能够展示增量的基本结构。从空间中的一个点开始，并定位于相应的坐标系中。

点坐标的表示方法可以采用笛卡儿坐标 (x,y,z)，或是柱坐标 (r, θ, z)，其中 r 为半径，θ 为方位角，z 为点的高度。使用柱坐标并改变方位角的增量，可以使得点的轨迹成为弧形。如果方位角增量为 0° 到 360°，则弧线构成圆。改变半径增量，就将弧线变为螺旋线。

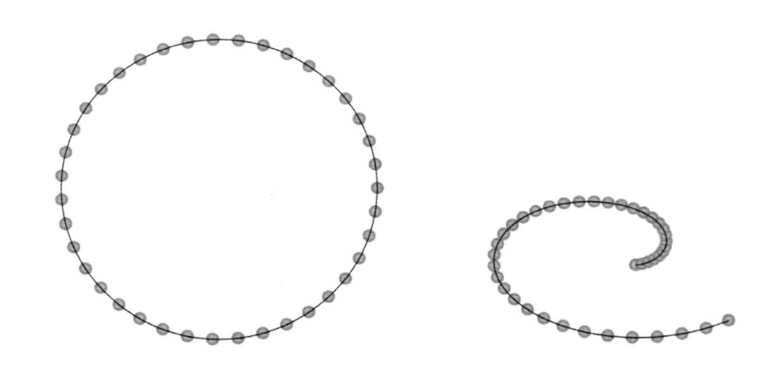

点的高度的增量将弧线变为螺旋线，如下面第一个实例所示。

增量样本

圆柱螺旋线

使用时间：在空间中一致地围绕中心并向上方移动点。

如何使用：当点围绕中心做圆周运动时，将其高度以相同的增量增长。其结果是轨迹构成简单的圆柱螺旋线。

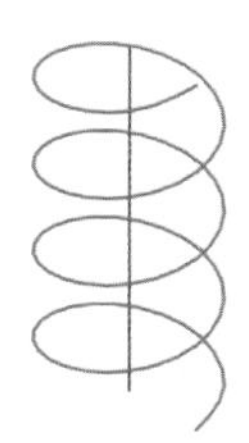 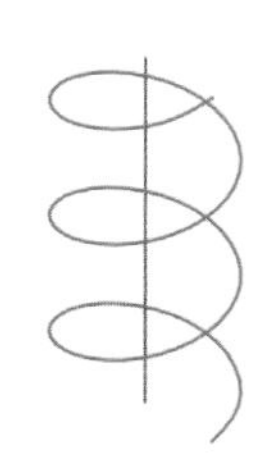  

圆锥螺旋线

使用时间：增加逐渐减小的半径增量，使圆柱螺旋线变成圆锥螺旋线。

如何使用：除了圆柱螺旋线的两个增量（角度和高度）外，逐渐减少半径的增量至最小值，就生成了圆锥螺旋线，即螺旋上的点位于圆锥上。

锥形半径螺旋线

使用时间：逐渐缩小圆锥螺旋线的半径形成螺旋。

如何使用：当点沿着圆锥螺旋线向上移动时，其半径缩小。该点可假设为具有如下参数，在螺旋线底部为 1，在顶部为 0。将这些参数平方，其结果仍然是 1 到 0，但是序列将会穿过该间隔。数学上说，曲线从螺旋线变为螺线。

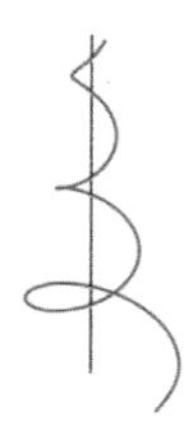

递减高度螺线

使用时间：逐渐缩小圆锥螺旋线的高度形成螺旋。

如何使用：不是逐渐缩小半径，而是使用同样的装置，通过将参数平方来逐渐减小高度。在此情况下，参数在螺旋线底层为 0，在顶层为 1。现在螺旋线为螺旋，从底部到顶部的伸展各不相同。

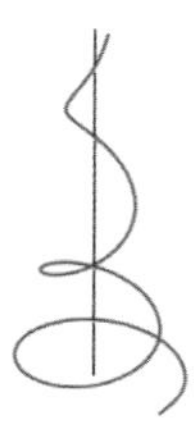
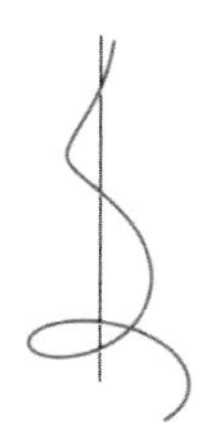

递减半径和高度螺线

使用时间：结合增值产生不可预见的形式。

如何使用：在模型中，独立缩小半径和高度。它们不影响各自的计算，但是在几何结果上结合。它们产生了难以直接构思的螺旋，但是很自然地从参数化中涌现。

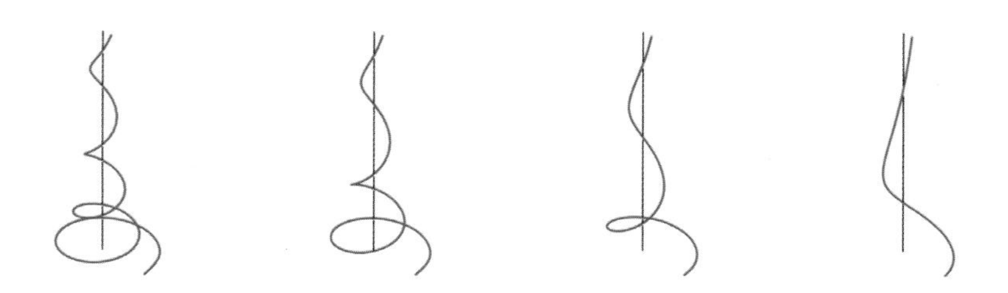

椭圆递减半径和高度螺线

使用时间：将圆形螺旋变为椭圆螺旋。

如何使用：在前面的实例中，半径、倾角和高度在模型中是各自独立的。在此实例中，半径成为角度的函数，通过使用椭圆半径的极坐标方程来实现。如果椭圆具有长轴 r=1，和短轴 s=0.5，作为 θ 的函数半径为

$$\frac{rs}{\sqrt{r^2\cos^2\theta+s^2\sin^2\theta}}=\frac{0.5}{\sqrt{\cos^2\theta+0.25\sin^2\theta}}$$

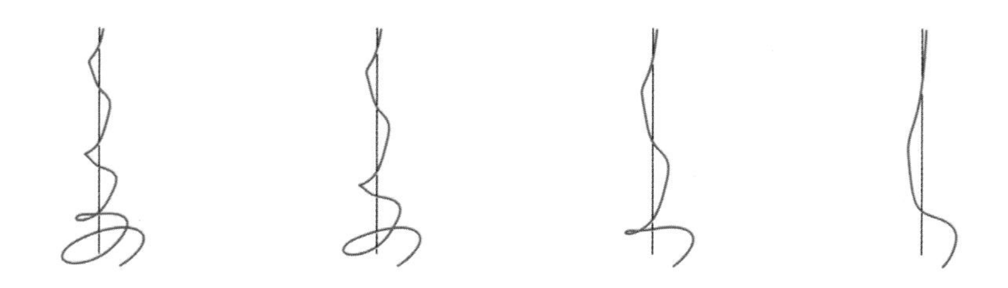

8.9 点集

模式别名·点集·点网格

相关模式·控制器·工模·增量·占位符·投影·递归

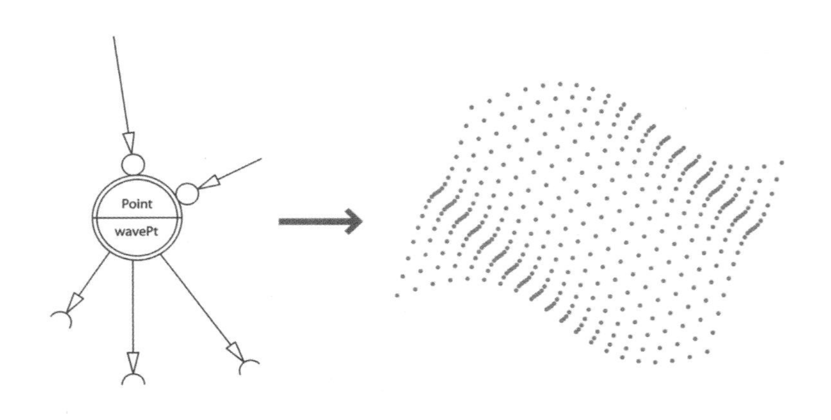

内容：组织点状对象的集合来定位重复的元素。

使用时间：大多数设计手工品都有重复的元素。它们的绝对位置、与相邻近的重复元素的空间关系都可能变化。当设计者能够思考一系列定义点中重复元素的尺寸和位置时，使用该模式。

使用原因：组织点的集合来捕捉目标空间关系，能够很大程度上简化模型进一步研发的进程。在新的环境中建模和再利用模型，这就节省了大量的时间和精力。

如何使用：点状对象可能定位于欧几里得空间或是参数化空间中，所以一个集合能够通过任一空间进行指定。欧几里得空间类似于日常生活的空间。它能够通过笛卡儿坐标、柱坐标和球坐标来描述。多数曲线和曲面（那些通过参数方程从内部定义的）定义了移动框架，该框架给出了在曲线或是表面上的确切位置。不像笛卡儿空间，这些参数化公式可能不保持恒定距离，不管是在几何上还是在定义对象上。

使用点状对象的集合作为输入来定义重复的元素。集合的逻辑结构很重要，它提供了逻辑关系，通过这些关系点能够被用来定义对象。例如，二维阵列构建的集合提供了对于每个点 P_{ij} 能够很容易地访问邻近点的路径，即 $\dot{p}_{gh}$，其中 $g \in \{i-1,\ i+1\}$ 且 $h \in \{j-1,\ j+1\}$。比较来看，结构为树形的集合提供了对于每个点能够轻松访问其父节点和子节点的路径。

下面的实例通过函数给出了一些点集。给定的参数化系统可以提供自身独有的命令来组建集合，例如，在 Generative Components 中的复制命令。这里统一而且通用的函数符号方便了读者在各种实例中进行比较。

点集样本

螺旋

使用时间：沿着螺旋放置一系列点。

如何使用：螺旋是以与垂直于轴连续变化的距离围绕轴旋转的曲线。螺旋具有很多参数；本样本使用计数、高度步进和半径。计数控制着集合中点的数量。高度步进为系列点间高度的增量，而不是螺旋的整体高度。半径决定螺旋的外部半径：从螺旋的起始点到中心轴的距离。下面的函数就生成了一条螺旋。

生成实际螺旋点的升级算法 ByCyllindricalCoords，包含四项参数：坐标系、从原点到该点的距离、围绕 *x* 轴旋转的点的角度和点在 *xy* 平面上的高度。

```
1 function spiral（CoordinateSystem cs,
2            int count,
3            double radius,
4            double heightStep）
5 {
6  Point spiralP={};
7  double radiusInt=0.0;
8  for（int i=0; i〈count; ++i）
9   {
10   spiralP[i]=new Point（）;
11   radiusInternal=radius*（1−Pow（i/count, 0.5））
12   spiralP[I].ByCylindricalCoordinates（cs
13                  radiusInternal,
14                  30.0*i,
15                  i*heightStep）;
16   }
17  return spiraIP;
18 };
```

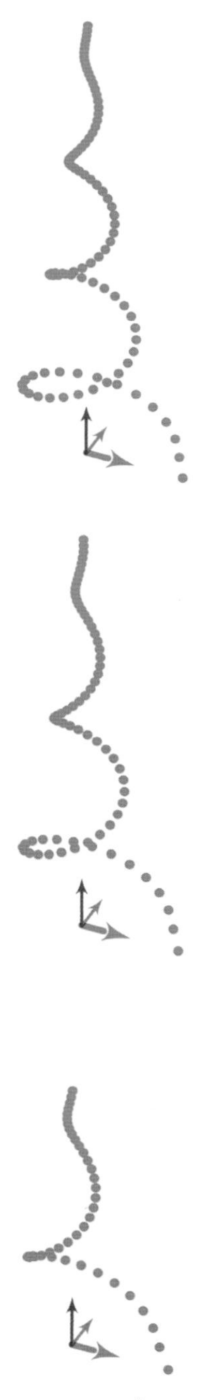

图 8.15 少的参数可以预测螺旋形状。设计者通过代码与参数的反复调控来找到形状。

抛物线

使用时间：沿着抛物线排列一系列点。

如何使用：简单的数学函数遍及建模工作的各个部分。函数必须通过数学描述才能完全工作，同时它还要给出变量的调用名称。例如，抛物线 $y=kx^2$ 代表了最简单的抛物线 $y=x^2$ 通过系数 k 在 y 轴方向变化的一系列抛物线。

沿着抛物线放置计数点，能够形成点集及其线性组合。在算法上，点的循环步骤在每个序列的结尾递加。沿着抛物线函数的定义域等间隔采样，能够给出间隔不等的计数点。因此下面的函数沿着抛物线就生成了一系列点集。

```
1 function parabola（CoordinateSystem cs,
2              int count，double scale）

3 {
4  Point pointOnParabola={};
5  for（int i=0; i〈count+1; ++i{
6   pointOnParabola[i]=new point（ ）;
7   pointOnParabola[i].ByCartesianCoords（cs，i，0.0，scale*i*i）;
8  }
9  return pointOnParabola;
10 };
```

冒着重复的危险，这个集合是一个序列—— 一个数组。数组成员因此具有索引，即整数给出数组中每个成员的位置。pointOnParabola 的成员能够按照“pointOnParabola[i]”来访问，其中 i=0，……，n-1。(count-1)

设计者经常更感兴趣于控制输出边界，在此期间使用函数而不是控制输入范围。例如，在给定的上限下沿着抛物线的一部分，放置一系列点，需要函数的输入要按照下面的代码依比例调节。

图 8.16 多个点集，每一个都是沿着抛物线的正弦弧，并且每一个都是通过实际参数按比例调节。当尺度参数增加时，抛物线的斜率也相应增加。模型限制输出范围，从 0 开始变化，一直到最大值集合。集合的输入参数被隔离开，以使每一个集合都具有相同数量的点。

```
1  function parabolaInRange（CoordinateSystem cs,
2                  int count,
3                  double scale，double range）
4  {
5   Point pointOnParabola={};
6   doubleStep=Sqrt（range/scale）/count;
7   double=0.0;
8   for（int i=0; i〈count+1; ++i{
9   =i*Step
10   pointOnParabola[i]=new point（ ）;
11   pointOnParabola[i].ByCartesianCoords（cs，x，0.0，scale*i*i）;
12  }
13  return pointOnParabola;
14 };
```

波浪

使用时间：使用点的二维点集合来模拟波形。

如何使用：点集在此前两个样本中是一维的。二维的集合能够组成二维数组，即数组的数组。本样本就展示了如何创建这样一个二维集合。生成函数 $f(x, y)$ 是两个正弦函数的和，带有两个分别沿 x 和 y 方向的定义域的参数。这里特殊的参数包含每个方向上点的数量（以及数组的维数）、集合在 x 和 y 方向上的几何拓展的尺寸、波浪函数高度的振幅以及每个正弦曲线起始的角度。

一对嵌套的循环通过点来完成算法的各个步骤，一行接着一行，反复定义。算法的结构直接映射了集合的结构！

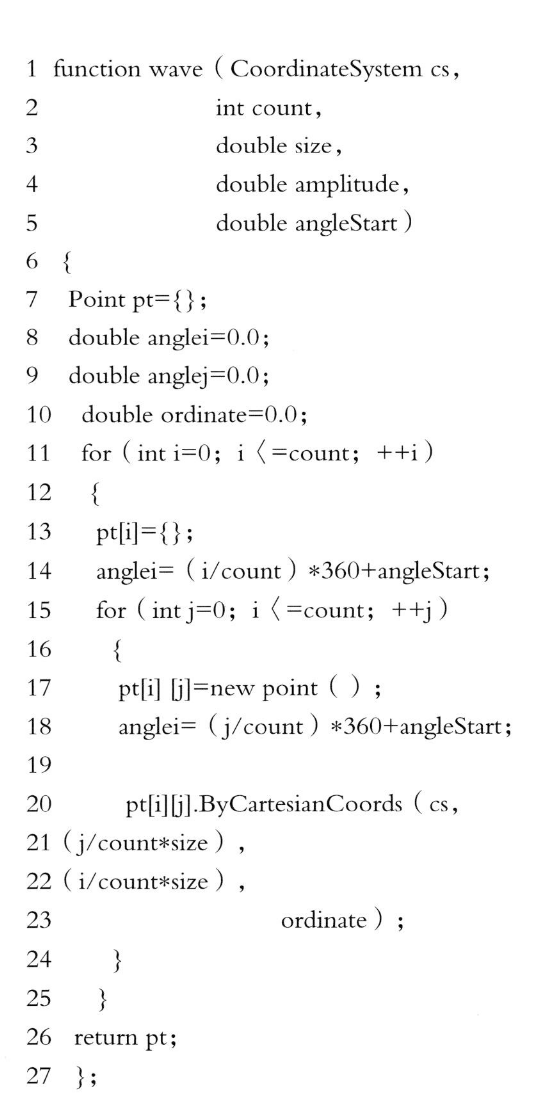

```
1  function wave ( CoordinateSystem cs,
2                      int count,
3                      double size,
4                      double amplitude,
5                      double angleStart )
6  {
7   Point pt={};
8   double anglei=0.0;
9   double anglej=0.0;
10   double ordinate=0.0;
11   for ( int i=0; i <=count; ++i )
12    {
13     pt[i]={};
14     anglei= ( i/count ) *360+angleStart;
15     for ( int j=0; i <=count; ++j )
16       {
17        pt[i] [j]=new point ( ) ;
18        anglei= ( j/count ) *360+angleStart;
19
20         pt[i][j].ByCartesianCoords ( cs,
21 ( j/count*size ) ,
22 ( i/count*size ) ,
23                              ordinate ) ;
24       }
25    }
26  return pt;
27  };
```

图 8.17　集合在两个参数化方向上，循环访问完整的正弦曲线。参数 angleStart 在结果形式的生成上起着最大效用，它确定了正弦曲线循环的起始点。

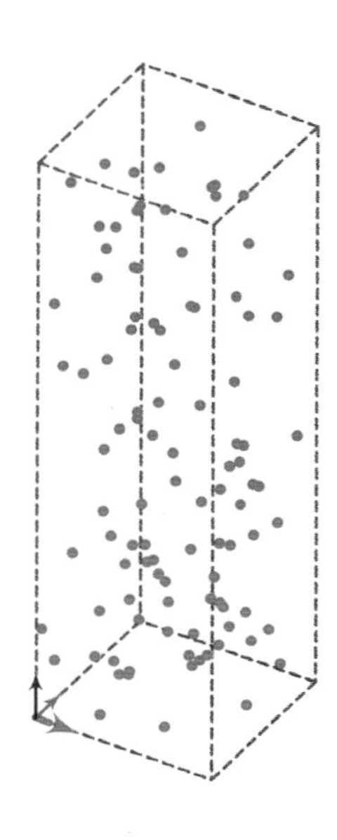

点云

使用时间：创建随机点集以均匀地填满容积。

如何使用：几何和符号结构的集合不需要相同。这里，符号结构是成系列的，而且没有几何结构，只有随机性。此样本在矩形边界框中均匀放置随机点。其参数给出了计数——点的数量，左下边界——定义在边界框左下角的框架，X 界、Y 界和 Z 界——给出边界框的右上边界位置。在这个特定案例中，函数的范围是定义域的刚体变换。这就意味着在定义域中定义的均布会持续在此范围内。假设在球坐标系中使用随机分布。点是随机的，但不是均匀分布的!

```
1  function cloud ( CoordinateSystem lowerLeft,
2              int count,
3              double boundX,
4              double boundY,
5              double boundZ )
6  {
5   Point  randomP={};
8   for ( int i=0; i < count; ++i )
9    {
10    randomP[i]=new point ( ) ;
11    randomP[i]. ByCartesianCoords ( lowerLeft,
12                        Random ( 0.0, boundX ) ,
13                        Random ( 0.0, boundY ) ,
14                        Random ( 0.0, boundZ ) ) ;
15    }
16  return RandomP;
17  };
```

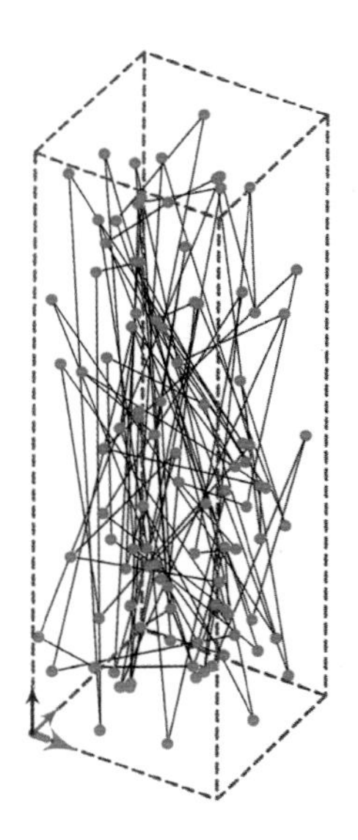

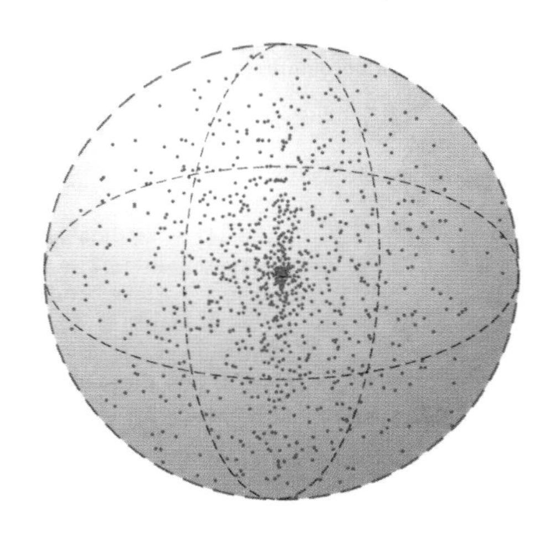

图 8.18　在设计中，随机序列几乎没什么用途（然而设计者们经常给我们惊喜）。本实例展示了符号结构和几何结构可能具有任何形式的联系，包括随机的零关系。

参数化曲线上的点

使用时间：沿着参数化曲线放置一系列点。

如何使用：参数化曲线提供曲线和沿着它放置点的方法。沿着曲线的一系列间距为 t 的点产生一个点集合，该集合中点集的符号继承是相应的曲线点的几何继承。该序列能够通过复制或是显性函数来生成（如下所示）。4.10 节为一个节点属性引入了作为特定数值集合惯例的复制。本集合使系统能够为每一项使用复制属性的节点集合生成相应的对象。

```
1  function pointOnCurve（Curve curve，Int count）
2  {
3   Point P={}；
4   double tStep=1/（count−1）
5   for（int i=0；i〈count；++i）
6    {
7     P[i]=new point（）；
8     P[i]. ByTParameter（curve，i*tStep）；，
9    }
10  return P；
11  }；
```

图 8.19 曲线上相应成员的参数位置组成的集合

参数化曲面上的点

使用时间：参数化曲面上的数组点。

如何使用：与参数化曲线类似，参数化曲面提供了表面和通过参数 u 和 v 放置点的位置。这就给出了一种将集合作为点的数组的自然组合，其数组中的相邻点与曲面上的相邻点相对应。和曲线类似，曲面也能够通过复制或是显性函数来生成。

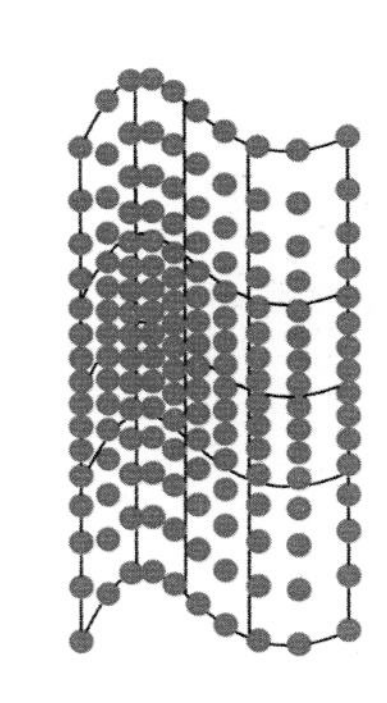

```
1  function pointOnSurface（Surface surface，Int uCount，Int vCount）
2  {
3   Point P={}；
4   double uStep=1/（ucount−1）
5   double vStep=1/（vcount−1）
6   for（int i=0；i〈ucount；++i）
7    {
8     P[i]={}；
9     for（int j=0；i〈vcount；j++）
10      {
11       P[i][j]=new point（）；
12       P[i][j]. ByTParameter（surface，i*uStep，i*vStep）；，
13      }
14    }
15  return P；
16  }；
```

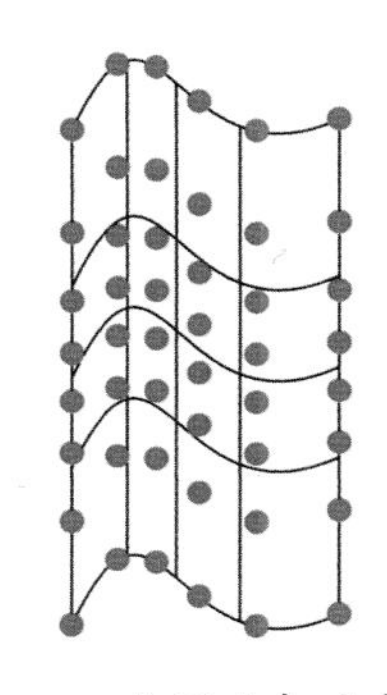

图 8.20 曲面上相应成员的参数位置组成的集合

8.10 占位符

相关模式·工模·点集

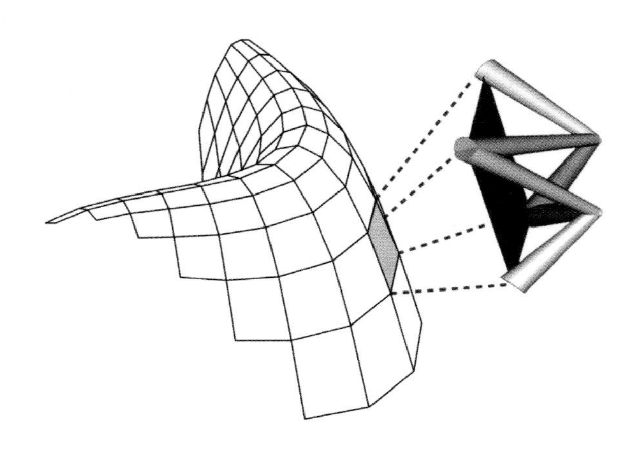

内容：使用代理对象来组织集合的复杂输入。

使用时间：设计分为若干部分。单一模型可以代表一个部分的很多变化，例如不同的窗户设计。一个有效的建模策略是复制该模型，并对每一部分都进行复制，同时调整模型每个复制的输入。通常一部分具有多重输入——自定义每一个输入是一项非常繁重的工作。当使用者能够通过少量（最好是一项）抽象的代理对象描述模型多重输入时，可以使用该模式。

使用原因：一种非常普遍的脚本，就是将模型通过目标曲面或者沿着曲线集合排列。如果模块需要点状输入，其按照目标进行定义的自身，将这些输入组织起来一定是复杂的、并且容易出错的。如果设计者能够通过诸如多边形的单一结构定义复杂模块的输入，放置模块的工作通常简单多了。目标曲面上多边形的布置，创建模块能够后期（并且易于）放置的代理。

如何使用：占位符具有两个部分。第一个是代理对象，一种承载模块输入的单一对象。例如，一个矩形模块需要 4 个角上的 4 个输入点。一个四边形能够为这些点作代理对象，多边形的每个顶点提供这些点中的一个点。该代理对象简化了提供给模块的参数，仅使用一个多边形而非 4 个点。第二个部分将代理对象与模型相关联。例如，一个代理多边形能够通过使用点的矩形阵列进行定位：第 ij^{th} 个多边形的顶点是点 $\dot{p}_{i,j}$，$\dot{p}_{i+1,j}$，$\dot{p}_{i+1,j+1}$ 和 $\dot{p}_{i,j+1}$ 放置一个像多边形这样的通用对象的代码，相比放置一个特定模块的代码要更为简单并且可再利用。

占位符样本

刺猬

使用时间：将点集作为占位符使用，以放置和定位垂直于曲面的组分（刺）。

如何使用：曲面的每个点定义组成表面法向量和主曲率向量的单一框架。它提供了足够的信息在曲面上放置和按大小排列刺状对象。点提供位置，曲面法向量提供刺的方向，主曲率的向量提供使刺适应环境的信息。通过曲面上点的 u 和 v 参数来构建点集。使用框架而非点，记住框架中也有点。每一个框架点都可以作为刺的基底。我们定义两个图形变量数量和高度。点集提供每个参数方向的数量框架。在每个框架中，使用框架的 z 轴方向和参数的高度定义锥形体。

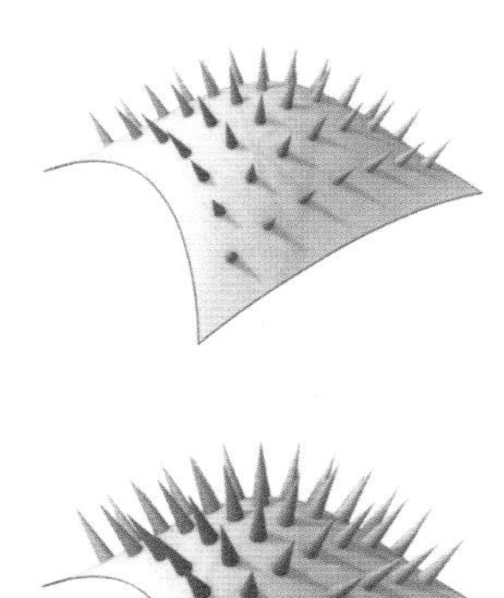

奥地利格拉茨美术馆，由彼得·库克与科林·福奈尔设计。

资料来源：Anita Martinz。

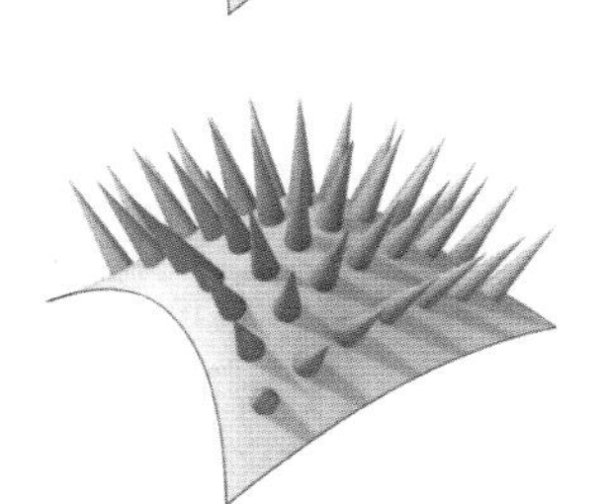

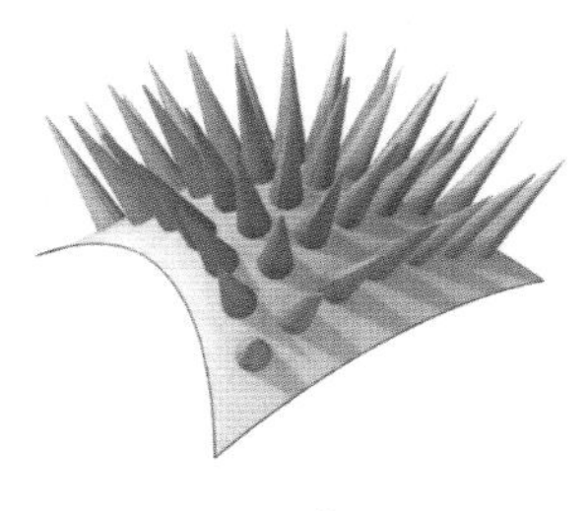

图 8.21　简单的占位符使用曲面上设置的框架，为放置锥形体保存几何信息。

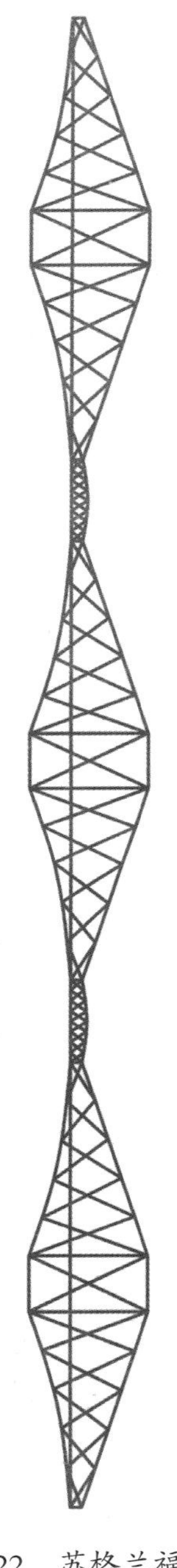

图 8.22 苏格兰福思湾桥的简单描述，包含三个较长的和两个较短的线段。为了更复杂的桥段的表达，这些就作为占位符使用。

桁架

使用时间：将直线作为占位符使用，以放置桁架的构件。

如何使用：桁架的每个构件都可能承载着诸如构件截面、材料、惯性矩和弹性模量等信息。另外，桁架的参数化模型能够依据放置的环境给其两端定形。放置桁架构件仅仅需要沿着构件位置的基底线。首先，开发一个功能来代表桁架构件，并且仅仅需要一条线段作为几何输入。第二（并且在一个新模型中！），创建由线段组成的抽象桁架来代表桁架构件。应用桁架构件特性到这些基线占位符中，放置详细的桁架构件。当然，这简化了实际的桁架构件占位符，在其中桁架构件参数化模型需要足够的信息来构形其剖面属性和细部。执行下一步需要占位符在空间上更为复杂，同时桁架构件的特性使用新的信息来详细说明。

福思湾桥，苏格兰

资料来源：Kenneth Barker。

折纸

使用时间：使用四边形作为占位符模拟折纸手工。

资料来源：Ray Schamp。

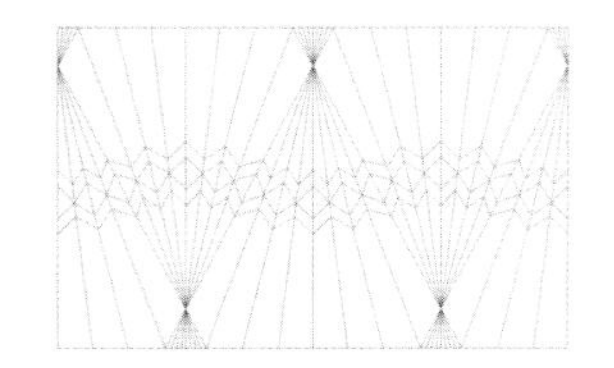

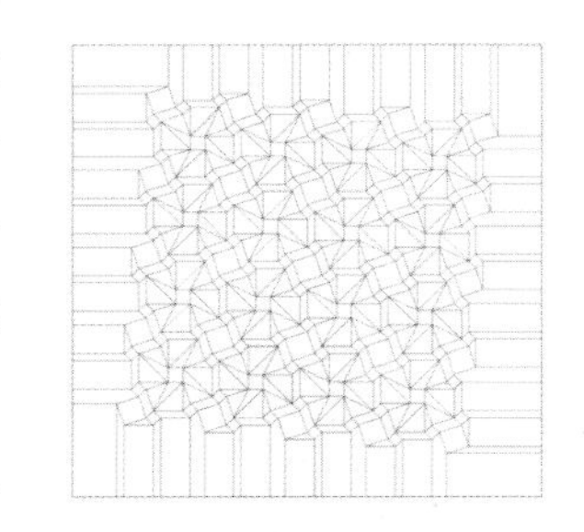

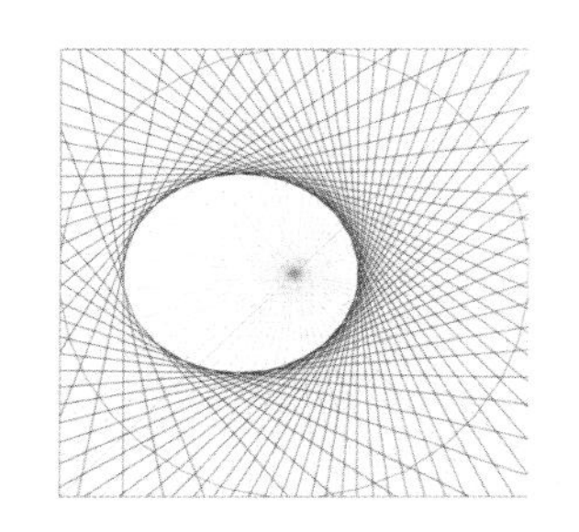

图 8.23　一些折纸模式
资料来源：Ray Schamp。

如何使用：折纸的参数化建模比较困难。问题在于物态纸张具有实际的空间维度，在它能够实现的空间结构上将其折叠受到限制。这些真实世界的约束不可避免地意味着任何模型都需要使用联立方程来实现，而基于传递的系统不能胜任此项任务（单变量求解器模式给这个问题提供了一个部分解）。这就是说，设计草图仅仅是近似的，而本样本就展示了模拟折纸系统的一种方法，放弃在独立的面板中的一些现实尺寸偏差。

在折叠的结构中，折叠模式可被认为是与折叠面板的尺寸与位置相独立。更进一步说，折叠模式属于平面上 17 种可能的对称组中的一种（每一组代表平面上类似于装饰图案集合的一种不同的基本方式（Grünbaum and Shephard（1987，pp. 37-45）；Weisstein（2009））。在每个这样的组中，都有重复模块将几何条件强加于纸张的边缘，并且必须连接到另一个模块。建模任务分成三个部分：折叠的纸张、在连接点保证几何连接以及曲面上排列产生的模块。

模块的选取是清晰和简单的关键。本样本包含一个全等的平行四边形的集合（面向对称发烧友，安排在晶体学注释中的对称群 pmg）。连接六个平行四边形的部件形成模块方面比较简单，仅仅需要简单的平移对称（对称组 p1)。我们使用两个完整的和四个一半的平行四边形来定义模块，该模块能够轻松（或者至少比较容易地）将几何边缘条件与代理占位符联系起来。

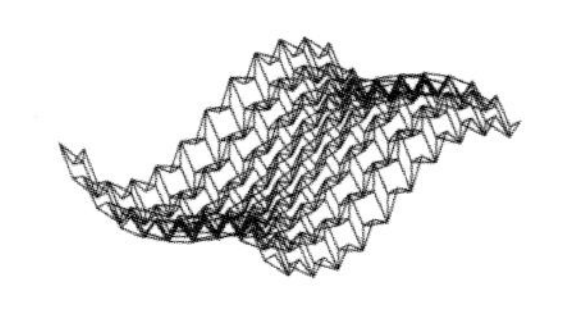

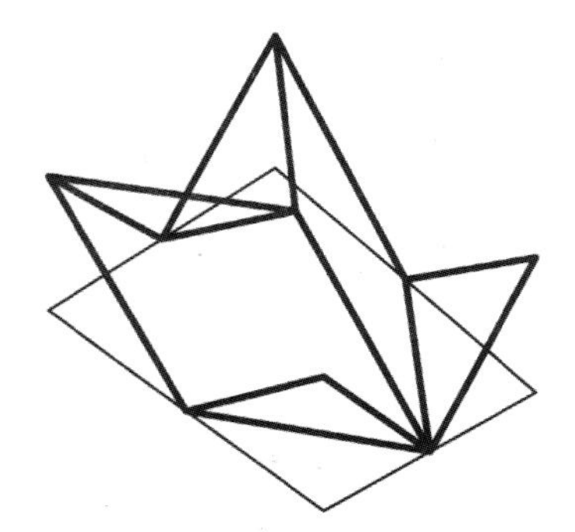

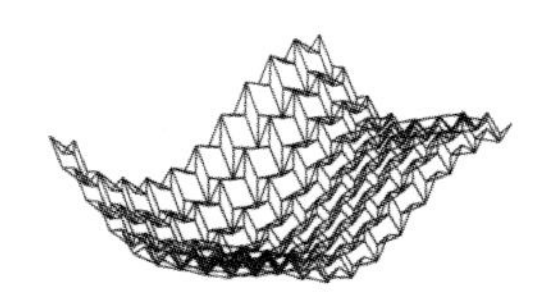

连接邻近的模块，需要沿着模块连接处的每条边和每个顶点都是一致的。四个边点分别连接着两个模块，四个顶点也分别连接着四个模块。边点很容易：它们位于占位符边缘的中点，所以能够保证一致性。顶点的一致性需要在每个顶点邻近的模块共享一个从顶点到模块点的公用向量。这里，该向量具有曲面的全局属性。通过些许的进一步工作，占位符对象就能够在其各个顶点保持每个方向的向量。

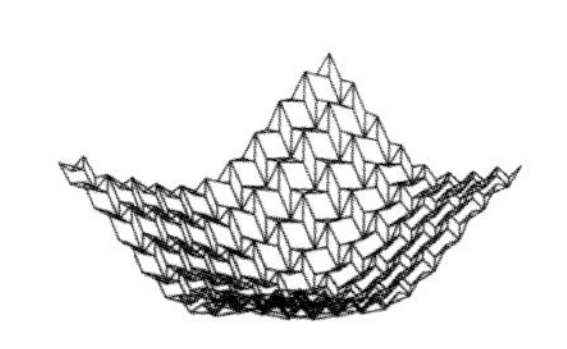

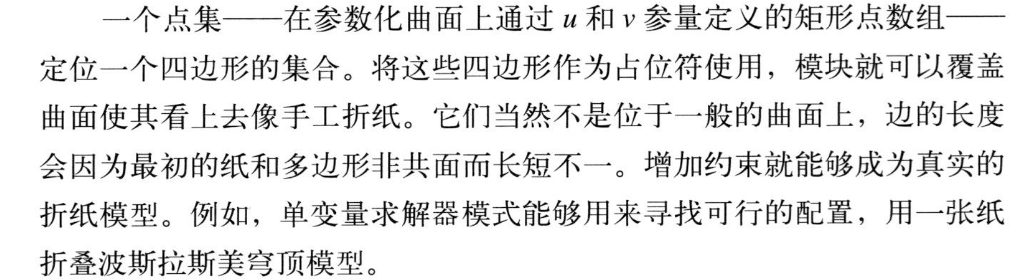

一个点集——在参数化曲面上通过 u 和 v 参量定义的矩形点数组——定位一个四边形的集合。将这些四边形作为占位符使用，模块就可以覆盖曲面使其看上去像手工折纸。它们当然不是位于一般的曲面上，边的长度会因为最初的纸和多边形非共面而长短不一。增加约束就能够成为真实的折纸模型。例如，单变量求解器模式能够用来寻找可行的配置，用一张纸折叠波斯拉斯美穹顶模型。

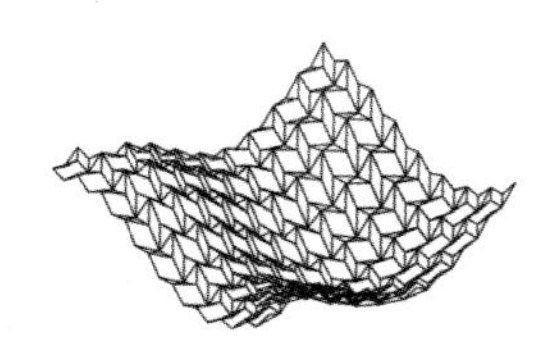

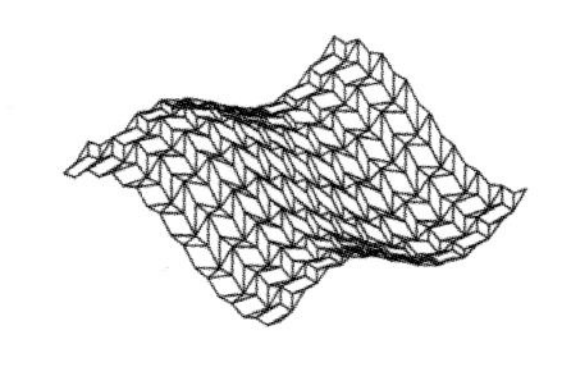

图 8.25　一种几何上附着在曲面上的折纸近似

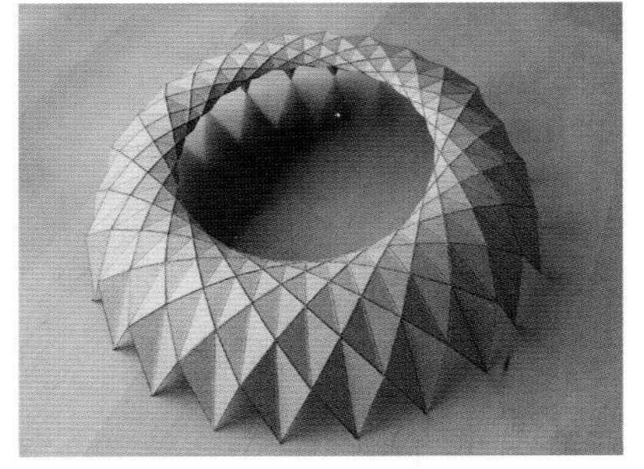

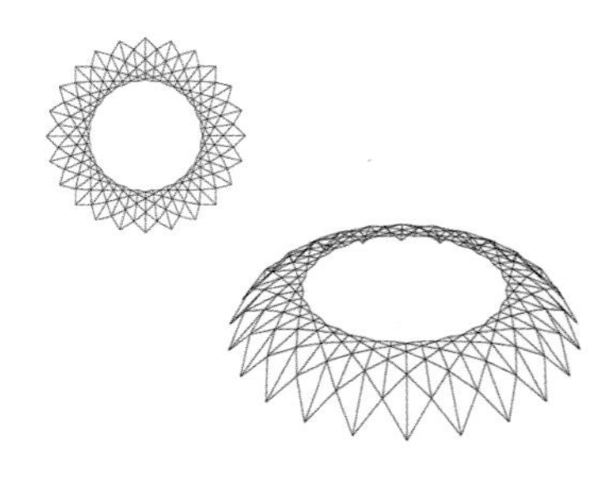

图 8.24　用平面三角集合折叠而成的穹顶结构

资料来源：Maryam Maleki。

8.11　投影

相关模式 · 点集 · 记录器 · 映射

资料来源：Alexandre Duret-Lutz。创作共用署名共享。

内容：在另一种几何环境下，生成对象的转换图形。

使用时间：在设计中，“这里”和“那里”这样的词汇几乎遍布各个角落。眼睛、耳朵、太阳、灯光、管道、柱和横梁等等都和这里或那里相关。通常一条几何直线或曲线提供所需的连接。使用该模式来构建“这里”和“那里”之间相干的并且可复写的关系。

使用原因：投影是从制作旧物体到新物体的一种简单的和开放式的工具。它起始于文艺复兴时期，甚至更早。对于设计者而言，与画法几何领域的关系最为密切，画法几何是18世纪由加斯帕尔 · 蒙日（Gaspard Monge）于1827年提出来的，直到今天仍然是全世界设计课程中的必修部分。画法几何为三维对象的二维绘图提供了方法，通过将三维对象投影到表面上加以实现。参数化建模支持很多比老式手工绘制技术丰富得多的投影思路的集合。有些开玩笑的意味，设计者可能会争论，参数化建模将在21世纪替代画法几何。投影的思路包括三个部分：（1）需要投影的源对象，

（2）投影工具或投影方法，（3）接受投影的对象。其最简单的模式是正交投影：点投影到接收平面上，即投影直线与平面垂直。投影和相交工具在很多参数化建模系统中普遍存在，它们能够大大地拓宽投影造型的思路和方法。投影的两个主要效果是间接的和独立的。通过它，模型就能够间接地做出雕刻效果。

通过它，不同的对象方面就能够通过不同的视角分隔开来，也能够通过特殊视角和推理来观察对象。一个最普通的例子就是光线（基本上是一个点光源）通过带图案的屏幕投射到表面上。

如何使用：

每个投影有以下三个部分：(1) 投影的对象，(2) 投影法，(3) 接收对象。投影的对象是一个点或任何的复合点：线、射线、线段、曲线、多边形、表面，或 3d 对象。三个最常见的投影方法是平行投影，其中，所有投射光线是平行的；标准投影，其中，投射光线对于接收对象是标准投射光线；和透视投影中，其中，所有投射光线穿过一个单点。投影还有广泛的其他方法。例如，地图投影可以解释为从一个表面到另一个表面的参数坐标的映射。

常见的接收对象有平面、多边形、曲面、直线和曲线以及它们的组合等等。虽然可能，但到点和三维对象的投影在实践中非常少见。

正如安德森（Anderson）在 2009 年提出，存在着广泛而多样的投影。通常计算投影包括数学投影或是几何相交。数学投影提供了诸如将向量 $\vec{u}$ 投影到另一向量 $\vec{v}$ 上的解 $\vec{w}=\frac{\vec{u}\times\vec{v}}{|\vec{v}|}\vec{v}$ 的相关简单情形的直接解决方法。更为复杂的情形包含相交对象。例如，将点投影到曲面上相当于计算曲面和投影线之间的相交情况。

对于简单的案例来说，参数化建模者可以提供计算投影的直接工具，例如，将直线投影到平面上。尽管设计者推出这些边界，但是它也是生活中的真实情况。在这些更为复杂的情况下，使用投影模式包含三个步骤：（1）取样关键对象点，（2）将这些点投影到接收对象上，（3）按照投影到接收物的情况重新构建对象。

投影样本

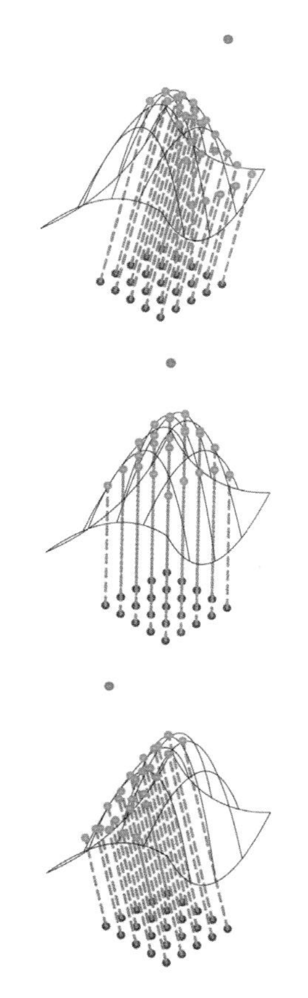

图 8.26　点的平面阵列投影到曲面上。曲面是几何体，阵列是数据结构。

曲面采样器

使用时间：将点集合投影到曲面上。

如何使用：参数化曲面的数学内涵与曲面的形状及其控制多边形的 *uv* 参数化联系在一起。在一个设计中，经常只有曲面的一部分是实际上需要的。将点集投影到曲面上能够生成具有自身独立参数的曲面的子集。

源对象为点集合。在本实例中，该集合位于一个平面上并且是一个简单的阵列，但是其余的几何和数据排列也能够使用。投影器为平行投影，投影射线与从集合的质心到空间中控制点的连线平行。作为投影器可以是从源平面生成的垂直直线，也可以是允许在平面中移动源对象的一个控制。接收者为曲面。

阴影

使用时间：在场地上仿真一排柱的投影。

如何使用：从 *xy* 平面上一条垂直的直线（抽象一根柱）开始。定义一自由点作为移动光源。阴影点即为在 *xy* 平面上自由点的投影。在柱底与阴影点之间的直线为其阴影。复制柱的起始点能够给出一行柱点，每个带有其自身的阴影。在这种情况下，源为自由点，投影为通过源的透视投影，接收者为 *xy* 平面。

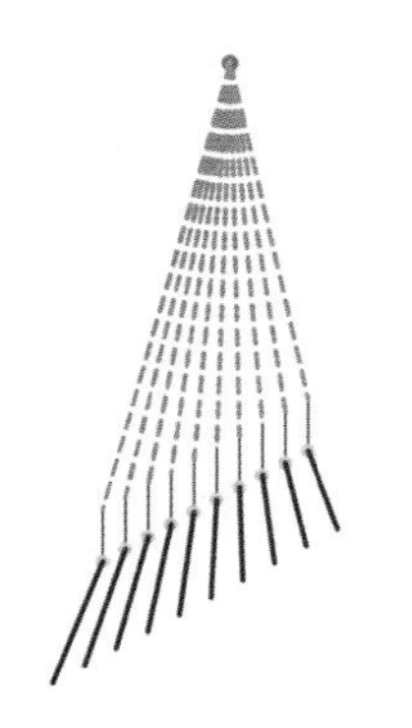

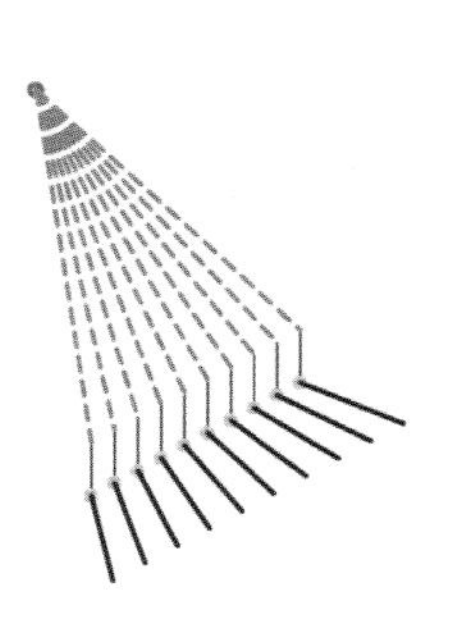

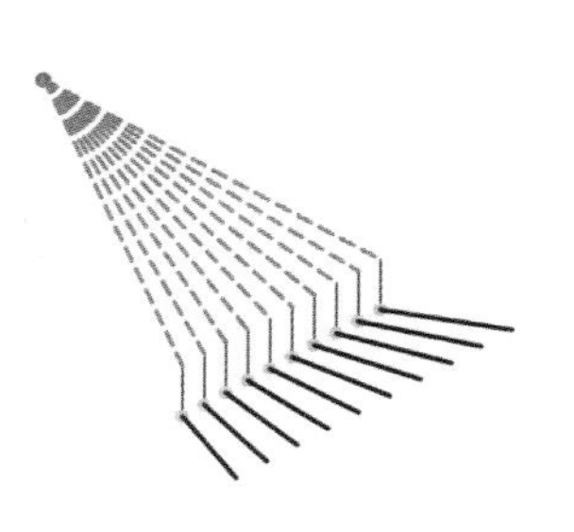

图 8.27　这个最简单的样本举例说明了使用一种方法将源投影到接收者的基本理念。在此情况下，该方法是简单的透视投影（所有的射线均穿过该点）。

天窗

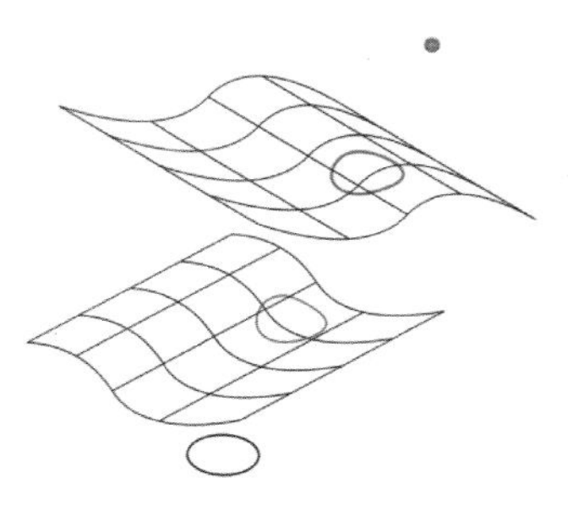

资料来源：Pieter Morlion。

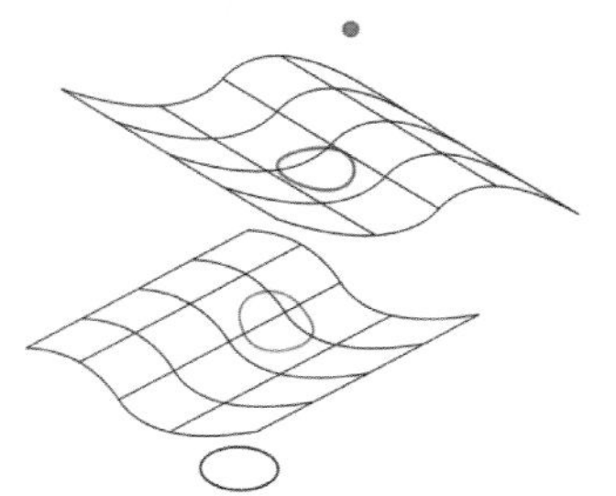

使用时间：创建聚焦点于一个圆上的日光镜头。

如何使用：两个自由形式的曲面代表屋面和顶棚。*xy* 平面为地板。地板上的一个圆为通过顶棚和屋面投影的日光。日光的方向几乎是一致的，但是两个独立的洞会成为聚焦到圆上的日光的模糊透镜。和曲面采样器样本类似，投影方向通过自由点来控制。如果该方向被约束在日光的年周期范围内，对于特定的模型情况而言，日光在一年中会很准确地两次直接投影在该圆上。如果该方向是被选择性地连接到两个至日（冬至、夏至）中的任何一个，就会减少成一年照射一次。固定的建筑对于移动现象的反应是很困难的。

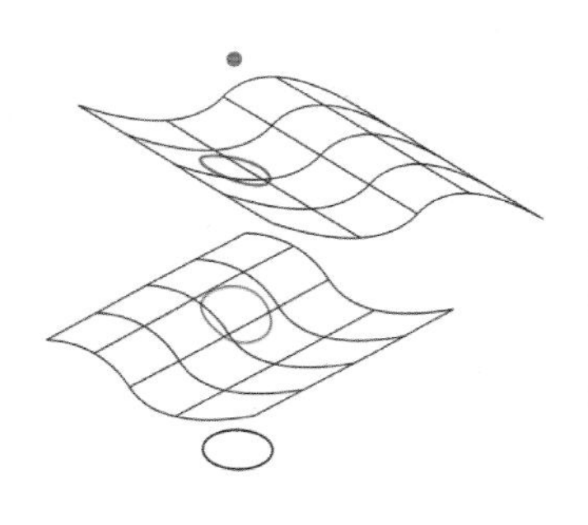

圆投影到曲面上，或者是一个有角度的平面，都不会再是一个圆。然而一些参数化建模者提供了曲线投影曲面的投影工具，通过投影采样圆点和重构来自投影点的曲线，就能够得到一个良好的近似。结果曲线不会精确地符合它所位于的曲面。或者，如果建模者有曲面修整工具，沿着投影线通过清除圆来修剪曲面，就可以产生一个带洞的新曲面。

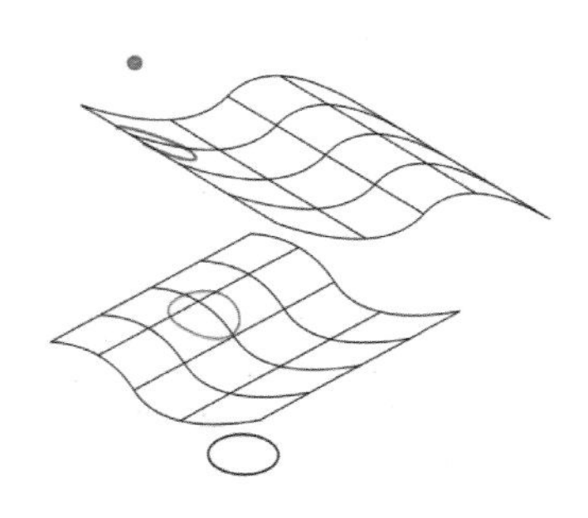

图 8.28 空间中的点控制着圆通过两个曲面的平行投影的位置。

当旋转模型时，在特定的视角就能够看见三个圆准确地重合（在一个平行可见投影里）。

关于投影在造型中的运用一个非常著名的例子就是柯布西耶在 1953 年设计的法国拉土雷特圣马利多明我会修道院（Monastery of Sainte-Marie de La Tourett）（如上图所示）。

聚光灯

使用时间：建立一个隐形聚光灯，将一个圆投影到多个曲面上。

如何使用：本实例和前一个实例比较类似。主要的区别在于所有的投影线汇聚于光源。每一条投影线从光源出发，并通过基础圆的采样点。当在平行投影视角旋转模型时，就能够看见投影圆并不在任何角度都重合。如果使用透视视角，当相机和光源重合的时候，投影圆也重合。

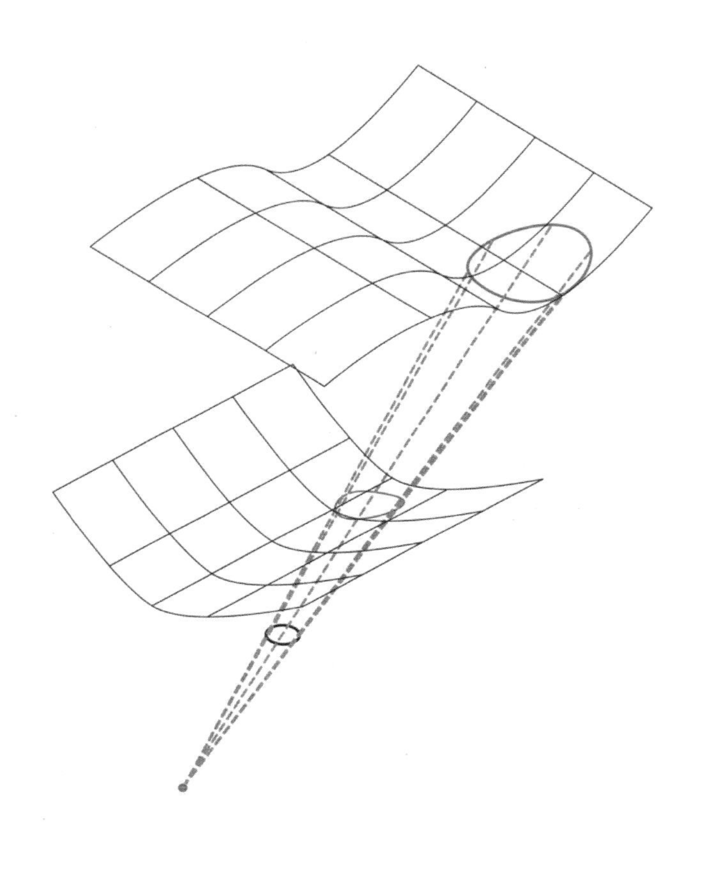

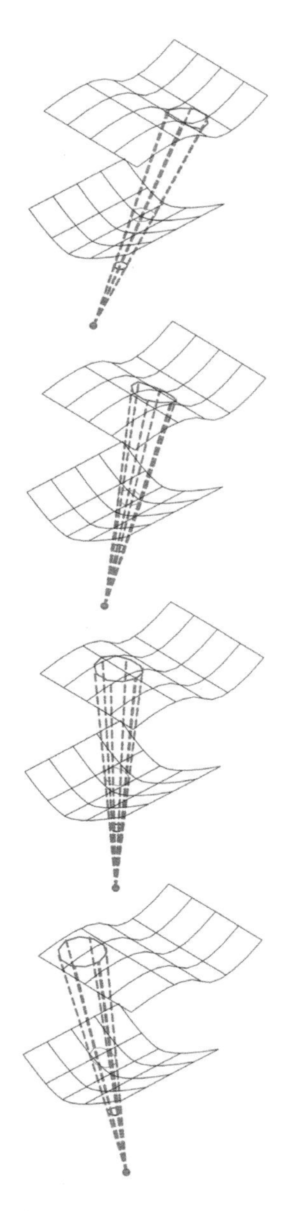

图 8.29　通过点的投影创建通过曲面的相交锥形体。两个对象：（1）投影点，（2）圆形透镜，控制着投影锥。在此情况下，圆与给出椭圆结果的 xy 平面相平行。

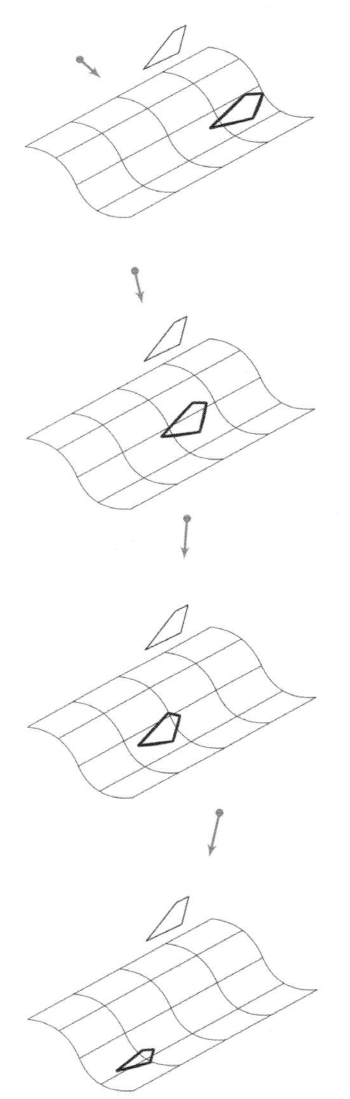

图 8.30　多边形的边界投影到曲面上。红色的向量控制着投影的方向。即使多边形具有直线边，在曲面上的投影也依然是曲线。

日光多边形阴影

使用时间：曲面上多边形的日光阴影。

如何使用：投影源为多边形，接收者为自由形式曲面。投影器为太阳，因此投影线是平行的。

直线在曲面上的投影为曲线。对于特定曲面类型，如圆锥截面，这些曲线的封闭方程是存在的。对于自由形式曲面，必须满足近似要求。即使你最喜欢的参数化建模者可能有一个曲线投影工具，近似技术仍然是建模者工具箱中一个重要工具。关键是采样。通过一系列点来采样每个源直线。选择点的数量取决于接收曲面的复杂度：高曲率和快速变化的曲面法线需要更多的样本。将采样点投影到曲面上，并从采样点在曲面上重新构建曲线。"在"这个词是个建议——曲线不会正好位于曲面上。很多表示法都是近似的。如果曲线和曲面必须完全一致，则高密度采样或者寻找一个支持精确的曲线到曲面投影的建模者。

很明显阴影不再通过四条直线来界定，而是四条曲线。也要注意更简化的假设。非平面多边形能够作为定义最小曲面来考虑。如果源多边形是非平面的，则其定位必须使最小曲面的各部分都投射在多边形投影边界的内部。另外，该阴影不会实际形成模型。这一点就已经足够好了——再说，在设计中很多表达是近似的。

针孔照相机

使用时间：构建一个针孔照相机模型。

如何使用：针孔照相机使用微小的孔替代传统的玻璃透镜。在非常薄的材料上的这样的孔，能够通过限制所有射线穿过有效的单一点来聚焦光线。为了产生足够清晰的图像，孔的直径必须小于孔到屏幕的距离的1/100。

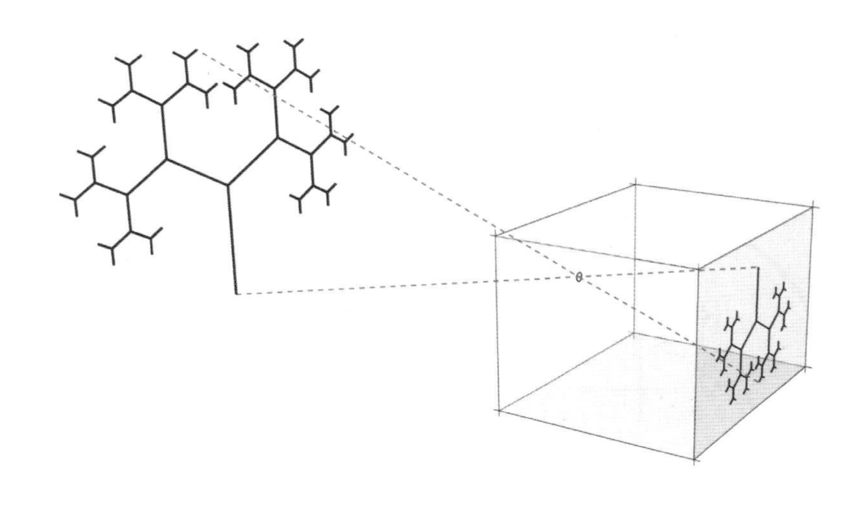

针孔照相机的原理为光线从一个对象穿过小孔在屏幕上（如上图所示）形成图像。欲构建这种效果的模型，就是简单地在源和接收者之间放置一个点（模拟针孔），使投影从源对象通过小孔投影到接收者上。无论使用直接模型重建，还是上述的日光多边形阴影采样技术，都能够重建在接收者上的源。

注意图形在从顶部到底部和从左边到右边都被反转。这就相当于通过小孔（假如接收者是一个平面）围绕垂直于接收平面的轴旋转了180°。

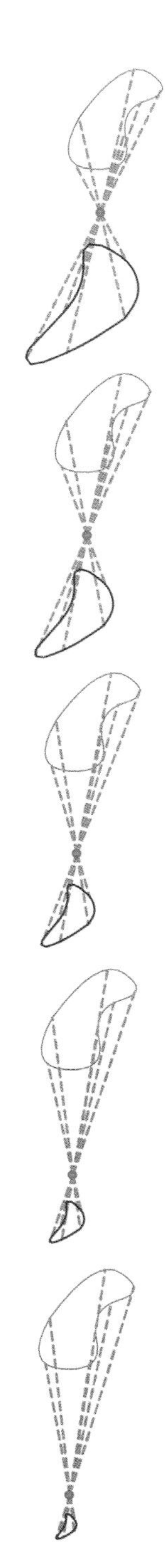

图8.31 在源和目标对象之间放置投影点，产生一个针孔照相机。

8.12 反应器

相关模式 · 控制器 · 单变量求解器

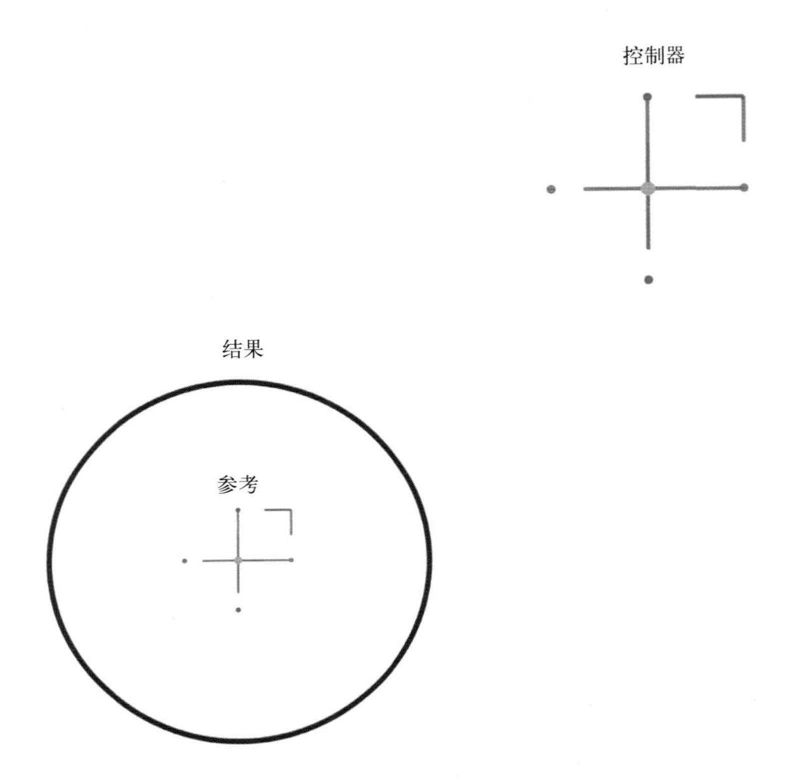

内容：制作和另一个对象近似的相应对象。

使用时间：参数化建模的精髓就是按照上游对象的属性来表达对象属性。当对象与上游先例之间的关系基于近似的时候，问题就出来了。对象的新位置变成以其老位置为基础，使对象定义变得循环进行！而传递图像是不能循环的。

当你期望回应另一个对象的存在来制作对象时，使用本模式。

使用原因：设计者经常使用隐喻的回答，来表述设计的一部分依赖于其他设计的状态。视角反过来，如同设计的一部分会成为定形其余部分的工具。这种情况与控制器模式中遇到的非常相似，但是两者有一个关键性的不同——控制属性是近似性的。

如何使用：基本思路：通过参考将反应器与结果连接在一起。

秘诀是将交互器及其结果通过我们称之为参考的间接和固定对象联系起来。交互和参考相互作用生成结果。

例如（见下面圆形半径与点交互器的例子），设计者有一个点和一个圆，并且希望当点移动较近时，圆可以变大一些（或者小一些或者成椭圆）。这一点可以通过使用反应器模式加以实现。如同你所猜测的一样，点是一个交互，而圆是其结果（它可被复制以给我们一个圆的阵列）。圆可位于任意位置，这个位置即为参考。参考一般藏于反应器中。

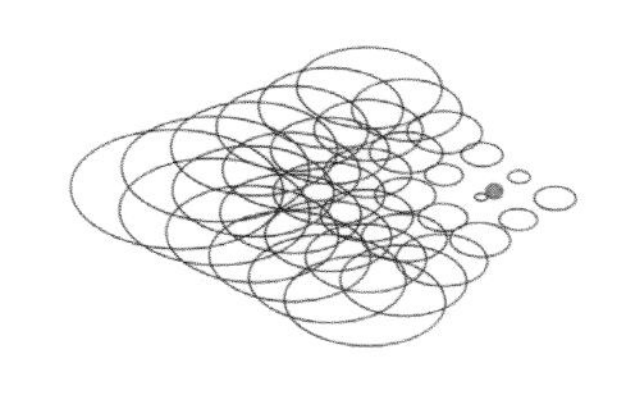

位置是能够通过多种方式显示的复杂属性。位置是定位和方向的任意组合，例如，线段的长度或方向，点的参数或数量或位置，平面的方向，圆的半径以及诸如颜色等附加属性，如果它们的设置是依赖于其位置的话。

反应器样本

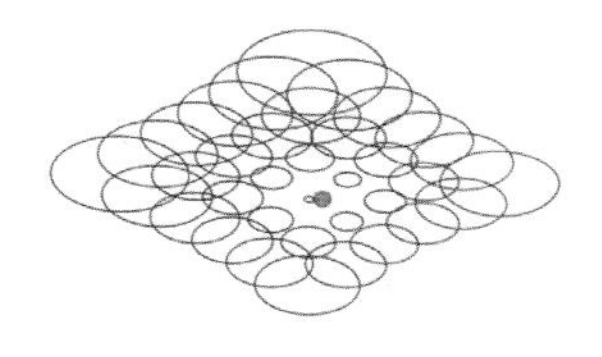

圆半径和点交互器

使用时间：通过近似于一点，控制圆集合的尺寸。

如何使用：也许圆的最简单的定义只需要其圆心和半径。圆心（一个点）是参考，而半径即为结果。自由点是交互器。使半径成为圆心和控制点之间距离的函数，它能够成为反应器模式的实例。在此情况下，函数具有直接的关系——其数值随着距离的缩小而缩小。当交互器向接近圆的方向移动时，圆逐渐缩小。

将参考复制能够使得所有圆对交互器的移动作出反应。隐藏参考能够创建从交互器到结果的直接控制的错觉。

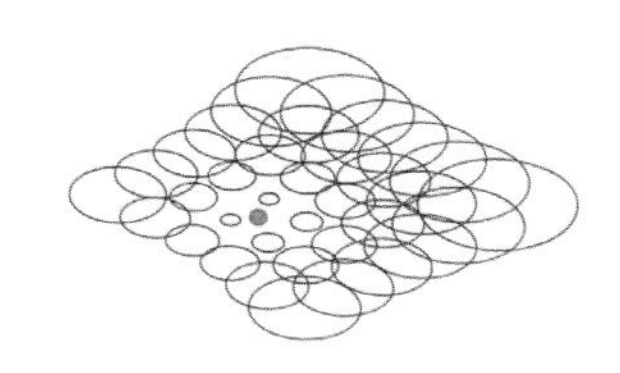

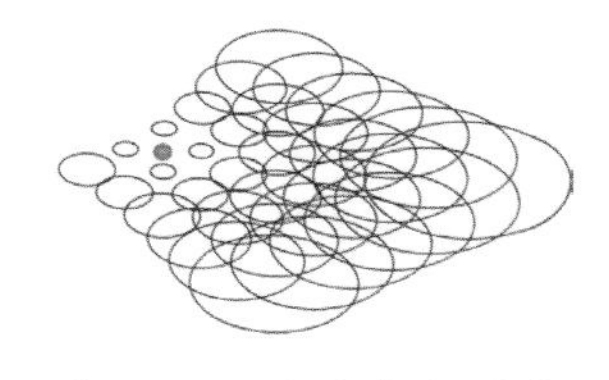

图 8.32　圆的集合对交互点的存在作出反应

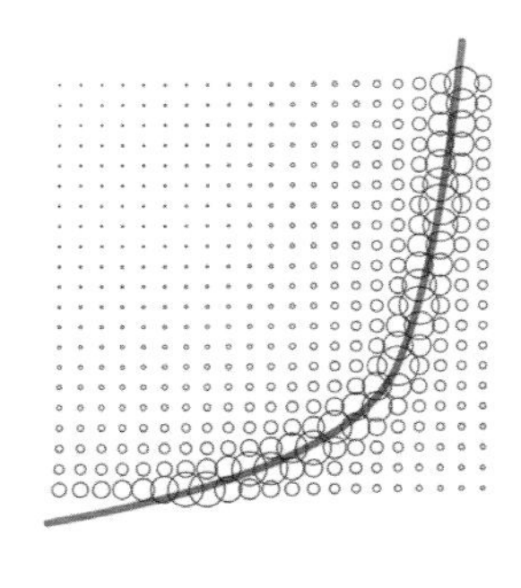

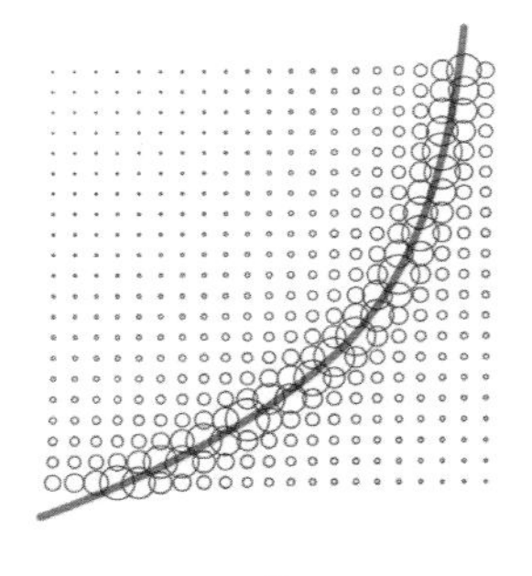

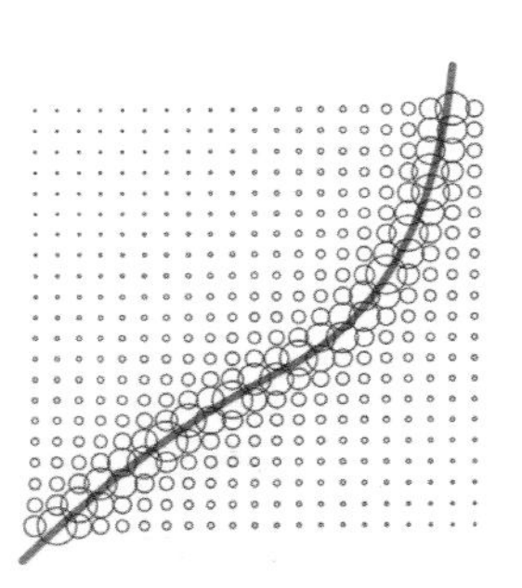

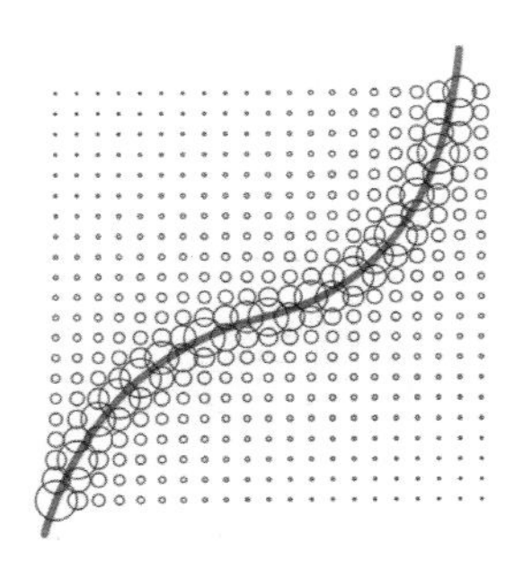

图 8.33 在此实例中，交互器为整条曲线，其自身通过一系列点控制。

圆的半径和曲线交互器

使用时间：通过近似于一条曲线控制一系列圆的尺寸。

如何使用：在建模术语中，此实例几乎和前一个没有什么不同。在这两个中，圆的半径序列随着与交互器的近似而改变。唯一的区别是这里的交互器是曲线，半径的增长是近似实现的，而不是缩小。参考点到曲线的距离，即为点到其在曲线上的投影的距离——这是点和曲线之间的最短距离。

隐藏该参考可以移除每个圆可视的固定点。眼睛仅仅关注于显示部分的改变。

资料来源：由 Jesse Allen 制作的美国宇航局地球观测站图像，使用由马里兰大学全球土地覆盖研究部提供的陆地卫星数据。

提升

使用时间：当你将一个点向着起始点移动时，线段的长度会逐渐增加。

如何使用：定义两个点：参考点和交互点。在参考点上定义垂直线，即为结果。

结果的长度 l 必须随着参考点和交互点之间距离的缩小而增加。为了使工作顺利进行，需要为 l 选取一个“好”的函数。在此实例中，l=1/［距离（交互点，参考点）+0.1］。0.1 的小数目在函数内部的增加能够防止当点之间的距离接近于 0 时，直线变得无限长。映射模式给出了如何可靠使用其他函数的过程。

复制起始点并将其隐藏起来。现在使用者就有了一个能够反应交互点移动变化的线段集。反过来，可以使用线段终点来定义另一个使用直线的对象的形状，比如屋顶表面。

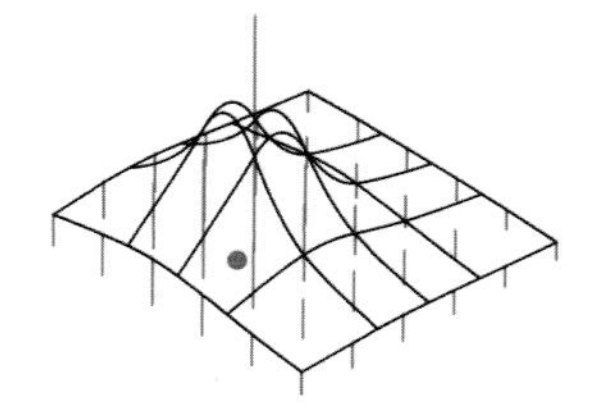
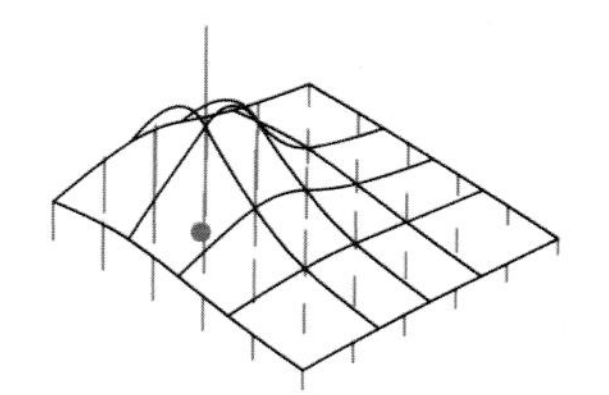
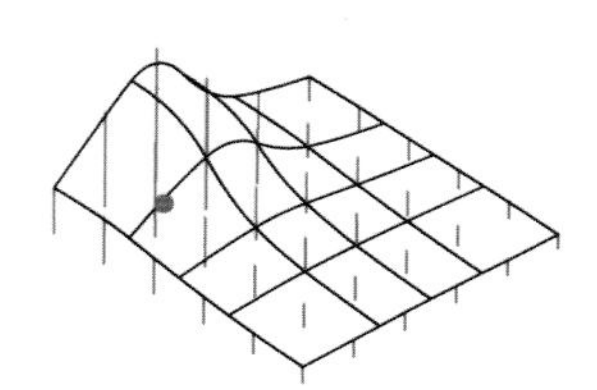

图 8.34 通过反应器，单一点能够取代 16 个点，这些点是控制一个曲面时一般所需要的。当然，普遍性是失去了，一些曲面不能建模。

反射极

使用时间：使一个点向远离控制点的方向移动。

如何使用：定义两个点：参考点和交互点。其结果位于由参考点和交互点定义的无限长直线上。

该结果是参考点和一个向量的总和。向量的方向同交互点与参考点间的向量方向相同。其长度源于两者间距离的函数：当交互点向参考点移动时，长度也随之增加。

该样本中的函数为 *SD*/（distance（interactor，reference）+*SD**0.01），其中 *SD* 为标准距离。当 *SD* 增长时，模式对距离也有相应的效果。以 *SD**0.01 小数量距离增长，避免当交互点向参考点靠近时的无限移动。

复制并隐藏参考点。现在其结果点似乎响应交互点。反过来，使用该结果来定义其他对象，例如一个曲面。

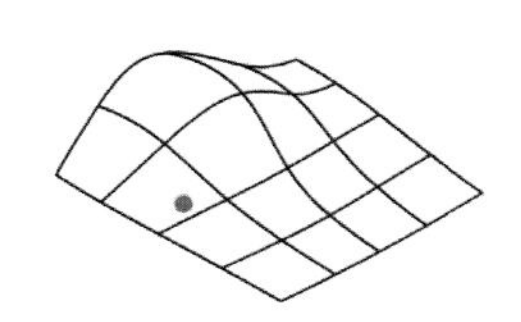
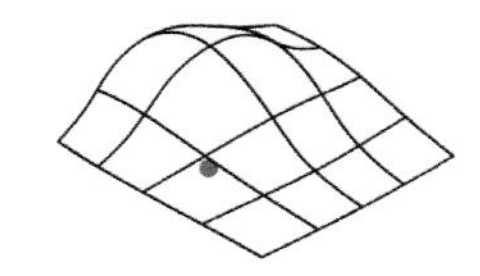
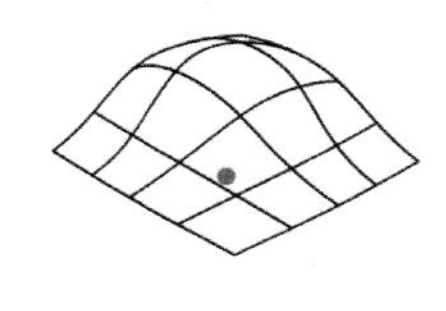
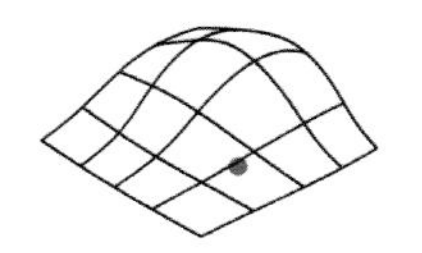
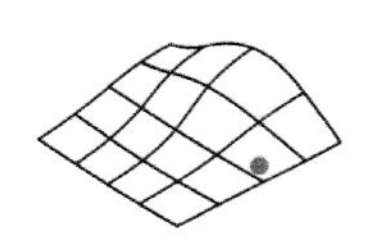

图 8.35 此样本与前一样本的唯一实际的区别是结果点所在线段由交互点和参考点直接定义。

向量场

使用时间：当控制点移动时，旋转边界向量，以使其与点的夹角总是相同的。将其复制以定义向量场。

如何使用：定义两个点：交互点和参考点。目标是要为参考定义向量边界，以使其在右手坐标系中与两个点假设的连线垂直。通过使用交互点来设置 x 轴，在参考点上创建框架。使该框架的 y 轴上的结果向量确保其总是垂直于 x 轴，并且因此垂直于连接线段。

注意参考点可以是不止一个对象。在此案例中，向量的起始点和框架共同组成参考。框架和起始点可以结合，简化回到一个单一参考。这种约简不总是可能的。

在一、二、三维空间中复制参考点，并将其隐藏起来。所有结果向量都会反映交互器的位置并描绘一个连续的向量场。

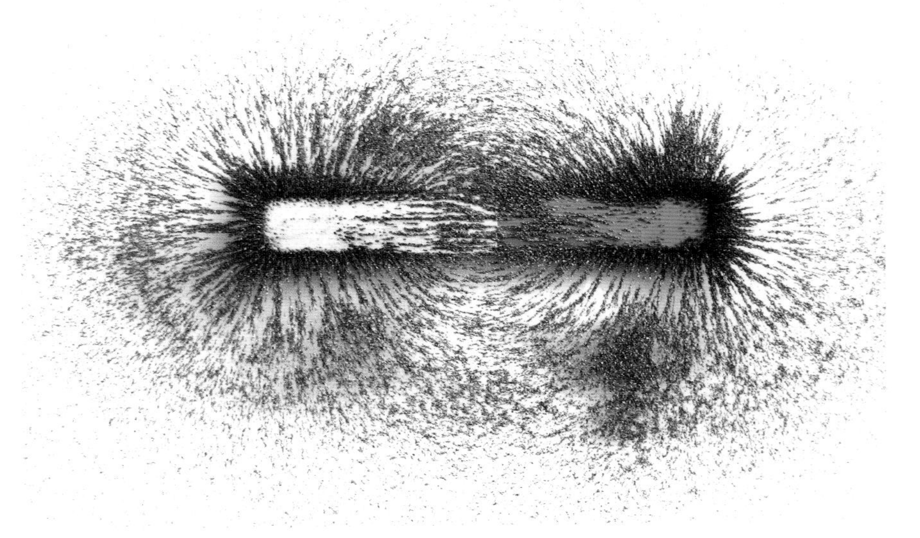

资料来源：Dayna Mason。

图 8.36 点看起来似乎直接控制向量场。和大多数反应器一样，参考隐藏起来，在此情况下，在点上定位点和框架。

浅凹

使用时间：设置闭合曲线的局部形状以对临近点作出反应。

如何使用：定义一个圆和圆上两个点。调用其中一个点作为参考点，而另一个点作为交互点。从参考点开始向圆心画线。将其结果一个参数点放置在直线上，如果交互点和其距离过近，则其向圆心移动。如果交互点和参考点之间的距离（通过它们参数之间的模块化距离来测量）小于数值 *d*（稍后解释），诀窍是给结果点的参数分配一个较高的数值（这里是 0.4），否则赋予其另一数值（这里是 0.2）。距离条件能够通过下面所示进行定义：

```
1 function modular01Distance ( double t0, double t1 )
2  {
3  Object result=t0−t1
4  Return
5   Result〉 0.5?
6    1−result:
7    1−result〉=0?
8     Result:
9     Result〉 −0.5?
10      Abs ( result ) :
11      Result+1.0
12   }
```

这里的参数 *d* 小于或等于 0.5，并且大于等于两个参考点之间距离的一半。为保持至少一个点测试值为真值，设置下限是很必要的。因为 *count* 平均分配参考，所以最小数值设置为 *d*=1/（2**count*）。

在参考得到复制之后，创建一个闭合曲线对结果点进行插值。该曲线看起来像是通过交互点变形的圆。

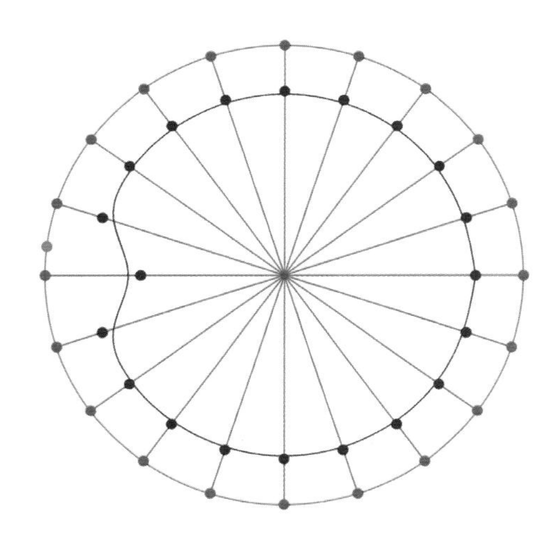

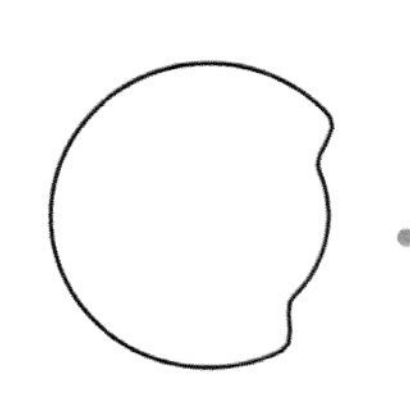

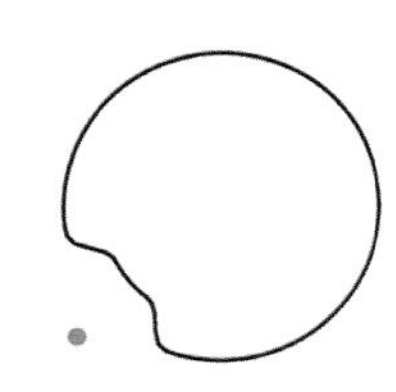

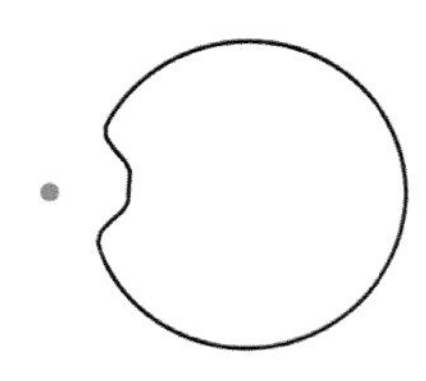

图 8.37 一种简单的交互隐藏了复杂的间接参考结构。点看起来似乎直接控制圆上的一个浅凹。

8.13 统计器

相关模式 · 控制器 · 投影 · 选择器

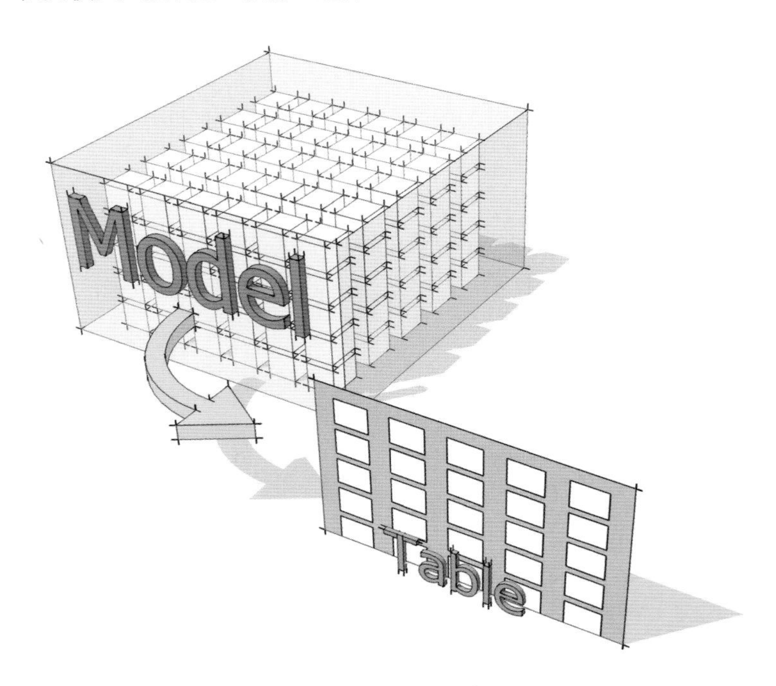

内容：从模型中重新提取（抽象或转换）信息。

使用时间：模型可以很复杂。寻找和使用模型中有关的部分十分繁琐且容易出错。更深入地说，模型的一些“部分”可能只有隐性形式，将它们从初始的模型数据中构造出来可能需要计算。当你需要在其他进程或是模型的其他部分使用模型的某些方面时，可以使用这一模式。

使用原因：模型能够制作得非常复杂，且难以理解。它们能够表达比其直接包含的内容多得多的信息。这样的隐性信息必须通过应用到模型的函数揭示出来。使用统计器允许使用者只提取对于模型的其余部分所需要的信息。这就使得模型结构更为清晰，并帮助你与可能使用模型的其他设计人员共同工作。

统计器可能是抽象的（简化的），或者是转换形式的（再提出的）。它们将设计或其部分从不同的视角描述出来。与相关数据库进行类比，统计器模式类似于是从一个数据库抽取的视图表。

如何使用：统计器的数据必须通过构思、提取和预想。决定统计对象需要判断，例如统计立面元素的平面化，最有效的统计可能是，或许不是，顶点最小移动以恢复平面化。提取该数据可能需要复杂的算法，例如，点集合的凸包。预想该数据，以使其对接受它的人来说讲得通，这已经成为全书的主题（Tufte）（1986；1990；1997），它可能是简单的，文本列表并不是最好的。当然，如果统计器的目的是为其他程序提供数据，文本或数字列表就可能完全符合要求。

使用者可用通过多种不同的途径使用统计器模式。

- 显示对象的属性。例如点坐标集合可能在一个表格里用数字展示，或者它们的最大值和最小值可能作为两个点的实例。
- 以不同的方式定义一个元素。例如，一个框架中定义的一个点可被在另一个框架中统计。
- 从你的模型中有条件地选取部分。如此使用时，统计器与选择器十分类似。例如，一个由多边形组成的屋面可能通过其非平面化程度来统计。
- 从统计对象中创建新的对象。在这种间接的情况下，一个对象的性质被用于定义另一个对象。例如，一个线段统计器可能组成新的线段，新线段与原线段在三分之一处重合。另一个统计器实例制造了一个双重多边形网格（以顶点取代形心，并且用形心间的边取顶点间的边缘来生成网格）。
- 抽样一个模型，然后在别处并在不同条件下转述这个简化版本，以创建一个更为复杂的模型。
- 复制。通常复制即为在不同的位置，根据需要尽可能多次地转述模型，因此诸如复制、镜像、克隆以及旋转等特征即为各种各样的转述。

统计器模式通常和其他模式联系在一起。该模式将信息输入下游对象或是直接传给设计者。通过很多方式，模型中参数化建模的常规部分按照其他模型定义。其区别在于统计器一般不是设计的一部分，而是设计的一个视角或是模型构建进程中的一个媒介。

在某种意义上，统计器模式是一个反控制器模式。在一个控制器中，信息从控制端口流向目标，通常从简单模型流向复杂模型。在统计器中，信息通过另一种方式流动——它通常是大型模型的一个抽象。

统计器样本

对角

使用时间：在模型中以文本形式预想信息。

如何使用：在圆中，任何给定长度的弦所对应的圆周角都是不变的。最好的示范就是作为文本并置共弦所对应的两个圆周角。该模型包括一个圆，还有代表两个角并且对应共弦的两对线。一同展示这两组角就能证明这个简单的几何定理。文本是最简单的统计器。有些时候它也确实有效。

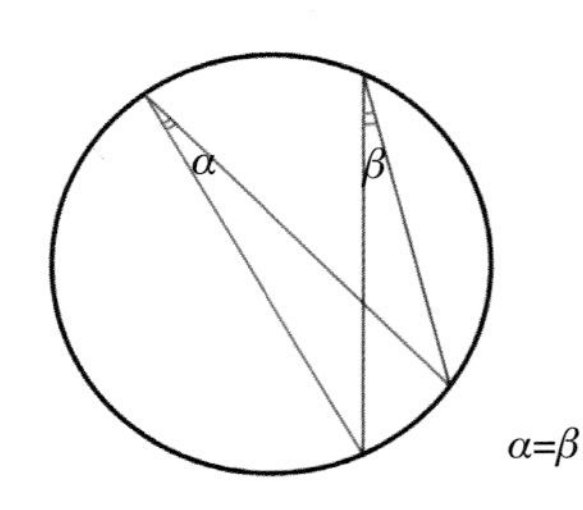

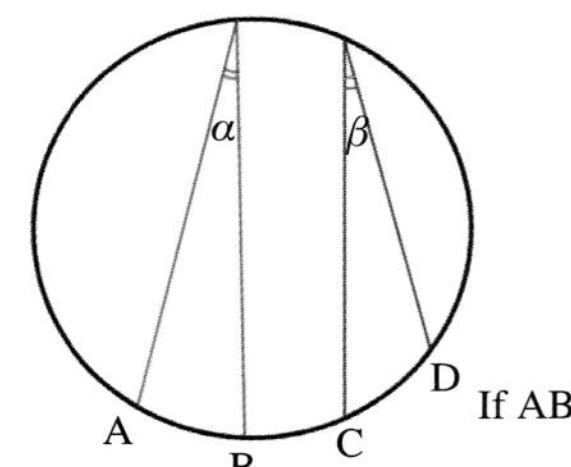

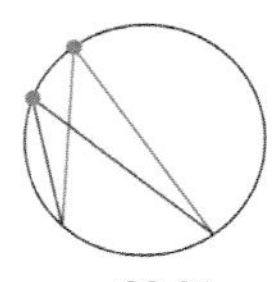

α=39.01
β=39.01

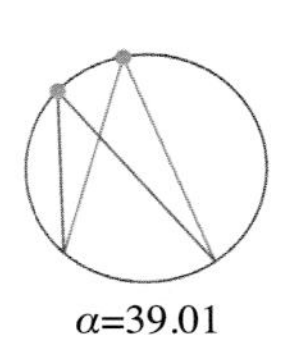

α=39.01
β=39.01

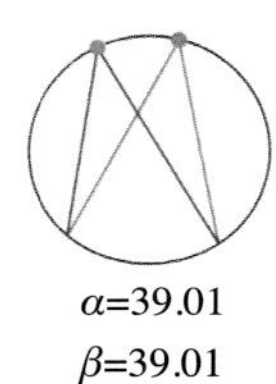

α=39.01
β=39.01

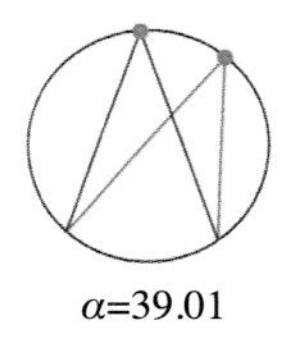

α=39.01
β=39.01

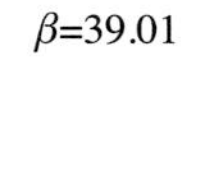

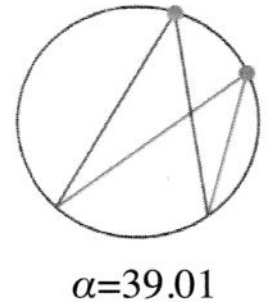

α=39.01
β=39.01

图 8.38　与同一条弦所对应的角大小相等。相反地，对应相同的角度的两条弦长度相等。

阵列深度

使用时间：提取阵列点集合的属性。

如何使用：点状对象的集合定义了很多属性，其中的一些属于点自身，而另一些属于其集合中的组织方式。实例包括点的外部坐标，集合中的最长路径（阵列深度）以及集合中的元素数量。在该情形下，统计器模式从模型中提出此类数据。函数在集合中将每个元素进行迭代，随着迭代的进行逐步累积所需的测度。

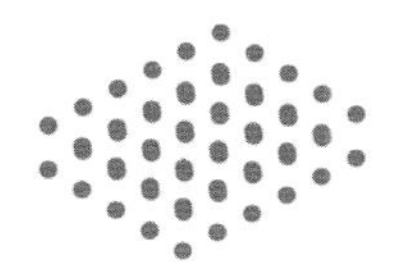

Rank=3
Dimensions={5，6，2}
$BBox_{ll}$={0.0，0.0，0.0}
$BBox_{ur}$={4.0，5.0，1.0}

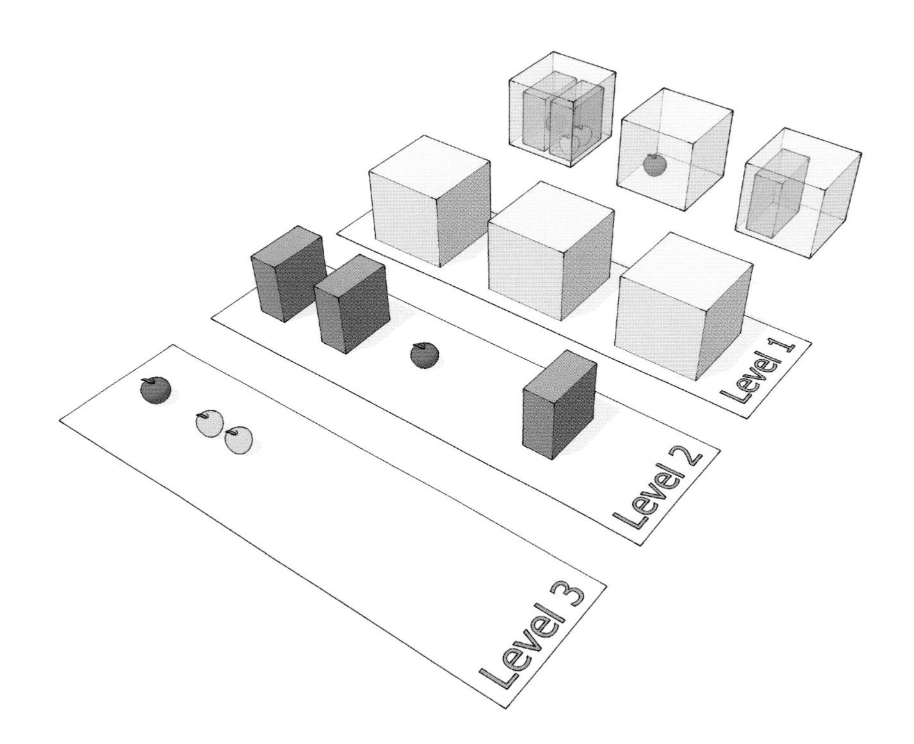

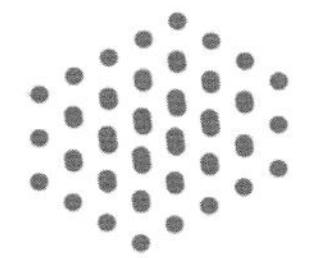

Rank=3
Dimensions={4，5，3}
$BBox_{ll}$={0.0，0.0，0.0}
$BBox_{ur}$={3.0，4.0，2.0}

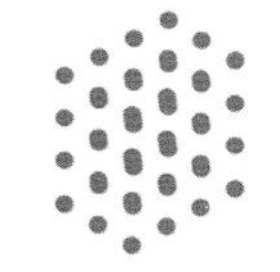

Rank=3
Dimensions={3，4，4}
$BBox_{ll}$={0.0，0.0，0.0}
$BBox_{ur}$={2.0，3.0，3.0}

图 8.39　阵列是复杂的对象。理解它们的结构会非常困难。统计器将阵列结构直接展示在三维模型中。

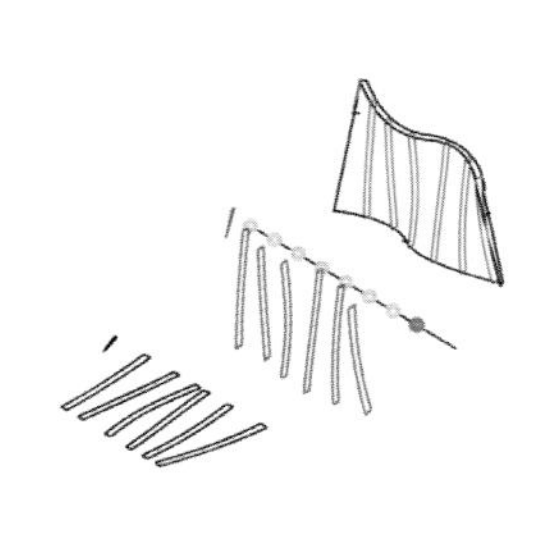

建造器

使用时间：将设计数据转换至建造器。

如何使用：平面将立体图形分割成一系列闭合曲线集合。常见的建造技术就是用这样的曲线将片段从材料片上切割下来，并且使用这些片段作为内部框架，这些框架用其他材料片或者材料条覆盖起来。形成片段的曲线能够用种种方法，通过媒介转换在二维或三维空间中表述出来。在本实例中，一项统计是按照三维版本测量的，而其余则是按照二维版本测量的材料片段。

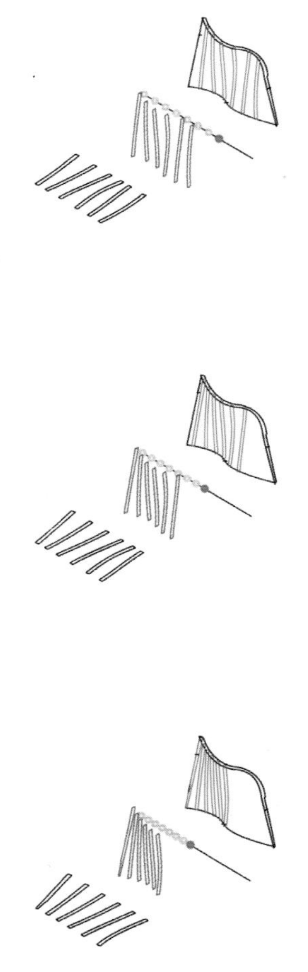

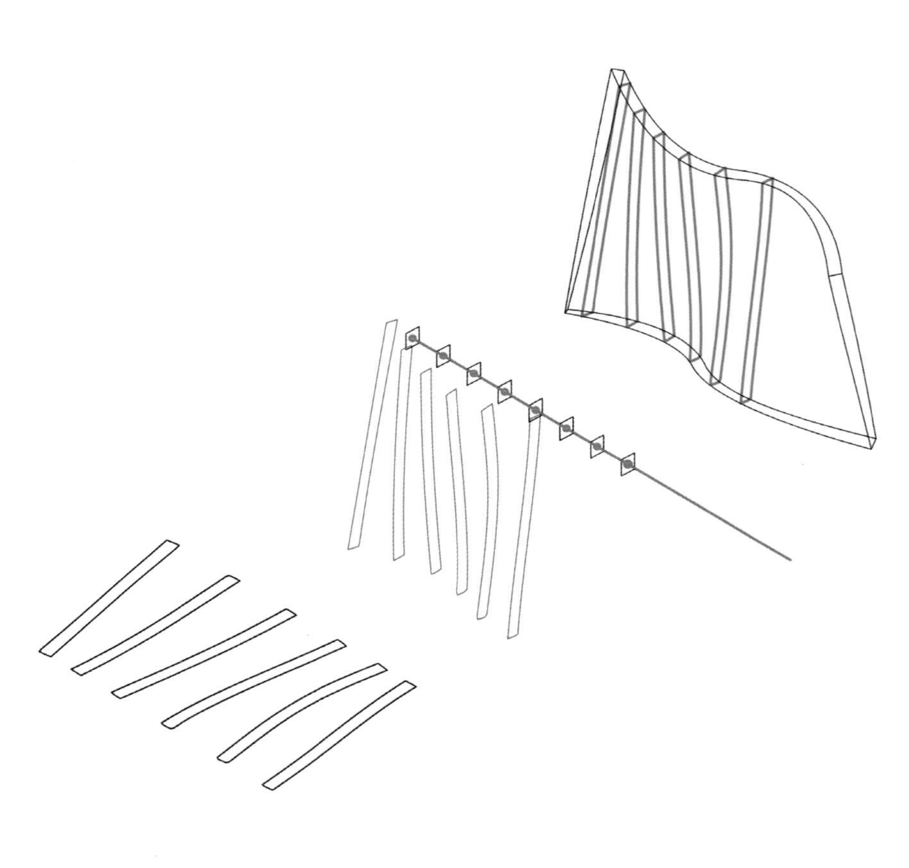

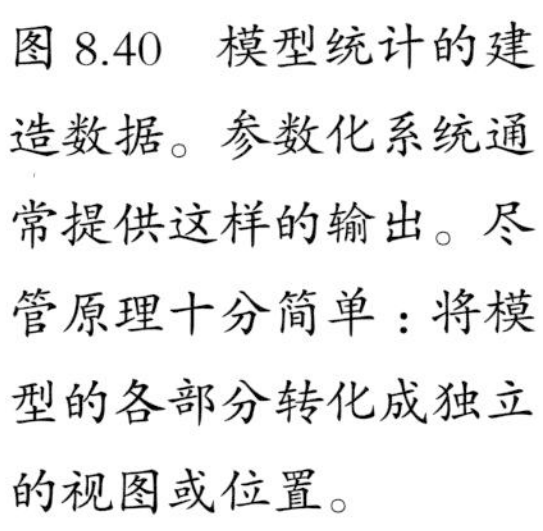

图 8.40 模型统计的建造数据。参数化系统通常提供这样的输出。尽管原理十分简单：将模型的各部分转化成独立的视图或位置。

镜像

使用时间 ：通过轴线对曲线进行镜像。

如何使用 ：基于点集合定义曲线，并使用一条直线作为镜像轴。在三维空间中直线即为平面。现在通过轴反射该曲线极点，以创建一条新曲线的极点。最终从新的极点创建新曲线，新曲线即为原曲线的镜像。一般而言，镜像对象是对映体，即除了旋向性不同以外，其余是完全相同的。

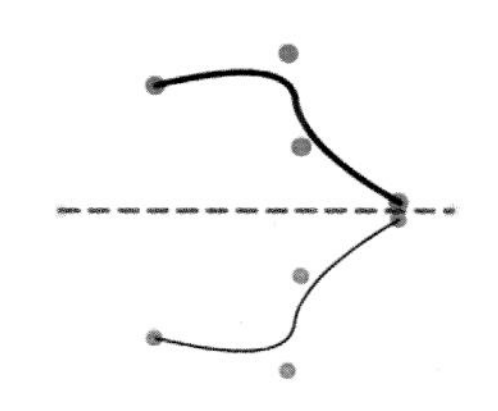

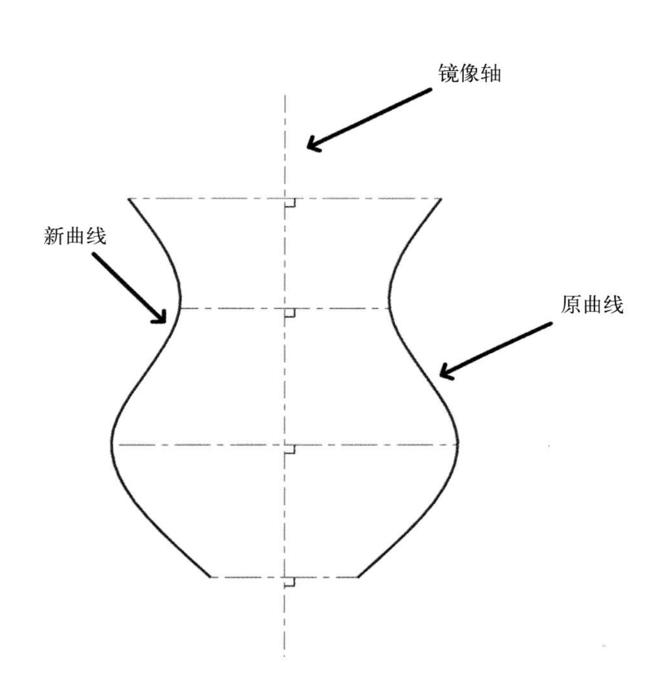

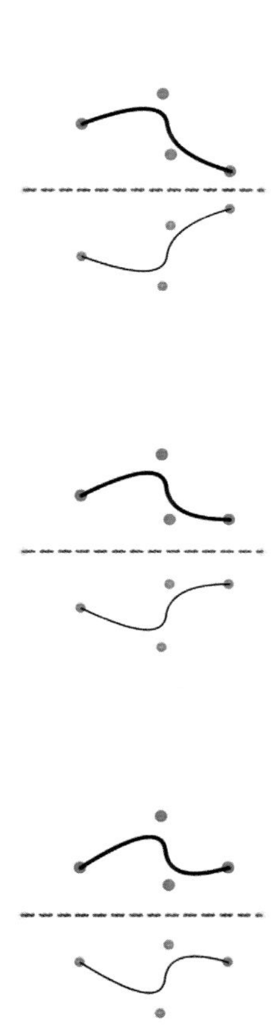

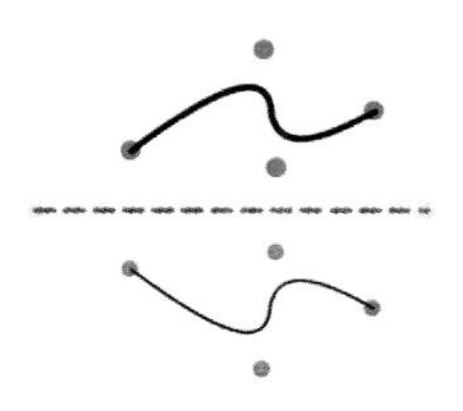

图 8.41　镜像既可以看作统计器，也可看作投影器。

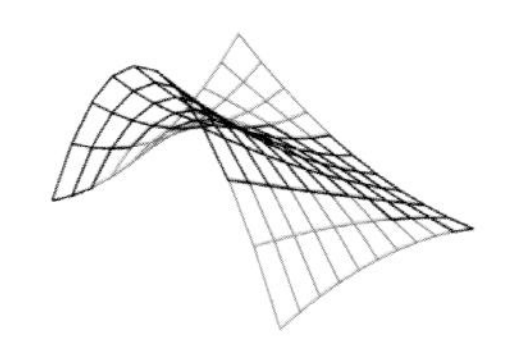

出平面

使用时间：通过颜色和文本表述表面的出平面多边形。

如何使用：创建曲面并将其通过多边形划分开来。一些多边形可能不共面。不共面多边形的数量取决于局部表面。将集合迭代，分出超过出平面测量阈值的多边形。最后在原位通过颜色和表格统计将结果多边形可视化。

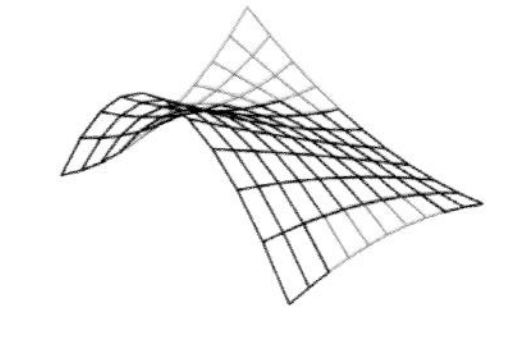

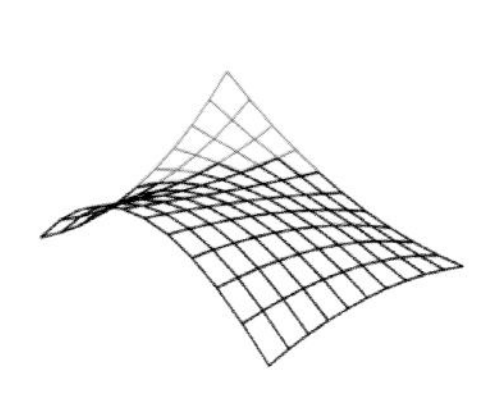

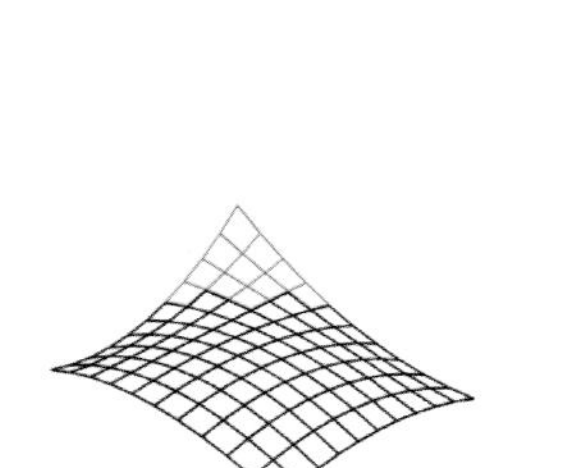

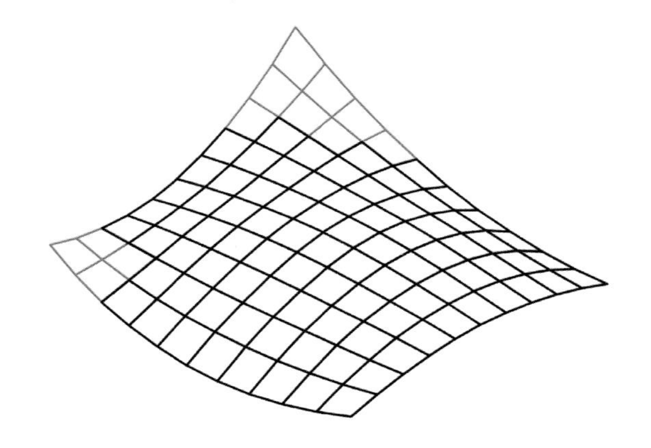

图 8.42 参数化建模既能理解和控制不规则图形，也可以产生相应的图形。模型中的直接描述能够提供比文本列表多得多的有效反馈。

栅格捕捉

使用时间：统计在栅格上捕捉的三角形。

如何使用：参数化“草图”（是的，一个参数化模型可以像草图一样）是连续的。它们可能被抽象到一个离散系统中，例如栅格。该统计器保持了原有模型以及与其平滑交互的能力，并且按照模型在栅格上的出现次数对其进行统计。统计分为两步。第一是统计新框架内的初始三角形顶点，第二是选取和统计每个三角形顶点在栅格上的最近点。并在这些抽象的点上构建统计三角形。

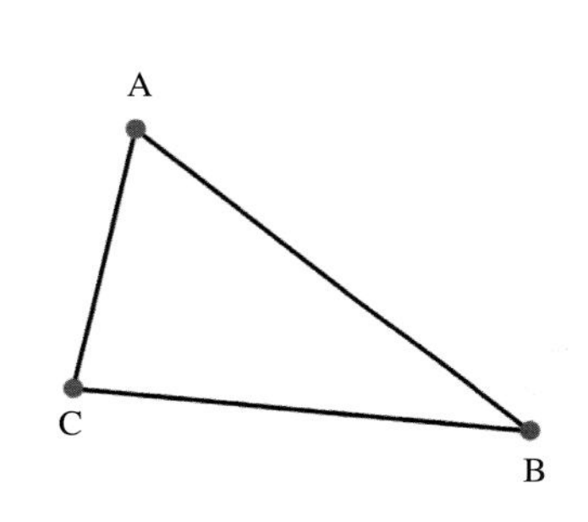

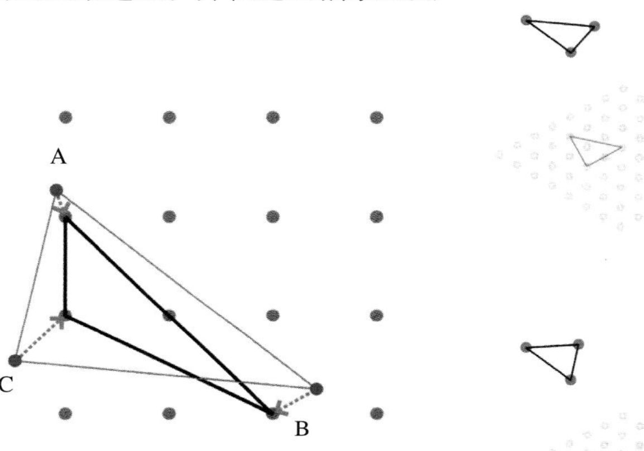

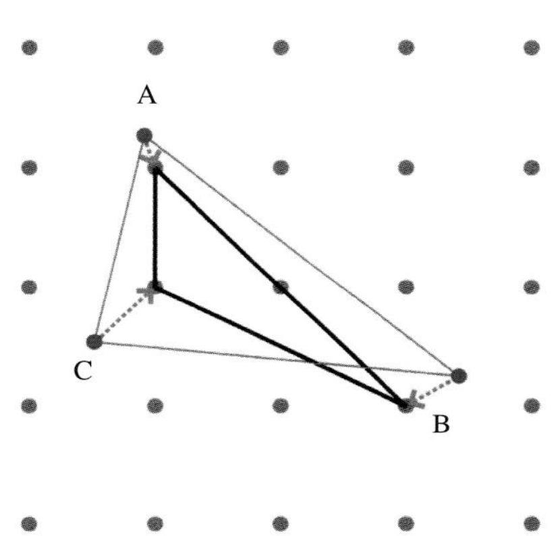

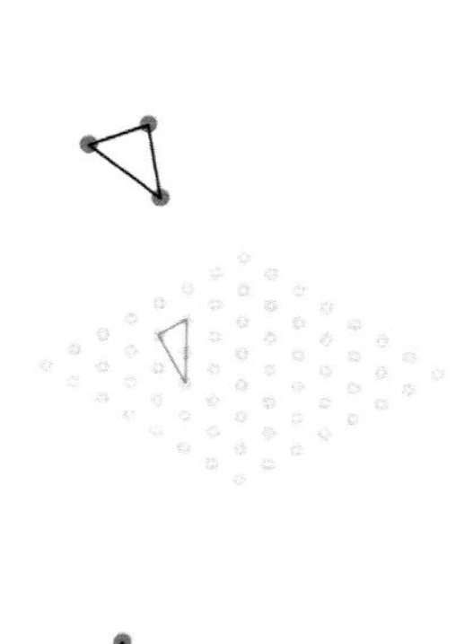

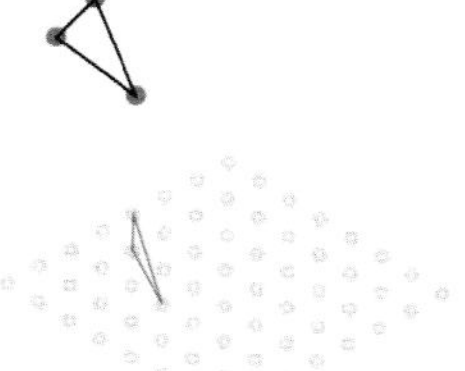

图 8.43　该统计器在模型中，直接构建了常用的系统层级栅格交互。

三角形

使用时间：旋转并缩放一个三角形。

如何使用：该样本从嵌入的空间中将对象的形状区分开来，并给每一个以单独控制。它统计了其他系统（the reporterCS）中一个框架（the baseCS）里的三角形，并且提供了新框架相应的旋转和缩放控制。

具有讽刺意味的是，统计器在其内部使用统计策略。为了计算 reporterCS 系统的旋转，在 reporterCS 系统的原点处定义了 baseCS 系统的对应点，但是仅仅是 baseCS 系统沿 x 坐标轴上的一个单元。统计 reporterCS 系统中的该点，为函数 Atan2 提供了所需的论据，用来完全计算旋转角度。

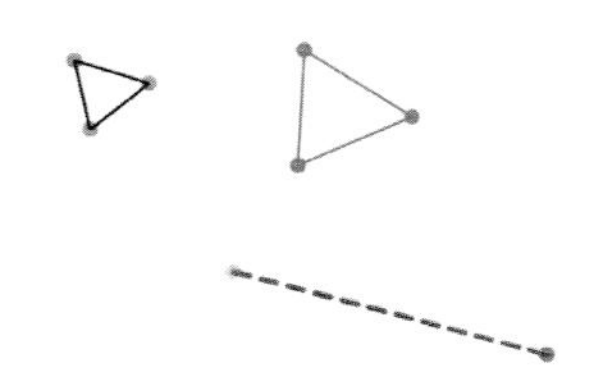

缩放倍数：1.63
旋转角度：15.35°

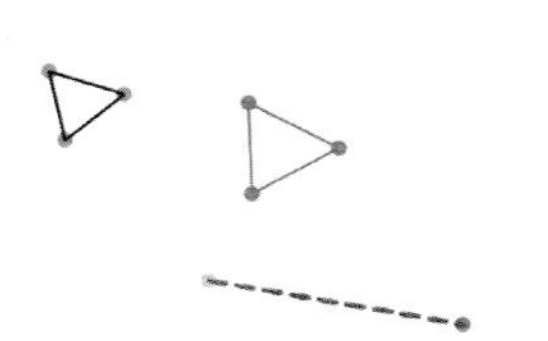

缩放倍数：1.3
旋转角度：10.33°

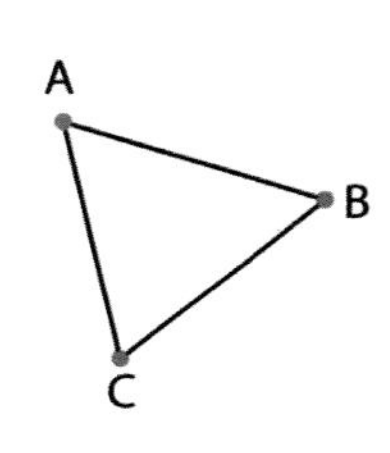

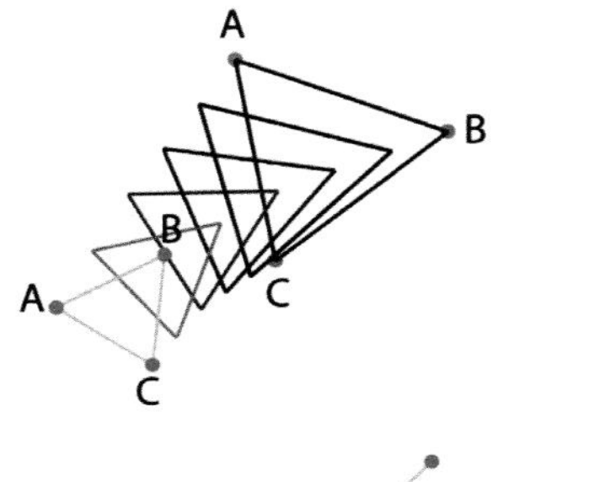

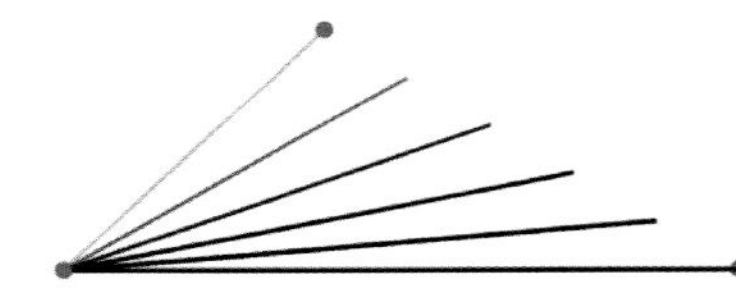

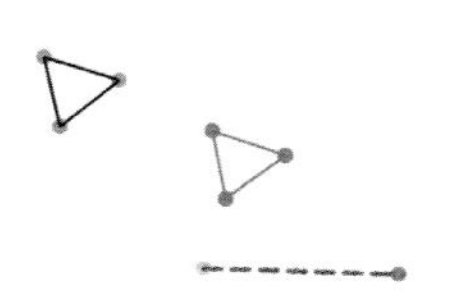

缩放倍数：0.98
旋转角度：1.91°

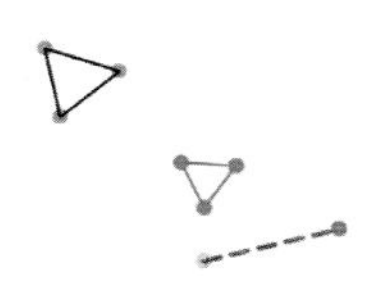

缩放倍数：0.7
旋转角度：13.89°

缩放倍数：0.53
旋转角度：44.29°

图 8.44　统计器将（三角形的）本地编辑从其在空间中的真实位置分离开来。

8.14　选择器

相关模式 · 控制器 · 统计器

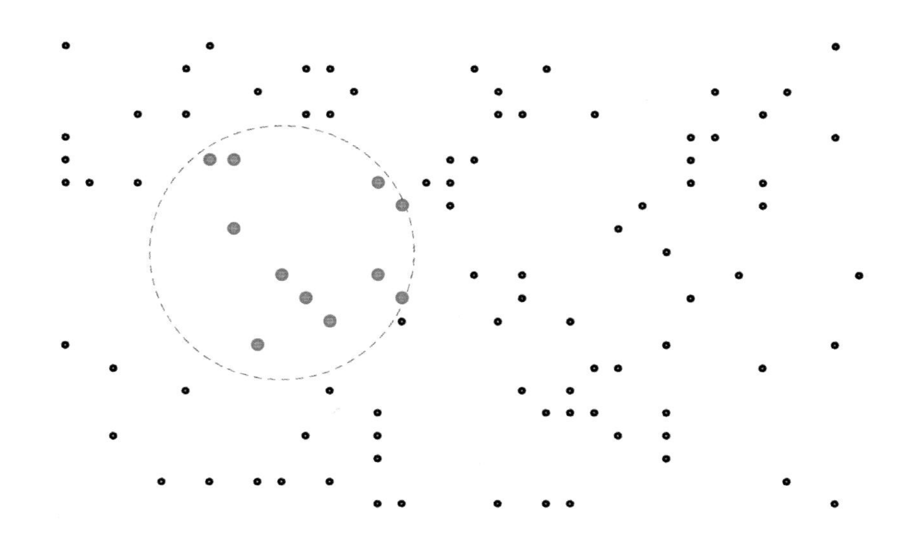

内容：选取具有特定属性的集合成员。

使用时间：选取行为在交互系统中非常普遍。在参数化系统中，它可以成为模型本身的一部分。传递图形的每一次更新，对象能够为它们的更新方法选取自变量。在使用者期望依据其状态局部地和动态地重新构建模型时，使用该模式。

使用原因：创建对象和使用对象是不同的行为。比如说，设计者可能通过给出它们的笛卡儿坐标指定一系列点。当使用这些点时，设计者可能仅仅对距离直线近的那些点感兴趣。选取器模式允许设计者将创建对象和以后使用分开，并且将这两个普通的操作最贴切地表达出来。

如何使用：在选择器模式中，一直有所给对象的集合和选择器动作结果的集合。我们称第一个列表为目标，第二个列表为结果。选择器在这些中间通过决定目标中哪个元素包含在结果中来进行调解。对象必须具有的属性或为了被选择必须满足的条件，我们称之为选择器的行为。

例如（见下面点之间距离的例子），目标可能是点的列表，选择器可能是点、圆和函数的复合。点指定选择器的位置，圆定义了选择可能发生的距离，函数定义了点如何被选取，以及所选取的点如何被构建，即选择器的行为。函数必须选取那些到选择器的距离小于（或者可能大于，或大约等于，或在某些范围内…）选择器行为中的参数 d 的那些点。

选择器行为的最简单表述就是逐一地个别对待每个目标点的函数。对于每个目标，它都要计算其表现值，并将符合的对象的复制品作为返回值。例如，按距离进行选取，它将目标和选择器间的距离同阈值 d 进行比较。如果目标对象满足条件，函数创建重合点并将点作为返回值（从某种意义上作为一个接收器）。作为结果，函数的（以及选择器的）输出值会成为点的一个新列表。

该结果不是目标的子集合。而是一个新的点集，并与目标中所选取的点一致。

```
1 function selectByDistance ( Point selector,
2                   Point target,
3                   Double distance )
4 {
5  For ( value i=0; I 〈target.Count; ++i )
6   {
7    If ( Distance ( selector, target[i] ) 〈distance )
8     {
9      Point result=new Point ( this ) ;
10      Result.ByCartesianCoordinates ( baseCS,
11                     Target[i].X,
12                     Target[i].Y,
13                     Target[i].Z;
14     }
15   }
16 }
```

选择器行为函数的一个实际调用可能采取下面的形式：

selectByDistance（selector，target，distance）；

当选择器和目标都是模型中的点（或者点集合）时，距离就会成为模型的变量或是对象属性所保存的数值。

选择器样本

点间的距离

使用时间：基于与选择器节点间的距离来选取点。

如何使用：首先编写一个能够给出选取目标点的条件的函数。在此示例中，目标点和选择器节点间的距离必须小于变量 d。

编写一个行为函数，该函数能够迭代目标点，并能够通过使用阈值 d 来比较每个点与选择器节点间的距离。对于列表中的每个成员，如果条件满足，则行为函数创建一个目标点的复制点。

行为函数在选择器点的距离 d 之内，返回一个新的结果点列表。注意目标和结果的结构可能不相同。例如，目标可能是二维数组，而结果可能是一维数组。你不得不做出和记住这些选择。

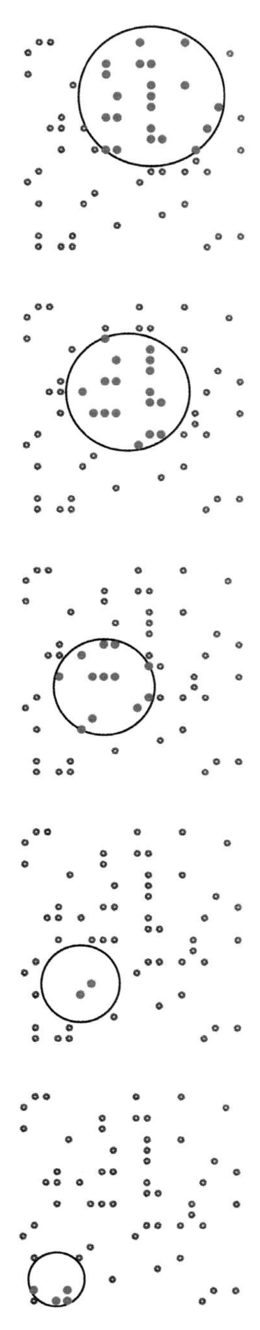

图 8.45　依据与目标点的距离，从集合中选择与在以目标点为圆心，以所选距离为半径的圆内选取点是同样的。

曲线的部分

使用时间：依据其与点的距离选取曲线的某部分。

如何使用：在曲线上放置参数点的集合。从点间距离的样本中使用选择器机制，即检验每个点并当它们满足距离条件时记录下来的函数。

通过选择点，产生一个初始曲线的部分近似复制，从而放置一条曲线。移动选择器节点来控制要复制的曲线部分。在初始曲线上的点越多，选取的曲线就越精确。

用起始点来取样曲线，很少能够按照特定的距离来捕捉曲线上的准确点。此问题可以通过查找在最后选取的点与第一个非选取点之间的，到选择器的距离刚好是阈值的点来解决。然而，如果原点分布得很广泛，曲线很小的部分会位于阈值范围内，可能未被察觉。通过将选择器节点投影到曲线上，可以解决此问题。如果到选择器节点的距离小于阈值，则需要在投影点的边界对曲线的每个精确的终点进行搜索。

图 8.46　通常情况下，通过选择推断出预期的设计组件，来构思整个模型是比较容易的。在此情况下，选择器返回值为临近目标点的一部分曲线。

曲线中的线段

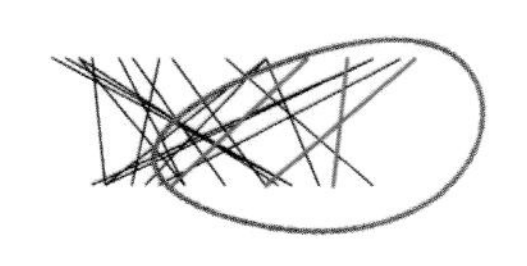

使用时间：选取完全位于封闭曲线中的所有线段。

如何使用：本选择器包含两个部分。

首先，如果一条线段完全在曲线内部或是位于曲线外部，则它不会与曲线相交。为了检验线段与曲线的相对位置，首先计算是否相交。如果结果为否，则线段不是在曲线内，就是在曲线外。

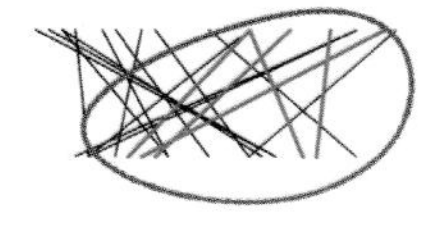

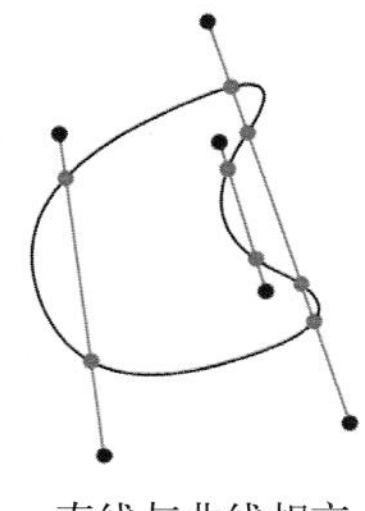

直线与曲线相交。

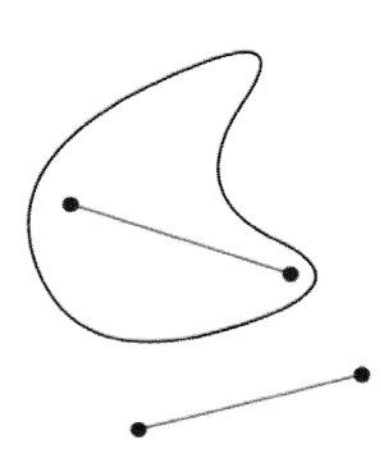

直线与曲线不相交。

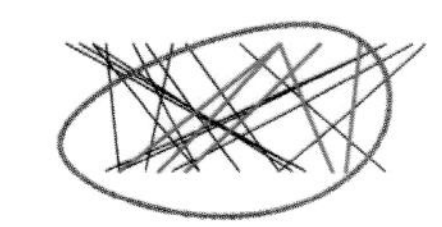

其次，如果非相交线段的终点在曲线内部，则线段也在曲线内部。Jordan 曲线定理规定，如果一条线段在一个点与一个曲线外的一个点之间，与曲线呈奇数次相交，则此点在闭合曲线内。可以使用该定理来判断线段的任一端点与闭合曲线的相对位置。不要将相切也看作相交！如果交点数目为奇数，则线段在曲线内部。

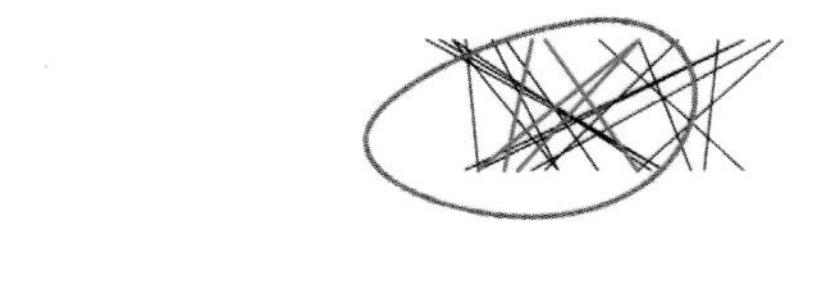

奇数次相交。点在曲线内部。

偶数次相交。点在曲线外部。

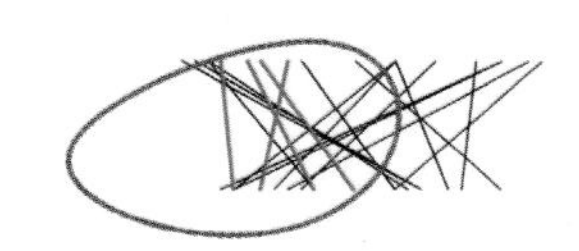

图 8.47　应用两次 Jordan 曲线定理，给出了一种判断线段是否在封闭曲线内部的简单正确的测试方法。

编写一个函数来依次执行上述两种测试方法。如果都成功了（线段不相交，并且从一个端点的射线奇数相交），就将线段复制并作为返回值返回。

扇区内的点

使用时间：在二维扇形中选取点（两个向量束缚于一个点）。

如何使用：扇形包括一个基点和两个约束它的向量 $\vec{u}$ 和 $\vec{v}$。按照顺序，它们定义了一个在 0° 和 360° 之间的角度。假设每个目标点的目标向量 $\vec{a}$ 从基点连接到目标点。计算两者的向量积 $\vec{u}$Ä$\vec{a}$ 和 $\vec{a}$Ä$\vec{v}$。记得 6.5.1 节中提到的右手规则，给出了向量积的方向。如果向量 $\vec{u}$ 和 $\vec{v}$ 之间的角度小于 180°，且两个向量积的 z 分量为正，则目标点位于两个选择器向量的中间。如果角度大于 180°，且一个或两个向量积为正，则目标点在扇形区域中。

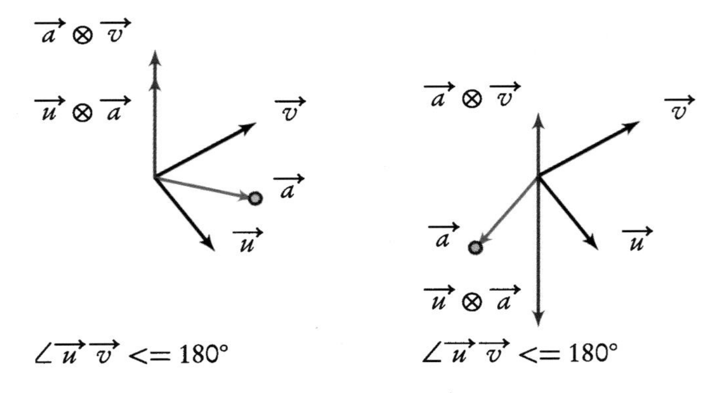

$\vec{a}$ 在扇区内，两个向量积都为正

$\vec{a}$ 在扇区外，一个或两个向量积为负

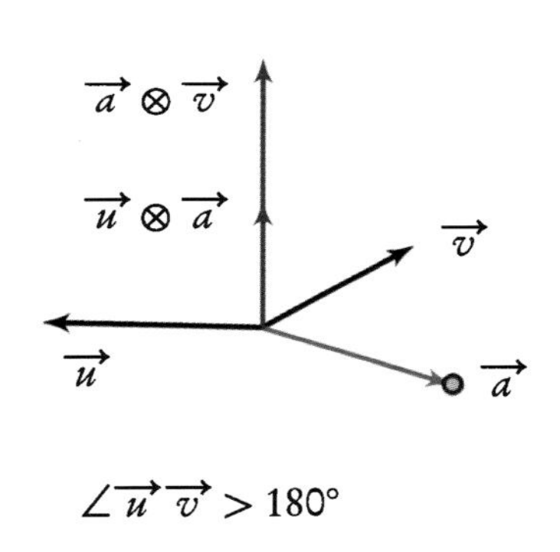

$\vec{a}$ 在扇区内，一个或两个向量积为正

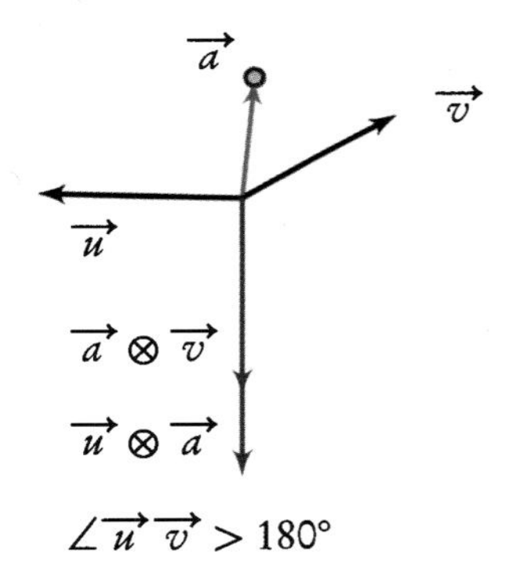

$\vec{a}$ 在扇区外，两个向量积都为负

向量积决定了扇形是否大于 180°。如果扇形在 0° 和 180° 之间，则 $\vec{u}$Ä$\vec{v}$ 的 z 分量为正。如果扇形在 180° 和 360° 之间，则 $\vec{u}$Ä$\vec{v}$ 为负。当 $\vec{u}$ 和 $\vec{v}$ 共线时，扇形为 0°（$\vec{u}\cdot\vec{v} \geqslant 0$）或 180°（$\vec{u}\cdot\vec{v} \leqslant 0$）。

选择器函数一个接一个地迭代目标点。对于每个目标点，它都计算两个向量积 $\vec{u}$Ä$\vec{a}$ 和 $\vec{a}$Ä$\vec{v}$。使用上述法则，它将返回位于扇形内部的每个点。

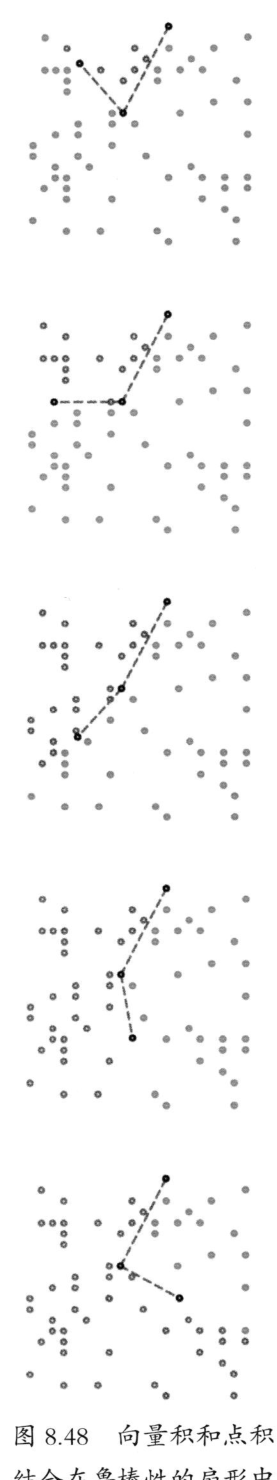

图 8.48　向量积和点积结合在鲁棒性的扇形中点的测试中

盒子中的点

使用时间：选取位于盒子中的点时。

如何使用：编写能够检验目标点与盒子相对位置的行为函数。函数逐个记录它们在选择器盒子的坐标系统中的位置，并将它们的新坐标与盒子的两个对角进行比较。如果它们在盒子内部，函数会随后在结果列表中记录它们。

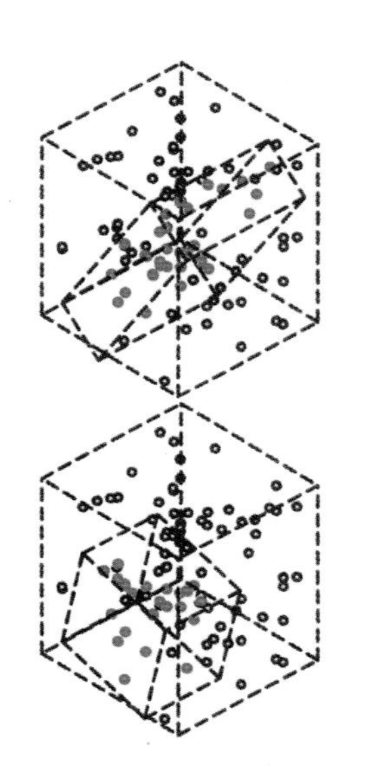
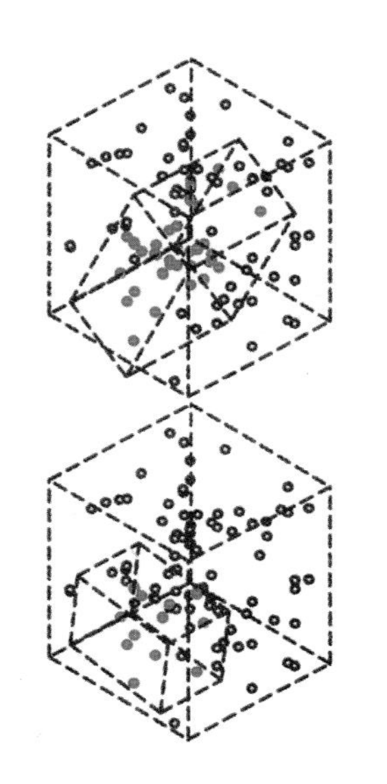
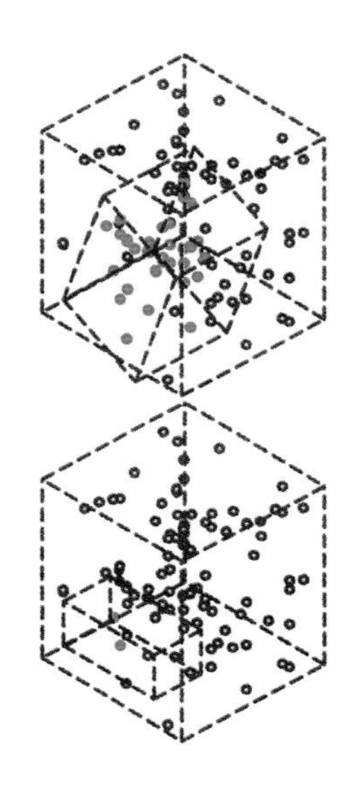

图 8.49　通过在其自身的框架内定义选择器盒子并记录框架中的目标点，盒子能够具有空间中的任何方位。

线段的长度

使用时间：依据长度选取线段。

如何使用：给出线段列表，选择那些长度在两条选择器线段中间的线段。

使用一个函数通过目标线段进行迭代。对于每条目标线段，如果它具有期望的长度，函数将其记录下来，并将其放置于结果线段的新列表中。

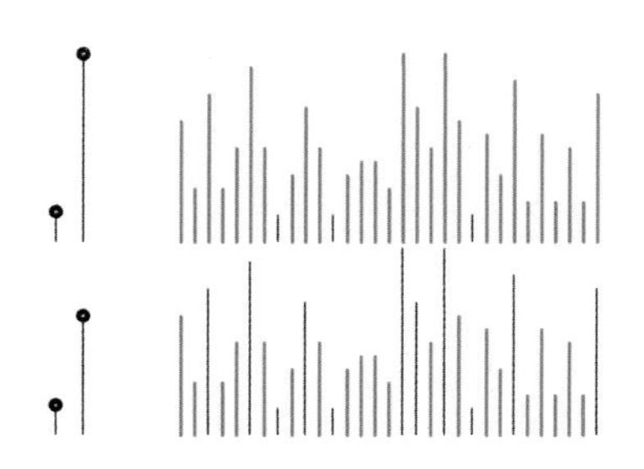
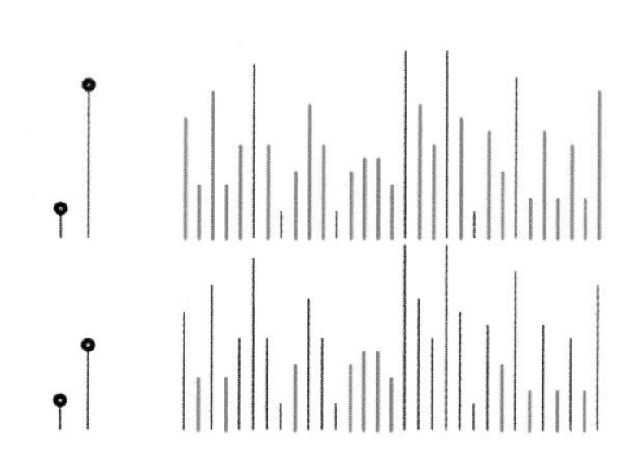

图 8.50　选择器包含一个控制器。实际的选择器对象包括控制器节点给出的阈值上下边界。

8.15 映射

相关模式 · 控制器 · 工模 · 增量 · 投射器

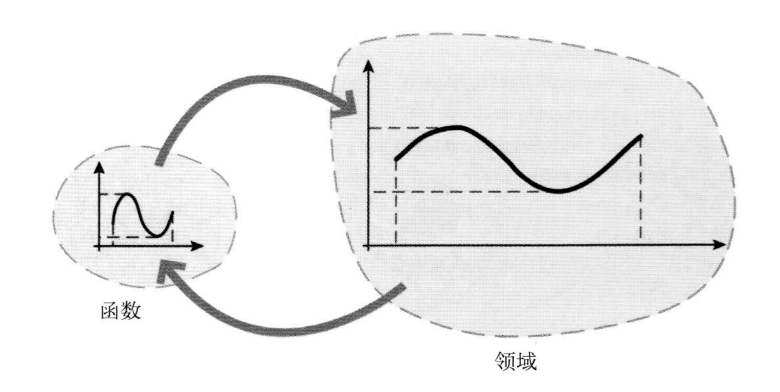

内容：在新的领域和范围内使用函数。

使用时间：函数接收输入值并产生输出值。诸如$f(x)=\sin(x)$、$f(x)=\cos(x)$、$f(x)=x^2$和$f(x)=1/x$的几何函数在参数化建模中非常普遍。实际上，它们为很多建模工作建立了必不可少的基础。这些函数都是在其自身的定义域和值域内自然定义的。使用者在模型的特定定义域和值域中需要使用函数时使用本模式。

在这里，术语定义域和值域需要加以解释。函数的定义域是指其定义或使用的输入值的集合。函数的值域是指它产生的输出值的集合。例如，我们可能选取 [0°，360°] 作为函数 $\sin(x)$ 的定义域。这与其自然的重复循环相对应。$\sin(x)$ 的值域为 [−1，1]。

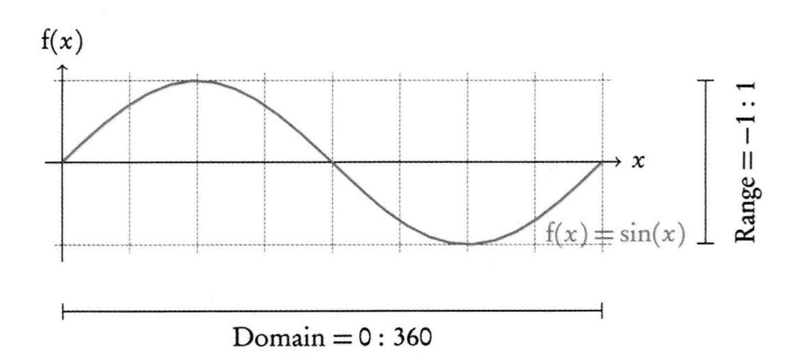

使用原因：由于一些原因，很多造型是从相关的简单函数直接引申过来的。简单函数的重复使用，能够将设计各部分和设计比例统一起来。如果是否易于建造和建造成本是设计者所关心的，简单的函数有助于控制其复杂性和成本（但不是必须这样来做）。相反，所谓的自由曲线和曲面提供了与更为复杂的函数的接口，但放弃了造型进程中基本算法的一些控制。

简单的函数由自然定义域和值域组成。在自然的定义域和值域内考虑一个函数，比在一个转换的版本中容易得多。

在模型中使用函数需要重新构建，以使它在模型中能够合理使用。重新构建会使很多设计者感到出人意料的困难和容易出错。但是，这里有一种使用 7 个精确的参数，就能适应几乎所有重新构建任务的通用方法。更进一步说，此方法是基于一种简单方程——本质上和定义一维仿射变换或是相当于仿射函数同样的方程。

术语“仿射变换”在线性代数及其相关领域（计算机图形学和几何建模）中非常普遍。它具有离散的数学意义，而我们在此使用该意义——语言的精确性最重要！一个仿射变换是一个线性变换，后面是一个转换。反过来，线性变换保持了向量的加法和标量乘法——你可以变换前或后加法或者乘法，并且结果是一样的。在一维空间中（实直线），仅有的线性变换就是比例转换。一个一维仿射变换能够改变函数的比例，并将它沿着实直线移动。在仿射变换下，函数 $f(x)$ 转化为 $g(x)$。

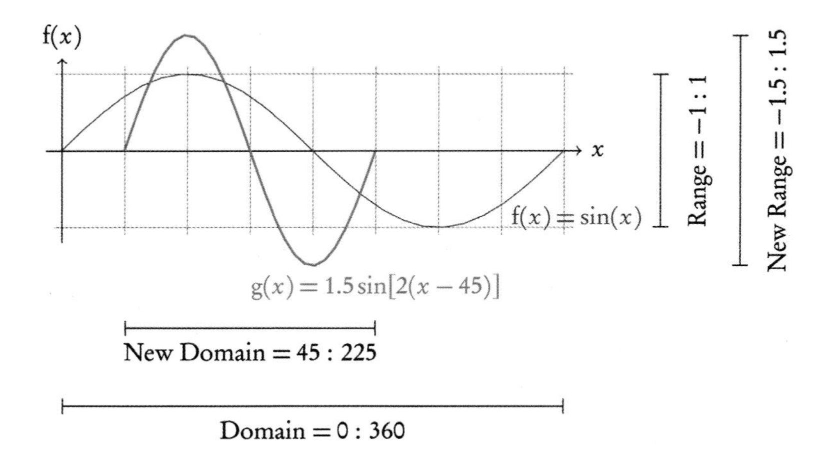

建模的问题在于决定新函数 $g(x)$ 并不容易。如果你注意建模者是试图让映像“好用”，你就会发现反复的尝试和诸多的错误。注意上图中的函数，即 $g(x)=1.5\sin(2(x-45))$，它表明了为什么此项任务如此困难。

到底是哪个数据使其如此？为什么呢？

该模式通过统一的结构和一系列参数，替换了所有特定函数变化。你永远不会用函数来工作，除非是最简单的函数。映射将模型在哪里使用函数与函数在哪里定义分隔开来。

如何使用：考虑两个矩形，分别称为函数和模型。函数矩形通过定义域和值域给出。模型矩形可以是任何你选取的大小和位置。目标就是将原函数放置于模型中。基本思路就是在计算函数时，始终使用此函数矩形。为了寻找位于模型函数上的点，从模型定义域开始绘制，直至函数定义域（下图中的蓝色箭头 1），并计算此函数（函数框中的绿色和红色箭头），然后再从结果绘制回模型值域（下图中的蓝色箭头 2）。

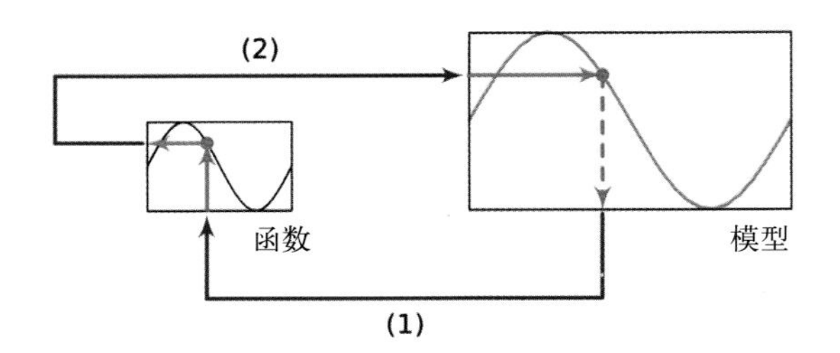

接下来是精确定义图表。与定义域相关的变量起始于或包含在 d 中，同时那些覆盖的值域起始于或包含在 r 中。在一维空间中，一个仿射变换具有单一方程，该方程的定义域是我们首先引入的定义域区间 0 到 1。假设参数函数 $f(d)$ 覆盖此范围。仿射变换 $\mathrm{r}(d)$ 通过参数 d 从区间 [0，1] 到区间 $[r_l, r_u]$，它具有如下方程：

$\mathrm{r}(d)=r_l+\mathrm{d}(r_u-r_l)$，$0 \leqslant d \leqslant 1$

反向变换从值域（r）到定义域（d）即给出

$$\mathrm{d}(r)=\frac{r-r_l}{r_u-r_l}, r_l \leqslant r \leqslant r_u$$

此变换具有定义域 $d[0, 1]$ 和值域 $r[r_l, r_u]$。

概括一下，对于任意定义域，d 和 r 之间的变换如下：

$$\mathrm{d}(r)=\frac{(r-r_l)(d_u-d_l)}{r_u-r_l}+d_l, r_l \leqslant r \leqslant r_u$$

$$r(d)=\frac{(d-d_l)(r_u-r_l)}{d_u-d_l}+r_l, d_l \leqslant d \leqslant d_u$$

数学上，这些都是简单方程，但是在每次使用时都需要加以注意。本模式的用途就是对这些方程进行抽象，以使设计者能够在模型中自由地使用通用而又简单的函数。

警告：当使用仿射变换来应用一个函数时，实际上有两个变换需要考虑。一个在模型定义域及函数定义域之间。另一个在函数值域以及模型值域之间。

因为函数的值域由函数自身决定，这意味着在函数和模型之间的变换具有 7 个确切的参数：函数定义域的下限与上限（fd_l 和 fd_u）；模型定义域的下限与上限（md_l 和 md_u）；模型值域的下限与上限（mr_l 和 mr_u）；以及函数自身的参数 d。

这 7 个参数描述了你想要在模型中使用函数的每种可能情况。每种可能的情况！但是应用它们需要一些洞察力。典型的问题是：你在模型中有一个值，并且需要找到模型中函数的对应值。根据上述图表中的更多细节，解决方案包括三个部分：(1) 从模型到函数的一个仿射变换；(2) 函数的一个应用；以及 (3) 从函数结果到模型结果的一个仿射变换。下面的图表展示了这个流程，显示出各种参数和边界如何相联系。

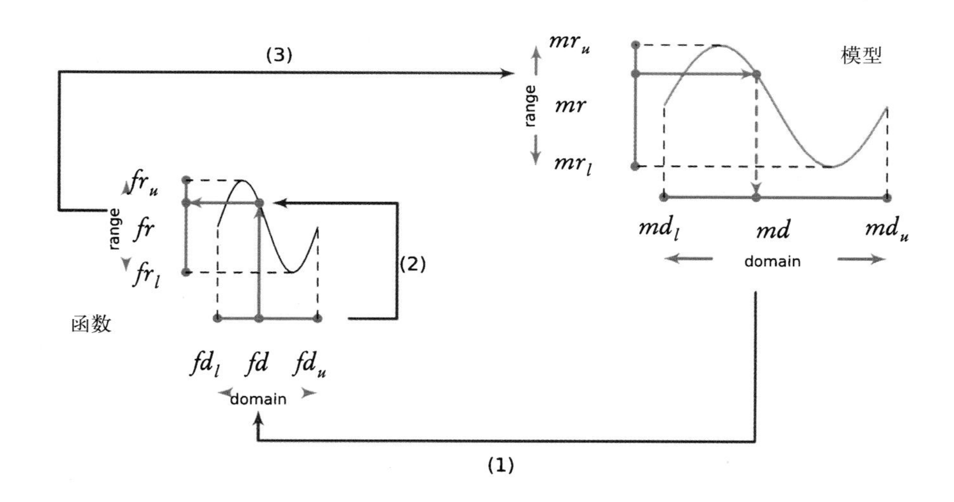

例如，想象一个轮廓为正弦曲线的屋面。屋面从模型中点 $\dot{p}$ 延伸到另一个点 $\dot{q}$。在沿着两点间的直线上，带有参数 t 的一个点 $\dot{m}(t)$ 给出了屋面点的位置。在点 $\dot{p}$ 和 $\dot{q}$ 之间，屋面经过了两个完整的正弦函数周期。屋面的最大高度由一个高度参数给定。接下来是 6 个映射参数设置。第 7 个参数是 t，它提供屋面上一个变化点的参数位置。

$f(x)=\sin(x)$

$fd_l=0.0$

$fd_u=720.0$

$fr_l=-1.0$ （由函数 - 计算自动定义）

$fr_u=1.0$ （由函数 - 计算自动定义）

$md_l=0.0$ （$\dot{m}(t)$ 是在定义域 [0,1] 上通过 t 进行的参数化值）

$md_u=1.0$

$mr_l=0.0$ （将高度添加到点 $\dot{m}(t)$ 的 z 值）

$mr_u=height$ （高度在模型中选择）

总之，整个过程由这三部分组成：

- 规定一个模型域值，在函数中找出等价的域值。
- 应用函数以在函数范围内得到一个值。
- 找出等价的模型范围值。

映射样本

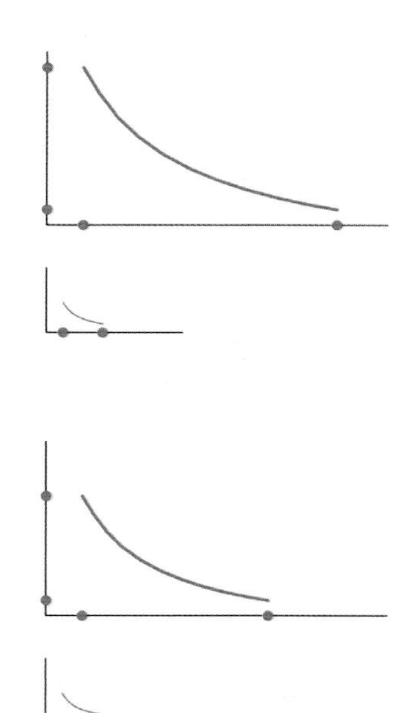

取倒数

使用时间：勾画曲线，将曲线和缓地圆锥化时使用该模式。

如何使用：乘法的倒数即为函数 $f(x)=1/x$。因为它提供了简单的函数逼近非零值（渐进 x 轴），所以引人注意，也使其可以在曲线或是曲面产生羽化作用。它给粗心的人设置了陷阱——因为它的自变量接近于零，又未定义为零，它会呈指数式增长。所以设置函数定义域不包含零值或是逼近零的数值是非常重要的。一般而言，使用该函数生成的是糟糕的结果。这里我们证明了有些时候函数定义域的选择是多么的重要。

这是为实现有用的映射的参数设置。模型点 $\dot{m}(t)$ 在区间 [0，1] 上变化的参数化点。

$f(x)=1/x$

$fd_l=0.25$

$fd_u=100.0$

$fr_l=0.01$　　（由函数计算自动定义）

$fr_u=4.0$　　（由函数计算自动定义）

$md_l=0.0$　　（$\dot{m}(t)$ 是在定义域 [0,1] 上通过 t 进行的参数化值）

$md_u=1.0$

$mr_l=0.0$　　（将高度添加到点 $\dot{m}(t)$ 的 z 值）

$mr_u=height$　　（高度在模型中选取）

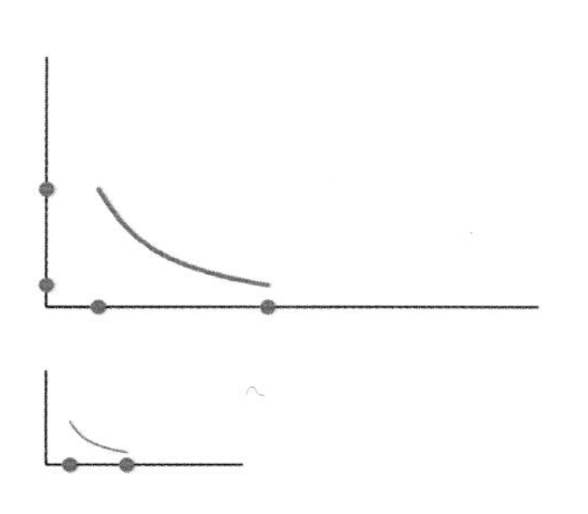

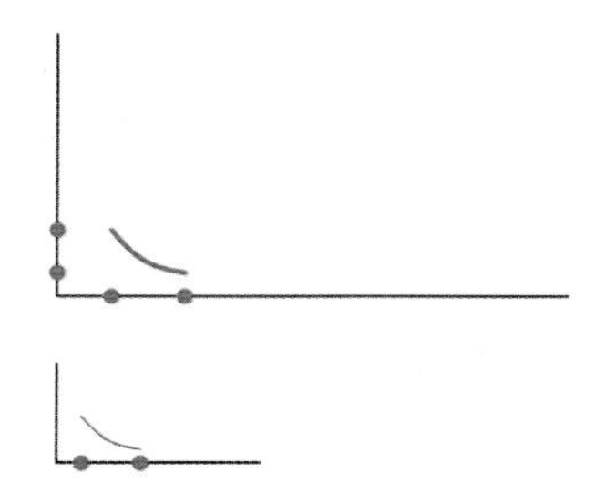

图 8.51　注意倒数 $f(x)=1/x$。看上去沿 x 轴精细地逐渐变小，但沿 y 轴无限大。使用它通常导向模型中的反常现象。

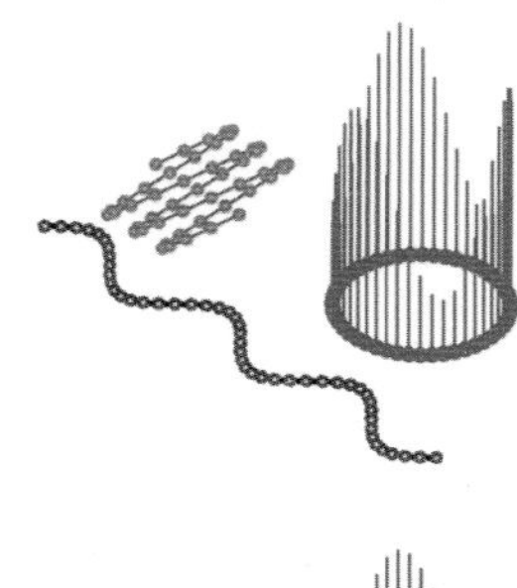

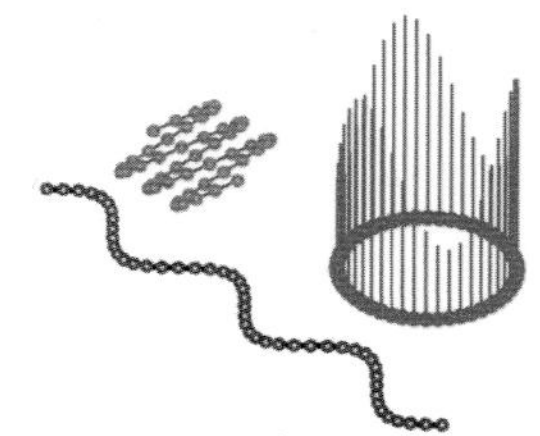

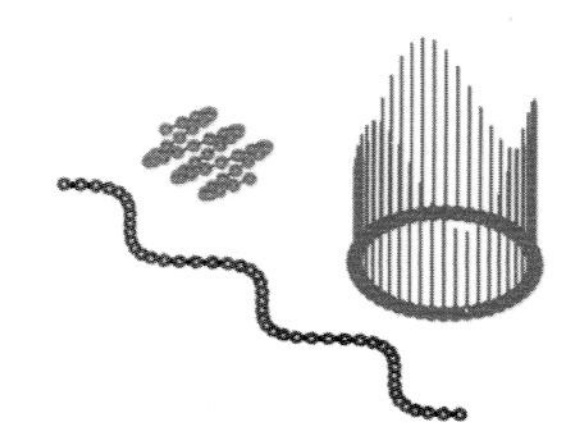

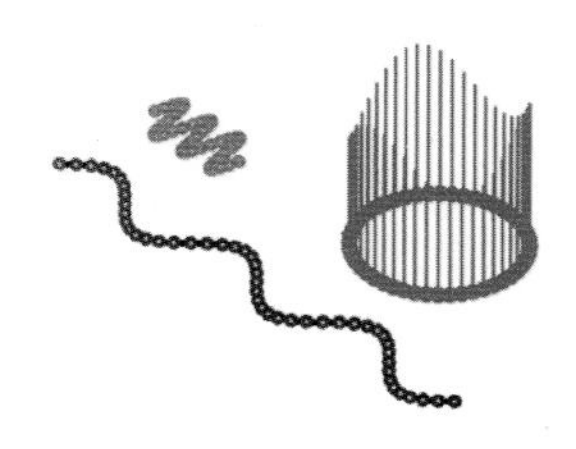

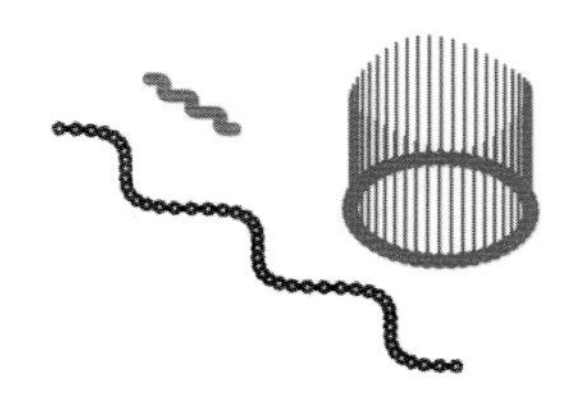

图 8.52 不同比例下映射在空间中的余弦函数的三个循环。圆上点的垂直线使用映射点的 y 坐标作为它们的长度。

正弦和余弦

使用时间：在完整的周期循环内使用正弦和余弦函数。

如何使用：基本的三角函数 sin（x）和 cos（x）在 360° 周期内重复出现，在函数的最小值和最大值之间跨越 180°。两个函数都有定义域 [- ∞，∞] 和值域 [-1，1]。选取定义域的一个有限部分，使得函数的初始点和终止点恰为最小值、最大值或者过零点，从而在模型中生成端点条件的洁净控制。

下面是参数设置的样例。模型点 $\dot{m}(t)$ 是在区间 [0,1] 上变化的参数点。在此情况下，$\dot{m}$（t）是圆的边界，来自点 $\dot{m}$（t）的每个例子的垂直线都具有通过函数结果给定的长度值。

f（x）=cos（x）

fd_l=0.0　　（生成 3 个完整循环）

fd_u=1080.0

fr_l=-1.0　　（由函数计算自动定义）

fr_u=1.0　　（由函数计算自动定义）

md_l=0.0　　（$\dot{m}(t)$ 是在定义域 [0,1] 上通过 t 进行的参数化值）

md_u=1.0

$mr_l=height_{min}$　　（模型中选取的最低高度）

$mr_u=height_{max}$　　（模型中选取的最高高度）

当采样周期函数和其他函数的最小值和最大值位于选取定义域中时，如果采样点用于在模型中重新生成映射函数，采样间隔的选取十分关键。样本选取必须与函数最大值和最小值一致。劣质的取样会极大地影响重构曲线的形状。

函数部分

使用时间：选取能够产生期望形式的函数的一小部分。

如何使用：简单的函数能够产生惊人的丰富形式。三维空间中一个经典的例子就是福斯特事务所的将部分圆环作为形式生成器的广泛使用（参见第5章）。

其函数为正弦函数：$f(x)=\sin(x)$。诀窍在于函数定义域的适当选取，能够产生正弦曲线的局部分段，此正弦曲线在整条曲线的原型重复中并没有显示。

下面是参数设置的样例。模型点 $\dot{m}(t)$ 被假设在参数化范围 [0，1] 上。在此种情形下，模型值域的最小值和最大值可以通过建模选择，使其适合手头的应用程序。在边栏上的图形仅仅以 FDu=180.0 将上面的函数定义域边界进行了相应的变化。

$f(x)=\sin(x)$	
$fd_l=45.0°$	（以每步 22.5° 增长）
$fd_u=180.0°$	
$fr_l=-1.0$	（由函数计算自动定义）
$fr_u=1.0$	（由函数计算自动定义）
$md_l=0.0$	（$\dot{m}(t)$ 是在定义域 [0,1] 上通过 t 进行的参数化值）
$md_u=1.0$	
$mr_l=height_{min}$	（模型中选取的最低高度）
$mr_u=height_{max}$	（模型中选取的最高高度）

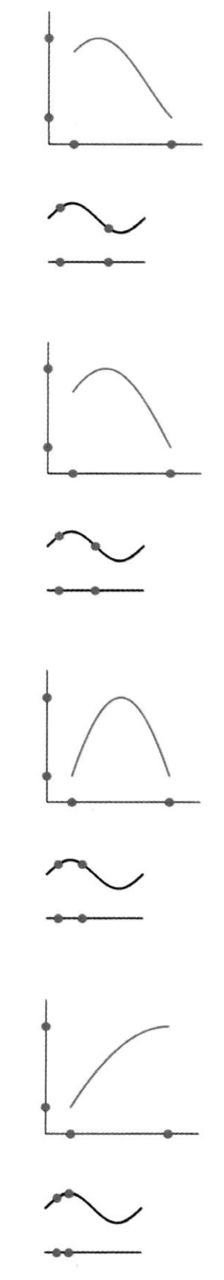

图 8.53 选取函数的一部分可以产生令人惊讶和有用的结果。如果基础函数具有已知的“良好”属性，例如最小值和最大值在已知输入中等，所选函数也就具有了相应的良好属性。

8.16 递归

相关模式·点集

内容：通过递归复制模体来创建模式。

使用时间：设计中的层级制度使整体和部分相结合。其中部分复制并改变整体。这就自然地产生了每层的层级信息结构，其中一层的属性源于其直接的父层级。递归算法很自然地成为这样的层级结构的贯通算法。使用者在设计中通过层级工作时，应该使用这一模式。

使用原因：诸如螺旋形、树形或是空间填充曲线这样的复杂模型都能够通过递归函数优美地表达出来。实际上，非递归性地去描述这样的结构会非常困难，以至于设计者不得不放弃，而去尝试更加简单的形式。一个递归函数通常选取一个模体、一项复制规则，并且在规则的作用下重复调用自身的模体。告诫一句，递归算法在理论上一般难以理解。我们人类努力从模体和复制规则去想象一个模式（Carlson and Woodbury，1994）。另一则警告。作为更新方法时，递归算法就会变慢。通常，限制递归的深度是保持充分交互更新速率的唯一手段。

如何使用：递归需要一个模体（一个几何体）和一个复制规则。最简单的规则不过是平移、旋转、比例和剪切等结合组成的坐标系。其他更为复杂的规则也是可能的，包括改变或抽象模体本身。

递归函数使用复制规则来生成模体的克隆集合。随后，在每一个克隆体中，它调用自身，一般（但并非必要的）使用相同的复制规则。所以，在每一步递归函数选取已存在的模体，将其复制并且调用其本身。每个递归函数都需要一个终结条件，以指定何时终止进程。

递归样本

正方形

使用时间：在初始的正方形中嵌套一系列正方形。

如何使用：从一个正方形起步（实际上，任何多边形都可以）。它作为递归输入的初始图形。

递归函数必须将模体转换为副本，并通过副本调用自身。在此实例中，转换是通过参数 t 指定的。新的图形顶点是具有参数 t 的初始图形边缘的参数节点。

在计算机中，递归必须能够停止（尽管在数学上并非如此）。它们或是通过设计停止，或是通过一些数据结构的溢出停止，典型的比如程序语言中的递归堆栈。在此实例中，变量的深度控制着递归，并且因此作为函数的一个自变量。每个对于函数的后续调用都减少一个深度参数。在函数内部，如果深度等于其中的一个，深度测试返回模体不变，否则，继续进行递归。

为每一个正方形分配一个立面图，导致多边形的三维堆栈。使用这一堆栈作为表面的自变量能够给出一个扭曲的垂直角锥体。

该样本定义了每个递归调用模体的副本。其结果是模体的线性列表——列表的结构反映了其结果的几何结构。在函数中定义不止一个模体就构成了树形。

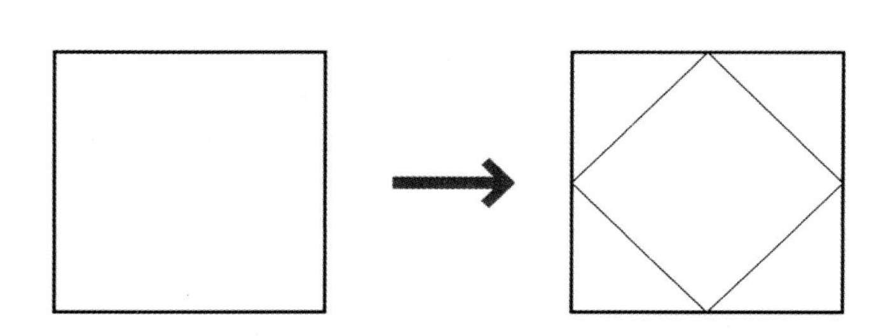

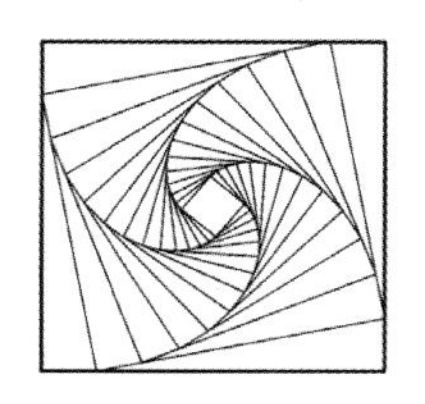

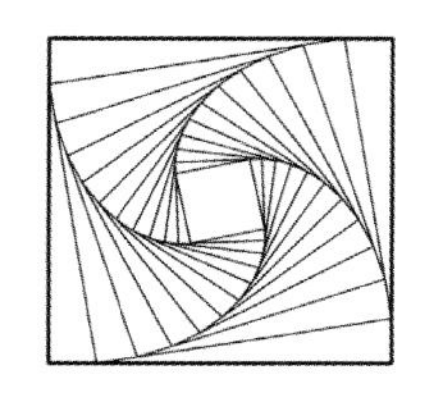

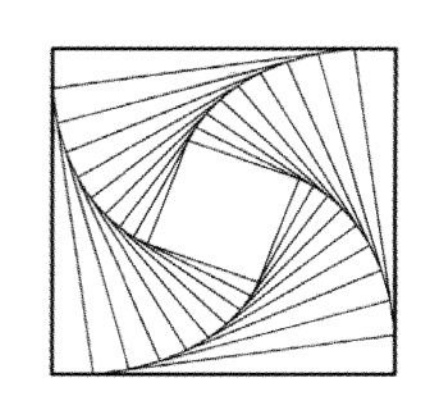

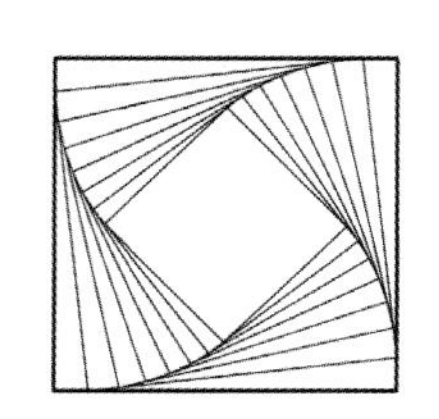

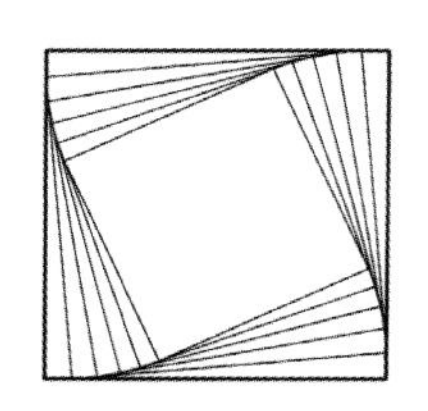

图 8.54 简单的一维递归

树

使用时间：定义一棵树，不仅是图形表示，同时也作为数据结构。

如何使用：在本样本中，模体是单一直线。此处的焦点更多地关注于几何布局和数据结构，而不是结果模式。

模体转换放置了模体的两个副本，每个从初始模体的终点出发。副本通过参数 *rot* 旋转，并通过参数 *scale* 进行缩放。

对于任何递归函数，你需要确保递归能够停止。如之前的实例，停止条件通过递归深度进行设置。

通过观察操作中已运行的递归获得事后的认识，我们能够在 *rot* 和 *scale* 参数改变时，对特定函数如何执行形成一个很好的概念。对于复合图形或更复杂的转换，这样的直觉就彻底消失了（Carlson and Woodbury，1994）。

树是具有分支的数据结构。每个分支或者为空或者本身就是一个树。递归函数决定数据结构。优选的结构为每个反映几何结构的模体提供路径。例如，一个可感测的路径可能开始于树的根部，并且能够记录下树的哪个分支连接下一个模体。这样，对于深度为 4 的树（基本模体的深度为 0)，通向一个节点的路径可能是树 [1][2][2][1]。将此解释为使用右侧树枝记为 1，使用左侧树枝记为 2。数据结构即为这样一个列表，列表中的第一项位于树的右枝，第二项位于树的左枝。模体自身必须被存储起来，并分配给数据结构的第 0 分支。所以通向模体的路径需要在其终点具有 0 索引，例如，树 [1][2][2][1][0]。

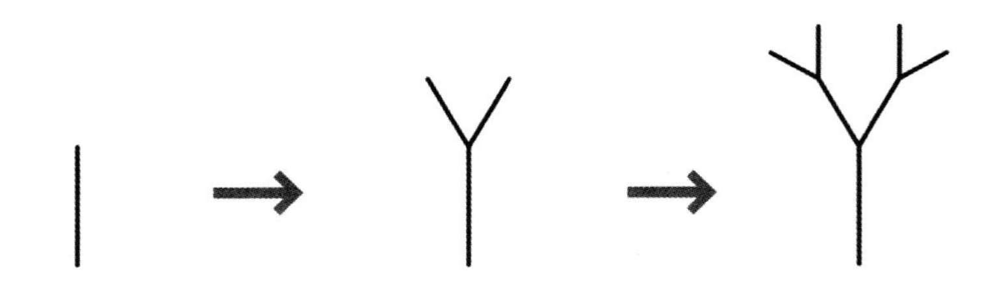

```
1  treeFn function (CoordinateSystem cs,
2                   Line startLine,
3                   int depth, double rotation, double scale)
4   {
5    Line resultLine = {};
6    if (depth < 1){
7     resultLine[0] = null;
8     resultLine[1] = null;
9    }
10   else{
11    CoordinateSystem rightCS = new CoordinateSystem();
12    rightCS.ByOriginRotationAboutCoordinateSystem
13            (startLine.EndPoint,
14             cs,
15             rotation,
16             AxisOption.Y);
17    CoordinateSystem leftCS = new CoordinateSystem();
18    leftCS.ByOriginRotationAboutCoordinateSystem
19           (startLine.EndPoint,
20            cs,
21            -rotation,
22            AxisOption.Y);
23    Line rightLine = new Line();
24    rightLine.ByStartPointDirectionLength
25              (rightCS,
26               rightCS.ZDirection,
27               startLine.Length*scale);
28    Line leftLine = new Line();
29    leftLine.ByStartPointDirectionLength
30             (leftCS,
31              leftCS.ZDirection,
32              startLine.Length*scale);
33    resultLine[0]=treeFn(rightCS,
34                         rightLine,
35                         depth-1, rotation, scale);
36    resultLine[1]=treeFn(leftCS,
37                         leftLine,
38                         depth-1, rotation, scale);
39   }
40   resultLine[2]=startLine;
41   return resultLine;
42  };
```

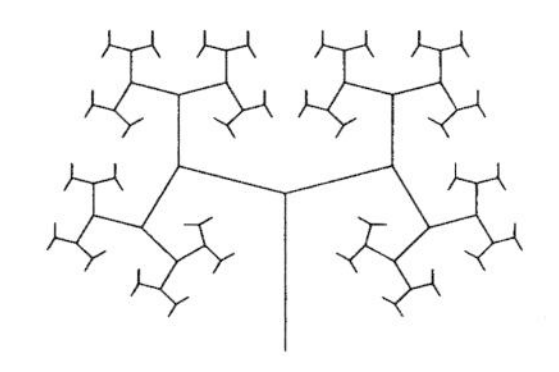

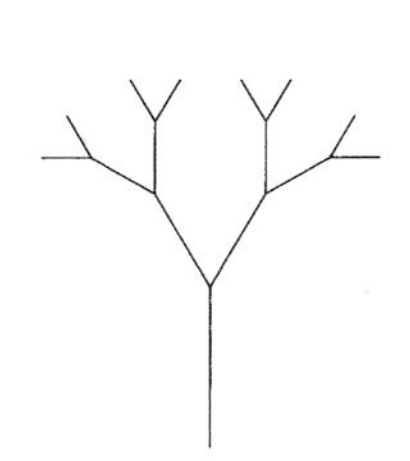

图 8.55　树递归函数可以产生一个映射成树形的数据结构。上述每个图形共享一个共同的数据结构——几何变量由参数设置单独决定。

注意内部调用 treeFn 的函数。两个独立调用确保树的右枝和左枝不相混淆。递归的基础情况出现在深度小于 1，并且导致树没有分支作为返回值时。在函数的终点，模体在 resultLine 的第二个成员里存储，并完成相应的数据结构，该数据结构存储树的结构和所有模体。

一言以蔽之。编写递归函数以使它们返回有用的数据结构，是一项需要认真仔细且容易出错的工作。将其做好是使结果有意义的关键。

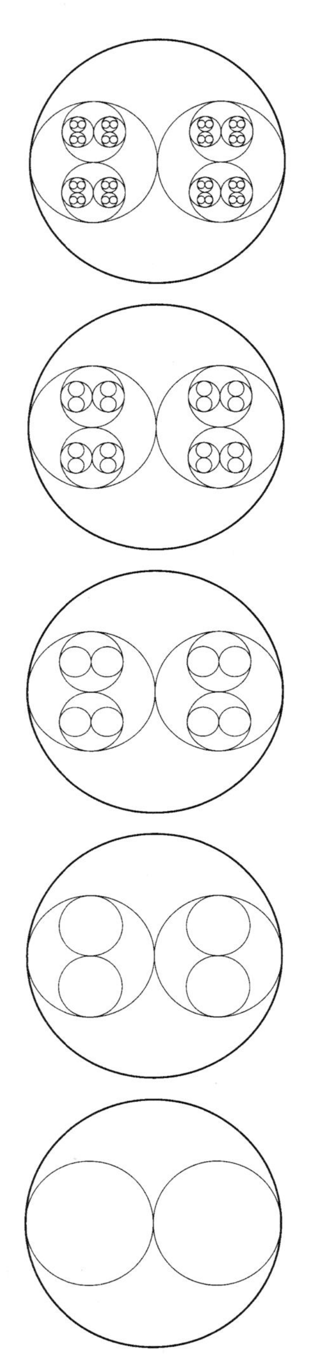

图 8.56 在该递归中，许多编码工作有助于改变子递归层级的一对圆的方向。

圆

使用时间：在圆中镶嵌圆，并改变每层的镶嵌方向。

如何使用：模体是一个圆。它在其中将自身复制两次，两个新生成的圆的半径为原圆的一半，且两者相切并与原圆相切。连接两者圆心的直线在初始情况下是水平的。在递归的每一层级，直线需要选取采用水平的还是垂直的；这就需要在函数中的递归深度校验上加以检验。与此前实例一样，递归具有深度限制。

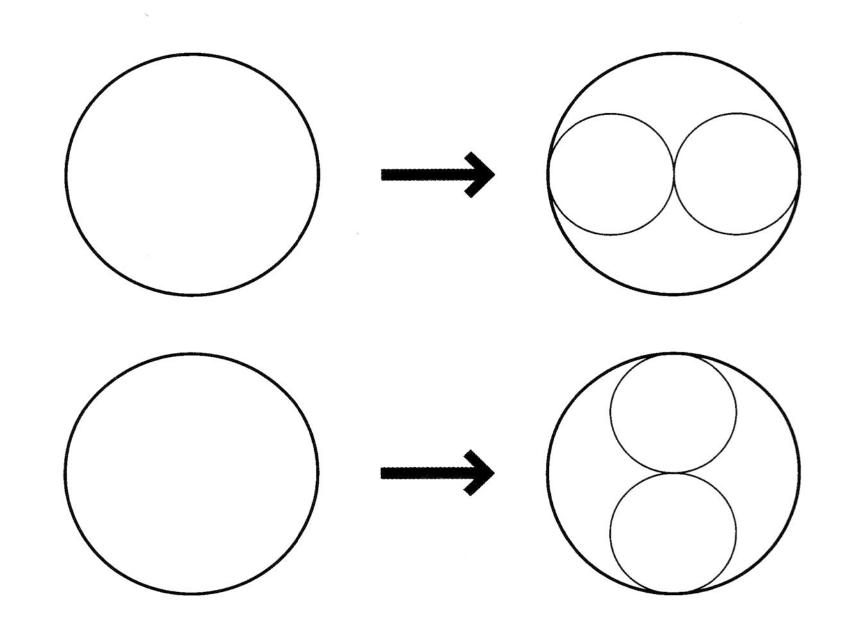

黄金矩形

使用时间：将黄金矩形分割为一个正方形和另一个黄金矩形。

如何使用：黄金矩形是指其长与宽的比例为 1∶ϕ，即近似等于 1∶1.618。其形状上的特征是当移除一个方截面之后，剩余的仍为黄金矩形，即与初始矩形具有同样的比例。

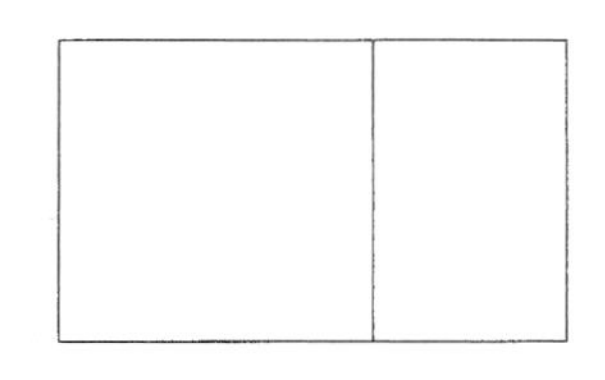

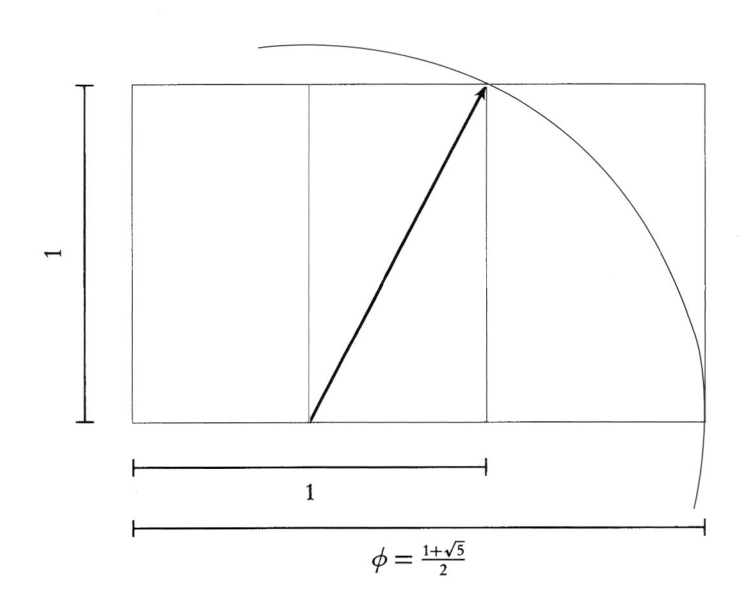

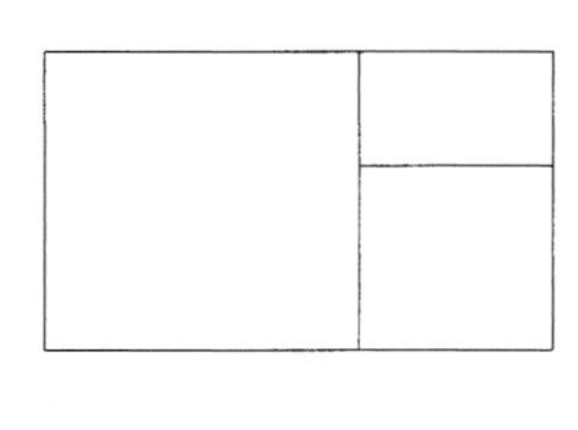

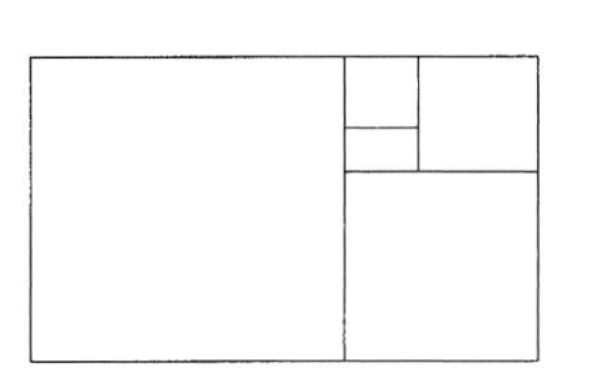

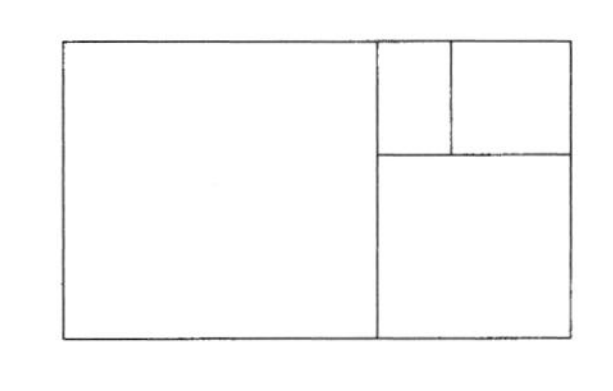

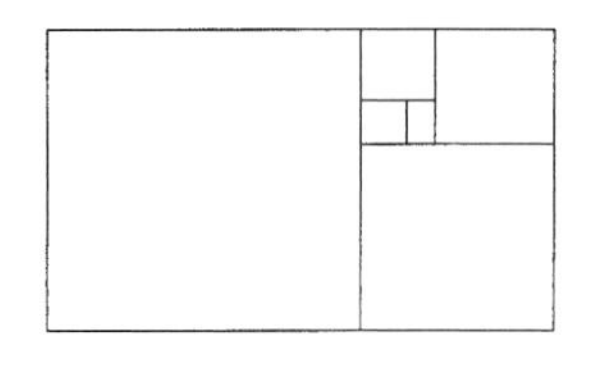

图 8.57 黄金矩形即为典型的递归形式。在每一层级，矩形都由一个正方形和其他较小的黄金矩形组成。

该样本把一个长度为 l 的黄金矩形描绘成一系列矩形。如果系列中只有一个成员，则它是一个宽为 l，长为 $(1+\sqrt{5})/2l$ 的黄金矩形。如果不止一个成员，则除了最后一个每一个都为正方形，开始矩形的边长为 l，依次以 $1/\phi$ 的比例递减。最后一个成员也为黄金矩形。每个后续正方形的边长为 $1*\phi$，并且按照 90° 旋转。

在此实例中，递归条件是面积。当下一个正方形的面积小于阈值 *minArea* 时，函数将产生一个单一的黄金矩形并返回。这样的约束相比递归深度更实际，在设计中可能有建造的最小特征尺寸。

数据结构的生成十分简单：矩形的一个链表，除了最后一个都为正方形。

你也可以通过向种子矩形中增加正方形来从里向外创建黄金矩形。

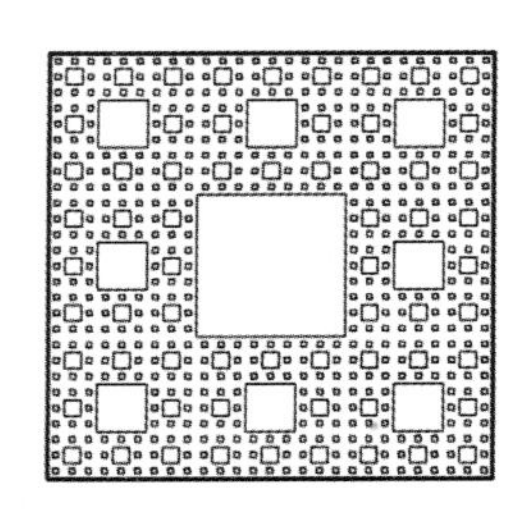

谢尔宾斯基地毯

使用时间：定义谢尔宾斯基地毯。

谢尔宾斯基地毯是平面不规则碎片形，即递归的自相似模式。沃克劳·谢尔宾斯基（Waclaw Sierpinski）在 1916 年发现了它。其结构从一个正方形开始。从概念上说，正方形被分割成 3×3 共 9 个全等的子正方形，且中间的子正方形是被移走的。同样的进程应用递归到其余的八个子正方形。

如何使用：在每个递归层级，地毯都包含一个模体：一个面积为该层级的地毯的三分之一并位于地毯中心的正方形。在除了基层之外的每一层，都有八个额外的地毯布置在该模体的周围。递归函数和数据结构都能够反映这一布局。

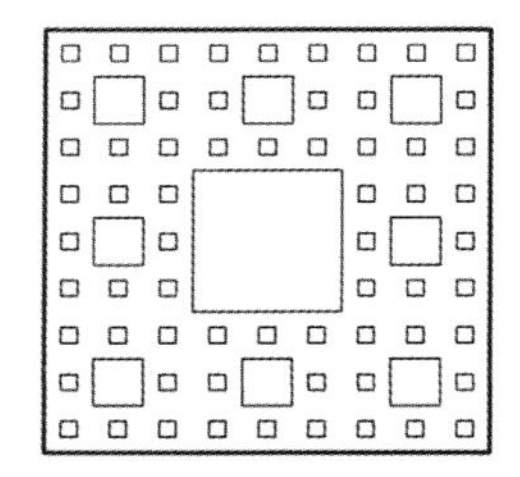

在每一单层中，递归函数调用自身的次数称为分支因数。第 0 层地毯具有单一模体。第 2 层地毯有 9 个模体。其数目的增长是十分快速的。第 6 层地毯就有

1+8+64+512+4096+32768+262144=299593 个模体。

很显然，当面对高分支因数时，你不得不小心地限制递归深度。

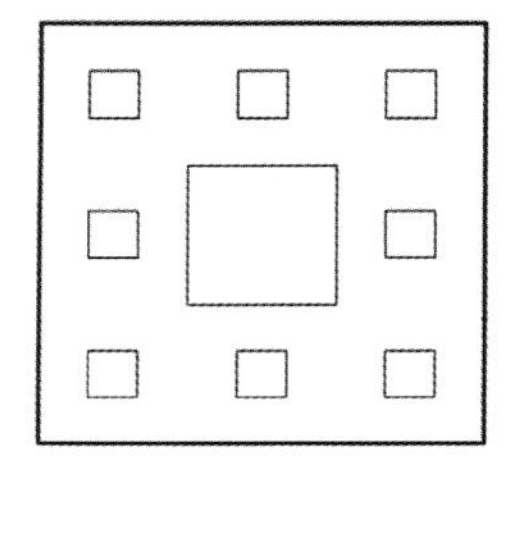

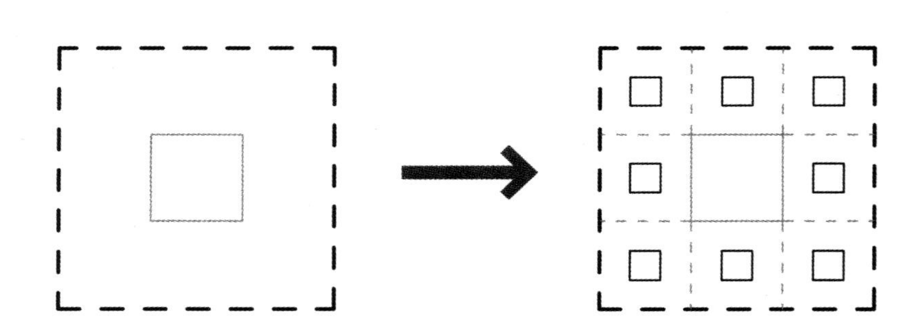

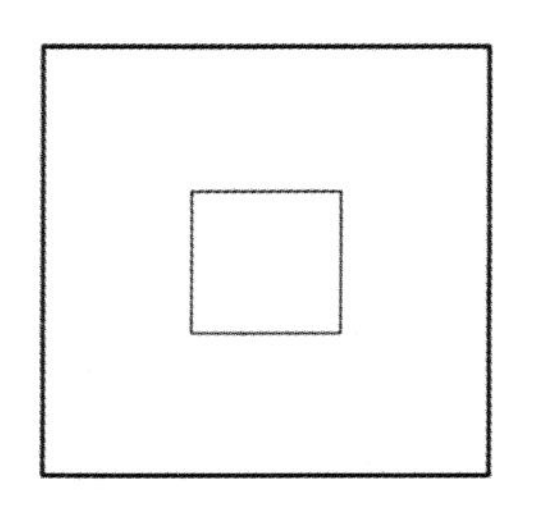

图 8.58　在每个递归层级谢尔宾斯基地毯都“切掉”九分之一的剩余的正方形，并将其自身在其余部分应用。

三维平面

使用时间：通过三个相互垂直的多边形递归划分空间。

如何使用：模体由正多边形的三维十字形组成。该十字形将其占据的空间分割成八个立方体，在每一层，递归函数在其中的三个里放置按比例复制的十字形。

该样本展示了比先前的实例更多的建筑现实。实际上，它类似于阿瑟·埃里克森（Arthur Erickson）工作中的一个递归模体，例如，如下图形所示为西蒙·弗雷泽大学的学院方形庭院。

学院方形庭院，西蒙·弗雷泽大学，由阿瑟·埃里克森设计。

资料来源：Greg Ehlers/ 西蒙·弗雷泽大学媒体设计。

图 8.59　递归是层级设计策略的计算实现方法。当然，实际设计需要比这个简单的实例更为具体的递归函数。

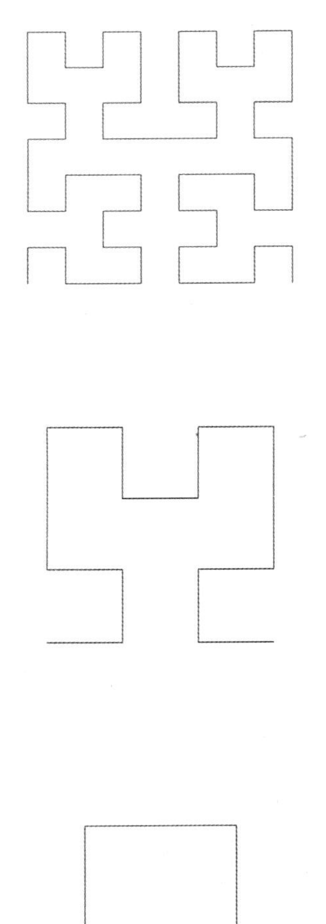

图 8.60 随着递归层级的增长，希尔伯特曲线渐渐地充满了其占据的空间。

希尔伯特曲线

使用时间：通过单一曲线渐进地填充空间。

如何使用：希尔伯特曲线填满空间。在第 n 递归层，它访问 $(2^{n+1})\times(2^{n+1})$ 整数维空间中的每个点。例如，在第 0 层，它访问 2×2 空间中的所有点。

在第 0 层，如下图（a）所示，曲线由三条直线组成，连接 2×2 空间中的四个四分之一部分的中心。在第二层，如图（b）所示，全新的 2×2 空间代替四个点中的每一个。空间中的点定义四条新曲线。如图（c）中所示，将每个曲线段的终点与下一段的起始点依次连接起来即组成了一条连续的曲线。在每个随后的层级，如图（d）所示，深一层次的 2×2 空间代替前一层级中的每一个点。希尔伯特曲线的连续层级因此形成了渐进的复杂序列（d）。

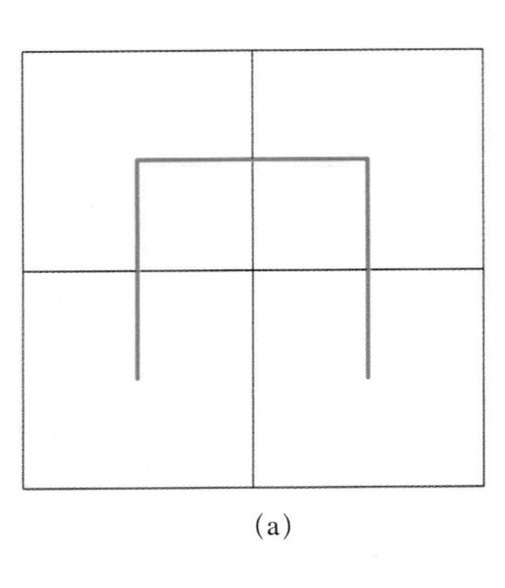

(a)

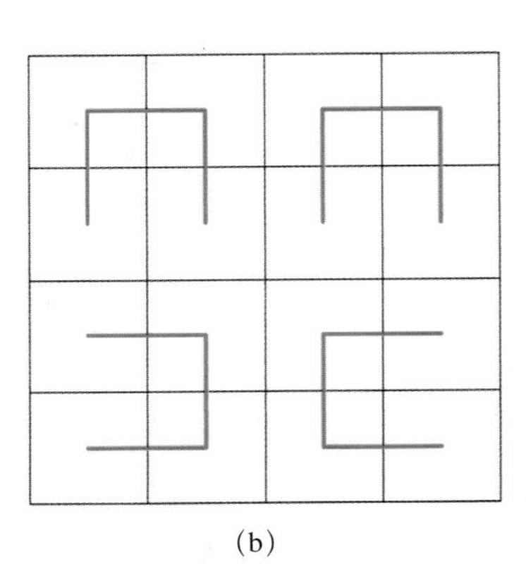

(b)

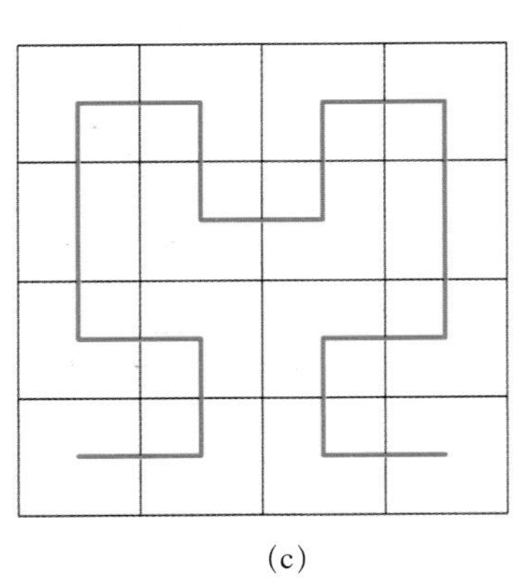

(c)

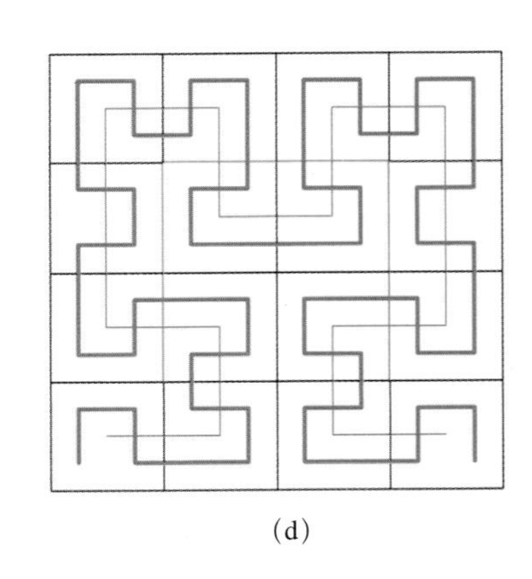

(d)

8.17　单变量求解器

相关模式 · 反应器

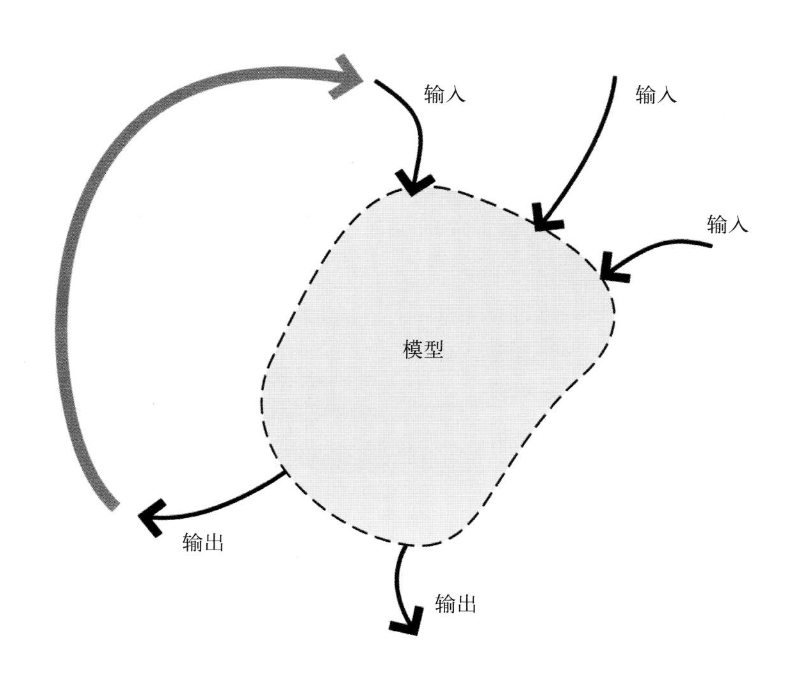

内容：不断更改输入值直到所选输出满足一个阈值。

使用时间：参数化模型是非循环的，数据一直流向下游。换句话说，使用者需要清楚参数值以生成一个结果。但有时知识以另一种方式影响，使用者了解特定变量的目标，并且希望发现一系列能够实现该结果的输入值。当使用者期望调整输入值直到实现目标时可以使用此模式。

使用原因：没有其独立变量值，模型是非确定的，即它并不包含给其独立变量提供数值的足够信息。通常模型存在于无穷大的范围内，这取决于其输入值的选取。有些时候，你知道此种状态的一个属性，甚至会不断调整输入值直到该属性达到期望值。但是精确性和可重复性非常重要。单变量求解器能够计算需要的输入值。

如何使用：一个模型具有其输入值和输出值。单变量求解器需要从两者中选取：求得的输出值和调整的输入值。输出值称为结果，输入值称为驱动。结果需要满足的阈值称为目标值。从输入值来计算结果的进程称为更新方法。

单变量求解器的脚本语言首先运行更新方法，然后是结果检验。如果达到了目标值，工作完成并返回。如果没有，程序返回，略微改变驱动，重新运行更新方法并检验结果。该循环不断运行直至达到期望结果。

系统化的一种简单的途径是使用二分搜索，其中对目标距离的估算限定了驱动变化。在搜索过程中，驱动变化增加的步骤可能使结果超出目标值。如果此过程发生，脚本翻转，并且减小步长。然后它将继续改变驱动直到它再次超出目标值。它将重复搜索进程直到结果满足目标值（具有足够的精确度）。

在此模式中展示的简单的单变量求解器，需要模型（或者至少结果）随着驱动变化而平滑地改变。如果结果大幅上升变化，缓慢改变驱动以接近结果的策略将不会起到作用。此类情况显示了离散搜索或者约束满足的复杂问题，这些问题超出了参数化设计的简单组成范围。

单变量求解器样本

局部最大值

使用时间：在曲线达到最大值处将点放置在曲线上。

如何使用：初等微积分（或者仅仅观察一条曲线）告诉我们，在最大值（或者最小值）点,曲线的切向是水平的。切线与水平线之间的夹角为0。相比寻找未知的最大值，搜寻固定的数值简化了单变量求解器的脚本语言。当点移动经过最大值时，切线按照预定进行变化。其斜率在最大值的一侧大于零，而在另一侧小于零。这就给出了变更驱动的一种非常简单的规则：始终向零点运动。

其本质思想是十分简单的。从曲线上一个已知点开始。始终向上走。每一步测量一次斜率。如果斜率为零，则停止。如果其符号改变则转向，继续按照小步伐前进。并不奇怪这被称作爬山策略。它有一些问题，如果在前进方向上有局部小山，你到达后会被困住不再前进，即使能看到附近就有更高的山。如果小山真的很小,即小到与步伐相比,你也许会全都略去。

编写单变量求解器的关键是理解如何在系统中创建期望测度。理解其结果是如何随着驱动的改变而改变的。在此情形下，切测度使得该选取方式变得简单可行。在其他情况下，可能需要代码来检验驱动变化对结果的作用，以及需要选择适当的变化方向。

该单变量求解器的代码相对简单。不幸的是，其他单变量求解器需要明显更加复杂的代码。这里有嵌套的两个 while 循环。外部循环执行二分搜索，内部循环向着目标前进。内部循环具有如下测试：

```
driver > diriver .RangeMinimum && driver < driver .RangeMaximum
```

这确保点在参数曲线上。如果曲线的端点是局部最大值，单变量求解器就将会靠近端点，但是不会过冲，而是最终停在这里。

目标夹角 =0
T 值 =0.468

目标夹角 =0.63
T 值 =0.467

目标夹角 =13.41
T 值 =0.45

目标夹角 =27.66
T 值 =0.425

目标夹角 =41.03
T 值 =0.375

图 8.61 在曲线上移动点"uphill"以寻找局部最大值。当点经过最大值时，改变方向并将移动幅度缩小为原来的一半。

局部最大值样本的代码：

```
1 function generalNumericTest（object booIeanTest,
2                     double a， double b）
3 {//provides conditional test of two numeric variables
4//based on an input string.
5  switch（booIeanTest）{
6  case "〉=": return a 〉=b;
7  case "〈=": return a 〈=b;
8  case "〉": return a 〉 b;
9  case "〈": return.a 〈 b; '
10  case "==": return a==b;
11  default: return true;
12   }
13  }
14
15  double currentDriver=driver.Value;
16//driver is a named variable in the model.
17   double target=0.0; 1
12  double closeEnough=0.000000001;
19  int giveUpWhen=200;
20  int incrementAdded=0;
21  int incrementSubdivided=0;
22  double increment=0.2;
23  object startingSide="gt";
24  int incrementSign=1;
25
26  if（result〉target）{
27  startingSide="〉";
28  incrementSign=1;
29  }
30 else{
31  startingSide="〈=";
32  incrementSign=-1;
33  }
34 while（increment 〉 closeEnough &&
35     incrementSubdivided 〈 giveUpWhen）
36  {
37++incrementSubdivided;
38  increment=increment/2.0;
39  while（generalNumericTest（startingSide, result, target）&&
40       incrementAdded 〈 giveUpWhen &&
41       driver 〉 driver.RangeMinimum &&
42       driver 〈 driver.RangeMaximum）
43   {
44++incrementAdded;
45   currentDriver=driver.Value;
46   driver=currentDriver+（incrementSign*increment）;
47   UpdateGraph（）;
48   }
49  driver=currentDriver;
50  UpdateGraph（）;
51 }
```

曲线和点的距离

使用时间：调整曲线直至其与最近点的距离恰好为给定距离。

如何使用：在此样本中，目标是最小距离。曲线上的每个点距给定点一定的距离。曲线点中的一个或多个位于最短距离上。这样的点称为点在曲线上的投影。

很明显，曲线上的任何控制点都能够被改变。对于这些点中的每一个，任何变化的方向都能够使用。使用单变量求解器需要选取点和移动方向。其他点和方向的选取能够生成非常不同的曲线，但是它们会在目标距离上（如果单变量求解器好用的话）。

一旦一个控制点和移动的方向被选取，单变量求解器即按照上述的方式工作：向目标移动直至过冲；后退并采取小步幅，继续保持这样的移动方式直到你接近到可以辨别。

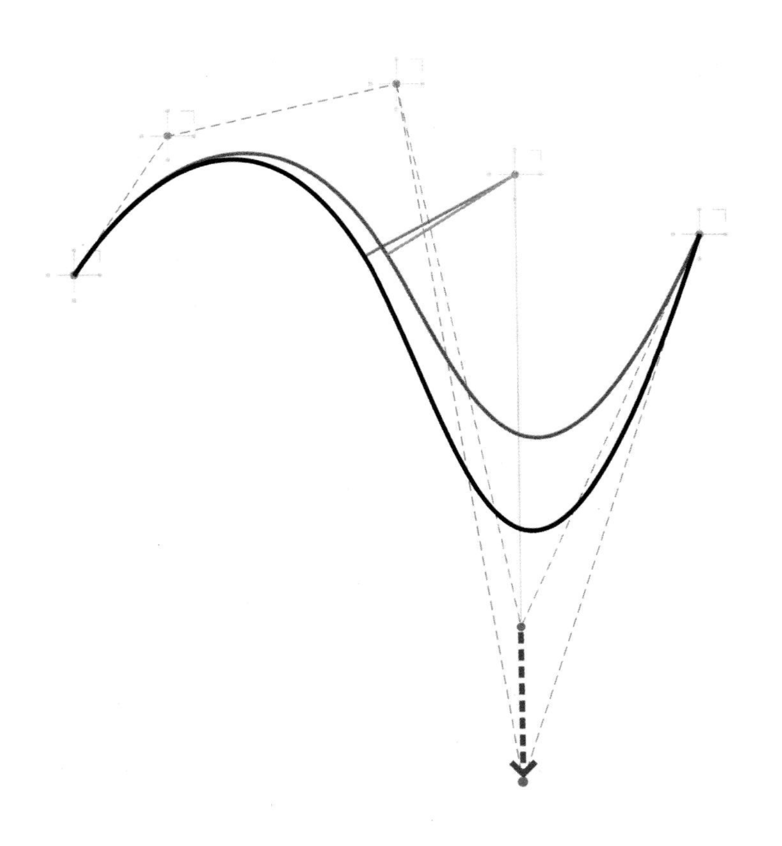

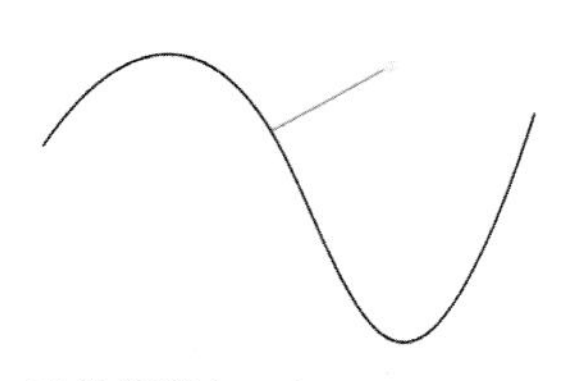

目前的距离 = 4
目标距离 = 4

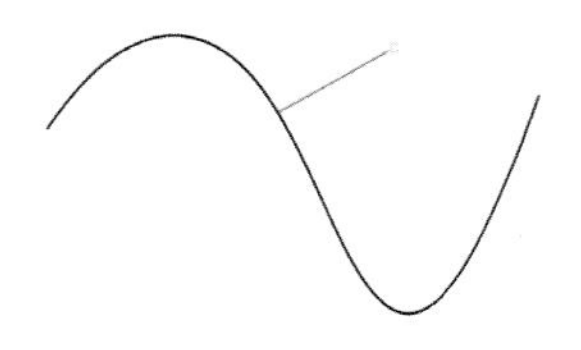

目前的距离 = 3.928
目标距离 = 4

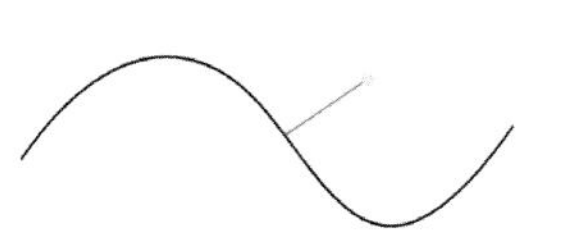

目前的距离 = 2.984
目标距离 = 4

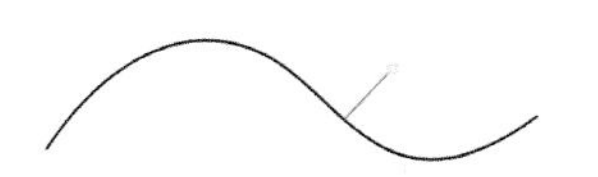

目前的距离 = 2.107
目标距离 = 4

图 8.62 曲线能够以无限种方式移动。在此实例中控制点中的一个将在所选直线上移动。

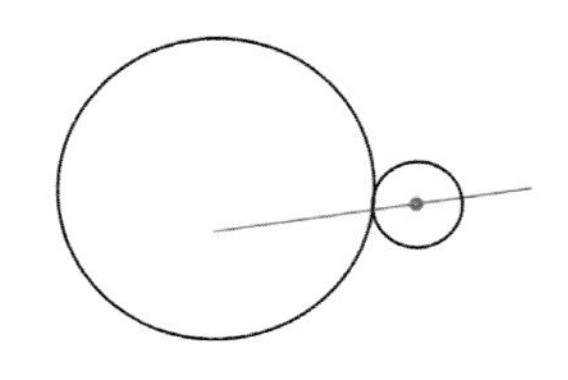

面积

使用时间：调整曲线的控制点直至曲线包围一个给定的面积。

如何使用：此处的目标是闭合曲线的面积。和前面的实例类似，曲线的任何控制点都能够按照任何方向移动。建模者必须加以选择。此特定的实例将所选的控制点向远离其余所有控制点的重心方向移动。这是一种十分有用的近似方法，但是，通过一些工作，其他方向也可以被选取。

此单变量求解器几乎和前面的求解器完全相同。曲线的详细内容、所选取的点及其方向都纳入到称为驱动的单一变量。

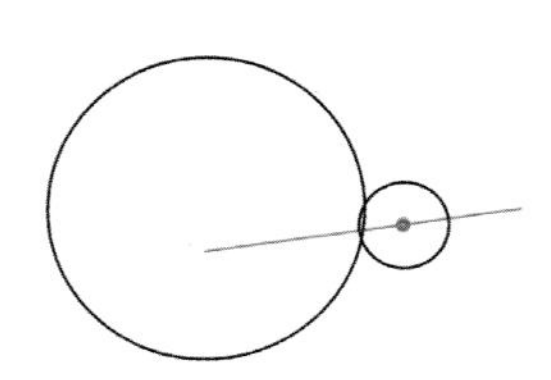

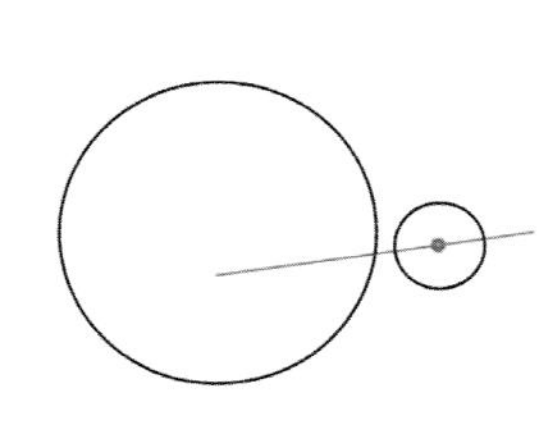

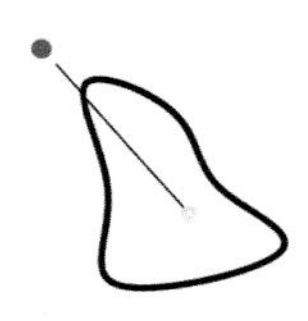

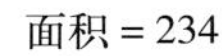

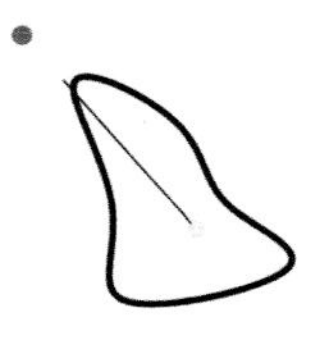

面积 = 254

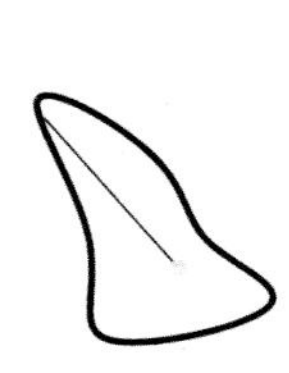

面积 = 274

面积 = 300

图 8.63　该目标探求器将曲线的控制点沿着直线移动，直至曲线包围的面积达到阈值（此处阈值为 300）。

两个圆

使用时间：约束一个圆在直线上运动，寻找与另一个圆相切时其中心的位置。

如何使用：计算相切在圆不加约束时是非常简单的。两个圆的圆心形成一条直线。沿着直线移动一个圆，直到其圆心是从直线与另一个圆的交点加上或减去其半径。这里的情形则不同，其中一个圆的圆心被约束在了一条任意直线上。圆心由参数 t 控制，t 是根据单变量求解器进行调整的，直至相切条件成立。单变量求解器必须操作两次，分别对应两种相切条件。

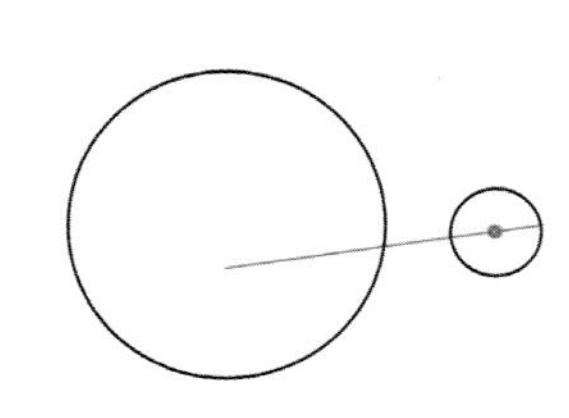

图 8.64　小圆的圆心沿直线以增量移动直至两圆相交。而后改变移动的方向，并将步进值减半。重复这两个步骤直至两圆相切。

第9章

设计空间探索

作者：Mehdi（Roham）Sheikholeslami

9.1 引言

众所周知，探索多重选择会导向更好的设计。尽管这是众所周知的事实，但是如今的计算机辅助设计系统仅仅提供了用于生成、储存和可视化选择的最基本的工具。Hysterical 空间是在解空间中，通过一个参数化模型来使用互动历史发现设计可能的新途径。

任何参数化模型的隐式，都是设计者通过新方法结合变量设置所能达到的状态。这样的模型具有滞后性，即路径依赖，因此称之为Hysterical空间。以我的硕士论文（Sheikholeslami，2009）为基础，我提出了 Hysterical 空间的一种简单定义，即变量设置的笛卡儿乘积。它提供了空间的序列，该序列能够生成可变的互动搜索策略。反过来，序列要求界面设计，我将其报告为工作原型。有限的使用者评价支持一项主张，即 Hysterical 空间可能成为设计空间探索的有效途径。

鉴于我们的限制，我们完全依靠我们的外部储存器来实现复杂的任务（Norman and Dunaeff，1994）。计算能够保证激活媒介，即能够实现一些外部认知。

一项主要局限，被广泛解释为短期记忆能力和潜在因素，是我们创造、比较和考虑各种设计可能的能力。在使用参数化建模系统，从小数量的设计者交互中获取许多备选方案方面，Hysterical 空间是一种全新的概念和计算工具。

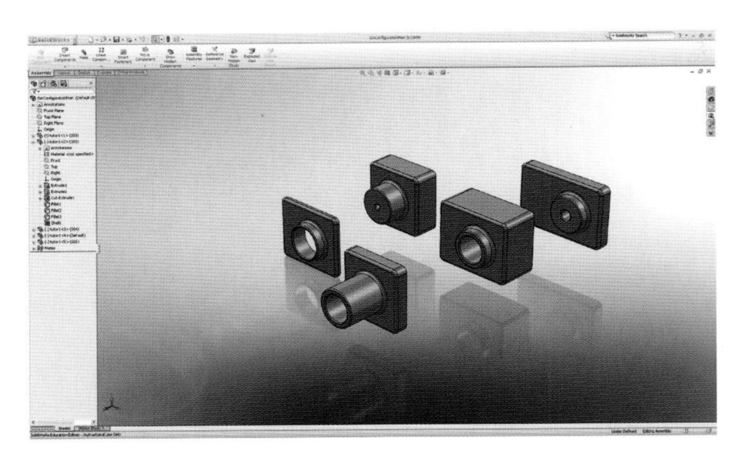

图 9.1 SolidWorks® 组态管理器是探索单一模型的多种变体的一种途径。
资料来源：经过 SolidWorks 许可的 SolidWorks® 截屏重印本。

当前的 CAD 系统主要致力于单一形态，而显著的例外，比如 SolidWorks® 组态管理器（图 9.1）和 Autodesk Showcase®（图 9.2）。设计者可预见地发掘工作区——他们发明能够供设计多种选择的技术（大多数是手动的），比如复制整个文件或者在同一文件中复制部分模型，通常使用图层结构。

图 9.2 Autodesk Showcase® 具有存储多种设计选择的特性。不同的材料和设计存储为跑车的多种选择方案。
资料来源：经过 Autodesk 许可的 Autodesk 截屏重印本。

9.1.1 设计空间

尽管各种设计理论间存在差异，我们仍然能够断言所有这些理论都承认解决设计问题的空间的存在。

这项工作主要使用 Woodbury 和 Burrow 对设计空间的定义，一方面，描述了设计空间的一般概念，另一方面，用特定数学概念描述一个有限的，但同时也是合乎逻辑的且易于处理的设计空间表达。简单地说，他们提出设计活动是通过网络结构来很好地建模的，同时网络的拓展是由设计者探索的结构和策略来决定的。它们定义了多项术语，如隐性、显性和滞后等，依次解释如下：

隐性设计空间：这个包罗万象的对象包括每个可能通过符号系统实现的设计解决方法。它作为一个网络来描述那些包含所有设计解决方案的路径，包括可行的或不可行的、完整的或不完整的、可以或不可以被设计者所访问的等。

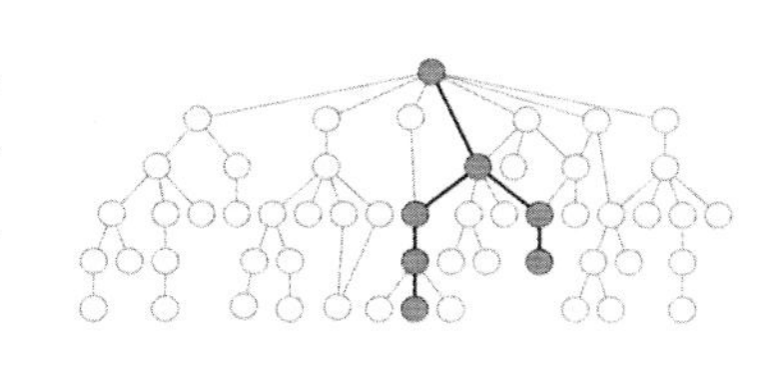

图 9.3 显性的空间(橙色)表达了设计者实现一个解决方案的路径。它是隐性空间(灰色)的子图形。

显性设计空间：Woodbury 和 Burrow 在 2006 年主张显性设计空间包含那些已经被访问的状态，不论是现在，还是之前可用的探索场景。他们阐明，“设计空间路径既嵌入隐性设计空间，又嵌入显性设计空间”。后者是设计空间的较小部分。显性设计空间通过设计进程发展。它通过设计者的探索行为获得结构，尤其是通过策略选择来反映计算或设计者知识的局限性，或者二者兼而有之。

设计滞后：Woodbury 等于 2000 年在《设计空间探索中的擦除》一文中创造了术语“设计滞后”。本质上讲，该理念通过擦除和重新连接已知数据，使用来自显性空间状态的数据来构建（发现）隐性节点。在此定义下，设计滞后成为解决方案隐性空间的一部分，在设计过程中设计者可能不能明确访问。实际上，设计滞后不通过设计者的直接行动，就能够发现隐性空间中的显性状态。

我们提出滞后状态术语，来描绘设计空间中通过再结合实现的状态，且滞后空间能够描述已达到的状态集合。该工作提出研究问题：“如何才能使参数化建模系统支持先前的决定，与对设计者有意义的全新状态再结合呢？”

9.1.2 选择和变化

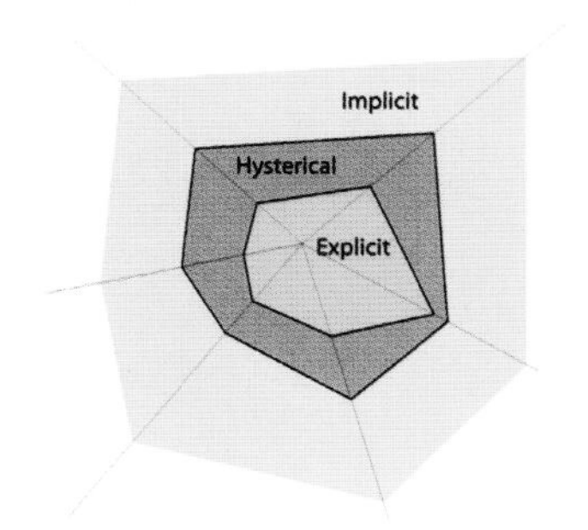

图 9.4 隐性的、显性的以及 hysterical 空间的图形表达。

我们将研究工作范围限定于参数化建模，特别是限于建筑学和土木工程方面。这种选择的原因是（a）近期更多的建筑师和工程师在他们的设计中使用参数化建模工具，（b）参数允许模型变化，这就使设计空间探索成为可能。

参数化模型就是以一系列参数集合为基础的可适应结构。在任何给定的时刻，参数值都定义一个（通常是无限大的）模型实例空间。因此，参数化模型本质上就能够探索大量的选择和变化。作为探索，我们定义选择性作为一个设计在结构上不同的解决方案。相反，变化性是具有相同模型结构但是具有不同参数赋予值的设计解决方案。在一个典型的参数化建模系统中，变量被认为是非正式的，它是通过移动输入节点和改变参数值实现的。Hysterical 空间将访问的实例集拓展到一个更大的变化空间。我们假设该 Hysterical 空间通过将设计中先前的决定与有意义的全新状态再结合，能够成为增强设计进程的新途径。

9.2 Hysterical 空间

定义一个 Hysterical 空间需要一个表现方案和一个交互历史。表达方案描述了计算一个设计的符号结构及其随之发生的 Hysterical 空间。设计者与表达交互以创建显性空间——实际访问过的设计集合。交互历史描述了设计者都做了什么以及是怎么做的——Hysterical 空间将这些动作扩大到一个表现集合中。

有很多方法从参数化模型中描述 Hysterical 空间的特征。该项工作仅仅详细阐述了其中最显著的——被访问参数值的笛卡儿积。固定参数化模型的独立变量的交互历史给出了显式空间，即参数化模型的变量集合。

为了详细阐述 Hysterical 空间，除了第 8 章所属的内容，我们研发了两个设计模式——RECORDER 和 HYSTERICAL STATE。RECORDER 存储设计者与模型的交互历史，HYSTERICAL STATE 生成基于 RECORDER 捕获的数据的全新变量。

9.2.1 记录模式

目前在参数化系统中没有为记录用户交互提供明确支持。参数值的变化和其他系统的交互行为，都简单地汇集成最小记录流程。我们引入记录模式，就是要表达基于显性用户选择的模型变量的存储理念。因为当前在参数化模型的配置方面，完全是通过其参数来定义的，恢复一个模型到早期的状态仅仅需要给参数重新赋予初始值（图 9.5）。

如同第 8 章中所述的其他设计模式一样，我们也将记录模式在以下结构中定义：

内容：有选择地存储使用者定义的选择。

使用时间：记录某些显性访问的模型变量，以便在将来再访问。

使用原因：设计是一种交互的过程，在设计中一种设计选择的多种变量都会在设计进程中被访问。在每一个阶段，设计者、设计团队或者是客户都可以选择其中某些变量，以便设计进一步发展。因此，拥有能够提供存储理想变量的可能的系统显得非常必要。通过使用记录模式，设计者能够将设计模型恢复为先前的访问状态。

如何使用：首先，确定定义模型的理想部分的变量。其次，创建数组以存储这些变量的记录值。第三，通过在阵列中重新分配相应的记录值，将模型恢复为理想状态。

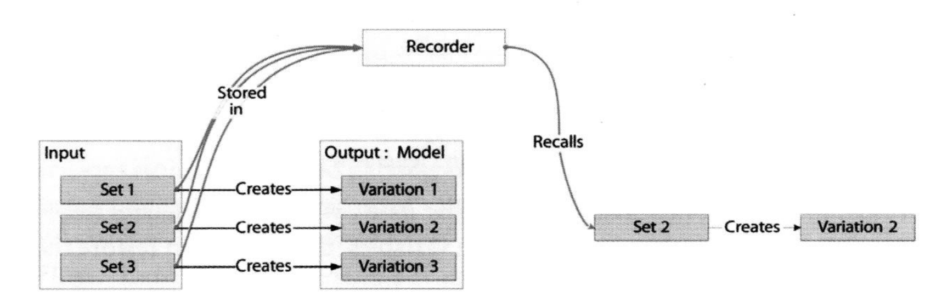

图 9.5　记录模式的示意图。变量的三个分配集合创建了模型的三个不同变化，同时通过记录第二个集合，设计者能够将模型恢复到第二种变化。

我们评估这些思路的基本工具是 Generative Components®。图 9.6 阐释了针对单一点的记录模式的符号表达。感兴趣的对象是设计者期望去记录的模型部分。参数 *varsToRecord* 是设计者选择记录入系统的感兴趣的对象中的变量。设计者可能选择仅仅关注于交互历史的子集合。*recoArray* 存储所有的记录数值。图 9.6 中虚线矩形里的节点显示了 Generative Components® 中记录进程的机制。*recoOnOff* 是指定是否记录数值的布尔型变量。如果为真，则记录模式会记录数值，否则不会记录。函数 *recoFunc* 是记录进程的核心，无论何时在其被触发时记录数值。*recoFuncTrigger* 触发记录函数。哪个对象触发函数由设计者决定。它可以是文件中的任何内容来更新模型。基于软件结构，我们可能不需要这一变量，然而我们使用变量可以将记录进程从模型中更清晰地区分开来。

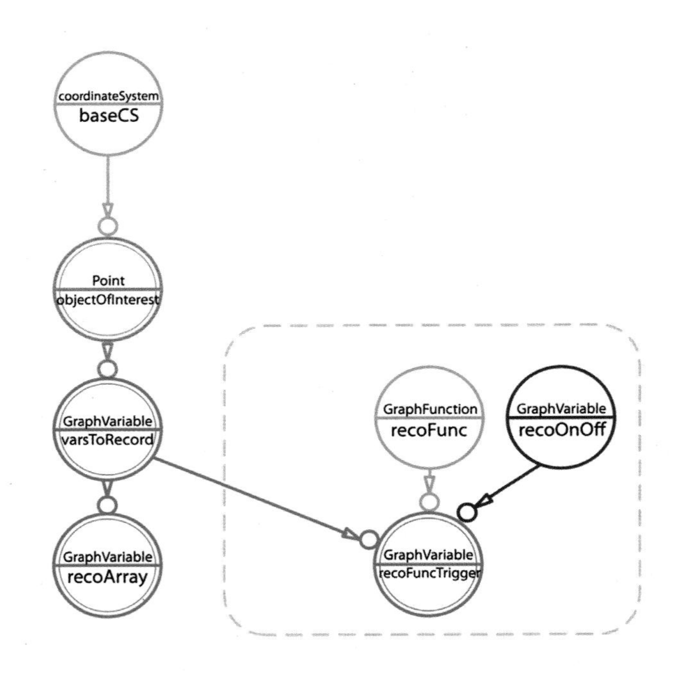

图 9.6 Generative Components® 中记录模式的结构图

例如，框架中的点利用其 x、y 和 z 坐标定义（图 9.7）。因此，通过记录这些变量，系统就能够修复该点的位置至期望的状态（图 9.8）。

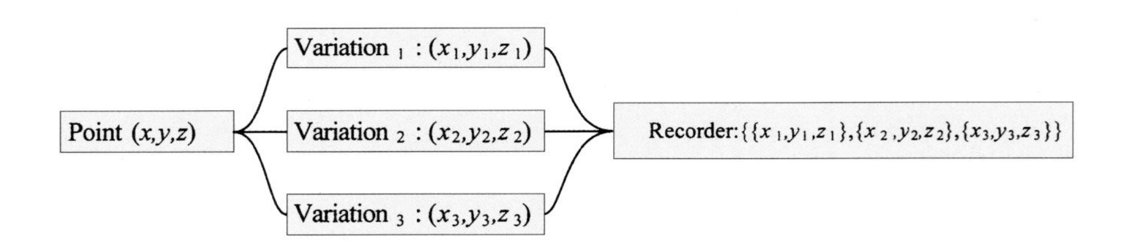

图 9.8 记录数组以存储包含 x、y 和 z 的点的变量

9.2.2 Hysterical 状态模式

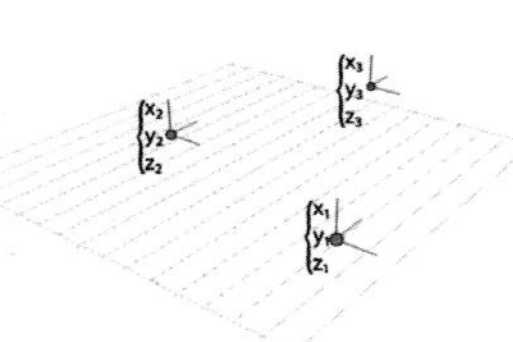

图 9.7 由 x、y 和 z 坐标定义的框架中的点。

将我们的例子限制为 Hysterical 空间中的最简单版本，即记录值的笛卡儿积。HYSTERICAL 状态模式阐明了 Hysterical 空间的笛卡儿积的实现。

基于系统中记录的参数，参数化模型能够完全地或是部分地恢复为早期状态。如果我们记录模型中的所有参数，则我们就能够完全将其恢复到所记录的状态。

另一方面，只记录一些参数给我们提供有选择恢复模型中与那些参数相关的部分（图 9.9）。

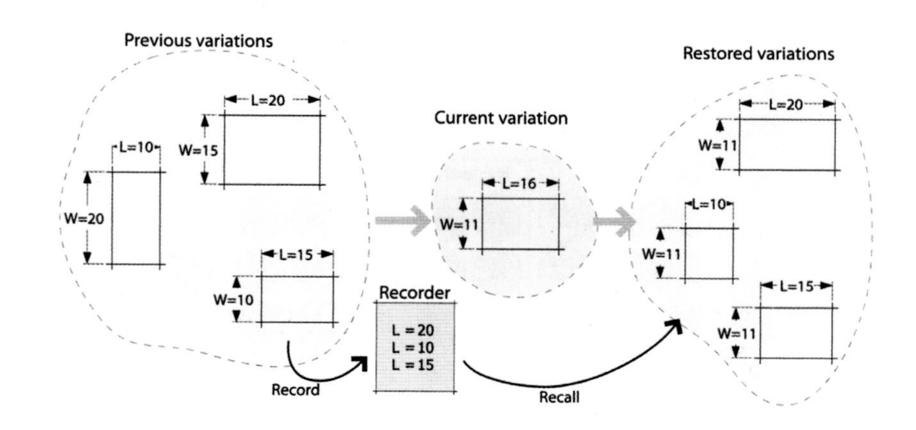

图 9.9　记录部分模型导致部分恢复。通过仅仅记录矩形的长度，恢复的版本保持着当前的宽度，并具有存储的长度。

内容：通过将先前存储的决定作为记录参数重新组合，创建参数化模型的新变量。在我们的实例中，这种重新组合即为记录值的笛卡儿积。

使用时间：以先前阶段中已经显式访问的内容为基础，探索模型的更多变量。

使用原因：HYSTERICAL 状态模式在隐式设计空间中，通过结合先前的记录参数值发掘新的节点。访问作为结果的新模型变量，可能引导设计者去探索新鲜事物或者可能是有意义的方向。

如何使用：第一步是记录使用者在记录模式中与模型间的交互。第二步是生成记录值的笛卡儿积。最简单的函数通过所有的记录值使迭代，建立所有组合。为这些组合中的每一个重新创建一个模型，带来 Hysterical 空间中的所有可能的变化。

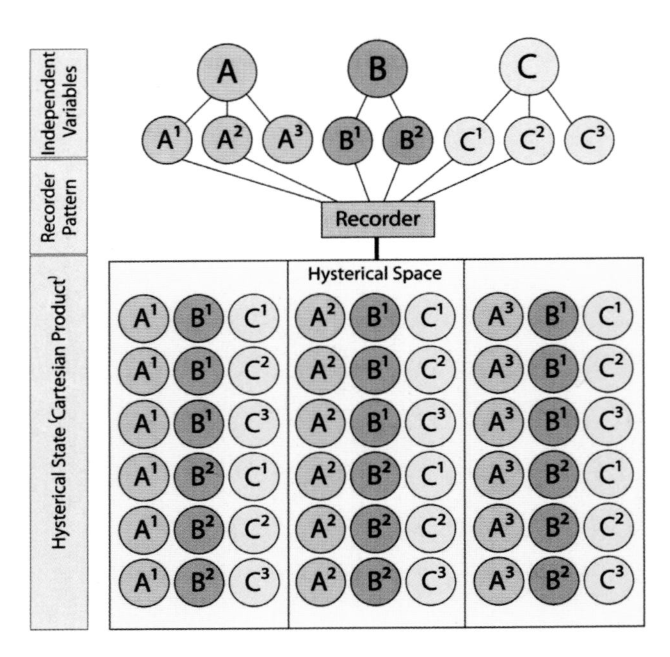

图 9.10 通过生成记录值的笛卡儿积，系统能够提供模型的多种变化。

9.3 实例研究

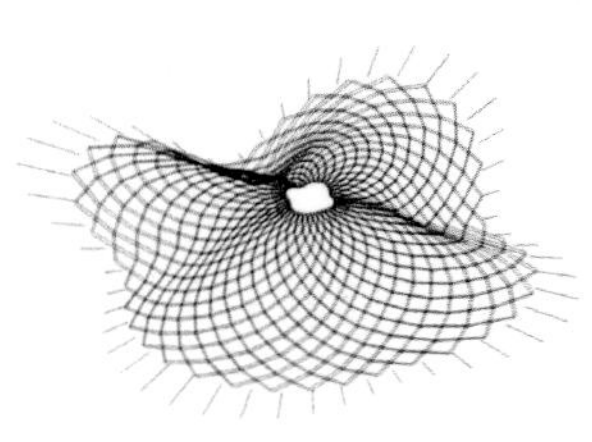

图 9.11 在 Generative Components® 中建立的航空博物馆的模型的屋顶变化。

航空博物馆是我的建筑学硕士学位的毕业设计（Sheikholeslami，2006）（图 9.11）。博物馆的一部分用于这个 Hysterical 空间的案例研究。这包括一个大屋顶与下部对象的尺寸对应。例如，更大的飞机导致更大的屋顶范围。博物馆中每个主要的展示对象都通过圆圈来代表，以至于圆圈包围对象（图 9.12）。为了使用一个大屋顶覆盖这些圆圈，我使用元球隐含曲面的表达。元球是 *n* 维空间中直观的有机对象（Blinn，1982）。我使用二维元球算法设计博物馆屋顶平面。

因为此例中所有记录参数都影响屋顶的二维方案，在图 9.13 中我们简要地描述了设计方案和屋顶相联系的逻辑。

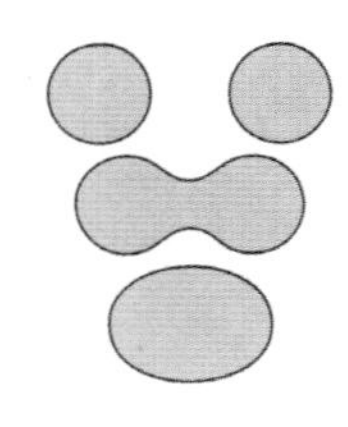

图 9.12 基于近似性的两个元球变形与组合

- 为博物馆的基底和元球算法创建点栅格。使用参数来控制栅格的尺寸和密度。参数 *gridDensity* 指定点栅格的密度及博物馆屋顶的平滑度。
- 在点栅格上放置圆圈来表示博物馆的主要展览。每个圆圈的半径（参数半径）都反映了一个飞机的型号（图 9.14）。我们通过圆心来引用每个圆。

- 应用元球算法来生成屋顶的边界。参数阈值定义元对象的曲面大小，在我们的案例中，一个圆圈能够影响其他的元对象。当阈值增加时，每个元对象对其他的影响也增加。

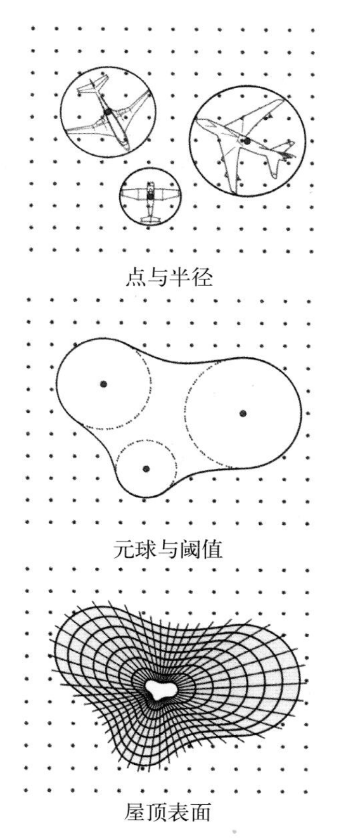

图 9.13　创建航空博物馆的二维方案的步骤

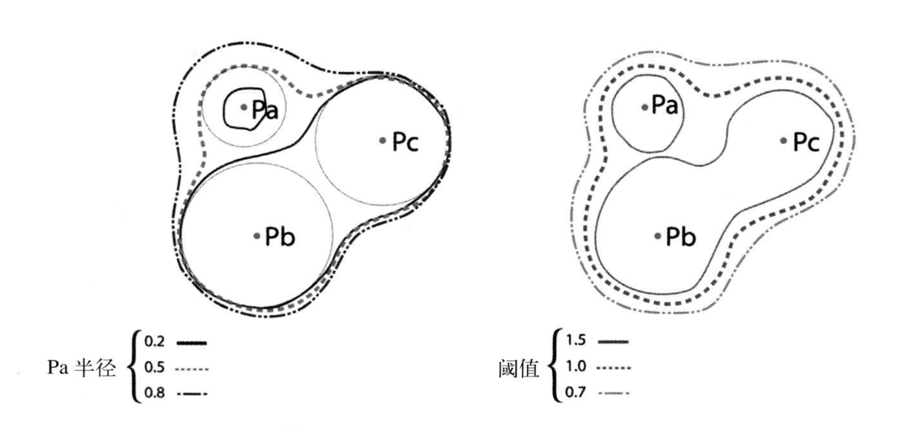

图 9.14 （a）博物馆边界上的点的半径影响，图中 Pa 半径发生了变化。（b）博物馆边界上的阈值影响。

记录 4 个参数，其中的三个 $\{r_a, r_b, r_c\}$ 是圆的半径，而另一个是阈值 t（方程 9.1）。

$$V=\{V_1, V_2, V_3, V_4\}=\{r_a, r_b, r_c, t\} \tag{9.1}$$

通过下面所记录参数值来记录屋顶的两个变量：

$$S_*^0=\{r_a^0, r_b^0, r_c^0, t^0\}=\{0.5, 1.0, 0.6, 1.0\} \text{ 第一种变量}$$
$$S_*^1=\{r_a^1, r_b^1, r_c^1, t^1\}=\{0.7, 0.5, 0.8, 0.6\} \text{ 第二种变量} \tag{9.2}$$

现在我们已经记录了每个变量的两个数值。这些数值的笛卡儿积生成 16 个不同的组合，并因此形成 16 种屋面变化（方程 9.3）。

$$|\aleph|=|T_0^*|\times|T_1^*|\times|T_2^*|\times|T_3^*|=2\times2\times2\times2=16 \tag{9.3}$$

图 9.15 所示为屋顶的两个记录变量，并与记录数值的所有可能的组合相对比。如你所看到的，这些变化中的一些已经与显性访问的完全不一样。

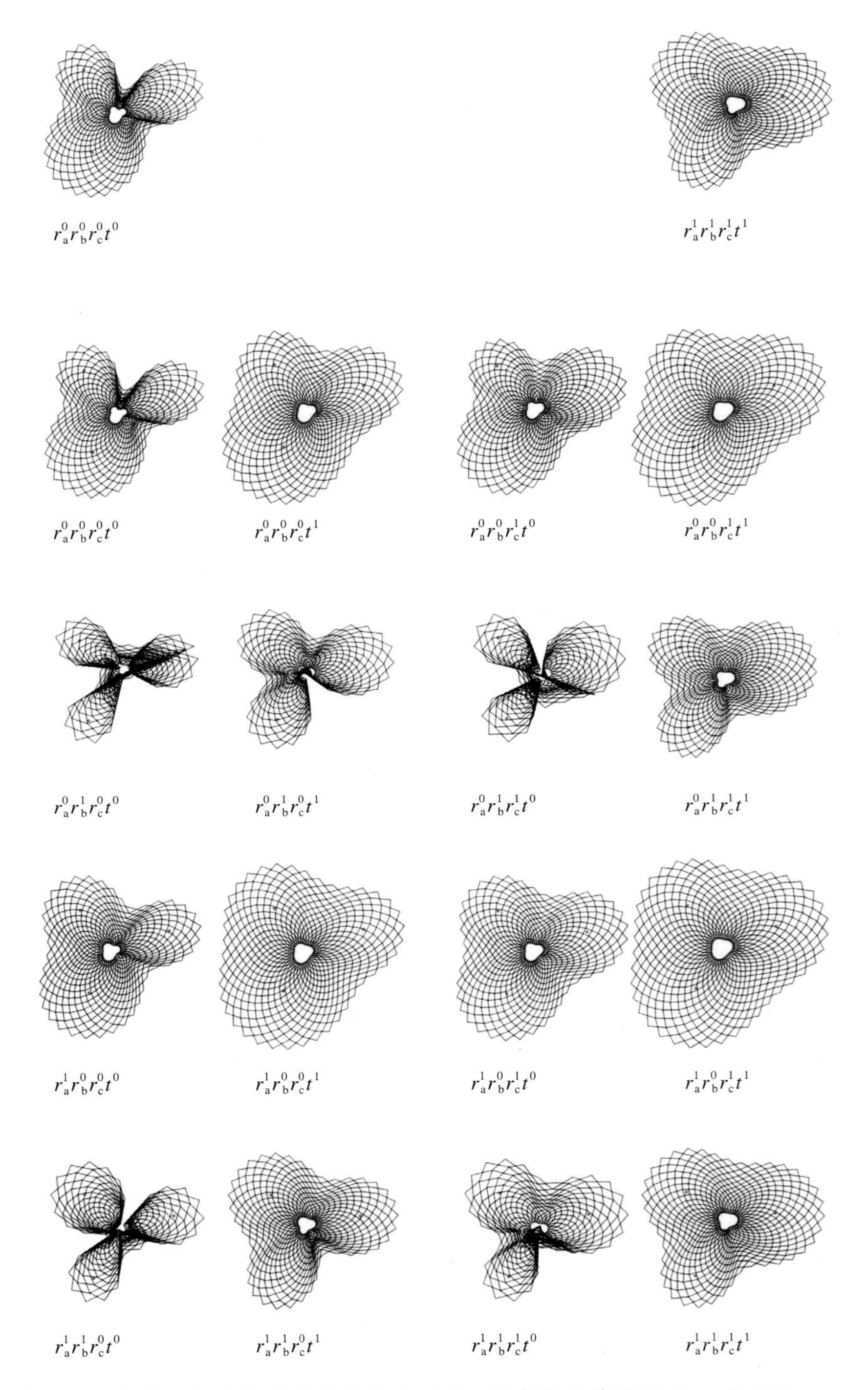

图9.15　通过两个已记录变量的组合变化，创建航空博物馆的16种变化。

9.4 描绘 Hysterical 空间

Hysterical 空间笛卡儿积中状态的数量随着变量的数量按照指数增长。

最简单的 Hysterical 空间表述包含任务集合列表，即定义笛卡儿积的 n 集合。这样的描述是未被赋予数值的，意味着它必须进一步处理，以生成对其状态的显性表述。一个朴素的评价描述方法，即通过每一维度捕获一个任务集合的 n 维数组。除了 Hysterical 空间的最简单的表述之外，这样的表述会被其绝对尺度所淘汰掉，因为它会按照任务集合的数量和大小以指数方式增长。因此我们寻找仅仅计算实际上在交互中被访问的 Hysterical 空间的那些部分的表述方式，来存储 Hysterical 空间中被整体渲染的子集合的表述数组。一个表述可以被设想为给状态子集排序的一个选择，即从 Hysterical 空间进行挑选、计算或者过滤等操作。我们的策略是使用这样的排序来挑选 Hysterical 空间的子集，这些以后将在它们的整体中作为一个数组生成并展示。

那么，能够用数组表示法直接表达的 Hysterical 空间的子集的最大有效尺寸是多少呢？我们建议几种表述 Hysterical 空间的方法，例如生成的顺序、输入值的范围（图 9.16）和插值。参见 Sheikholeslami（2009）。

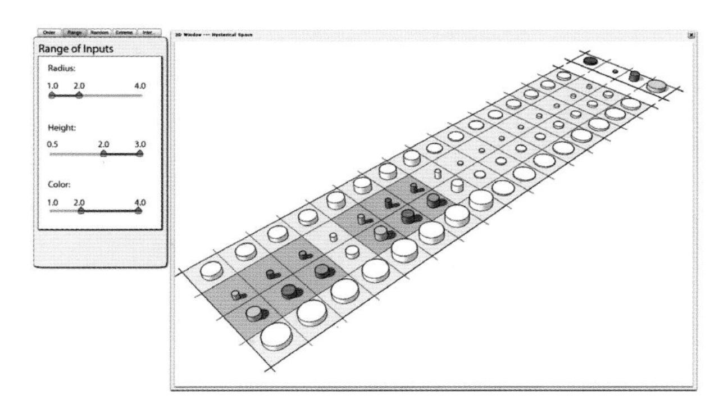

图 9.16 通过输入范围来描述 Hysterical 空间。使用者可以通过指定输入变量的范围来滤出 Hysterical 空间。此图中，涂以颜色的圆柱体就是使用者选择滤出的部分。

9.5 可视化 Hysterical 空间

因为 Hysterical 空间是多维的，使其可视化就存在挑战。尽管我们实施了几种原型，在本节我们描述最主要的一个，称为 Dialer。它在 Generative Components® 中实现。

Dialer 包含多个同心圆环。每个圆环代表一个参数，并且圆环上的分格对应其参数的记录值。最外层的圆环说明 Hysterical 空间的成员。图 9.17 所示为三个变量，每个变量有三个数值（每个内环有三个分格）。作为结果，最外层圆环的 3×3×3=27 个分格对应 Hysterical 空间的条目。

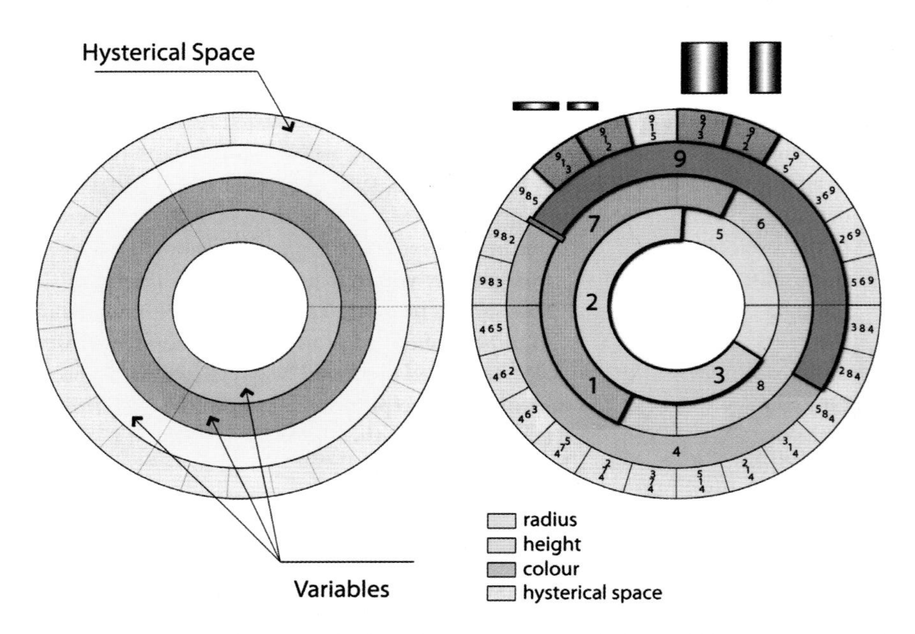

图 9.17 Dialer：每层圆环代表一个变量，最外层圆环所示为 Hysterical 空间。

图 9.18 参数化圆柱的 Dialer，3 个圆环代表 3 个变量，最外层圆环所示为柱面的 24 种变化。

每层圆环具有可调大小的滑块来选取圆环上的数值。所选数值的笛卡儿积突出了 Hysterical 空间中相应的条目（图 9.18）。

图 9.18 中的 Dialer 显示了 3 个参数——半径、高度和颜色——分别具有 3、4 和 2 个参数值。通过移动和调整每层圆环的滑块的大小，设计者能够选取期望值，作为结果，相应的条目会在最外层圆环突出出来，以代表 Hysterical 空间。例如，在图 9.18 中，通过选取半径 {2，3}、高度 {7，1} 和颜色 {9}，Hysterical 空间中的 4 个条目被突出显示。

Dialer 中数值的圆形布置能够产生比线性布置相对更为简明的可视化效果。然而，当一个参数值的数量增长时，相应圆环中分格数目的增长可能致使交互方案失败。

9.6　结论

在参数化建模领域里，模型按照一系列参数显性定义，通过参数空间产生的探索设计的理念已经被广泛接受。除了琐碎的设计之外，空间确实非常巨大。Hysterical 空间定义了潜在的有趣的子空间，在其中所有设计都和已经发现的内容存在紧密的参数化联系。Hysterical 空间的笛卡儿积模型提供了访问这些隐性状态的新方法。其结构既简单又清晰。其近乎平凡的特性掩饰了令人惊奇的丰富性。我们能够快速地预想出一系列方式，在 Hysterical 空间中整理（并从而搜索以及可视化）状态。我们确信，在描述方式和交互过程方面还有很多有待发现的东西。

设计可视化能够捕捉结构变化，这看起来似乎很困难，但是这些对于表达模型机理（和其隐含的设计空间）非常重要。此外，参数的接近并不意味设计的几何近似。两个模型可能在几何学上非常相似，但是在参数方面却截然不同。相反地，参数的两个非常相似的数值可能导向一个大不相同的模型。进一步的工作将搜寻覆盖更大范围 Hysterical 空间的算法，避免表述非常相似的变量使设计人员不知所措。

我们只是不理解显性状态的认知重要性，它构成了 Hysterical 空间的基础。我们的界面并没有为这些提供空间。事后我们才为我们目光的短浅感到震惊。

我们并不知道 Hysterical 空间是否能够使早期的承诺成为不成熟的设计和理念。笛卡儿积 Hysterical 空间生成了同一方案的多种变化，它可能并非设计问题的最佳解决方案。设计的决策者仍然是设计者，同时也正是其决定引入特定的 Hysterical 空间。

这项工作提供了为搜索 Hysterical 空间的新理念的基础，和覆盖这样的一个搜索的沃土的希望。在生成项目中可能存在新发现，这些发现将导向全新的设计。通过参看一些案例研究中的 Hysterical 空间的变化，我们发现显性空间中不同的形式和模型可能值得在设计进程中加以考虑。

在设计中，笛卡儿积模型可能很有用。无论是从设计者对模型和界面原型的反应，还是从我们对所选设计的初始（以及公认的特殊的）论证，这个断言都获得了支持。我们与大量设计者非正式地探讨了这一理念，并将 Hysterical 空间应用到他们的工作中。从我们得到的反馈信息看来，这在他们的设计进程中十分有益。然而，需要在实际设计条件下的对于用户进行更多的研究，以推断在设计进程中 Hysterical 空间的积极和消极影响。

主要贡献者简介

Onur Yuce Gun，中东技术大学建筑学学士，麻省理工学院理科硕士，开创并领导了纽约 Kohn Pedersen Fox 设计事务所的计算几何学小组。通过 2006 年至 2009 年 40 多个工程项目研究工作，他专注于研发复杂几何形体建筑的设计方法和工具。当前他是伊斯坦布尔比尔基大学的教师，并继续在他的 O-CDC 设计实验室中进行研究工作和专业实践。

Brady Peters，维多利亚大学理学士，贝德福德大学和达尔豪西大学建筑学硕士，专门从事于复杂几何形体的建筑设计，最近从事建筑声学研究。起初在英国标赫工程顾问公司（Buro Happdd），之后在福斯特建筑事务所（在那里他成为副合伙人）。他设计的项目包括史密森学会庭院覆盖设计、哥本哈根大象馆、可汗沙特尔娱乐中心、托马斯迪肯学院、西九龙大穹顶和西贡会展中心体育场。近来，他是皇家丹尼斯美术学院博士研究员。

Mehdi（Roham）Sheikholeslami，伊朗沙希德贝赫什迪大学理科硕士，加拿大西蒙弗雷泽大学理科硕士。他将参数化建模系统的研究、教学与实践结合起来，其研究领域为计算设计、参数化建模和设计空间探索。

参考文献

Aish, R. and Woodbury, R. (2005). Multi-level interaction in parametric design. In Butz, A., Fisher, B., Krüger, A., and Oliver, P., editors, *SmartGraphics, 5th Intl. Symp., SG2005*, LNCS 3638, pages 151–162, Frauenwörth Cloister, Germany. Springer.

Alberti, L. B. and Grayson, C. (1972). *On Painting and On Sculpture. The Latin Texts of De Pictura and De Statua [by] Leon Battista Alberti.* Phaidon. Edited by Cecil Grayson.

Alexander, C. (1979). *The Timeless Way of Building.* Center for Environment Structure Series. Oxford University Press.

Anderson, P. B. (2009). Map projections. Accessed at http://www.csiss.org/map-projections/ on 13 October 2009.

Beck, K., Beedle, M., van Bennekum, A., Cockburn, A., Cunningham, W., Fowler, M., Grenning, J., Highsmith, J., Hunt, A., Jeffries, R., Kern, J., Marick, B., Martin, R. C., Mellor, S., Schwaber, K., Sutherland, J., and Thomas, D. (2009). Manifesto for agile software development. Accessed at http://agilemanifesto.org on 29 May 2009.

Berlinski, D. (1999). *The Advent of the Algorithm: The Idea that Rules the World.* Harcourt.

Blinn, J. F. (1982). A generalization of algebraic surface drawing. *ACM Transactions on Graphics*, 1:235–256.

Borning, A. (1981). The programming language aspects of ThingLab, a constraint-oriented simulation laboratory. *ACM Transactions on Programming Languages and Systems*, 3:353–387.

Bowyer, A. and Woodwark, J. (1983). *A Programmer's Geometry.* Butterworths.

Bringhurst, R. (2004). *The Elements of Typographic Style.* Hartley & Marks Publishers, 3rd edition.

Buxton, B. (2007). *Sketching User Experiences: Getting the Design Right and the Right Design.* Morgan & Kaufmann.

Carlson, C. (1993). An algebraic approach to the description of design spaces. PhD thesis, Department of Architecture, Carnegie Mellon University.

Carlson, C. and Woodbury, R. (1994). Hands-on exploration of recursive patterns. *Languages of Design*, 2:121–142.

Davies, C. (1859). *Elements of Descriptive Geometry; with Application to Spherical, Perspective, and Isometric Projections, and to Shades and Shadows.* A. S. Barnes and Co.

Dertouzos M. et al., (1992). ISAT Summer Study: Gentle Slope Systems; making computers easier to use. Presented at Woods Hole, MA.

Euclid (1956). *The Thirteen Books of Euclid's Elements, Translated from the Text of Heiberg, with Introd. and Commentary by Sir Thomas L. Heath.* Dover Publications.

Evitts, P. (2000). *A UML Pattern Language.* Macmillan Technical Publishing.

Farin, G. (2002). *Curves and Surfaces for CAGD: A Practical Guide.* Series in Computer Graphics and Geometric Modeling. Morgan Kaufmann.

Flaherty, F. (2009). *The Elements of Story: Field Notes on Nonfiction Writing.* Harper, 1st edition.

Flemming, U. (1986). On the representation and generation of loosely-packed arrangements of rectangles. *Environment and Planning B: Planning and Design*, 13:189–205.

Flemming, U. (1989). More on the representation and generation of loosely packed arrangements of rectangles. *Environment and Planning B: Planning and Design*, 16:327–359.

Gamma, E., Helm, R., Johnson, R., and Vlissides, J. (1995). *Design Patterns: Elements of Reusable Object-Oriented Software.* Addison-Wesley Professional.

Gantt, M. and Nardi, B. A. (1992). Gardeners and gurus: patterns of cooperation among CAD users. In *CHI '92: Proceedings of the SIGCHI Conference on Human Factors in Computing Systems*, pages 107–117, New York. ACM.

Garrett, J. J. (2002). *The Elements of User Experience: User-Centered Design for the Web.* Peachpit Press.

Gaspard Monge, B. B. (1827). *Géométrie descriptive.* V. Courcier, imprimeur.

Grünbaum, B. and Shephard, G. (1987). *Tilings and Patterns.* W. H. Freeman.

Harada, M. (1997). Discrete/continuous design exploration by direct manipulation. PhD thesis, Carnegie Mellon University.

Henderson, D. W. (1996). *Experiencing Geometry: On Plane and Sphere.* Prentice-Hall Inc.

Highsmith, J. (2002). *Agile Software Development Ecosystems.* Addison-Wesley.

Hoffmann, C. M. and Joan-Arinyo, R. (2005). A brief on constraint solving. *Computer-Aided Design and Application*, 2:655–663.

Itten, J. (1970). *The Elements of Color*. Wiley.

Johnson, W. B. and Ridley, C. R. (2008). *The Elements of Mentoring*. Palgrave Macmillan, revised and updated edition.

Kundu, S. (1988). The equivalence of the subregion representation and the wall representation for a certain class of rectangular dissections. *Communications of the ACM*, 31:752–763.

Lakatos, I. (1991). *Proofs and Refutations: The Logic of Mathematical Discovery*. Cambridge University Press.

Maleki, M. and Woodbury, R. (2008). Reinterpreting Rasmi domes with geometric constraints: a case of goal-seeking in parametric systems. *International Journal of Architectural Computing*, 6:375–395.

Marques, D. M. (2007). Federation modeler: a tool for engaging change and complexity in design. Master's thesis, School of Interactive Arts and Technology, Simon Fraser University.

Maxwell, R. and Dickman, R. (2007). *The Elements of Persuasion: Use Storytelling to Pitch Better, Sell Faster & Win More Business*. HarperBusiness.

McCullough, M. (1998). *Abstracting Craft: The Practiced Digital Hand*. MIT Press.

Miller, H. W. (1911). *Descriptive Geometry*. The Manual Arts Press.

Mitchell, W. J., Liggett, R. S., and Kvan, T. (1987). *The Art of Computer Graphics Programming: A Structured Introduction for Architects and Designers*. Van Nostrand Reinhold.

Monahan, G. (2000). *Management Decision Making: Spreadsheet Modeling, Analysis, and Application*. Cambridge University Press.

Myers, B., Hudson, S. E., and Pausch, R. (2000). Past, present, and future of user interface software tools. *ACM Transactions on Computer–Human Interaction*, 7:3–28.

Norman, D. and Dunaeff, T. (1994). *Things That Make Us Smart: Defending Human Attributes in the Age of the Machine*. Basic Books.

Norman, D. A. (1988). *The Psychology of Everyday Things*. Basic Books.

Palladio, A. (1742). *The Architecture of A. Palladio; in four books*. Printed for A. Ward, S. Birt, D. Browne, C. Davis, T. Osborne and A. Millar.

Palladio, A. (1965). *The Four Books of Architecture*. Dover Publications, Inc.

Peters, B. (2007). The Smithsonian courtyard enclosure: a case-study of digital design processes. In *Expanding Bodies: Art • Cities • Environment: Proceedings of the 27th Annual Conference of the Association for Computer Aided Design in Architecture*, pages 74–83, Halifax (Nova Scotia). Riverside Architectural Press and Tuns Press.

Piegl, L. and Tiller, W. (1997). *The NURBS Book*. Springer-Verlag, 2nd edition.

Piela, P., McKelvey, R., and Westerberg, A. (1993). An introduction to the ASCEND modeling system: its language and interactive environment. *Journal of Management Information System*, 9(3):91–121.

Pollio, M. V. (1914). *The Ten Books on Architecture*. Harvard University Press. Translated by Morris Hicky Morgan.

Pollio, V. (2006). *The Ten Books on Architecture*. Project Gutenberg. Accessed at http://www.gutenberg.org/etext/20239 on 11 June 2009.

Pottmann, H., Asperl, A., Hofer, M., and Kilian, A. (2007). *Architectural Geometry*. Bentley Institute Press. Edited by D. Bentley.

Qian, Z., Chen, Y., and Woodbury, R. (2007). Participant observation can discover design patterns in parametric modeling. In *Expanding Bodies: Art • Cities • Environment: Proceedings of the 27th Annual Conference of the Association for Computer Aided Design in Architecture*, pages 230–241, Halifax (Nova Scotia). Riverside Architectural Press and Tuns Press.

Qian, Z. and Woodbury, R. F. (2004). Between reading and authoring: patterns of digital interpretation. *International Journal of Design Computing*, 7. Accessed at http://wwwfaculty.arch.usyd.edu.au/kcdc/ijdc/vol07/articles/-woodbury/index.html on 28 February 2010.

Qian, Z. C. (2004). A pattern approach to support digital interpretation. Master's thesis, School of Interactive Arts and Technology, Simon Fraser University.

Qian, Z. C. (2009). Design patterns: augmenting design practice in parametric CAD systems. PhD thesis, Simon Fraser University.

Qian, Z. C., Chen, Y. V., and Woodbury, R. F. (2008). Developing a simple repository to support authoring learning objects. *International Journal of Advanced Media and Communication*, 2:154–173.

Ramsay, C. and Sleeper, H., editors (2007a). *Architectural Graphics Standards*. American Institute of Architects, 11th edition.

Ramsay, C. and Sleeper, H., editors (2007b). *Architectural Graphics Standards*. American Institute of Architects, 4.0 CD-ROM edition.

Rockwood, A. and Chambers, P. (1996). *Interactive Curves and Surfaces: A Multimedia Tutorial on CAGD*. Series in Computer Graphics and Geometric Modeling. Morgan Kaufmann Publishers.

Rogers, D. (2000). *An Introduction to NURBS: With Historical Perspective.* Morgan Kaufmann Publishers.

Rogers, D. F. and Adams, J. A. (1976). *Mathematical Elements for Computer Graphics.* McGraw Hill Book Company.

Rottenberg, A. T. and Winchell, D. H. (2008). *Elements of Argument: A Text and Reader.* Bedford/St. Martin's Press, 9th edition.

Ruhlman, M. (2007). *The Elements of Cooking: Translating the Chef's Craft for Every Kitchen.* Scribner's.

Ruskin, J. (1844). *The Seven Lamps of Architecture:lectures on architecture and painting ; the study of architecture.* A.L.Burt, New York.

Ruskin, J. (1857). *The Elements of Drawing in Three Letters to Beginners.* Smith, Elder, London, 2nd ed. edition.

Sannella, M., Maloney, J., Freeman-Benson, B. N., and Borning, A. (1993). Multi-way versus one-way constraints in user interfaces: experience with the Delta Blue algorithm. *Software – Practice and Experience*, 23:529–566.

Schneider, P. L. and Eberly, D. H. (2003). *Geometric Tools for Computer Graphics.* Morgan Kaufman Publishers.

Schön, D. (1983). *The Reflective Practitioner: How Professionals Think in Action.* Basic Books.

Sheikholeslami, M. (2006). The aviation museum. Master of Architecture Thesis, Shahid Beheshti University.

Sheikholeslami, M. (2009). You can get more than you make. Master's thesis, School of Interactive Arts and Technology, Simon Fraser University.

Smith, T. M. and Smith, R. L. (2008). *Elements of Ecology.* Benjamin Cummings, 7th edition.

Steele, G. L. (1980). The definition and implementation of a computer programming language based on constraints. PhD thesis, MIT.

Strunk, W. and White, E. B. (1959). *The Elements of Style / by William Strunk; with revisions, an introduction and a new chapter on writing by E.B. White.* Macmillan.

Sussman, G. and Steele, G. (1980). CONSTRAINTS - a language for expressing almost hierarchical descriptions. *Artificial Intelligence*, 14(1):1–39.

Sutherland, I. (1963). Sketchpad: a Man–Machine Graphical Communication System. Technical Report 296, MIT Lincoln Lab.

Tidwell, J. (2005). *Designing Interfaces: Patterns for Effective Interaction Design.* O'Reilly Media, Inc.

Tufte, E. R. (1986). *The Visual Display of Quantitative Information*. Graphics Press.

Tufte, E. R. (1990). *Envisioning Information*. Graphics Press.

Tufte, E. R. (1997). *Visual Explanations: Images and Quantities, Evidence and Narrative*. Graphics Press. 4th printing with revisions.

van Duyne, D. K., Landay, J. A., and Hong, J. I. (2002). *The Design of Sites: Patterns, Principles, and Processes for Crafting a Customer-Centered Web Experience*. Addison-Wesley Professional.

Vince, J. (2005). *Geometry for Computer Graphics: Formulae, Examples & Proofs*. Springer-Verlag.

Wang, T.-H. and Krishnamurti, R. (2010). Design patterns for parametric modeling in Grasshopper. Accessed at http://www.andrew.cmu.edu/org/tsunghsw-design on 6 March 2010.

Week, D. (2002). *The Culture Driven Workplace*. Assai Pty Ltd.

Weisstein, E. (2009). Wolfram MathWorld. Accessed at http://mathworld.wolfram.com on 7 December 2009.

Williams, R. (1972). *Natural Structure*. Eudaemon Press.

Williams, R. (1995). *The PC is Not a Typewriter*. Peachpit Press, 1st edition.

Williams, R. (2003). *The Mac is Not a Typewriter*. Peachpit Press, 2nd edition.

Williams, R. (2008). *The Non-Designer's Design Book*. Peachpit Press, 3rd edition.

Woodbury, R., Datta, S., and Burrow, A. (2000). Erasure in design space exploration. In *Artificial Intelligence in Design 2000*, pages 521–544, Worcester, Massachusetts. Key Centre for Design Computing, Kluwer Academic.

Woodbury, R., Kilian, A., and Aish, R. (2007). Some patterns for parametric modeling. In *Expanding Bodies: Art • Cities • Environment: Proceedings of the 27th Annual Conference of the Association for Computer Aided Design in Architecture*, pages 222–229, Halifax (Nova Scotia). Riverside Architectural Press and Tuns Press.

Woodbury, R. F. (1993). Grammatical hermeneutics. *Architectural Science Review*, 36:53–64.

Woodbury, R. F. and Burrow, A. L. (2006). Whither design space? *AIEDAM, Special Issue on Design Spaces: The Explicit Representation of Spaces of Alternatives*, 20:63–82.

Yorck (2002). The Yorck Project: 10.000 meisterwerke der malerei. DVD-ROM, Directmedia Publishing, GmbH. ISBN 3936122202.

商标通告

Adobe Creative Suite® 是一个奥多比公司（Adobe Systems Incorporated）的注册商标。

ArchiCAD® 是 GRAPHISOFT 公司的注册商标。

Autodesk®、AutoCAD®、Maya®、Revit® and Autodesk Showcase® 是 Autodesk 公司和其下属公司或其分支机构在美国和其他国家的注册商标或商标。

Cinema4D® 是 Maxon Computer 公司的注册商标。

form · Z® 是 AutoDesSys 公司的注册商标。

Generative Components® 是奔特力工程软件系统公司（Bentley Systems Incorporated）的注册商标。

Maple™ 是 Waterloo Maple 公司的商标。

Mathematica® 是沃尔夫勒姆研究公司（Wolfram Research Incorporated）的注册商标。

Microsoft Excel® 和 Microsoft Word® 是微软公司（Microsoft Corporation）在美国或其他国家的注册商标或商标。

Rhinoceros® 和 Grasshopper™ 是一个注册商标，或者是 Robert McNeel and Associates 公司的商标。

CATIA®、SolidWorks® 和 Virtools® 是达索系统公司（Dassault Systemes）的注册商标。

索　引